高职高专“十二五”规划教材

纺 织 概 论

第二版

魏雪梅 主 编
刘承晋 董传民 副主编

化学工业出版社
·北京·

本书介绍了纺织原料、纱线和织物的结构与性能及其质量评定方法，纺纱、机织和针织技术的基本原理，棉纺、毛纺、麻纺、绢纺纺纱系统的工艺流程和主要设备与工艺，机织、针织的工艺流程和主要设备与工艺。

本书适用于高等职业院校的纺织品检测与贸易专业、服装工艺与设计专业、染整专业、染织设计专业、纺织机电专业等学生学习，亦可作为纺织行业企事业单位的管理人员、技术骨干培训教材。

图书在版编目（CIP）数据

纺织概论/魏雪梅主编. —2版.—北京：化学工业出版社，2014.8（2024.8重印）

高职高专“十二五”规划教材

ISBN 978-7-122-21106-4

Ⅰ.①纺… Ⅱ.①魏… Ⅲ.①纺织-概论-高等职业教育-教材 Ⅳ.①TS1

中国版本图书馆CIP数据核字（2014）第142228号

责任编辑：蔡洪伟　　文字编辑：林　丹

责任校对：吴　静　　装帧设计：王晓宇

出版发行：化学工业出版社（北京市东城区青年湖南街13号　邮政编码100011）

印　　装：北京七彩京通数码快印有限公司

787mm×1092mm　1/16　印张13½　字数334千字　2024年8月北京第2版第5次印刷

购书咨询：010-64518888　　售后服务：010-64518899

网　　址：http://www.cip.com.cn

凡购买本书，如有缺损质量问题，本社销售中心负责调换。

定　　价：40.00元

前 言

纺织工业作为国民经济传统支柱产业、重要的民生产业和国际竞争优势明显的产业，在繁荣市场、吸纳就业、增加农民收入、加快城镇化进程以及促进社会和谐发展等方面发挥了重要作用。《纺织工业“十二五”科技进步纲要》中指出，我国社会生产力快速发展，人民生活明显改善，经济结构转型加快，市场需求潜力巨大，社会大局保持稳定，完全有条件推进纺织工业由大变强。今后十年，中国将由原来以中低端产品为主的“纺织大国”向高性能产品为主的“纺织强国”迈进。未来纺织产业的出路就在于提高自主创新能力，增加产品附加值，打造品牌战略优势，着眼科技、文化等打造“软”实力。人才是建设纺织强国的第一资源，同时也是最核心的一部分。

为适应纺织产业升级和结构调整，第二版修订增加了部分近几年来开发的新原料、纺织新技术如紧密纺纱、赛络纺纱等，原棉质量按照国家新标准进行了修改，重新整理了文字、图片，尽量做到简单明了。

本书介绍了纺织原料、纱线和织物的结构与性能及其质量评定方法，纺纱、机织和针织技术的基本原理，棉纺、毛纺、麻纺、绢纺纺纱系统的工艺流程和主要设备与工艺，机织、针织的工艺流程和主要设备与工艺。通过本课程的学习，掌握纺织生产的基础知识，掌握纺织生产原理和生产过程，掌握纺织主要设备的结构与工艺，了解现代纺织技术的最新进展，为从事纺织产品开发、纺织工程管理、纺织企业管理、纺织品贸易、服装设计等工作奠定基础知识。

本书适用于高等职业院校的纺织品检测与贸易专业、服装工艺与设计专业、染整专业、染织设计专业、纺织机电专业等非纺织技术专业学生学习，亦可作为纺织行业企事业单位的管理人员、技术骨干培训教材。

本书由山东科技职业学院、济南工程职业学院、滨州职业学院联合编写。具体编写人员为：第一章为魏雪梅，第二章和第三章第一节为王俊英，第三章第二节为高娜和常涛，第三章第三、四、五节为刘承晋，第四章为董传民，第五章为李保城，最后由山东科技职业学院魏雪梅统稿。

由于编者水平有限，书中错误和不足之处在所难免，希望广大读者批评指正。

编 者

2014 年 5 月

第一版前言

纺织工业作为满足人们日常生活需求的支柱产业，在国民经济中占据着重要地位。我国加入 WTO 以来，经济持续快速发展，高新技术和先进适用技术改造不断发展，产业结构不断调整和升级，使纺织工业的国际竞争力明显增强。纺织工业规模大、从业人员多，而目前纺织高等职业教育缺乏一本能够将纺纱、织造融为一体的反映目前纺织技术水平的教材。

本书介绍了纺织原料和纱线、织物的性能及其质量评定，纺纱、机织技术的基本原理、生产工艺流程和主要工艺与设备，简要介绍了针织生产原理及典型设备。通过本课程的学习，可使学生掌握纺织原料、纺织工艺原理、工艺流程和主要纺织设备的基础知识，了解现代纺织技术的最新进展，为从事纺织产品开发、纺织工程管理、纺织企业管理、纺织品贸易、服装设计等工作奠定基础知识。

本教材适用于高等职业院校的纺织品检测与贸易专业、服装工艺与设计专业、染织设计专业、机电专业等非纺织技术专业，亦可作为纺织工业企事业单位的管理人员、技术骨干培训教材。

本书由山东科技职业学院、济南工程职业学院、滨州职业学院联合编写。具体编写人员为：第一章为魏雪梅，第二章和第三章第一节为王俊英，第三章第二节为高娜和常涛，第三章第三、四、五节为刘承晋，第四章为董传民，第五章为李保城，最后由山东科技职业学院魏雪梅统稿。

由于编者水平有限，书中错误和不足之处在所难免，希望广大读者批评指正。

编　者

2008 年 5 月

目　录

第一章 纺织原料

学习目标

1. 了解纺织纤维的分类及代号。
2. 了解纺织纤维的性能指标及表示方法。
3. 掌握常见纺织纤维的主要性能。
4. 了解相关新型纤维的特性。

第一节 纺织纤维及其分类

一、纺织纤维

纤维是指直径一般为几微米到几十微米、而长度比直径大很多倍的物质，如人体中的肌纤维、动物身上的毛纤维、棉纤维、蚕丝、蜘蛛丝等。各种纤维性能不同，并不都能用来制作纺织品，具备一定的纺织加工性能和使用性能的纤维称为纺织纤维。因此纺织纤维应具有以下特性。

(1) 可纺性　纤维的可纺性是指纺纱过程中纤维成纱的难易程度。纤维要形成纱线，一般需要有几十毫米以上的长度、一定的细度、抱合力、柔软度、挠曲性和包缠性等。

(2) 力学性能　纺织纤维必须具有一定的强力、变形能力、弹性、耐磨性和摩擦力。

(3) 化学稳定性　纺织纤维能够与染料和整理助剂发生作用，并对各种化学试剂的破坏具有一定的抵抗能力。

(4) 热学性能　纺织纤维及其制品在加工使用过程中会遇到多种不同的温度作用，如浆纱、煮练、染色、熨烫等，因此必须要能承受一定的温度。

二、纺织纤维的分类

纺织纤维的种类很多，也有多种不同的分类方法，根据纺织纤维的来源可以将其分为天然纤维和化学纤维两大类。天然纤维是直接地或间接地从自然界的植物、动物上获取的纺织纤维，如棉、毛、丝等。化学纤维是以天然高聚物或人工合成的高聚物为原料，经过化学加工或物理加工制造出来的纺织纤维，如黏胶纤维、醋酯纤维、涤纶、锦纶等。纺织纤维的分类见表1-1。

表1-1　纺织纤维的分类

<table>
<tr><td rowspan="12">纺织纤维</td><td rowspan="6">天然纤维</td><td rowspan="5">有机纤维</td><td rowspan="3">植物纤维</td><td>种子纤维:棉、木棉等</td></tr>
<tr><td>叶纤维:剑麻、蕉麻等</td></tr>
<tr><td>茎纤维:苎麻、亚麻、黄麻、大麻、罗布麻等</td></tr>
<tr><td rowspan="2">动物纤维</td><td>毛发:绵羊毛、山羊毛、山羊绒、牦牛毛、牦牛绒、兔毛、骆驼毛、骆驼绒等</td></tr>
<tr><td>分泌物:桑蚕丝、柞蚕丝、蓖麻蚕丝、木薯蚕丝等</td></tr>
<tr><td>无机纤维</td><td>矿物纤维</td><td>石棉</td></tr>
<tr><td rowspan="6">化学纤维</td><td rowspan="5">有机化学纤维</td><td rowspan="2">再生纤维</td><td>再生纤维素纤维:黏胶纤维、富强纤维、铜氨纤维、Tencel纤维等</td></tr>
<tr><td>再生蛋白质纤维:酪素纤维、大豆纤维、花生纤维等</td></tr>
<tr><td>醋酯纤维</td><td>二醋酯纤维、三醋酯纤维等</td></tr>
<tr><td rowspan="2">合成纤维</td><td>普通合成纤维:涤纶、锦纶、腈纶、丙纶、维纶、氯纶等</td></tr>
<tr><td>特种合成纤维:耐高温纤维、高强力纤维、高模量纤维、耐辐射纤维、耐高温耐腐蚀纤维、防火纤维、导电纤维、光导纤维、弹性纤维、高绝缘纤维等</td></tr>
<tr><td colspan="2">无机化学纤维</td><td>玻璃纤维、陶瓷纤维、金属纤维、碳纤维等</td></tr>
</table>

三、常用纺织纤维的代号

常用纺织纤维的代号见表 1-2。

表 1-2 常用纺织纤维的代号

材料	棉	毛	麻	丝	普通黏胶纤维	涤纶	腈纶	维纶	锦纶	氨纶
代号	C	W	L	S	R	T	A	PVAL	P	PU

第二节 纺织纤维的基本性能

一、纺织纤维的主要性能指标及其与成纱质量和纺纱工艺的关系

（一）纺织纤维的长度

纺织纤维的长度是指纤维伸直但未伸长时两端间的距离，单位为 mm。天然纤维的长度是不均一的。化学纤维根据需要可切断成各种规格，其长度一般是均一的，如棉型化学短纤维的长度在 30～40mm，毛型化学短纤维的长度在 51～150mm，中长型化学短纤维的长度在 51～65mm。

纺织纤维的长度与成纱质量和纺纱工艺有密切的关系，在其他条件相同的情况下，纤维长度愈长，成纱强度愈大。当长度增加到一定程度后，纤维长度再增加与成纱强度关系不大。长度较长的纤维，单位长度纱线内纤维的头和尾较少，成纱表面比较光滑，毛羽较少。纤维长度整齐度差，短绒率大时，纺纱牵伸过程中纤维运动不易控制，使成纱条干恶化，强度下降。不同长度的纤维要采用不同的纺纱设备。

（二）纺织纤维的线密度

纺织纤维和种类繁多，不同纤维的线密度平均值及其差异变化范围都较大。天然纤维的线密度差异更加明显，如棉纤维中段最粗、梢部最细、根部居中。化学纤维的线密度可以控制，如棉型化学短纤维线密度一般在 1.6dtex 左右，毛型化学短纤维线密度一般在 3.36dtex 以上，中长型化学短纤维线密度一般在 2.78～3.33dtex。

1. 纤维或纱线的线密度指标

表示纺织纤维线密度的指标有两大类，一是直接指标，如直径、截面积等；二是间接指标，即利用纤维或纱线的长度和重量关系来表示，如特克斯、旦数、公制支数、英制支数。目前，我国推行的纤维纱线的线密度指标是特克斯。

(1) 直径（D） 纤维直径常用微米（μm）表示，纱线直径常用毫米（mm）表示。只有纤维或纱线截面接近圆形时用直径表示较为合适。

(2) 特克斯（T_t） 特克斯是指 1000m 长的纤维或纱线在公定回潮率时的重量，单位用 tex 表示，其计算公式为：

$$T_t=\frac{\text{公定回潮率时的试样重量(g)}}{\text{试样长度(m)}}\times 1000 \tag{1-1}$$

棉纤维线密度常用的单位为分特（dtex），即 10000m 长的纤维或纱线在公定回潮率时的重量，它与特克斯的换算关系是：1tex＝10 dtex。

(3) 纤度（或称尼尔 N_{den}） 纤度是指 9000m 长的纤维或纱线在公定回潮率时的重量。

特克斯和纤度为定长制指标，其数值越大，表示纤维或纱线越粗。

(4) 公制支数（N_m） 公制支数是指每克纤维在公定回潮率时的长度。

(5) 英制支数 (N_e)　英制支数是指在英制公定回潮率条件下，1磅重的棉纱所具有的长度为840码的倍数。

公制支数和英制支数为定重制指标，其数值越大，表示纤维越细。

英制支数与特克斯的换算关系为：

$$T_t=\frac{590.5}{N_e}\times\frac{1+公制公定回潮率}{1+英制公定回潮率} \tag{1-2}$$

纯棉纱的公制公定回潮率为8.5%，英制公定回潮率为9.89%，则

$$T_t=\frac{583.1}{N_e} \tag{1-3}$$

2. 纤维线密度与产品质量及纺纱工艺的关系

在其他条件相同的情况下，纤维愈细，成纱强度愈大，条干愈均匀。纤维的线密度对织物服用性能也有影响，粗纤维纺成的纱线较粗，织成的织物厚而硬；细纤维纺成的纱线较细，织成的织物薄而软，但易起毛起球。纤维线密度小，在开清棉和梳棉过程中容易损伤或纠缠。

(二) 纺织纤维的强度

1. 纺织纤维的强度指标

① 断裂强力 P　是指纤维能够承受的最大拉伸外力，单位为cN。断裂强力是一个绝对指标。

② 断裂应力 σ　纤维在单位面积上能承受的最大拉力，单位为cN/mm^2。

③ 断裂强度 p　断裂强度又称相对强度。它是指每特纤维能承受的最大拉力，单位为cN/tex。

④ 断裂长度　是设想将纤维连续地悬吊起来，直到它因本身重力而断裂时的长度，也就是重力等于强力时的纤维长度，单位为km。

2. 纤维的强度与成纱强力的关系

在其他条件相同时，纤维强度越高，成纱的强度也越高。

(四) 纺织纤维的弹性

纺织纤维在外力作用于下产生一定的变形，去除外力后纤维变形不能够完全回复，能够回复的那部分变形称为弹性变形，而不能回复的那部分变形称为塑性变形。表征纤维弹性的物理指标是弹性回复率。其计算公式如下：

$$弹性回复率=\frac{弹性变形}{总变形}\times 100\% \tag{1-4}$$

(五) 纺织纤维的里蠕变和应力松弛

1. 蠕变

在应力保持恒定的条件下，随着外力作用时间的延续，纤维材料变形逐渐增大的过程称为蠕变。由于蠕变现象的存在，纤维材料在一个较小外力的长期作用下会逐渐伸长，直至断裂。

2. 应力松弛

在保持恒定的条件下，纤维材料内应力随着时间延续而逐渐减小的过程称为应力松弛。

(六) 纺织纤维的吸湿性

1. 表示吸湿性的指标

吸湿性是指纺织材料在空气中吸收或放出水蒸气的性能，表示纤维吸湿性的指标有含水

率和回潮率。

(1) 含水率 是指纤维材料所含有的水分与其湿质量之比，用百分率表示。其计算公式为：

$$M=\frac{G-G_0}{G}\times 100\% \tag{1-5}$$

式中 M——纤维材料的含水率；

G——试样的湿质量；

G_0——试样的干燥质量。

(2) 回潮率 指材料所含水分与材料干重之比，通常以百分率表示。其计算公式为：

$$W=\frac{G-G_0}{G_0}\times 100\% \tag{1-6}$$

式中 W——纤维材料的回潮率。

纺织纤维在不同的大气条件下，其回潮率是不同的。

(3) 回潮率 W 和含水率 M 的换算

$$W=\frac{M}{100-M}\times 100\% \tag{1-7}$$

$$M=\frac{W}{100+W}\times 100\% \tag{1-8}$$

2. 标准回潮率和公定回潮率

纺织材料回潮率的测定方法主要采用烘箱法，其测试结果又与测试条件，如取样方法、大气温湿度、试样平衡条件、烘燥温度、称量等因素有关，同一种纤维材料在不同测试条件下测得的回潮率结果并不相同。为了准确测定纺织材料的回潮率，以便于对各种纤维材料的回潮率进行比较，回潮率测定必须按照其试验方法所规定的试验条件和试验程序进行。其中，回潮率试验用一级标准大气条件规定为：温度 20℃±2℃，相对湿度 65%±2%。

在国内外贸易中，为了对纺织材料准确计重、合理计价，各国和国际标准化机构都以颁布实施标准的方式，统一规定了纺织材料的回潮率，即公定回潮率。在纺织原料的验收与交付、纱线线密度规格的核定和质量计算、织物单位面积质量计算等纺织生产及贸易活动中，一般根据纤维材料的化验室回潮率计算公定质量，其计算方法如下：

$$\text{公定质量}=\text{实际质量}\times\frac{100+\text{公定回潮率}}{100+\text{实际回潮率}} \tag{1-9}$$

3. 混纺纱线的公定回潮率

混纺纱线的公定回潮率，需按混用原料的公定回潮率和混纺比例加权平均求得，计算至二位小数，第二位四舍五入，取一位小数，计算公式如下：

$$W_k=\frac{AW_1+BW_2+\cdots NW_n}{100} \tag{1-10}$$

式中 W_k——混纺纱线的公定回潮率；

A，$B\cdots N$——混用原料的干重混纺比例；

W_1，$W_2\cdots W_n$——混用原料的公定回潮率。

4. 吸湿对纺织材料性能的影响

吸湿影响纺织材料的重量、强力等许多物理性能，从而影响其工艺和使用性能。直接影响服用织物的穿着舒适性。

（七）纺织纤维的体积质量

纤维的体积质量是指单位体积的纤维质量，单位为 g/cm^3。

纤维的体积质量对织物覆盖性的影响：体积质量小的纤维具有较大的覆盖性，制成的服装质量较轻。

二、常见纺织纤维的主要性能

（一）棉纤维

1. 棉纤维的种类

棉纤维是纺织工业的重要生产原料。按照种植品种不同分为细绒棉（陆地棉）、长绒棉（海岛棉）、彩棉（彩色陆地棉）；按照加工方式不同分为锯齿棉、皮辊棉；按照采摘方式不同分为手摘棉、机采棉。细绒棉依据加工方式不同细分为锯齿加工细绒棉、皮辊加工细绒棉；锯齿加工按照加工工艺不同，又分是否使用皮清机。细绒棉的产量很大，占世界棉花总产量绝大部分，长绒棉很少，仅占 2%。棉纤维的品质特性见表 1-3。

表 1-3　细绒棉、长绒棉的主要品质特性

指标 / 品种	纤维长度 /mm	线密度 /dtex	断裂强度 /(cN/dtex)	断裂伸长率 /%	适纺线密度 /tex
细绒棉	23～33	1.54～2.00	1.96～2.45	6～11	10～100
长绒棉	33～39	1.18～1.43	3.23～3.92	6～11	10 以下

2. 棉纤维的质量指标

(1) 颜色级　依据棉花黄色深度将棉花划分为白棉、淡点污棉、淡黄染棉、黄染棉 4 种类型。依据棉花明暗程度将白棉分 5 个级别，淡点污棉分 3 个级别，淡黄染棉分 3 个级别，黄染棉分 2 个级别，共 13 个级。白棉 3 级为颜色级标准级。颜色级用两位数字表示，第一位是级别，第二位是类型。颜色级代号见表 1-4。

表 1-4　颜色级代号

级　别	类　型			
	白棉	淡点污棉	淡黄染棉	黄染棉
1 级	11	12	13	14
2 级	21	22	23	24
3 级	31	32	33	
4 级	41			
5 级	51			

(2) 轧工质量　根据皮棉外观形态粗糙程度，所含疵点种类及数量的多少，轧工质量分好、中、差三档，分别用 P1、P2、P3 表示。轧工质量参考指标见表 1-5。

表 1-5　轧工质量参考指标

轧工质量分档	索丝、僵片、软籽表皮 /(粒/100g)	破籽、不孕籽 /(粒/100g)	带纤维籽屑 /(粒/100g)	棉结 /(粒/100g)	疵点总粒数 /(粒/100g)
好	≤230	≤270	≤800	≤200	≤1500
中	≤390	≤460	≤1400	≤300	≤2550
差	>390	>460	>1400	>300	>2550

注：1. 疵点包括索丝、软籽表皮、僵片、破籽、不孕籽、带纤维籽屑及棉结七种。

2. 轧工质量参考指标仅作为制作加工质量实物标准和指导棉花加工单位控制加工工艺的参考依据。

(3) 长度　棉纤维长度是确定其成纱工艺及产品规格、品质的重要因素之一，长度较长的棉纤维适合纺低特纱线。棉纤维长度以 1mm 为级距，细绒棉有 25mm、26mm、27mm、28mm、29mm、30mm、31mm、32mm。25mm，包括 25.9mm 及以下；32mm，32.0mm 及以上；28mm 为长度标准级，包括 28.0～28.9mm。棉花手扯长度实物标准根据纤维快速测试仪测定的棉花上半部平均长度结果定值，即棉花手扯长度应校准到纤维快速测试仪测定的棉花上半部平均长度水平。

(4) 马克隆值　马克隆值是反映棉花纤维细度与成熟度的综合指标，是棉纤维重要的内在质量指标之一，与棉纤维的使用价值关系密切。马克隆值分为 A、B、C 三级，B 级为标准级。A 级品质最好，C 级品质最差。具体测量方法是，采用一个气流仪来测定恒定质量的棉花纤维在被压成固定体积后的透气性，并以该刻度数值表示，数值越大，表示棉纤维越粗，成熟度越高。马克隆值分级分档见表 1-6。

表 1-6　马克隆值分级分档

分　级	分　档	马克隆值
A 级	A	3.7～4.2
B 级	B_1	3.5～3.6
	B_2	4.3～4.9
C 级	C_1	3.4 及以下
	C_2	5.0 及以上

(5) 回潮率　在一般大气条件下，棉纤维的回潮率为 7%～9%，在天然纤维中属于比较小的。原棉含水多少对原棉质量、用棉量计算及成纱工艺的影响较大，原棉含水过高，不利于开松除杂，纤维容易扭结，产生萝卜丝，影响开清棉工序顺利进行。原棉含水率过低，容易产生静电现象，造成绕罗拉、绕胶辊，纱条内纤维紊乱，条干不匀增大。棉花公定回潮率为 8.5%，棉花回潮率最高限度为 10.0%。原棉含水率测试方法有烘箱法、电测（快速测湿）法等。

(6) 含杂率　棉纤维中含有的各种非纤维物质（包括固着于其上的棉纤维）称杂质，如不孕籽、破籽、棉籽、砂土、小棉枝等非纤维性夹杂物。原棉标准含杂率：胶辊棉为 3%，锯齿棉为 2.5%。检验原棉杂质时，首先用原棉杂质分析机对试样进行处理，将杂质分出，然后通过称重计算含杂率。原棉疵点是因棉纤维生长发育不良或原棉轧工不良所形成的存在于纤维本身的外观疵病，如索丝、棉结、僵片、黄根、软籽胶、纤维籽屑等有害的纤维性物质。原棉疵点检验一般采用手拣法。

原棉中的杂质和疵点对纺纱用棉量、纺纱工艺及产品质量都有十分重要的影响。原棉含杂率过高，用棉量增大，细小杂质过多会加重清梳负担，降低成纱质量。原棉疵点在纺纱过程中较难清除，疵点含量过高会使成纱棉结、杂质增多，成纱质量下降。

(7) 断裂比强度　棉纤维的断裂比强度在纺织纤维中属于中等水平，其断裂比强度分为五档，断裂比强度分档及代号见表 1-7。

表 1-7　断裂比强度分档及代号

分档	代号	断裂比强度分档/(cN/tex)	分档	代号	断裂比强度分档/(cN/tex)
很强	S1	≥31.0	差	S4	24.0～25.9
强	S2	29.0～30.9	很差	S5	＜24.0
中等	S3	26.0～28.9			

(8) 长度整齐度指数　长度整齐度与纱线质量关系密切，主要影响纱线的强力及条干均匀度，其用长度整齐度指数表示，见表1-8。

表1-8　棉纤维长度整齐度指数

分档	代号	长度整齐度指数/%	分档	代号	长度整齐度指数/%
很高	U1	≥86.0	低	U4	77.0～79.9
高	U2	83.0～85.9	很低	U5	<77.0
中等	U3	80.0～82.9			

(9) 危害性杂物　危害性杂物主要指成包皮棉异性纤维含量，将异性纤维含量程度分成“无、低、中、高”四档，分别用相应英文单词的第一个字母“N、L、M、H”作代号来表示，其含量分别为0、<0.30g/t、0.30～0.70g/t、>0.70g/t。

3. 其他性能

(1) 线密度　棉纤维的线密度即指纤维的粗细程度，它可以分特（dtex）表示，过去习惯用公制支数作为细度指标。棉纤维的线密度与其纤维品种及成熟度有关，并对成纱质量有较大影响。成常成熟的棉纤维，细绒棉有线密度为1.54～2.00dtex，长绒棉为1.18～1.43dtex。纤维线密度值越小，纤维越细，同样规格的纱线内包含的纤维数量越多，成纱强力越大，成纱条干均匀度越好，适合纺低特纱线。

(2) 主要组成物质及其耐酸、碱性　棉纤维的主要组成物质是天然纤维素，成熟正常的棉纤维纤维素含量约为94%。其他组成物质有蛋白质、脂肪、蜡质、糖类等。棉纤维若含有较多的糖分，在纺纱过程中容易绕罗拉、绕胶辊等，影响工艺过程的顺利进行和产品质量。

由于棉纤维的主要组成物质为纤维素，所以它较耐碱而不耐酸。在酸中会发生水解；在较浓NaOH溶液中不溶解，但会膨化，利用它可对棉纤维进行“丝光”。即棉纤维在张力下经一定浓度的NaOH溶液中处理后，纤维横向膨化，从而使截面变圆，天然转曲消失，使纤维呈现丝一般的光泽。

4. 原棉标志

在棉包上用黑色刷明或用不干胶粘贴或其他方式固定标签作为标志。原棉标志内容包括：棉花产地、棉花加工单位、棉花质量标识、批号、包号、毛重、异性纤维含量代号、生产日期。棉花质量标识按棉花主体颜色级、长度级、主体马克隆值级顺序标示。

例如：白棉三级，长度28mm，主体马克隆值级B级，质量标识为3128B。

（二）麻纤维

1. 麻纤维的分类

麻纤维自然粗犷的风格、舒适健康的服用性能备受现代消费者的青睐。自然界中麻纤维的种类很多，根据从植物上取得的部位不同分为茎纤维和叶纤维，如茎纤维有苎麻、亚麻、黄麻、槿麻、大麻和苘麻等，叶纤维有蕉麻、剑麻、马尼拉麻等。

2. 麻纤维的性能

麻纤维中以苎麻和亚麻品质较优，均可织制服用织物，其性能见表1-9。

表 1-9 苎麻和亚麻纤维的性能

性能 / 品种	纤维长度 /mm	纤维线密度 /dtex	断裂强度 /(cN/dtex)	断裂伸长率 /%	密度 /(g/cm³)
苎麻	20～250	4.5～9.1	6.7	3.8	1.51～1.53
亚麻	17～25	2.9	—	—	1.46
性能 / 品种	**初始模量 /(cN/dtex)**	**弹性回复率 (1%伸长)/%**	**工艺纤维长度 /mm**	**工艺纤维线密度 /dtex**	**回潮率 /%**
苎麻	176.4	60	—	—	9～11
亚麻	—	—	45～70	12.5～25	11～12

苎麻和亚麻都是从植物茎部剥取的韧胶纤维，要从植物韧胶中提取顺直而洁净的麻纤维，原麻必须经过剥取、脱胶工艺。苎麻纤维的长度较长，纤维平均长度约为 60mm，长度分布范围很广，一般为 20～250mm，最长可达 550mm，因此可以单纤维纺纱。亚麻纤维长度很短，仅为 17～25mm，由于亚麻单纤维长度不能满足其纺纱工艺的要求，因此亚麻纺纱多采用由多根单纤维黏合在一起的“工艺纤维”。

麻纤维的主要组成物质是纤维素，但纤维素的含量比棉纤维少。除纤维素外还有木质素、果胶、脂肪及蜡质、灰分和糖类物质等。因此，麻纤维与棉一样较耐碱而不耐酸。麻纤维的吸湿能力比棉强。麻纤维是天然纤维棉、麻、丝、毛中拉伸强度最大的纤维。苎麻平均单纤维强力为 20～40cN，断裂长度可达 40～55km。但麻纤维受拉伸的变形能力，即伸长，却是天然纤维中最小的。麻纤维的手感比较粗硬且不柔软。麻纤维的回潮率较高，在一般大气条件下回潮率可达 14%。

（三）毛纤维

1. 毛纤维的种类

毛的种类很多，有从绵羊身上取得的绵羊毛，山羊身上取得的山羊绒、山羊毛，骆驼身上取得的骆驼绒、骆驼毛，羊驼身上取得的羊驼毛，兔子身上取得的兔绒、兔毛，以及从牛、马、牦牛、鹿身上取得的牛毛、马毛、牦牛毛和鹿绒等。纺织用毛类纤维中，数量最多的是绵羊毛。羊毛纤维具有弹性优良，手感丰满，吸湿能力强，保暖性好，不易沾污，光泽柔和，染色性能好的特点，还具有独特的缩绒性，是纺织工业中广泛使用的四季皆宜的高档纺织纤维。

2. 羊毛纤维

(1) 长度　羊毛纤维的长度在生产中常以伸直长度来表示。一般细毛的长度为 6～12cm，半细毛的长度为 7～18cm，粗毛的长度为 6～40cm。羊毛长度是确定纺纱系统和设计工艺参数的主要依据。同时原毛长度对毛织物的品质也有较大影响。

(2) 羊毛纤维的线密度　羊毛的直径变化很大，最细的羊毛纤维直径只有 7μm，最粗的达 240μm 以上。羊毛的直径主要取决于绵羊的品种，还有羊的年龄、性别、毛的生长部位和饲养条件等，一根毛纤维上的直径最大差异可达 7μm。

羊毛的细度与各项物理性质之间关系密切，羊毛细，其细度均匀，强度高，天然卷曲多，鳞片密，光泽柔和，脂肪含量高，但长度偏短。细度细有利于成纱强力和成纱条干，可纺低特纱，能织精纺毛织物，织物表面光洁，纹路清晰，手感滑爽。

(3) 主要组成物质及其耐酸、碱性　羊毛纤维的主要组成物质是不溶性蛋白质，因此羊毛纤维较耐酸而不耐碱。

(4) 羊毛纤维的强伸度　羊毛纤维的强度较低而伸长度较大。断裂长度为 9～18km，为天然纤维中最小。断裂伸长率是25%～35%，为天然纤维中最大，羊毛纤维具有较强的弹性回复能力。

(5) 羊毛纤维的特殊性质　因为羊毛纤维表面有鳞片，所以具有缩绒性，即羊毛纤维在湿、热条件作用下，鳞片张开，纤维集合体或织物逐渐收缩紧密，并互相穿插纠缠，使羊毛纤维互相咬合成毡，羊毛织物缩短变厚，这一性质称为羊毛纤维的缩绒性或毡缩性。另外，羊毛纤维胶质层中有软胶质和硬胶质两种不同的胶质细胞，分别居于纤维的两半，形成双侧结构，并在长度方向上不断转换位置。由于两种胶质层的物理性质不同引起的不平衡，形成羊毛的卷曲。天然卷曲有利于缩绒性和抱合力，成纱弹性足，织物毛感丰满，毛型感强。

(6) 吸湿性　羊毛纤维具有优良的吸湿性，在一般大气条件下，其回潮率可达16%。

3. 其他动物毛

(1) 山羊绒　山羊绒是珍贵的纺织原料，俗称软黄金。在国际纺织品市场上，开司米是山羊绒的代名字，在国内把细支毛线称为开司米。山羊绒的主要生产国家有中国、伊朗、蒙古、阿富汗等国。我国山羊绒产量占世界首位，约占世界总产量的50%。

(2) 兔毛　兔毛有普通兔毛和安哥拉兔毛两种，以安哥拉兔毛质量最好。目前我国的兔毛产量占世界的90%左右。

(3) 马海毛　马海毛是从安哥拉山羊身上剪下来的安哥拉山羊毛，具有长度长和光泽明亮的特点。南非、土耳其和美国为马海毛的三大产地。

(4) 骆驼毛、绒　骆驼有单峰和双峰两种，毛的品质以双峰骆驼较好。骆驼毛、绒是从骆驼身上自然脱落或用梳子采集而来的 。外层毛粗而坚韧，称骆驼毛。内层绒毛细短柔软，称骆驼绒。

(5) 牦牛毛　牦牛是一种耐高寒气候的牲畜，被称为“高原之舟”，主要产于我国青藏高原。牛身上剪下来的牦牛毛由绒毛和粗毛组成，在纺织加工前要用分梳机把粗毛和绒毛分开。

(四) 蚕丝

1. 蚕丝种类

蚕丝分为家蚕丝和野蚕丝。家蚕丝主要是桑蚕丝，野蚕丝主要是柞蚕丝、蓖麻蚕丝、木薯蚕丝等。桑蚕丝和柞蚕丝作为长丝纱，主要用于长丝类丝绸产品生产。桑蚕丝和柞蚕丝生产过程中产生的下脚以及蓖麻蚕丝等野蚕丝主要作为绢纺原料，用于短纤类丝绸产品的生产。

蚕丝是蚕成熟结茧时分泌出来的丝液自然固化后形成的连续长丝纤维，每根茧丝包含两根单丝，借助丝胶黏合包覆而成，茧丝的截面形状是椭圆形，单丝纤维（丝素）的截面为不规则的三角形。未脱胶的蚕丝长丝称生丝，桑蚕丝丝素占纤维质量的70%～75%，丝胶占纤维质量的25%～30%，除丝素和丝胶外，茧丝中还含有少量的蜡质、脂肪、灰分等杂质，它们占纤维量的1%～2.5%。脱胶后的蚕丝称为熟丝，又称精练丝，光泽优良，柔软平滑，是高贵的纺织原料。茧子中的茧衣及丝织过程中的下脚料经纺纱加工而得的纱线叫绢纺丝。绢纺丝中，由高档原料制成的、光泽柔和、均匀度好、手感丰满而富有弹性的是绢丝，用较差原料制成的、外观光泽差、表面具有随机分布的绵粒、细度不匀较大的是䌷丝。

2. 蚕丝的主要组成物质及其耐酸、碱性

蚕丝的主要组成物质是蛋白质，所以与羊毛纤维一样也是较耐酸而不耐碱。

3. 蚕丝的长度

一个茧子上的蚕丝长度可达数百米至上千米，桑蚕丝长度一般为650～1200m。在绢纺制绵工程中，丝纤维则被切断成适合于绢纺工艺要求的短纤维，通常情况下，纺50dtex以下低特绢丝，混合绵平均长度在65mm以上，中特绢丝混合绵平均长度在55mm以上。

4. 线密度

丝纤维很细，单纤维蚕丝的线密度按法定计量单位应用tex来表示，但目前仍用纤度(旦尼尔)来表示。桑蚕丝的线密度为0.28～0.39tex (2.5～3.5旦)。

5. 吸湿性

桑蚕丝的吸湿能力大于棉而小于羊毛，桑蚕丝的公定回潮率为11%。吸湿使丝纤维断裂强度下降，断裂伸长率增大，弹性回复能力变小。

6. 断裂强度和断裂伸长率

桑蚕丝的强度大于羊毛纤维而接近棉，桑蚕丝的伸长小于羊毛而大于棉，为3.0～3.5cN/dtex，断裂伸长率为15%～25%，桑蚕丝的弹性恢复能力也小于羊毛而优于棉。

7. 光泽和丝鸣

丝纤维光泽柔和、优雅、高贵、明亮，具有其他纤维所不可比拟的美丽光泽。丝纤维相互摩擦会产生一种悦耳的声觉效应，被称为“丝鸣”。蚕丝纤维具有的光泽、丝鸣是构成丝绸产品独特风格的重要因素。

（五）化学纤维

化学纤维制造一般要经过成纤高聚物的提纯和聚合、纺丝液制备、纺丝及纺丝后加工等工艺过程。化学纤维有以下共性。

(1) 线密度、长度可人为控制　化学短纤维通常有三种规格：棉型、中长型、毛型。棉型化学纤维长度为30～40mm，线密度为1.3～1.7dtex；中长型化学纤维长度为51～65mm，线密度为2.8～3.3dtex；毛型化学纤维长度为70～150mm，线密度为3.3～6.6dtex。

(2) 强、伸度较大且可通过拉伸倍数的不同来人为控制　如涤纶可形成三种类型的纤维：高强低伸、低强高伸、中强中伸（普通型)。

(3) 光泽可控制　化学纤维光泽强且耀眼，特别是没有卷曲的长丝。使用不同折射率的消光剂控制纤维光泽，根据加入的消光剂量的多少，可制得有光、消光（无光)、半消光(半无光）纤维。

(4) 化学稳定性好　大多数化学纤维具有不霉不蛀，耐酸、碱性及耐气候性良好的优点。

(5) 机械性能　化学纤维一般都具有强度高，伸长能力大，弹性优良，耐磨性好，纤维的摩擦力大，抱合力小，静电现象严重，容易起毛起球的特点。

(6) 吸湿能力差，织物易洗快干。

(7) 特殊的热学性质主要是指，合成纤维具有熔孔性、热收缩性及热塑性。

1. 黏胶纤维

黏胶纤维的组成物质是纤维素，因而较耐碱而不耐酸，耐酸、碱性较棉差。密度与棉接近，为1.5～1.52g/cm^3。吸湿能力为所有化学纤维中最佳的，在一般大气条件下，回潮率可达13%左右。强度小于棉，断裂伸长率大于棉。吸湿后强度明显下降。湿态强度是干态强度的50%左右。耐磨性、抗皱性及尺寸稳定性差。抗起毛起球性、耐热性、抗熔性好。染色性能良好，染色色谱全，能染出鲜艳的颜色。

2. 涤纶

涤纶纤维是聚酯纤维的商品名称，它由对苯二甲酸乙二醇聚合而成。涤纶的耐酸、碱性均较好，它的耐酸性优于耐碱性。密度小于棉，略大于羊毛，为1.39g/cm³左右。吸湿能力差，在一般大气条件回潮率为0.4%左右，穿着有闷热感。静电现象严重，易吸附灰尘。强度高，伸长能力大，弹性优良。耐磨性、抗皱性及尺寸稳定性好。抗起毛起球性、抗熔性差。耐热性优良，耐晒性也较好。染色性较差，一般染料难以染色。

3. 锦纶

锦纶纤维是聚酰胺纤维 商品名称，是纤维中发展最早的一种。锦纶较耐碱而不耐酸。密度较小，为1.14g/cm³左右。吸湿能力是常见合成纤维中较好的，在一般大气条件下回潮率可达4.5%左右。锦纶纤维的最大优点是强伸度大，弹性优良。耐磨性是所有纤维中最佳的，为棉的10倍，毛的20倍，黏胶的50倍。小负荷下容易变形，所以锦纶丝织物的保形性和硬挺性不如涤纶织物。耐热性、耐晒性较差，遇光时间长易变黄发脆。抗起毛起球性、抗熔性差。染色性能较好。

4. 腈纶

腈纶是丙烯腈的聚合物。腈纶对酸、碱的稳定性较好。密度较小，为1.14～1.17g/cm³。吸湿性能比涤纶好，比锦纶差，在一般大气条件下回潮率为2%左右。弹性恢复率低于锦纶、涤纶和羊毛。耐磨性是合成纤维中较差的。蓬松性、保暖性很好，集合体的压缩弹性很高，约为羊毛、锦纶的1.3倍，有合成羊毛之称。耐日晒性特别优良，在常见纺织纤维中居首位。具有特殊的热收缩性。

5. 维纶

维纶是聚乙烯醇缩甲醛纤维的商品名称。维纶较耐碱而不耐酸。密度为1.21～1.30g/cm³。吸湿能力为常见合成纤维中最佳，在一般大气条件下，回潮率达5%左右。维纶纤维的性质与棉花接近，故有合成棉花之称。耐热水性、耐晒性差，易老化。染色性能较差，染色色谱不全。

三、新型纤维

（一）新型天然纤维

1. 天然彩色棉

普通的棉织品必须经过化学漂染工艺才能变得五颜六色。而天然彩色棉是天然就具有色泽的棉花品种，其制品不用染色工艺就可以拥有缤纷的色彩，可谓真正意义上的绿色环保产品。天然彩色棉是利用遗传工程，给棉花植株插入不同颜色的基因，使棉纤维具有浅黄、深棕色、墨绿色和铁锈红等天然色彩。

2. 改性羊毛

长期以来，羊毛只能作春秋、冬季服装的原料，为使羊毛也成为夏令贴身穿着的理想服装，发挥羊毛吸湿、透气性好的特殊效果，必须解决羊毛的轻薄化、可机洗及消除刺扎感等问题，必须对羊毛进行变性处理。羊毛变性处理主要是使羊毛纤维直径变细0.5～1μm，手感变得柔软、细腻，吸湿性、耐磨性、保温性能等均有所提高，光泽变亮。这种羊毛称为丝光羊毛和防缩羊毛，两者都是通过化学处理将羊毛的鳞片剥除，而丝光羊毛比防缩羊毛剥取的鳞片更为彻底，两种羊毛生产的毛纺产品均有防缩、可机洗效果，丝光羊毛的产品有丝般的光泽，手感更滑糯，被誉为仿羊绒的羊毛。

3. 改性麻纤维

采用生物酶处理的方法，使麻纤维变得柔软、光滑，穿着舒适，并具有一定的抗皱性能。

4. 改性丝纤维

在缫丝过程中，用生丝膨化剂对蚕丝进行处理，使真丝具有良好的蓬松性。制成的织物柔软、丰满、挺括、不易折皱且富有弹性。

（二）新型化学纤维

1. Tencel 纤维

Tencel 纤维是一种性能良好的绿色环保型纺织纤维。与传统的黏胶纤维生产工艺相比，Tencel 纤维是一种用新型溶剂纺丝方法制造的再生纤维素纤维，采用溶液纺丝法生产。所用溶剂是氧化胺，它是一种无毒、对人体无害、纺丝后 98.5％的溶液可循环再利用的化学试剂。废弃的 Tencel 纤维在泥土中能完全分解，因此被誉为“21 世纪的绿色纤维”。

Tencel 纤维以针叶树为原料，与黏胶纤维相比，产量可提高 6 倍。Tencel 纤维干、湿强力都很大，干强与涤纶接近。远超过其他纤维素纤维，湿强为干强的 85％，比一般黏胶纤维大得多。Tencel 纤维的吸湿性能大于棉，小于黏胶，具有良好的舒适性、光泽、染色性及生物降解性。Tencel 纤维容易原纤化，原纤化后具有桃皮绒感，手感丰厚，富有弹力，具有一定的悬垂性而且挺括。

2. Model 纤维

Model 纤维是由奥地利兰精公司生产的一种新型纤维素纤维。Model 纤维是用中欧森林中的山毛榉木浆粕为原料制造的，生产过程对环境无大量污染。Model 纤维采用了高湿模量黏胶纤维制造工艺，纤维属于变化型高湿模量纤维。Model 纤维的强度与高湿模量黏胶纤维接近，但湿态强度下降幅度较大，达到 40％左右。Model 纤维伸长率接近于 Tencel 纤维，湿态伸长率变化较小。Model 纤维耐碱性较强，可以与棉纤维一起进行丝光处理。Model 纤维模量比 Tencel 纤维低，手感较为柔软，纤维光泽分亮光型和暗光型两种，吸湿性较好。目前，奥地利兰精公司已开发了一些新型 Model 纤维品种，如基于纳米技术的 Model 抗菌纤维、Model 防紫外线纤维、Model 有色纤维和 Model 超细纤维。

3. 竹纤维

竹纤维是近几年开发成功的一种新型纤维素纤维，其产品备受国内市场关注。竹纤维分为竹原纤维和竹浆纤维两种不同类型。竹原纤维是采用独特的生产工艺从天然竹子中直接分离出来的纯天然竹纤维，不含任何化学添加剂，具有无毒、无污染、抗菌、防臭、保健等优良特性，是一种具有呼吸功能的纤维，其制品被业内专家誉为 21 世纪最具发展前景的健康面料。我国的竹资源十分丰富，竹原纤维是继棉、麻、丝、毛后新开发的一种纯天然纺织原料。纯天然竹原纤维的提取、加工技术为我国独创，在国际上处于领先水平。竹纤维可以纯纺或与其他纤维混纺，用于生产夏季针织或机织面料。

4. 大豆蛋白纤维

大豆蛋白纤维是一种再生植物蛋白质纤维，采用化学、生物的方法从榨掉油脂（大豆中含 20％的油）的大豆豆渣（含 35％蛋白）中提取球状蛋白质，通过添加功能性助剂，与氰基、羟基等高聚物接枝、共聚、共混，制成一定浓度的蛋白质纺丝溶液，改变蛋白质空间结构，经湿法纺丝而成。该纤维线密度低，密度较小，强伸度较高，耐酸、耐碱性较好，手感柔软，具有羊绒般的手感、蚕丝般的柔和光泽、棉纤维的吸湿和导湿性及穿着舒适性、羊毛的保暖性。大豆蛋白质中含有羟基、氨基、羧基等极性氨基酸，对人体有一定的保健作用。

5. 牛奶纤维

牛奶纤维是一种再生蛋白质纤维，是以牛奶蛋白为原料的新型环保纤维，其性能与蚕丝相近，手感光滑柔软，光泽优雅独特，触感轻滑舒适，能保持自然水分，也能迅速吸收和传递汗液，有良好的温湿度舒适性。但纤维本身呈淡黄色，耐热性较差。

6. 甲壳质与壳聚糖纤维

甲壳质又称甲壳素，是一种带正电荷的天然多糖高聚物。壳聚糖是甲壳质大分子脱去乙酰基的产物。

从虾、蟹壳中提取甲壳质比较方便，提取的甲壳质经脱盐、脱蛋白质和脱色等处理形成壳聚糖，再把它溶解在合适的溶剂中形成纺丝液，经纺丝及后加工制得甲壳质纤维。

甲壳质纤维可纺制成长丝和短纤维两类，长丝主要用于形成可吸收医用缝合线，短纤维织制成各种规格的医用纱布。甲壳质与壳聚糖既具有与植物纤维素相似的结构，又具有类似人体骨胶原组织的结构，这种双重结构赋予了它们极好的生物特性，具有消炎、止血、镇痛、抑菌、促进伤口愈合等作用，是医药领域不可多得的材料。

7. 玉米纤维

玉米纤维实际上有两种类型，一种是玉米蛋白质纤维，一种是玉米聚乳酸纤维。

玉米蛋白质纤维是利用玉米残渣，用 70%异丙醇提取出一种黄色粉状物（玉米醇溶蛋白质），将其溶入 NaOH 溶液，经过滤、脱泡后，进入储存沟使之成熟，其间，球状蛋白分子变成羧酸钠基，结成盐链结，最后采用湿法纺丝制成纤维。玉米蛋白质纤维具有较高的延伸性，其干态断裂伸长率达到 32%，湿态断裂伸长率达到 35%；纤维干态断裂强度较高，为 105cN/dtex，湿态断裂强度明显下降，为 61. 7cN/dtex。纤维吸湿性较好，回潮率为 10%；纤维呈淡黄色，耐高温，具有抗生物性，化学性能比较稳定。

玉米聚乳酸纤维以农产品玉米为原料，经过微生物（聚乳酸）发酵将玉米糖转化为乳酸，由乳酸经过催化合成得到丙交酯，再经过催化合成得到高分子量聚丙交酯切片，最终用熔融纺丝法将高分子量聚丙酯切片制成纤维。该纤维是一种完全降解型绿色纤维，其产品在自然环境中能够被微生物分解；强度较高、弹性较好，介于涤纶和锦纶之间，光泽和手感较好，形态稳定，抗皱性强。但其熔点较低，不耐高湿，55℃以上碱性条件下容易水解，吸湿能力较弱。

8. 香蕉纤维

香蕉纤维是从香蕉茎皮中获取的纤维，其化学组成主要是纤维素、半纤维素和木质素，其纤维素含量相对亚麻和黄麻较低，半纤维素与木质素含量较高，故纤维的光泽、柔软性、弹性和可纺性等均稍逊于亚麻和黄麻。

香蕉单纤维长度和黄麻相近，相对亚麻较短，不能用于直接纺纱，必须加工成工艺纤维，其长度也和黄麻相近，但远高于亚麻，因此香蕉工艺纤维可在黄麻纺纱系统上进行纺纱。对香蕉工艺纤维进行化学脱胶处理后，可降低纤维长度，提高纤维细度。化学脱胶后的纤维可用于棉、毛纺纱系统。

香蕉纤维可用于制作家庭用品，手工剥制的纤维可用于生产手提包和其他装饰用品，制作绳索和麻袋以及家纺用品。由于香蕉纤维轻且有光泽，吸水性高，也可以制成窗帘、毛巾、床单等。香蕉纤维和棉纤维的混纺织物可织造牛仔服、网球服以及外套等，目前香蕉纤维的混纺率为 30% ，混纺纤维是 7～12 英支的粗支纱，可进一步开发细支纱和 100% 香蕉纤维。香蕉纤维还可用于制造高强度纸和包装袋等。

9. 天然薄荷纤维

薄荷纤维是一种新型的植物抗菌纤维，采用高科技萃取技术，提取优质薄荷中的薄荷醇等有效成分，与天然纤维素纤维纺丝，不添加任何化学物质，具有永久抗菌保健功效，适合与各种纤维混纺，满足各种绿色纺织品的需要。

（三）差别化纤维

泛指对常规纤维品种的某项性能有所改进或有某一特征的化学纤维。

1. 超细纤维

通常单纤维线密度在 0.5dtex 以下的化学纤维称超细纤维，单纤维线密度在 0.1dtex 以下的称极细纤维。超细纤维和极细纤维具有覆盖性好，光泽柔和，手感柔软，容易进行磨毛、砂洗等后加工，但纤维过细会使面料身骨变烂，缺乏弹性。

2. 异形纤维

用特殊形状喷丝孔纺制的非圆形截面或空心的化学纤维，如三角形、星形等称为异形纤维。不同截面形状的纤维可获得不同外观和手感。如三角形截面的纤维具有特殊的光泽，多角形的纤维具有较硬的手感，中空纤维具有较好的保暖性及蓬松性等。

3. 复合纤维

常规纤维只包含一种成纤高聚物组分，纤维性能及功能比较单一。复合纤维是由两种或两种以上不同组分复合而成的纤维。两种组分的复合纤维常见的有并列型、胶芯型、海岛型等。

（四）功能性纤维

功能性纤维是指通过化学和物理改性而具有蓄热、导电、吸水、吸湿、抗菌、消臭、芳香、阻燃、紫外线遮蔽等附加性能或特殊功能的纤维。

1. 抗静电纤维

合成纤维的静电现象比较严重，为改善或消除合成纤维生产、纺织加工及织物的服用性，采用共聚、共混、复合纺丝等方法，将电介质引入纤维内，使纤维具有抗静电性。

2. 高吸湿、吸水纤维

合成纤维的吸湿能力较差，影响织物的服用性。用纤维改性的方法，通过共聚或接枝聚合在疏水性纤维的分子主链上引入亲水性基团或化合物，能够提高合成纤维的吸湿性和吸水能力。如通过接枝共聚在涤纶大分子上引入醚基、羟基、磺酸基团等亲水性基团制成的高吸湿涤纶的回潮率可达到 4.0%～13.4%。

3. 氨纶

氨纶也称为弹性纤维，具有高伸长、高弹性的特点，断裂伸长可达 480%～700%。耐酸、耐碱、耐汗、耐海水性能良好。密度小于橡胶丝，为 1～1.3g/cm^3。吸湿性差，在一般大气条件下，回潮率为 0.8%～1%。强度很低，是常见纺织纤维中最低者。

4. 保温纤维

一种是以放射远红外陶瓷微粒为添加剂制造的远红外放射型陶瓷纤维，也称远红外纤维，这种纤维能够大量吸收热源的热能，并转换成 2～20μm 的远红外线向人体放射，使人体局部产生温热效应，促进血液循环，同时也有效地抑制了人体热量的散发。这种纤维还具有抗菌、保鲜、医疗保健、促进动植物生长和成熟的功效。远红外纤维中添加的陶瓷微粒主要是金属氧化物，如氧化铝、氧化镁、氧化锆、二氧化钛、二氧化硅等。

另一种是以氧化锆、氧化铪、碳化硅等陶瓷微粒为添加剂制造的蓄热型陶瓷纤维。这种纤维能吸收太阳辐射中的可见光和近红外线，也能反射人体散发的热，是一种具有保温功能的阳光蓄热保温纤维。例如，氧化锆陶瓷纤维能吸收太阳辐射中 2μm 以下的可见和近红外线并进行热交换，同时又能反射由人体散发的 10μm 左右波长的热，从而达到积极的保温的效果。

5. 变色纤维

变色微胶囊在光、热、压力、辐射等外界因素刺激下而显色、消色或变色。当外界刺激源为光时称光致变色，遇热时变色镜称热致变色，还有电致变色、压力变色等。如果将变色微胶囊引入纤维内部，或通过涂层技术施于织物表面，则制成的纺织品在外界因素刺激下会产生变色效果。

6. 抗菌防臭纤维

抗菌防臭纤维具有抑制和杀死细菌，防止因细菌分解人体分泌物而产生臭气，阻止疾病传播等功效。如在涤纶中添加一定量的氧化锌、氯化银、氧化铜、氯化亚铜、硫酸铜等微粒，其产品对大肠杆菌、枯草杆菌、鼠伤寒沙门菌、金黄葡萄球菌、肺炎克雷伯氏杆菌等具有极强的消毒作用，并可抑制细菌生长。

随着科学技术的发展，通过添加或复合等方法可制成越来越多的功能性纤维，如香料纤维、阻燃纤维、防紫外线、负离子纤维等多种功能型纤维。

复 习 题

1. 什么是纺织纤维？应具备哪些特性？
2. 纺织纤维按来源是如何分类的？
3. 纺织纤维有哪些性能指标？解释特克斯、英制支数、公制支数、旦数的定义。
4. 叙述棉、羊毛、麻、蚕丝纤维的主要性能。
5. 叙述常见化学纤维的主要性能。
6. 目前有哪些新型纺织纤维，它们有哪些特性？

第二章　纱线和织物的结构特征及品质评定

学习目标

1. 了解纱线的结构特征。
2. 了解纱线的性能指标及品质评定方法。
3. 了解织物的性能指标及品质评定方法。

第一节　纱线的结构特征及品质评定

一、纱线的线密度

纱线线密度指标与纤维线线密度指标相同，纺织行业法定计量单位是特克斯（tex），即1000m长纱线所具有的公定质量。在我国，习惯上棉型纱线用英制支数、毛纱和麻纱用公制支数、蚕丝和化纤长丝用旦数。

二、捻度和捻向

（一）捻度

捻度是指纱线单位长度所具有的捻回数，是表示纱线加捻程度的指标。纱线相邻两个截面间相对转过360°，称为一个捻回。

捻度单位不同应用有所差异。特数制捻度 T_{tex} 单位为捻/10cm，通常习惯用于棉型纱线；公制捻度 T_m 单位为捻/m，通常用来表示毛纱及化纤长丝的加捻程度。英制捻度 T_e 单位为捻/inch，在国际贸易中应用较多。

相同线密度的纱线，捻度越大，加捻程度就越大，纱条越紧密。不同线密度的纱线，虽具有相同的捻度，但加捻程度并不相同，线密度大的纱线加捻程度大。捻度大小不能反映不同线密度纱线的加捻程度，故引入另一个与纱线捻度和线密度都有关系的加捻指标，即捻系数。

捻系数一般用 α_t 表示，捻系数与捻度、线密度之间的关系为：

$$T_{tex}=\frac{\alpha_t}{\sqrt{T_t}} \tag{2-1}$$

式中　T_{tex}——纱线捻度，捻/10cm；

α_t——纱线捻系数；

T_t——纱线线密度，tex。

纱线捻度对纱线强力的影响较大，在一定范围内，纱线强力随捻度的增加而增加。当捻度超过某一值时，纱线的强力随捻度的增加而下降。纱线强力达到最大值时的捻度叫临界捻度，相应的捻系数称临界捻系数。生产中采用的捻系数一般小于临界捻系数。

（二）捻向

纱条的捻向是指纱条加捻后表面纤维倾斜的方向，有Z捻和S捻之分（见图2-1），纱条表面纤维的倾斜方向与字母Z中部的倾斜方向一致，即为Z捻；纱条表面纤维的倾斜方向与字母S中部的倾斜方向一致，即为S捻。为方便挡车工操作，在棉纺粗纱机和细纱机上一般采用Z捻。

三、纱线的分类

（一）按纱线线密度分类

有粗特纱、中特纱、细特纱和超细特纱。粗特纱是指线密度为32tex及以上的纱线；中特纱是指线密度为21～31tex的纱线；细特纱是指线密度为11～20tex的纱线；超细特纱是指线密度为10tex及以下的纱线。

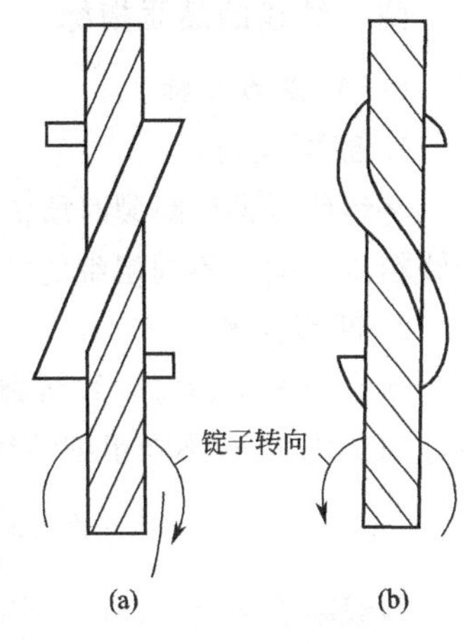

图2-1　纱条的捻向

（二）按组成纱线的纤维长度分类

有长丝纱、短纤维纱和长丝短纤维组合纱。长丝纱是由一根或多根连续长丝经并合、加捻或变形加工形成的纱线；短纤维纱是由短纤维经加捻纺成具有一定线密度的纱，主要包括棉型纱、中长纤维型纱和毛型纱；长丝短纤维组合纱是由短纤维和长丝采用特殊方法纺制的纱线，如包芯纱、包缠纱。

（三）按组成纱线的纤维种类分类

有纯纺纱、混纺纱和交捻纱。纯纺纱是指用一种纤维纺成的纱线，如纯涤纶纱、纯棉纱等；混纺纱是指用两种或两种以上纤维混合纺成的纱线，如涤/棉混纺纱、涤/黏混纺纱等；交捻纱是指由两种或两种以上不同纤维原料或不同色彩的单纱捻合而成的纱线。

混纺纱的命名有一定的规则，原料混纺比不同时，比例大的在前，比例小的在后；比例相同时，则按天然纤维、合成纤维、再生纤维顺序排列。书写时，将原料比例与纤维种类一起写上，原料、比例之间用分号“/”隔开。如65/35涤/棉混纺纱、50/50毛/腈混纺纱、50/50涤/黏混纺纱等。

（四）按纱线的结构外形分类

有单丝、复丝、捻丝、复合捻丝、变形丝、单纱、股线、花式线和包芯纱等。单丝是指长度很长的连续的单根丝；复丝是指两根及以上的单丝并合在一起的丝束；捻丝是由复丝加捻而形成的；复合捻丝是由捻丝经过一次或多次并合、加捻而形成的；变形丝是由化纤原丝经过变形加工而形成的，其具有卷曲、螺旋、环圈等外观特性；单纱是由短纤维经纺纱工艺过程的混合、并和、拉细、加捻形成的单根连续细长条；股线是由两根及以上单纱合并加捻而形成的；花式线是指具有特种外观形态与色彩的纱线；包芯纱大多是以长丝为纱芯，外包短纤维而形成的。

（五）按纱线的花色（或染整加工方法）分类

有原色纱、漂白纱、染色纱、色纺纱、烧毛纱、丝光纱。原色纱是指未经任何染整加工而具有纤维原来颜色的纱线；漂白纱是指经漂白加工、颜色较白的纱线；染色纱是指经染色加工，具有各种颜色的纱线；色纺纱是指用有色纤维纺成的纱线；烧毛纱是指经烧毛加工、表面较光洁的纱线；丝光纱指经丝光加工的纱线，有丝光棉纱和丝光毛纱等。丝光棉纱是将棉纱线在一定浓度的碱液中处理，使纱线具有丝一般的光泽和较高的强力。丝光毛纱是将毛纱中纤维的鳞片去除。

（六）按纺纱工艺分类

分为粗梳纱、精梳纱和废纺纱。粗梳纱是指经过粗梳纺纱系统纺得的纱线，也叫普梳纱；精梳纱是指经过精梳纺纱系统纺得的纱线，品质优良，强度高、条干好、表面光洁，用于高档织物；废纺纱是由用较差的原料经粗梳加工工艺制得的，其品质较差。

四、纱线的品质指标

（一）强力指标

1. 断裂强力

将纱线拉伸到断裂时所需的力叫断裂强力，单位为 N 或 cN、mN 等。纱线断裂强力与纱线粗细有关，不同粗细的纱线，断裂强力没有可比性。

2. 断裂强度

断裂强度是指将纱线断裂强力折合成单位线密度所具有的强力，单位为 N/tex 或 cN/tex，能用以比较不同粗细纱线的断裂性质。

$$\text{纱线断裂强度(cN/tex)}=\frac{\text{纱线平均强力(cN)}}{\text{纱线平均特数(tex)}} \tag{2-2}$$

纱线断裂强度高，纺纱和后加工过程中断头率低，产品质量好，工人的劳动强度低，织物具有较高的强力和坚牢度，产品耐穿耐用，使用寿命长。

3. 强力变异系数

强力变异系数反映纱线强力大小的不匀情况。强力变异系数大，强力不匀大，即使纱线的平均强力高，在纺纱和后加工过程中也容易发生断头，影响加工效率和产品质量。所以，强力变异系数也是生产过程中应该严格控制的强力指标。

$$\text{单纱强力变异系数}=\frac{\text{纱线强力标准差(均方差)}}{\text{纱线平均强力}}\times 100\% \tag{2-3}$$

（二）纱线重量指标

1. 百米重量偏差

百米重量偏差是指纱线实际干重与设计干重的差异对设计干重比值的百分率，在测试时一般测试 100m 纱线的重量。

$$\text{百米重量偏差}=\frac{\text{实际百米干重}-\text{设计百米干重}}{\text{设计百米干重}}\times 100\% \tag{2-4}$$

百米重量偏差不仅是棉纱质量的一项指标，而且还直接影响到厂家和用户的利益。百米重量偏差为正值，所纺的纱线偏粗，对生产厂家有利，但对用户不利；百米重量偏差为负值，所纺的纱线偏细，对用户有利，但对生产厂家不利。国家规定，纱线的百米重量偏差范围是±2.5%，月度累计偏差为±0.5%以内。

2. 百米重量变异系数

百米重量变异系数是表示纱线线密度变化的指标，反映的是纱线长片段之间的不匀，即细纱 100m 之间的重量不匀。

$$\text{百米重量变异系数}=\frac{\text{纱线百米重量标准差(均方差)}}{\text{纱线平均百米重量}}\times 100\% \tag{2-5}$$

百米重量变异系数与纱线的单纱强力、单纱强力不匀率、细纱断头及棉布条影等疵点有密切的关系。

（三）纱线条干指标

纱线条干均匀度反映纱线中、短片段不匀，是成纱质量的一项重要指标，不仅与成纱强力、单纱强力变异系数和细纱断头有关，而且还影响织前准备、织造断头和布面条影与平整。

纱线条干均匀度检测仪器主要有黑板条干均匀度仪和电容式条干均匀度仪两种。

1. 黑板条干均匀度仪

黑板条干均匀度仪是将纱线均匀绕在250mm×220mm的黑板上，一个纱线品种绕10个卷装、10块黑板。在一定的光照条件下，目测每块黑板上纱线的条干均匀情况并与样照对比，最后确定出条干均匀度等级。黑板条干均匀度的特点是简单方便，比较直观，但检测结果与检测者的目光有关，人为因素比较大，需定期统一检测者的目光。

2. 电容式条干均匀度仪

电容式条干均匀度仪是用乌斯特条干均匀度仪检测出的反映纱条短片段（8mm）不匀的数值。原理是采用电容检测，将纱线的粗细变化情况转变成电信号，再转换成数字信号，送到微处理机进行储存与运算。特点是具有数字表示的精确性，但不直观。

（四）棉结杂质

纱线上棉结杂质的危害很大，不仅直接影响成纱外观，也影响成纱条干和纺纱、织造断头率。一般以1g棉纱内棉结杂质总粒数和棉结粒数来表示。检验时与黑板条干均匀度同步进行。先将浅蓝色底板插入试样与黑板之间，然后用有5个长方形孔的深色压片压在试样上，进行正反面的每格内棉结、杂质检验并分别记录，共检验10块黑板，然后算出10块黑板的棉结、杂质总粒数，再计算出1g棉纱线内的棉结、杂质粒数。

（五）其他方面的指标

1. 十万米纱疵

十万米纱疵，也称偶发性纱疵，是指乌斯特纱疵仪根据纱疵的长度和粗细测试显示的23级纱疵中截面比原纱增加250%、长度1～40mm的短粗节和截面比原纱增加150%、长度40～80mm的粗节的九级纱疵之和。十万米纱疵直接影响到纱线的外观质量，从而影响到布面的外观质量。

2. 毛羽指数

伸出纱线主体的纤维端或纤维圈称为毛羽，它是评定纱线外观质量的一个指标。毛羽多少直接影响到纱线强力和表面光洁度，以及织造的生产效率和布面的外观质量。毛羽长度有长有短，但只有长度超过2mm的毛羽才会发生相互缠结，危害纱线的可织性，所以一般纱线毛羽的设定长度为2mm。

毛羽多少一般是以纱线毛羽测试仪利用毛羽投影成像的原理测试的毛羽指数来表示，反映的是纱线单位长度内的毛羽数。毛羽指数大，纱线毛羽就多。

五、纱线的品质评定方法

国家标准规定，棉纱线以同品种一昼夜三个班的生产量为一批，按规定的试验周期和各项试验方法进行试验，并按其结果评定棉纱线的品等。棉纱线的品等分为优等、一等、二等，低于二等指标者为三等。

棉纱的品等由单纱断裂强度、单纱断裂强力变异系数（CV）、百米重量偏差、百米重量变异系数（CV）、条干均匀度、一克内棉结粒数、一克内棉结杂质总粒数、十万米纱疵八项指标评定，优等纱和一等纱考核十万米纱疵，二等纱和三等纱不考核十万米纱疵。当八项的品等不同时，按八项中最低的一项品等评定。

棉线的品等由单线断裂强力变异系数、百米重量变异系数、一克内棉结粒数和一克内棉结杂质总粒数评定。当四项的品等不同时，按四项中最低的一项品等评定。

棉纱（线）的断裂强度或百米重量偏差超出允许范围时，在断裂强力变异系数或百米重量变异系数原品等评定的基础上作顺降一等处理，如两项都超出范围也只顺降一次，降至二等为止。优等棉纱另加十万米纱疵作为品等评定指标。

随着人们对纱线质量要求的进一步提高，仅凭纱线的品等并不能全面反映纱线的质量水平。纱线的乌斯特水平考核的质量指标比较多，涉及的面也比较广，能更全面、更细致地反映出纱线的质量。纱线的乌斯特水平考核的质量指标主要有单纱断裂强度、单纱强力变异系数、百米重量变异系数、条干均匀度变异系数、条干均匀度变异系数不匀率、千米粗节、千米细节、千米棉结、毛羽指数、十万米纱疵等。

第二节　织物的规格及品质评定

一、织物的分类

织物按织造加工的方法分为四大类：机织物、针织物、非织造织物和编织织物。

机织物是指由相互垂直的两组纱线（经纱和纬纱），按一定的规律交织而成的织物。机织物的特点是结构坚实，形态稳定，强度高，耐磨性好，但柔软性、弹性和透气性差。

针织物是指由一组或几组纱线以线圈相互串套连接形成的织物。针织物的特点是具有良好的延伸性和弹性，手感柔软，透气散湿，但尺寸不稳定，易脱散、卷边、勾丝和起毛起球。针织物按生产方法不同又可分为纬编针织物和经编针织物。

非织造织物是指由纤维、纱线或长丝用机械、化学或物理的方法结合成的片状物、纤网或絮垫。非织造织物的特点是工艺流程短，生产速度高，原料加工适应性强，产品用途广泛。

编织织物是指由一组或多组纱线用相互之间钩编串套或打结的方法编织而成的织物，如网罩、花边、手提包、渔网等。

目前，应用最广泛的是机织物和针织物。

（一）机织物的分类

1. 按使用的原料分类

可分为纯纺织物、混纺织物、交织织物和混并织物。纯纺织物是指经纬纱均由同一种纤维纺制的纱线经过织造加工而成的织物；混纺织物是指经纬纱相同，均是由两种或两种以上的纤维混合纺制成的纱线经过织造加工形成的织物；交织织物是指用两种及以上不同原料的纱线或长丝分别作经纬纱织成的织物；混并织物是指用不同种类纤维的单纱并捻成线织制的织物。

2. 按纤维的长度和细度分类

可分为棉型织物、中长型织物、毛型织物和长丝织物。棉型织物是指以棉型纱线织成的织物；中长型织物是指以中长型化纤为原料的纱线织成的织物；毛型织物是指用毛型纱线织成的织物；长丝织物是指用长丝织成的织物。

3. 按纱线的结构与外形分类

可分为纱织物、线织物和半线织物。纱织物是指经纬纱均是单纱的织物；线织物是指经纬纱均是股线的织物；半线织物是指经纱是股线、纬纱是单纱织成的织物。

4. 按染整加工方法分类

可分为本色织物、漂白织物、煮练织物、染色织物、印花织物、色织织物和色纺织物。本色织物是指以未经练漂、染色的纱线为原料，经过织造加工而成的未经整理的织物，本色织物保持了所有材料原有的色泽，也称本色坯布、本白布、白布或白坯布；漂白织物是指坯布经过漂白加工的织物，也称漂白布；煮练织物是指经过蒸煮加工去除部分杂质的本色织物；染色织物是指经过染色加工的织物，也称色布、染色布；印花织物是指经过印花加工、表面印有花纹或图案的织物，也叫印花布、花布；色织织物是指以练漂、染色之后的纱线为原料，经过织造加工而成的织物；色纺织物是先将部分纤维或纱条染色，再将原色（或浅色）纤维或纱条与染色纤维或纱条按一定比例混纺或混并制成纱线所织成的织物。

5. 按用途分类

可分为服装用织物、家用装饰织物、产业用织物和特种用途织物。服装用织物是指外衣、衬衣、内衣、袜子、鞋帽等织物；家用装饰织物是指床上用品、室内装饰用布、卫生盥洗用布等织物；产业用织物是指传送带、帘子布、包装布、过滤布等织物；特种用途织物是指在特殊环境中使用的织物。

（二）针织物的分类

1. 按加工方法分类

可分为针织坯布和成形产品。针织坯布主要用于制作内衣、外衣和围巾；成形产品主要有袜子、手套、羊毛衫等。

2. 按加工工艺分类

可分为纬编针织物和经编针织物。纬编针织物是指纱线沿纬向编织成圈而成的织物，大多为服用织物，如内衣、袜子、手套等；经编针织物是指纱线沿经向编织成圈而成的织物，少量用于服装，大多用于装饰或工业。

（三）非织造布的分类

1. 按厚薄分类

可以分为厚型非织造布和薄型非织造布。

2. 按使用强度分类

可以分为耐久型非织造布和用即弃型非织造布。

3. 按应用领域分类

可以分为医用卫生保健非织造布、服装用非织造布、装饰用非织造布、工业用非织造布等。

4. 按加工方法分类

可以分为干法非织造布、湿法非织造布和聚合物直接成网法非织造布。干法非织造布是利用短纤维在干燥状态下经过梳理设备或气流成网设备制成单向的、双向的或三维的纤维网，然后经过化学黏合或热黏合等方法制成的非织造布；湿法非织造布是将天然或化学纤维悬浮于水中，达到均匀分布，当纤维和水的悬浮体移到一张移动的滤网上时，水被滤掉而纤维均匀地铺在上面，形成纤维网，再经过压榨、黏结、烘燥成卷而制成的非织造布；聚合物直接成网法非织造布是利用化学纤维纺丝原理，在聚合物纺丝成形过程中使纤维直接铺置成网，纤网再经机械、化学或热方法加固而制成的非织造布或利用薄膜生产原理直接使薄膜分裂成纤维状制品（非织造布）。

二、织物的规格

（一）机织物的规格

在常用的机织物中，与布边平行的纱线是经纱，垂直于布边的是纬纱。机织物的规格主要包括经纬纱线密度、经纬纱密度、织物紧度、织物组织、单位面积重量以及织物的长度、宽度和厚度等内容。其中，经纬纱线密度、经纬纱密度和织物组织是决定织物结构的三大要素，决定织物的紧密程度、织物厚度与重量、织物中经纬纱的屈曲状态、织物的表面状态与花纹，从而决定了织物的性能与外观。

1. 经纬纱线密度

织物中经纱、纬纱的线密度表示方法为：将经纱、纬纱的线密度自左向右以乘积的形式联写。如 13.1×13.1 表示经纬纱都是线密度 13.1tex 的单纱；14.6×2×14.6×2 表示经纬纱都是采用由两根 14.6tex 单纱并捻的股线；14.6×2×29.2 表示经纱采用由两根 14.6tex 单纱并捻成的股线，纬纱采用 29.2tex 的单纱。

棉型织物在必要时可附注英制支数，如 14.6tex×14.6tex（40 英支×40 英支）。毛型织物以前采用公制支数，现在法定计量单位为线密度，故附注时应为公制支数。

2. 经纬纱密度

织物密度是指织物中经向或纬向单位长度内的纱线根数，用 M 表示，单位为根/10cm。织物密度有经密和纬密之分，经密又称经纱密度，是织物中沿纬向单位长度内的经纱根数，用 M_t 表示；纬密又称纬纱密度，是织物中沿经向单位长度内的纬纱根数，用 M_w 表示。

习惯上将经密和纬密自左向右联写成 $M_t \times M_w$，如 236×220 表示织物经密是 236 根/10cm，纬密是 220 根/10cm。表示织物经纬纱线密度和经纬密的方法为自左向右联写成 $T_{tt} \times T_{tw} \times M_t \times M_w$。

大多数织物中，经纬密采用经密大于或等于纬密的配置。经纬密只能用来比较相同直径纱线所织成的不同密度织物的紧密程度。当纱线直径相同时，经纬密度大，织物就紧密、厚实、坚牢、硬挺；经纬密度小，织物就稀薄、柔软、透气、下垂。当纱线直径不相同时，经纬密则无法反映织物的紧密程度。

3. 织物紧度

织物紧度是指织物中纱线挤紧的程度，有经向紧度和纬向紧度之分，用单位长度内纱线直径之和所占百分率来表示。

$$E_T = \frac{d_T n_T}{L} \times 100\% = \frac{d_T M_T}{100} \times 100\% \tag{2-6}$$

$$E_W = \frac{d_W n_W}{L} \times 100\% = \frac{d_W M_W}{100} \times 100\% \tag{2-7}$$

式中 E_T、E_W——经向、纬向紧度；

d_T、d_W——经、纬纱直径，mm；

n_T、n_W——单位长度上的经纱、纬纱根数；

L——单位长度，mm；

M_T、M_W——经密、纬密，根/10cm。

织物的总紧度为：

$$E = (E_T + E_W - E_T \times E_W) \times 100\% \tag{2-8}$$

由上述公式可以看出，紧度考虑了经纬密度和纱线直径两方面的因素，因此可以比较不同粗细纱线织成的织物的紧密程度。紧度<100%，说明纱线间尚有空隙；紧度=100%，说明纱线刚好挨靠；紧度>100%，说明纱线已经挤压，甚至重叠。紧度越大，纱线间挤压越严重。

紧度与织物风格关系很大，紧度大的织物紧密，刚性大，抗折皱性下降，手感板硬；紧度小的织物稀松，手感柔软，缺乏身骨。

4. 织物组织

织物组织是指织物中经纬纱相互沉浮交错的规律。平纹、斜纹、缎纹是三种基本的织物组织。

平纹组织是三种基本组织中最简单的织物组织，每一根经纱一上一下交替地与纬纱交织，每一根纬纱也一上一下交替地与经纱交织，下一根纱交织的位置与前一根相反。平纹组织织物经纬纱交织最频繁，屈曲最多，织物挺括、坚牢。

斜纹组织是指在织物表面上，由经（或纬）浮长线构成的具有斜向织纹的组织。在其他条件相同的情况下，斜纹织物的坚牢度不如平纹织物，但手感比较柔软。

缎纹组织是三种基本组织中最复杂的一种组织，特点是相邻两根经纱上的单独组织点相距较远，而且所有的单独组织点分布有规律。缎纹组织织物表面都呈现经（或纬）的浮长线，布面平滑匀整、富有光泽、质地柔软。

5. 单位面积重量

织物单位面积重量一般以每平方米织物所具有的重量克数来表示，称为平方米重。平方米重与纱线的线密度和织物密度等因素有关，是织物的一项重要规格指标，也是织物计算成本的重要依据。棉织物的平方米重常以每平方米的退浆干重来表示，范围一般在 70～250g/m^2。毛织物的平方米重则采用每平方米的公定重量来表示。精梳毛织物的平方米公定重量范围一般为 130～350g/m^2，粗梳毛织物的平方米公定重量范围一般为 300～600g/m^2。

6. 织物的长度、宽度和厚度

(1) 长度　织物的长度即匹长，以“m”为计量单位。匹长的大小根据织物的用途、厚度、重量及卷装容量来确定。棉织物的匹长一般在 25～40m；毛织物的匹长一般大匹为60～70m，小匹为 30～40m。

生产中还经常将几匹织物联成一段，称为“联匹”。一般厚重织物采用 2 联匹，中厚织物采用 3～4 联匹，薄型织物采用 4～5 联匹。

(2) 宽度　织物的宽度是指织物横向的最大尺寸，称为幅宽，单位为 cm。织物的幅宽通常根据织物的用途来确定，同时考虑一下织缩率和后加工过程中的收缩程度。棉织物有梭织机的幅宽分为中幅及宽幅两类，中幅一般为 81.5～106.5cm，宽幅一般为 127～167.5cm。无梭织机幅宽最大可以达到 3～5m。粗纺呢绒的幅宽一般为 143cm、145cm、150cm，精纺呢绒的幅宽为 144cm 或 149cm。

(3) 厚度　织物厚度是指织物在一定压力下正反两面间的垂直距离，以“mm”为计量单位。织物按厚度不同可分为薄型、中厚型和厚型三类。

影响织物厚度的主要因素有经纬纱线的线密度、织物组织和纱线在织物中的弯曲程度等。织物厚度对织物服用性能的影响很大，如织物厚度大，保暖性、防风性好，透气性、悬垂性差。

(二) 针织物的规格

针织物的规格主要包括线圈长度、密度、未充满系数、厚度和平方米重等内容。

1. 线圈长度

针织物的基本结构单元为线圈，它是一条三度弯曲的空间曲线。线圈长度是指组成一只线圈的纱线长度，单位为 mm。

线圈长度可以用拆散的方法测量其实际长度，一般是测量 100 个线圈的纱线长度，然后求平均值。线圈长度决定了针织物的密度，而且对针织物的脱散性、延伸性、耐磨性、弹性、强力及抗起毛起球和勾丝性等有影响，所以是针织物的一项重要指标。

2. 密度

针织物的密度是指针织物在单位长度内的线圈数。通常采用横向密度和纵向密度来表示。横向密度（简称横密）是指沿线圈横列方向在规定长度（50mm）内的线圈纵行数，用符号 P_A 表示。纵向密度（简称纵密）是指沿线圈纵行方向在规定长度（50mm）内的线圈横列数，用符号 P_B 表示。

3. 未充满系数

未充满系数为线圈长度与纱线直径的比值，它反映了在相同密度条件下，纱线线密度对织物稀密程度的影响。

$$\delta=\frac{l}{d} \tag{2-9}$$

式中 δ——未充满系数；

l——线圈长度；

d——纱线直径。

线圈长度 l 越大或纱线直径 d 越小，未充满系数 δ 越大，织物中未被纱线充满的空间就越大，织物越稀松。

4. 厚度

针织物的厚度取决于它的组织结构、线圈长度和纱线线密度等因素，一般以厚度方向上有几根纱线直径来表示，也可以用织物厚度仪在试样处于自然状态下进行测量。

5. 平方米重

针织物的平方米重通常用每平方米的干燥重量克数来表示（g/m^2），它是考核针织物质量的重要指标。针织物设计中常用公式计算平方米重。

$$Q=\frac{0.0004P_AP_BlT_t(1-y)}{1+W} \tag{2-10}$$

式中 Q——平方米干燥重量，g/m^2；

P_A——横密，线圈数/50mm；

P_B——纵密，线圈数/50mm；

T_t——纱线线密度，tex；

l——线圈长度，mm；

y——加工时的损耗率；

W——纱线的公定回潮率。

针织物分析中常用称重法求得平方米重。在织物上剪取 10cm×10cm 的样布，放入已经预热的烘箱中（温度在 105～110℃）烘干，称出样布的干重 Q'，则平方米干重 Q 为：

$$Q=\frac{Q'}{10\times10}\times10000=100Q' \tag{2-11}$$

三、织物的品质指标

棉织物的品质指标主要有织物组织、幅宽、经纬密度、断裂强力、棉结杂质疵点格率、棉结疵点格率和布面疵点等内容。

织物的断裂强力是指将一定尺寸的织物试样分别沿经向和纬向拉伸至断裂时所承受的最大拉力，一般以 N 来表示。

棉结杂质疵点格率、棉结疵点格率的检验是用 15mm×15mm 的外观疵点检验玻璃板依次罩在布样的 4 个部位上，点数疵点格。凡方格中有棉结者即为棉结疵点格，凡方格中有棉结杂质者即为棉结杂质疵点格，分别计数。最后将棉结疵点格数与取样总格数相比，所得的百分率为棉结疵点格率。将所有疵点格数相加，再与取样总格数相比，所得的百分率为棉结杂质疵点格率。

布面疵点主要包括稀纬、密路、拆痕、毛边、纬缩、猫耳朵、烂边、豁边、油渍、锈渍、破洞、边撑疵、跳花、布开花、断经、粗经、粗纬、竹节、棉球、异性纤维等。检验时，在一定的光照和验布机速度下，根据各项疵点的评分标准进行评分，最后折算出一匹布的分数，即匹扯分。

四、织物的品质评定方法

（一）棉本色布的品质评定

棉本色布的品等分为优等品、一等品、二等品和三等品，低于三等品的为等外品。品等的评定以匹为单位，品等指标包括织物组织、幅宽、经纬密度、断裂强力、棉结杂质疵点格率、棉结疵点格率和布面疵点七项，以其中最低的一项品等作为该匹布品等。

（二）棉针织内衣品质评定

棉针织内衣的质量品质评定以件为单位，按照内在质量的评等与外观疵点的评等结合评定品等。品等分优等品、一等品、二等品和三等品四个等级，低于三等品者为等外品。

内在质量品质评定以批为单位，按纵、横向针圈密度，$1m^2$ 干燥重量，强度，缩水率及染色牢度定等。内在质量评定品等以试验结果最低项为该批内在质量指标的品等。

外观疵点品质评定以件为单位，按表面疵点规定、规格尺寸公差和本身尺寸差异评定品等。在同一件服装上，发现属于不同类外观疵点则按最低品等作为该批外观疵点品等。

复习题

1. 什么是捻度？
2. 纱线是如何分类的？
3. 纱线有哪些品质指标？如何对棉纱线进行品质评定？
4. 织物是如何分类的？
5. 机织物和针织物的规格分别用哪些参数来表示？
6. 如何对棉本色布和棉针织内衣进行评定？

第三章　纺　　纱

学习目标

1. 了解纺纱原理和纺纱过程。
2. 基本掌握棉纺生产的工艺过程及各工序主要设备的结构和作用。
3. 了解毛纺、麻纺、绢纺生产的工艺过程及主要设备的结构和作用。

第一节　概　　述

一、纺纱的基本原理

纺纱就是将短纤维纺制成纱线的过程。纺纱的整个过程可以分为四个步骤：开松与梳理、并合、牵伸和加捻。

开松是用角钉或刀片把压得比较紧的、较大的纤维块分解成小的纤维束。梳理是用梳针把小的纤维束分解成单纤维，并使纤维逐步沿纵向顺序排列。开松和梳理的同时，纤维间的杂质暴露出来而被除去。

并合是将梳理后的纤维条多根并合在一起，以提高纤维条的均匀度。

牵伸是将须条抽长拉细，以减轻须条单位长度的重量，从而达到成纱要求的线密度。同时，牵伸提高了纤维的伸直度和平行度，有利于成纱强力等各项物理机械性能。

加捻是纱条绕着自身轴线回转，每回转一转，加上一个捻回。通过加捻使纱条获得一定的强力，以满足加工和使用的需要。

（一）开松

纺纱用的各种原料，如原棉、羊毛、化学纤维等，大多是以压紧成包的形式进入纺纱厂的。为了保证成纱质量和纺纱的顺利进行，这些原料首先要经过开松，即将压紧的大纤维块松解成小纤维束。

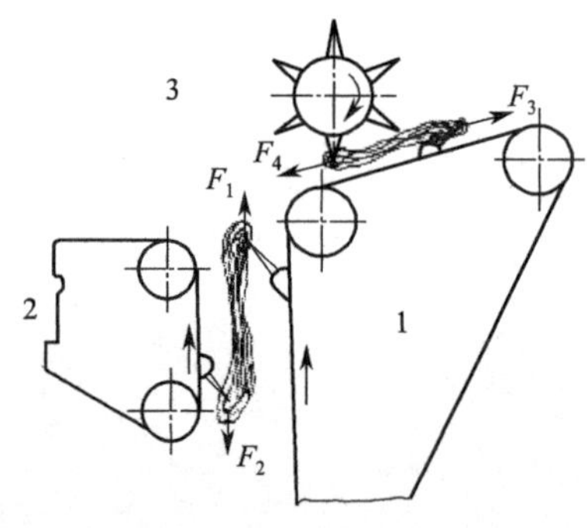

图 3-1　角钉扯松作用
1—角钉帘；2—压棉帘；3—均棉罗拉

原料开松的方法有角钉扯松和打击开松两种，而打击开松又包括自由打击开松和握持打击开松两种形式。

1. 角钉扯松

角钉扯松是利用一个角钉对原料进行撕扯或者利用两个角钉作相对运动时对原料进行撕扯而达到松解的目的。图 3-1 所示为 A006BS 型自动混棉机两个角钉对原棉的撕扯，当角钉帘抓着棉块向上运动时，压棉帘与角钉帘的运动方向相同，但角钉帘的运动速度比压棉帘快，而且角钉帘与压棉帘之间的距离较小，所以棉块受到两个方向相反的力（F_1和 F_2）的撕扯作用，在纤维联系较弱处分解。当角钉帘带着棉块遇到均棉罗拉时，均棉罗拉的运动方向与角钉帘相反，加上角钉帘与均棉罗拉之间的距离也较小，所以均棉罗拉上的角钉便抓住棉块反方向运动，棉块受到两个方向相反的力（F_3和 F_4）的撕扯作用，在纤维联系较弱处被分成两部分，一部分由角钉帘带走，另一部分由均棉罗拉抛向压棉帘带回储棉箱。通过角钉的撕扯作用，大的棉块被分解成小的棉块，从而实现了开松作用。

由此看出，角钉扯松的特点是开松作用缓和、纤维不易损伤、杂质不易破碎，但开松效果差。

2. 自由打击开松

自由打击开松是原料在非握持状态下接受高速回转的打击机件上的刀片、角钉或针齿的打击，造成纤维块振荡，破坏纤维与纤维之间的联系，从而达到松解纤维块的目的。

一般情况下，原料在打击机件高速回转产生的气流作用下向前运动，但打击机件的运动速度远远大于纤维块的运动速度，打击机件便对纤维块产生打击作用，引起纤维块振荡，使纤维块松解。

如图 3-2 所示，假设一纤维块由彼此相互联系着的 m_1和 m_2两部分纤维块组成，它们的质量中心分别在 A 点、B 点。在 A 点有打击力 P 作用，其方向是沿打手运动轨迹的切线方向，力 P 可分解为 P_1和 P_2，P_1的方向是沿着 A、B 之间连线的延长线方向，在 P_1的作用下，m_1部分的纤维块受到瞬时撕扯，如果 m_1、m_2两部分之间的联系力较小，则纤维块就分解成两部分，即一个大的纤维块便开松成两个较小的纤维块；若 m_1、m_2两部分之间有足够大的联系力而不能撕开时，整个纤维块或者沿打手速度方向运动或者在 P_2的作用下绕 B 点旋转，避开打手的作用，故可减少打手对纤维的损伤。

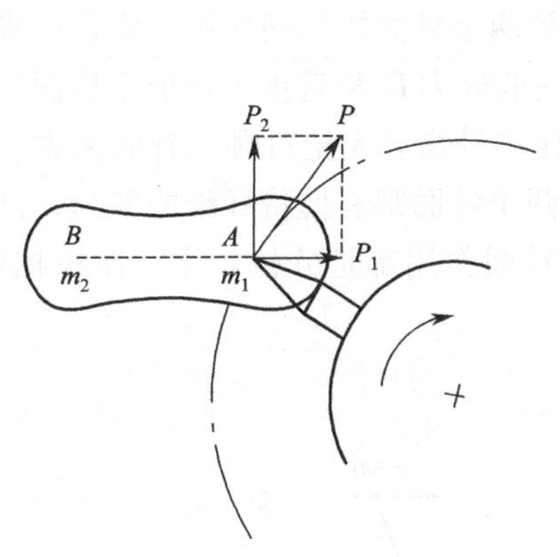

图 3-2 纤维块自由打击的作用分析

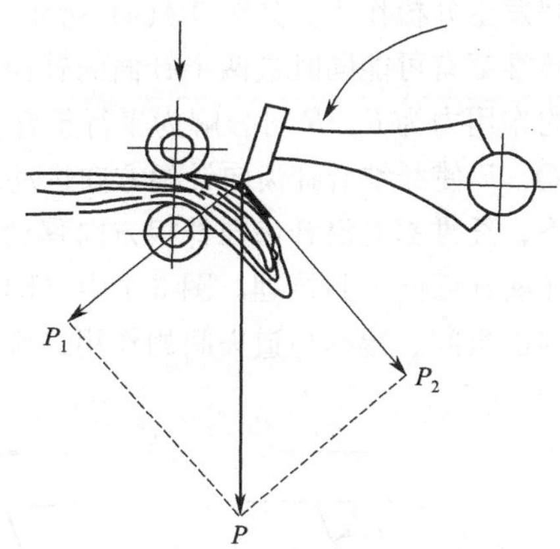

图 3-3 纤维块握持打击的作用分析

由此看出，自由打击开松的特点是开松作用缓和、纤维不易损伤、杂质不易破碎，但开松除杂效果稍差。

3. 握持打击开松

握持打击开松是原料在握持状态下接受高速回转打击机件上的刀片、角钉或针齿的打击，造成纤维块振荡，破坏纤维与纤维之间的联系力，从而达到松解纤维的目的。如图 3-3 所示，棉层由给棉罗拉缓慢喂入机内，打手高速回转打击喂给的棉层，棉层受到打手的打击和撕扯。打手打击力 P 的方向是沿着打手运动轨迹的切线方向，打击力 P 可分解为两个分力，即 P_1和 P_2，分力 P_1使须丛受到压缩而紧密，分力 P_2对须丛产生撕扯作用。当分力 P_2

和喂给钳口握持力均大于纤维间联系力时，棉束便从须丛中扯下，棉块得到开松；当分力P_2大于喂入钳口握持力而小于纤维间联系力时，整块棉块被打手拖入机内，不发生开松作用。因此，当纤维间的联系力较大时，不但要有较大的打击力，还必须有较大的喂给钳口的握持力，才能使原料得到开松。

由此看出，握持打击的特点是打击力大、开松除杂作用强，但杂质容易破碎、纤维容易损伤。

（二）梳理

梳理是梳理机利用梳针把小的纤维束分解成单纤维，并继续清除纤维束中残留的杂质和疵点。梳理机主要有盖板式和罗拉式两种。盖板式梳理机一般用于较短纤维，如纯棉、棉型化纤的纯纺和混纺；罗拉式梳理机一般用于较长纤维纺纱，如毛、麻、绢及毛型化纤的纯纺和混纺。

梳理机利用两针面对纤维完成分梳。两针面对纤维产生作用必须满足以下三个条件：

① 两针面有一定的针齿密度，以便对纤维产生足够的握持力；

② 两针面间要有较小的隔距，使纤维能够与两针面针齿充分接触；

③ 两针面间要有相对运动。

根据两针面针齿配置及两针面相对运动的方向不同，针面对纤维可产生分梳作用、剥取作用和提升作用。

1. 分梳作用

两针面的针齿相互“平行”配置，且针面1的针尖迎着针面2的针尖作相对运动，则两针面间发生分梳作用。如图3-4(a) 所示，$v_1 > v_2$，由于两针面的隔距很小，由任一针面携带的纤维都有可能同时被两个针面的针齿所握持而受到两个针面的共同作用。假设纤维和针齿间的作用力为R，R可分解为平行于针齿工作面方向的分力P和垂直于针齿工作面方向的分力Q，P使纤维沿针齿向针根方向运动，Q使纤维压向针齿。无论对哪一针面来说，在P作用下，纤维都有沿针齿向针根方向移动的趋势，即两个针面都有握持纤维的能力，从而使纤维在两针面间受到梳理。图3-4中（b）和（c）的针面作用都是分梳作用。在梳棉机上，锡林与盖板间、锡林与道夫间的作用，都是分梳作用。

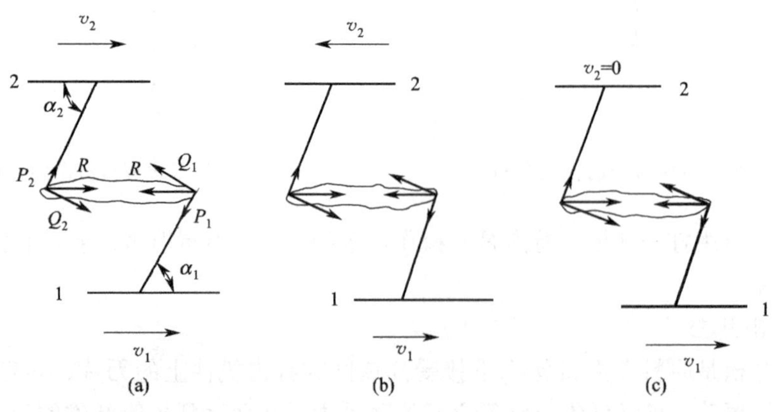

图3-4 分梳作用

2. 剥取作用

两针面的针齿“交叉”配置，当一个针面的针尖从另一针面的针背上超越时，则前一针面的针齿从后一针面的针齿上剥取纤维。如图 3-5(a) 所示，$v_1>v_2$，两针面的针齿交叉配置，且针面 1 的针尖从针面 2 的针背上超越。假设两针面相对运动对纤维产生作用力 R，R 可分解为平行于针齿工作面方向的分力 P 和垂直于针齿工作面方向的分力 Q。对针面 1 来说，纤维在 P 的作用下有沿针齿向齿根方向移动的趋势；对针面 2 来说，纤维在 P 的作用下有沿针齿向齿尖方向移动的趋势，所以针面 2 上的纤维被针面 1 所剥取。图 3-5(b) 所示为针面 1 剥取针面 2 上的纤维，图 3-5(c) 所示为 $v_1<v_2$ 时，针面 2 剥取针面 1 上的纤维。在梳棉机上，锡林与刺辊之间的作用就是剥取作用。

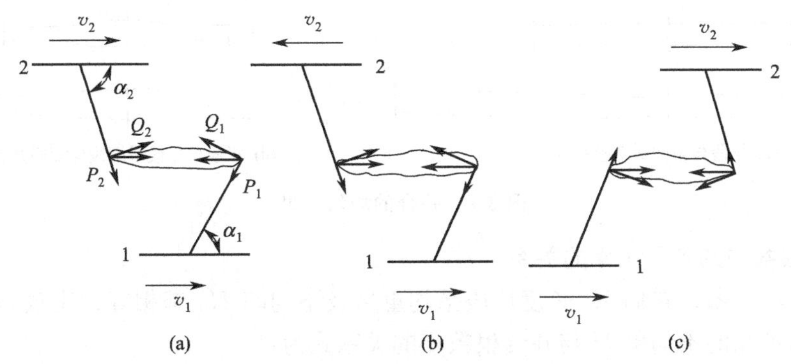

图 3-5　剥取作用

3. 提升作用

两针面上的针齿“平行”配置，当一个针面的针背从另一个针面的针背上超越时，则两针面间发生提升作用。如图 3-6 所示，$v_2>v_1$，若针面 1 原来带有纤维，则从力的分析可知两针面作用的结果是两针面上的纤维都会向针尖方向移动，即两个针面上的针齿都没有抓取纤维的能力，针面 1 上的纤维只是被针面 2 提升到针面 1 的表面，仍然随针面 1 运动。在采用弹性针布的罗拉梳理机上，锡林与提升辊间的作用就属于提升作用。

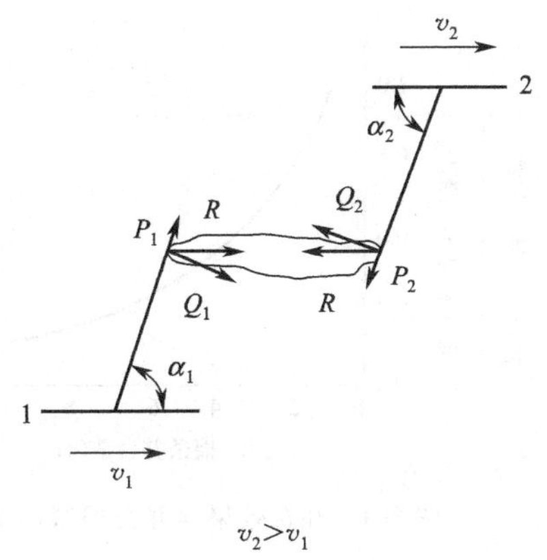

图 3-6　提升作用

（三）并合

1. 并合作用的原理

当两根须条并合时，由于并合的随机性可产生四种情况，如图 3-7 所示。

(a) 一根条子的粗段与另一根条子的细段并合。

(b) 一根条子的粗段与另一根条子的粗细适中段并合。

(c) 一根条子的细段与另一根条子的粗细适中段并合。

(d) 一根条子的粗段与另一根条子的粗段并合或细段与细段并合。

并合后经拉伸，前三种情况都可以使条子横截面间的纤维根数差异减小，条子的均匀度得到改善，后一种情况虽不能使条子均匀度改善，但也不会恶化。如果不考虑其他因素的影响，须条并合根数越多，粗段与粗段、细段与细段并合的机会就越少，其他情况并合的机会就越多，改善产品均匀度的效果就越好。

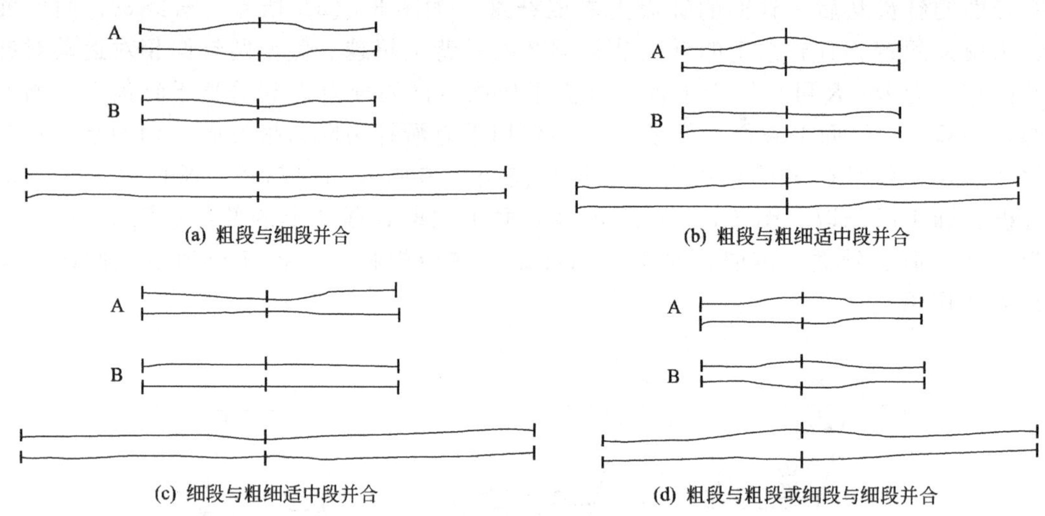

(a) 粗段与细段并合
(b) 粗段与粗细适中段并合
(c) 细段与粗细适中段并合
(d) 粗段与粗段或细段与细段并合

图 3-7 并合的均匀效果

2. 并合根数与须条不匀率的关系

假设有 n 根须条，它们 5m 长度片段平均重量及不匀率 H_0 都相等，用数理统计的方法推证，并合后产品的不匀率 H 与并合根数 n 的关系式为：

$$\frac{H}{H_0}=\frac{1}{\sqrt{n}} \tag{3-1}$$

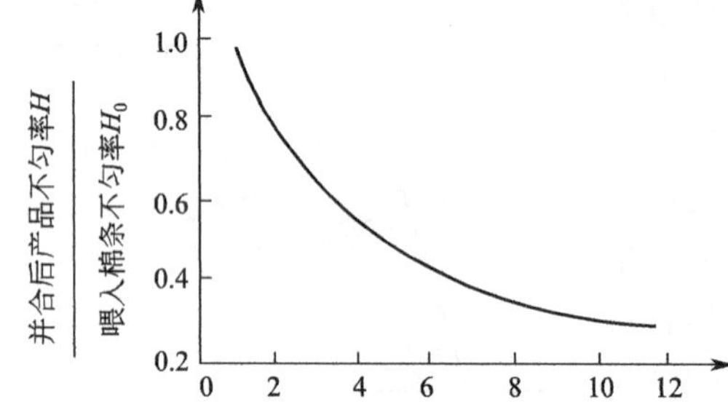

图 3-8 并合效果与并合根数的关系

以 n 为横坐标，以 $\frac{H}{H_0}$ 为纵坐标，关系曲线如图 3-8 所示。

由图 3-8 可以得出以下结论。

① 并合根数越多，并合后条子的均匀度越好。

② 曲线前段陡峭，后段平滑，说明并合根数较少时，增加并合数，并合效果比较明显，当并合根数超过一定范围，再增加并合数，并合效果就逐渐不明显了。而且，并合根数越多，牵伸倍数越大，牵伸装置对纤维运动的控制越差，须条的条干越不均匀。所以一般在并条机上多采用 6～8 根并合。

（四）牵伸

1. 牵伸概述

在纺纱过程中，将须条抽长拉细的过程称为牵伸。通过牵伸可使须条单位长度的重量变轻，并使纤维伸直、平行和分离。凡借助表面速度不同的回转罗拉来实现牵伸的，称为罗拉牵伸。

实现罗拉牵伸必须具备三个条件。

① 有两个能积极握持须条的钳口，且钳口必须对纤维具有一定的握持力。

② 两个钳口间要有一定的距离，这个距离要大于纤维的品质长度，以利于牵伸顺利进行。

③ 两个钳口要有相对运动，即前一对罗拉的表面速度要大于后一对罗拉的表面速度。

须条被抽长拉细的倍数，称为牵伸倍数，一般用 E 来表示。图 3-9 为牵伸作用示意图。假设牵伸过程中，各对罗拉与须条间不产生滑溜，则牵伸倍数 E 可用下式表示

$$E=\frac{v_1}{v_2} \tag{3-2}$$

式中 v_1——输出罗拉的表面速度；

v_2——喂入罗拉的表面速度。

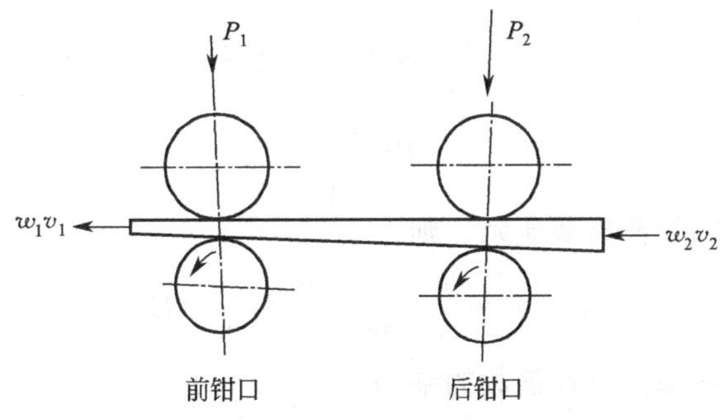

图 3-9 牵伸作用示意图

假设牵伸过程中没有纤维散失，则单位时间内牵伸区输出的须条质量应与喂入的须条质量相等，即：

$$v_1 w_1 = v_2 w_2$$

$$E=\frac{v_1}{v_2}=\frac{w_2}{w_1} \tag{3-3}$$

式中 w_1——输出须条的定量；

w_2——喂入须条的定量。

实际上，牵伸过程中既有纤维的散失，罗拉也有滑溜现象，前者使实际牵伸倍数增大，后者使实际牵伸倍数减小。不考虑落棉、飞花和罗拉滑溜的影响，用输出、喂入罗拉表面速度之比求得的牵伸倍数，称为机械牵伸倍数或计算牵伸倍数；考虑了落棉、飞花和罗拉滑溜的影响而求得的牵伸倍数，称为实际牵伸倍数。实际牵伸倍数是用牵伸前、后须条的实际线密度或定量之比求得的：

$$E'=\frac{w_2}{w_1} \tag{3-4}$$

式中 E'——实际牵伸倍数；

w_1——输出须条的定量；

w_2——喂入须条的定量。

实际牵伸倍数与机械牵伸倍数之比称为牵伸效率。牵伸效率一般用 η 来表示，即：

$$\eta=\frac{E'}{E}\times 100\% \tag{3-5}$$

在工艺设计中，根据喂入、输出须条的定量计算实际牵伸倍数，并根据经验选取牵伸效率计算机械牵伸倍数，再根据机械牵伸倍数与牵伸变换齿轮的关系确定牵伸变换齿轮齿数，就能纺出符合设计要求的须条。

为计算方便，生产上计算机械牵伸倍数时，常采用下面公式：

$$E=\frac{1}{\eta}\times E' \tag{3-6}$$

$\frac{1}{\eta}$称为牵伸配合率，是牵伸效率的倒数。

牵伸装置通常由几对牵伸罗拉组成，最后一对喂入罗拉至最前一对输出罗拉之间的牵伸倍数称为总牵伸倍数，相邻两对牵伸罗拉之间的牵伸倍数称为部分牵伸倍数。

假设一个牵伸装置由四对牵伸罗拉组成，那么这个牵伸装置共有三个部分牵伸区，每个部分牵伸区的牵伸倍数依次为 e_1，e_2，e_3，则：

$$e_1=\frac{v_1}{v_2};e_2=\frac{v_2}{v_3};e_3=\frac{v_3}{v_4}$$

总牵伸倍数 $$E=\frac{v_1}{v_4}$$

将三个部分牵伸区的牵伸倍数连乘，则：

$$e_1e_2e_3=\frac{v_1}{v_2}\times\frac{v_2}{v_3}\times\frac{v_3}{v_4}=\frac{v_1}{v_4}=E \tag{3-7}$$

即总牵伸倍数等于各部分牵伸倍数的乘积。

2. 牵伸区内纤维的运动

假设喂入须条是均匀的，须条中纤维长度相等且完全伸直，牵伸过程中各根纤维都在同一界面变速，牵伸前纤维头端的距离为 a_0，经过 E 倍牵伸后，纤维头端的距离 $a_1=Ea_0$，说明牵伸前须条的条干是均匀的，牵伸后须条的条干也应该是均匀的，只不过纤维均匀地分布到更长的长度上去了。Ea_0 称为牵伸后纤维的正常移距。

但试验表明，经过牵伸，须条的条干均匀度恶化了，如并条后的熟条条干不匀率大于梳棉生条条干不匀率，粗纱条干不匀率大于熟条条干不匀率，这说明牵伸对条干均匀度起着不良的影响。事实上，喂入须条是不均匀的，须条中纤维长度并不相等，也并不完全伸直，牵伸过程中各根纤维也并不都在同一界面变速。最简单的方法是移距实验，将两根颜色不同的纤维夹在须条内进行牵伸。先测出纤维头端的距离 a_0，经 E 倍牵伸后，再测量纤维头端的距离 a_1，有时 $a_1>Ea_0$，有时 $a_1<Ea_0$，很少有 $a_1=Ea_0$ 的情况。这说明在实际牵伸中，大多数纤维头端不在同一个界面变速，而是在不同的界面变速，从而使牵伸后须条的条干均匀度恶化。

两根纤维在不同界面上变速后，头端的移距为 $a_1=Ea_0\pm(E-1)x$，$(E-1)x$ 称为移距偏差。在实际牵伸过程中，由于大多数纤维不在同一界面上变速，从而产生了移距偏差，形成须条的附加不匀。为了获得均匀的产品，应尽量使移距偏差缩小，即使纤维变速点位置尽可能向前钳口靠近且集中。

3. 牵伸过程中纤维运动的控制

在牵伸过程中，有效地控制纤维的运动，是提高须条均匀度的关键，纤维的运动取决于作用在纤维上的力。在牵伸区中，纤维与纤维之间、纤维与牵伸部件之间的摩擦力所作用的空间称为摩擦力界。摩擦力界具有一定的强度、长度和宽度。在牵伸区中，纤维各点上的摩擦力界强弱不同而形成一种分布，称为摩擦力界强度分布，简称摩擦力界分布。

图 3-10(a) 是罗拉钳口沿须条轴向的摩擦力界分布，即纵向分布。图 3-10(b) 是罗拉钳口沿须条横截面方向的摩擦力界分布，即横向分布。当胶辊加压后，由于胶辊富有弹性而变形，须条完全被包围，中部的须条压缩得紧密，摩擦力界强度最大，两侧的须条由于胶辊

变形，也受到较大的压力，所以横向摩擦力界的分布比较均匀。通常讨论的摩擦力界分布，大多指的是纵向分布。

图 3-10(a) 摩擦力界纵向分布中，在胶辊与罗拉中心线 O_1O_2 位置，胶辊对须条施加压力最大，纤维接触最紧密，纤维间的摩擦力最大，摩擦力界的强度最大，曲线 m_1 出现峰值。在中心线 O_1O_2 两侧，胶辊作用于须条的压力逐渐减小，摩擦力界的强度也逐渐减小，曲线 m_1 逐渐降低，形成一种中间高、两端低的分布。在远离中心线 O_1O_2 的 ab 线的左方和 cd 线的右方，胶辊对须条的压力趋近于零，但由于纤维间摩擦力的存在，仍然具有一定的摩擦力界。

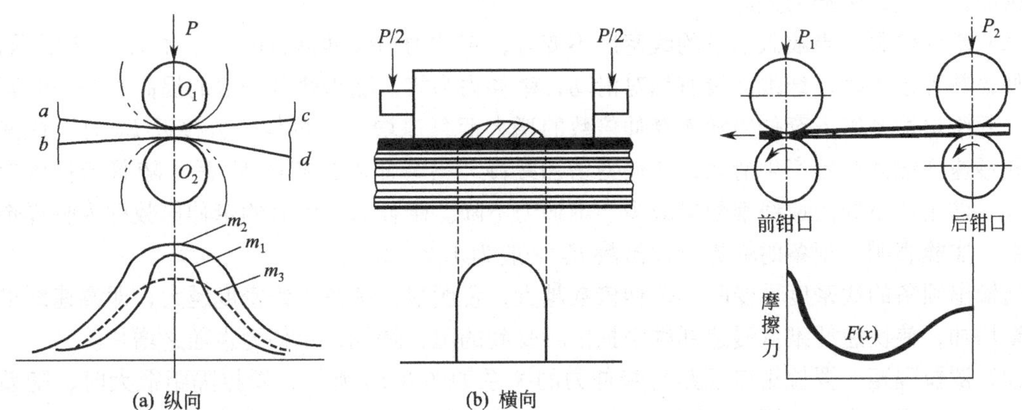

图 3-10 罗拉钳口下摩擦力界分布

图 3-11 简单罗拉牵伸区摩擦力界分布

影响摩擦力界分布的因素主要有以下几个方面。

(1) 胶辊加压 胶辊压力增加，钳口下的纤维层被压得更紧，须条中纤维与纤维之间、纤维与罗拉和胶辊之间的摩擦力增大，摩擦力界的强度增大；同时，胶辊压力增加，胶辊和罗拉与须条的接触面积增大，摩擦力界向两侧扩展，长度扩大。如图 3-10 中的曲线 m_2 的形态。

(2) 罗拉直径 罗拉直径增大，而胶辊压力不变，则同样大的压力被分配到较大的面积上，摩擦力界的强度降低，但罗拉与须条的接触面积增大，摩擦力界的范围扩展。如图 3-10 中的曲线 m_3 的形态。

(3) 棉条定量 棉条定量增加，加压后须条的宽度与厚度均有所增加，加大了与胶辊和罗拉的接触面积，摩擦力界的强度降低，长度扩展，与图 3-10 中 m_3 的形态相似。

图 3-11 中，$F(x)$ 是由两对罗拉各自形成的纵向摩擦力界连在一起构成的简单罗拉牵伸区摩擦力界分布曲线。牵伸区中部摩擦力界的强度较弱，控制纤维的能力较差，致使较短的纤维变速点不稳定，须条的条干均匀度差。如果采用“紧隔距，重加压”的工艺原则，就可使牵伸区中部摩擦力界的强度增加，从而加强牵伸区中部纤维的控制，以改善须条的条干。

由于简单罗拉牵伸区中部摩擦力界的强度比较小，对纤维的控制比较弱，牵伸能力受到限制。为有效控制牵伸区内纤维的运动，提高牵伸装置的牵伸能力，在牵伸区内除了罗拉钳口造成的摩擦力界以外，利用附加机件（如压力棒、胶圈等）或改变罗拉的几何配置等因素所产生的摩擦力界，称为附加摩擦力界。附加摩擦力界既能加强对牵伸区中后部浮游纤维的控制，使纤维变速点前移而集中，又不阻碍快速纤维顺利抽出，保证了牵伸质量，提高了牵伸能力。

4. 牵伸力和握持力

牵伸过程中，前钳口所握持的快速纤维从慢速纤维中抽出时，所有快速纤维受到的摩擦力总和称为牵伸力。影响牵伸力的因素主要有以下几个方面。

(1) 纤维性质　喂入须条的纤维长度长，快速纤维从慢速纤维中抽出时受到的摩擦阻力大，牵伸力大；喂入须条的纤维线密度小，同样线密度的须条截面中纤维根数多，纤维的比表面积大，纤维与纤维之间的抱合力大，牵伸力大；纤维卷曲较多或纤维表面摩擦系数较大，则摩擦力大，牵伸力大。

(2) 牵伸倍数　当喂入须条的线密度不变时，牵伸力与牵伸倍数的关系如图 3-12 所示，当牵伸倍数等于 1 时，纤维间没有相对滑动，牵伸力为零。随着牵伸倍数的提高须条呈张紧状态，纤维接触紧密，牵伸力随着牵伸倍数的增大而急速增大。牵伸倍数接近 E_c 时，快速纤维和慢速纤维间开始产生滑动，牵伸力增加缓慢。当牵伸倍数超过 E_c 后，随着牵伸倍数的增大，前钳口下的快速纤维数量减少，牵伸力下降。牵伸力最大时的牵伸倍数称为临界牵伸倍数。实验表明，须条的临界牵伸倍数 E_c 一般为 1.2～1.3。

当输出须条的线密度不变时，牵伸倍数越大，说明喂入须条的线密度越大，即慢速纤维的数量增加，使快速纤维从慢速纤维中抽出时受到的阻力增加，牵伸力也随之增加。

(3) 罗拉隔距　罗拉钳口隔距与牵伸力的关系如图 3-13 所示，罗拉隔距很大时，随着隔距的缩小，牵伸力变化不大；隔距继续缩小，快速纤维从慢速纤维中抽出时受到的摩擦阻力越来越大，牵伸力缓慢增加；当隔距小到一定程度 (R_c) 以后，因有部分快速纤维的尾端还未脱离后钳口控制，快速纤维不仅要克服慢速纤维的摩擦阻力，还要从后钳口抽出，引起牵伸力急剧上升。

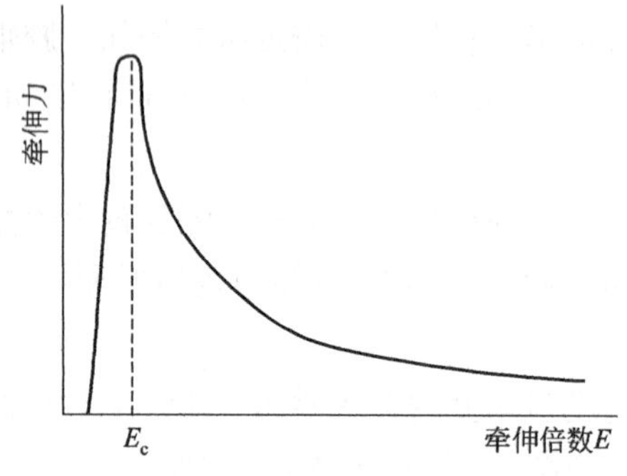

图 3-12　牵伸倍数与牵伸力的关系

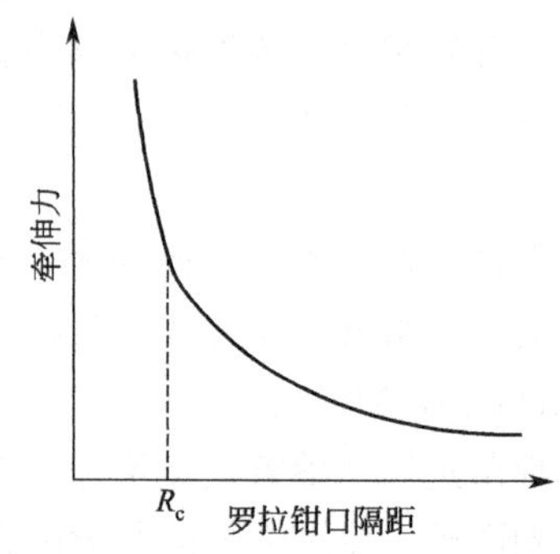

图 3-13　罗拉钳口隔距与牵伸力的关系

(4) 胶辊加压　后钳口胶辊压力增加，牵伸区后部摩擦力界的强度和范围都增加，牵伸力随之增加。

(5) 喂入须条的厚度　喂入同样线密度的须条，如果须条厚度变厚，宽度变窄，则须条摩擦力界强度增加，幅度扩展，牵伸力增大。实验证明，当其他条件不变时，两根棉条并列喂入，牵伸力为单根棉条的 2 倍；两根棉条上下重叠喂入，牵伸力为单根棉条的 3.2 倍。单根棉条线密度比原来大 1 倍时，牵伸力为原来单根棉条的 2.9 倍。

(6) 附加摩擦力界　在牵伸区中有附加摩擦力界，会使须条紧密度增加，牵伸力增大。

(7) 喂入须条的结构 喂入须条中纤维伸直度较差且互相交错纠缠排列，牵伸力大；纤维越是平行伸直，牵伸力越小。

(8) 温湿度 温湿度与牵伸力密切相关。温度升高时，棉蜡熔化，纤维间摩擦系数小，牵伸力降低；相对湿度增大，纤维间摩擦系数增加，牵伸力大，但相对湿度在34%～76%的范围内，相对湿度增加，牵伸过程中纤维易于平行伸直，牵伸力反而降低。

为使牵伸顺利进行，罗拉钳口对须条要有足够的摩擦力，即握持力。否则，须条将在罗拉钳口下打滑，引起条干不匀。所谓握持力是指罗拉钳口对须条的摩擦力，其大小取决于钳口对须条的压力及上下罗拉与须条间的摩擦系数。影响握持力的因素主要有以下几个方面。

(1) 胶辊加压 胶辊上加压的大小，是决定罗拉握持力的主要因素。压力越大，胶辊对须条握持力越大。

(2) 胶辊硬度 胶辊表面包有丁腈橡胶，既有一定的硬度，又有一定的弹性。硬度越大，弹性越差，胶辊对须条的握持力越小。

(3) 胶辊和罗拉的表面摩擦系数 胶辊和罗拉的表面摩擦系数越大，钳口与须条的摩擦力越大，握持力越大。

(4) 胶辊的机械状态 胶辊的机械状态不良，如胶辊磨损中凹、胶辊芯子因缺油而回转不灵等，都会影响罗拉钳口握持力的大小。因此，为了保持罗拉钳口有足够的握持力，必须调整好影响钳口握持力有关部件的机械状态。

牵伸力反映了牵伸区中快速纤维与慢速纤维之间的联系力，由于这种联系力的作用使须条张紧，并引导慢速纤维在张紧伸直的状态下转变速度，因此，牵伸力应具有一适当数值，并保持稳定，这是保证牵伸区中纤维运动稳定的必要条件。但牵伸力不应过大，过大会使须条在罗拉钳口下打滑，出现短粗节。如果牵伸不稳定，出现波动，条干更会恶化。

综上所述，影响罗拉握持力和牵伸力的因素较多，必须掌握这些因素的内在联系，结合实际生产条件，处理好牵伸力和握持力的关系，努力做到牵伸力稳定，保证正常牵伸。当生产条件发生变化而引起牵伸力波动、出现牵伸力与握持力不相适应的情况时，可以通过调整牵伸工艺参数（如罗拉隔距、胶辊加压、牵伸倍数等），使牵伸力与握持力相适应，达到稳定生产、保证产品质量的目的。引起牵伸力波动的生产条件，主要有配棉成分的变化、纺纱线密度的变化以及车间温湿度的变化等，当这些条件发生变化时，需要根据牵伸力的变化调整牵伸工艺。

5. 纤维的伸直平行作用

纤维的伸直平行作用是牵伸的主要任务之一。纤维伸直平行程度影响成纱条干、强力和毛羽。须条中纤维的伸直度和平行度越好，成纱条干均匀度越好，强力越高，毛羽越少。

须条中纤维的形态一般有三种：前弯钩纤维、后弯钩纤维和无弯钩的屈曲纤维。这些纤维在牵伸过程中都须经历一个由慢速变快速的过程，当纤维头端进入变速界面后，头端以快速向前运动，纤维的其他部分仍受周围慢速纤维的控制，慢速向前运动，这样，纤维的头端与后面部分发生相对运动，纤维的弯钩或屈曲部分被拉直。纤维伸直必须具备三个条件：速度差、延续时间和作用力，这三个条件缺一不可。

影响纤维伸直平行效果的主要因素如下。

(1) 牵伸倍数 不同的牵伸倍数对前、后弯钩纤维的伸直效果是不一样的。

各种牵伸倍数下前弯钩纤维的伸直效果如图3-14所示，后弯钩纤维的伸直效果如图

3-15 所示。图中横坐标表示牵伸倍数 E，纵坐标表示伸直作用结束后纤维的伸直系数 η'，η 为发生伸直作用前纤维的伸直系数。从图中可以看出，前弯钩较难伸直，只有在牵伸倍数较小时（小于 3 倍），才有一定的伸直效果；后弯钩纤维易于伸直，牵伸倍数越大，后弯钩纤维的伸直效果越好。

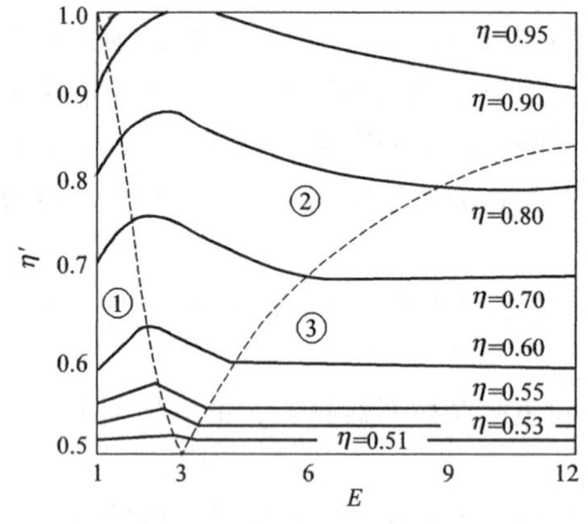

图 3-14 前弯钩纤维伸直效果的函数图像

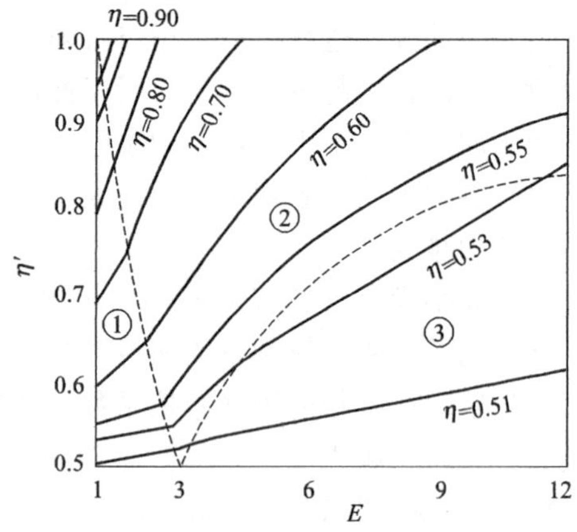

图 3-15 后弯钩纤维伸直效果的函数图像

（2）牵伸形式 不同的牵伸形式，其牵伸区内摩擦力界的分布不同，对弯钩纤维的伸直效果的影响也不一样。牵伸区中后部摩擦力界强，对纤维的控制能力强，纤维伸直过程的持续时间长，纤维的伸直效果好。

（3）工艺道数 细纱工序是纺纱的最后一道工序，而且细纱机的牵伸倍数最大，有利于消除后弯钩，因此应该使喂入细纱机的粗纱中后弯钩纤维居多，所以在普梳纺纱工艺流程中，梳棉机与细纱机之间的设备道数应为奇数道。

（五）加捻

1. 纱条的加捻

纱条一端握持，另一端绕自身轴线回转，回转一周，纱条上便得到一个捻回。加捻的实质就是利用纱条横截面间产生的相对角位移，使原来伸直平行的纤维与纱轴发生倾斜来改变纱条结构，从而使纱条的紧密度增加，并具有一定的强力、弹性、伸长等物理机械性能。

粗纱机上纱条的加捻，如图 3-16 所示。在粗纱机上，纱条被前罗拉钳口握持并输出，穿过锭翼顶孔 B，从侧孔 C 引出，通过空心臂、压掌叶 E 缠绕在筒管上。当锭翼回转时，侧孔 C 以下的一段纱条只绕筒管公转，不绕本身轴线自转，不起加捻作用；而侧孔 C 以上的纱条，则随着锭翼的回转绕本身轴线自转。锭翼每回转一周，纱条绕本身轴线自转一转，纱条上便加上一个捻回。由于加捻时产生的扭矩作用，捻回自加捻点 C 向前罗拉钳口传递。前罗拉连续输出纱条，锭翼不停地回转加捻，因而纺出具有一定捻度和强力的粗纱。

细纱机上纱条的加捻，如图 3-17 所示，前罗拉钳口输出的纱条经导纱钩，穿过钢领上的钢丝圈，卷绕到紧套于锭子的筒管上面。锭子带着筒管高速回转，从而通过纱线牵动，使钢丝圈沿钢领高速回转。即须条一端被前罗拉钳口握持，另一端由钢丝圈带动高速回转而加上捻回，钢丝圈沿钢领回转一转纱条就获得一个捻回。

2. 捻度计算

在粗纱机和细纱机上，锭子转一转，纱条加上一个捻回，故纺出纱条的计算捻度为：

$$T_{tex}=\frac{n}{v}\times 10 \quad (3\text{-}8)$$

式中 T_{tex}——捻度，捻回/10cm；

v——前罗拉表面速度，m/min；

n——锭子（翼）转速，r/min。

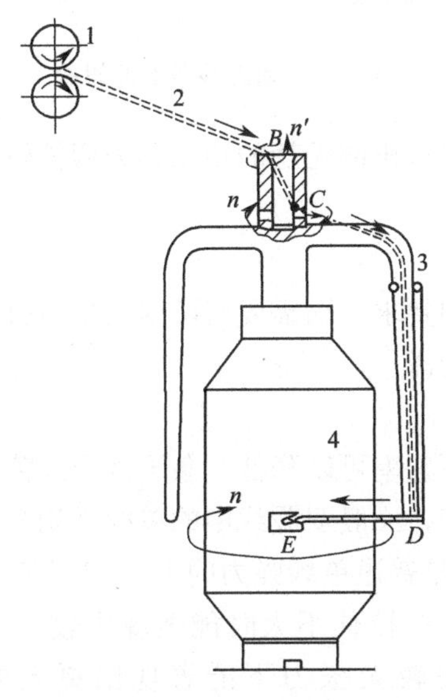

图 3-16 粗纱机上纱条的加捻

1—前罗拉；2—纱条；3—空心臂；4—筒管

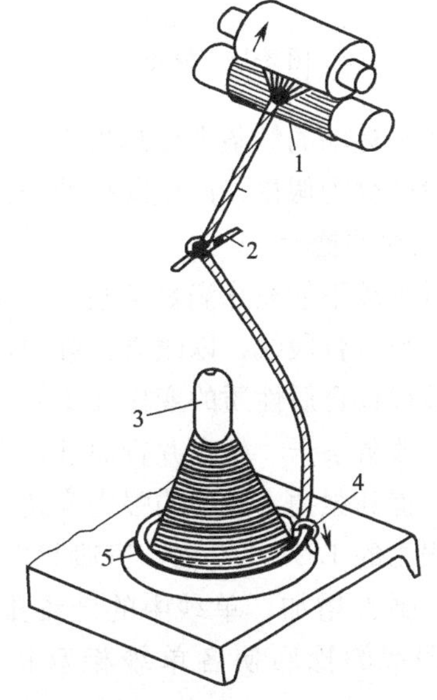

图 3-17 细纱机上纱条的加捻

1—前罗拉；2—导纱钩；3—筒管；4—钢丝圈；5—钢领

生产上改变捻度一般是通过改变捻度变换齿轮来调整前罗拉的输出速度而实现的，因此捻度的大小影响产量，捻度大，产量低。

3. 假捻

在正常加捻时，捻回是由加捻点向握持点传递的，但离加捻点较远处捻度较小，致使须条强力较低，易产生意外伸长而造成须条不匀。在加捻区中，如果有外界阻力作用，就会使捻回传递受阻，这种现象称为捻陷现象，外界阻力点称为捻陷点。由于捻陷现象的存在，使握持点与捻陷点间捻度减小。为了增加握持点与捻陷点之间须条的捻度，以增加其强力，在纺纱机上一般采用假捻，如粗纱机上锭翼顶孔处加装假捻器，以增加前罗拉钳口与锭翼顶孔之间纱条的捻度，减少由于纱条抖动而产生的意外伸长。

假捻的原理如图 3-18 所示。纱条两端（A、C）被握持，在纱条中间（如 B 点）加捻，加捻点两侧的纱条上获得数量相等、方向相反的捻回。加捻点去掉后，数量相等、方向相反的捻回相互抵消，纱条上的捻回消失。这种暂时存在的捻回称为假捻。

生产上运用假捻，是在运动的纱条上选取一点作为加捻点，如图 3-19 所示，纱条沿 AC 方向运动，取 B 点作为加捻点，AB 为输入段，BC 为输出段。设须条的线速度为 v，加捻点 B 的回转速度为 n，则输入段的捻度 $T_{tex}=n/v$；输出段得到的捻回分为两部分，一部分来自加捻点 B，捻回数大小与 n 相等，捻向与输入端相反；另一部分是输入段输入的捻回数

$n=T_{tex}v$，则输出段得到的总捻回数 $n'=T_{tex}v-n=0$，则输出段的总捻度 $T'_{tex}=n'/v=0$。由此可知输出段的纱条上没有捻回。

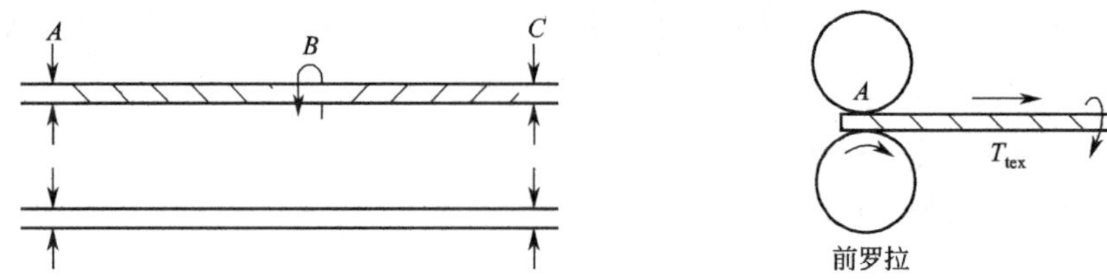

图 3-18　假捻　　　　图 3-19　动态纱条上的假捻

上述在运动的纱条上设加捻点，使输入端有捻，而输出端无捻的现象称为假捻效应。输入端的捻回称为假捻，产生假捻的部件称为假捻器。

4. 股线的捻合

有时单纱不能充分满足某些工业用品或高档织物的要求，而需要将两根或更多根单纱并合加捻，形成合股线，以改善其强力、弹性、手感和光泽。

合股线捻合后性质的变化如下。

(1) 改善条干　根据并合原理，多根单纱并合后不匀率可以降低，条干得到改善。

(2) 提高强力　股线的强力常超过单纱强力的总和，一般双股线中的单纱平均强力是普通单纱强力的 1.2～1.5 倍，三股线中的单纱平均强力是普通单纱强力的 1.5～1.7 倍。

(3) 弹性增加　单纱中的纤维排列成螺旋线状，在拉伸不大时能表现出较大的伸长特性。股线的捻回使各单纱相互扭成螺旋线状，在较大张力下能表现出更大的弹性伸长。

(4) 耐磨性增加　由于股线条干均匀，截面比较圆整，在使用中受到各向摩擦，即使表面纤维局部磨损，而纤维相互间仍有稳定的结构关系，股线仍有一定强度，因此有较好的耐磨性能。

(5) 光泽改变　纱线的光泽取决于表面纤维的轴向平行程度。单纱捻度越多，纤维倾斜越大，轴向平行度越差，光泽越暗淡。同向加捻的股线，使表面纤维的轴向平行度降低，光泽差；反向加捻的股线，使表面纤维的轴向平行度提高，光泽好。另外，股线条干均匀、截面圆整、表面光洁，可使外观和光泽获得改善。

(6) 手感改变　反向加捻的股线结构外松内紧，手感柔软；同向加捻的股线外紧内松，手感坚实。

股线股数与纱线的用途有关系。一般衣着用线两股并合已能达到要求，股数太多既不经济，也不实用。对强力及圆整度要求高的股线需用较多的股数，如缝纫线一般用三股。当股数超过五股以上时，容易使某根单纱形成芯线，使纱受力不均匀，降低捻合效果。采用复捻方式制成的缆线，强力高、耐磨、抗挠、抗压性能好，捻回比较稳定，如帘子线、渔网线等。对要求比较厚实、硬挺而且紧密的织物，如帆布、水龙带等，可采用单捻方式。

股线的捻向对股线性质影响很大。单捻时，合股线的捻向有两种，反向加捻和同向加捻。反向加捻是指股线捻合的方向与单纱的捻向相反，同向加捻是指股线捻合的方向与单纱的捻向相同。大多数股线采用反向加捻。为操作方便，在细纱机上单纱多采用 Z 捻，所以，股线多采用S捻。

复捻时，为使捻回比较稳定，通常有两种捻向，即ZZS或ZSZ。通常根据缆线用途和要求确定捻向。

二、原料的选配与混合

原料是纺制纱线的主要物质基础。影响成纱质量和纺纱成本的因素很多，如原料、机械设备、工艺条件、技术力量及管理水平等，其中原料是主要因素。所以正确选用原料具有极为重要的意义。

纺纱原料有棉、麻、丝、毛和各种化纤短纤维。由于不同原料性能不同，所以生产中有棉纺、麻纺、毛纺、绢纺四大纺纱系统。目前应用最广泛的是棉纺纺纱系统，该系统的主要原料是原棉和棉型化纤，现介绍一下原料的选配与混合。

（一）原棉的选配

1. 配棉的目的和意义

为了充分发挥和合理利用不同原棉的特性，达到保证质量、降低成本、稳定生产的目的，棉纺厂一般不采用单唛头纺纱，而是把几种原棉搭配混合使用，这种多种原棉搭配使用的方法称为配棉。配棉时要根据成纱质量要求，结合原棉特点制定出混合棉的各种成分与混用比例的最佳方案。

配棉要处理好质量与节约用棉的关系，尽量保证重点产品的用棉，要考虑到库存原棉、车间上机原棉、原棉供应预测三方面的情况来配棉，要延长每批原棉的使用期，力求做到多唛头生产，并及时摸清到棉趋势和原棉质量，随时掌握产品质量的信息反馈情况，机动灵活、精打细算地调配原棉。

2. 配棉依据

配棉是依据成纱种类和要求及纱线质量考核指标来进行的。纱线品种不同，质量要求也不一样，在配棉时应分别予以考虑。线密度小的纱线，精梳纱，强度高、条干好、棉结杂质少的纱线，应选用品级高、成熟正常、细而长、长度整齐度好、杂疵少的原棉。

3. 配棉方法

目前棉纺厂普遍使用的配棉方法是分类排队法。所谓分类，就是根据原棉的特性和各种纱线的不同要求把适合纺制某类纱的原棉划为一类，组成纺该种纱线的混合棉。所谓排队是在分类的基础上将同一类原棉排成几队，把地区、性质接近的排在一个队内，当一个批号的原棉用完后，用同一个队中的另一个批号的原棉接替上去，使混合棉的性质无显著变化。

原棉分类排队时应该注意以下问题。

① 原棉资源、气候条件和力学性能。原棉分类时，要考虑原棉的库存量、棉季变动和到棉趋势，做到瞻前顾后，留有余地。同时考虑一下气候条件，冬季干燥，成纱强力低，断头多，需适当提高纱线强力；夏季高温潮湿，纤维易缠绕纺纱机件，需少用含糖高的原棉。机器型号、性能不同，开松、除杂、牵伸等效率不一样，配棉时也要考虑一下。

② 分类时混合棉中各原棉的质量指标差异不宜过大。一般控制范围：

品级：1～2级；

长度：2～4mm；

纤维线密度：0.15～0.2dtex（500～800公支）；

含杂率：1%～2%；

含水率：1%～2%；

断裂长度：1～2km；

包装规格：紧包配紧包，松包配松包，体积大小均等。

③ 为了保证生产过程和成纱质量的相对稳定，在配棉成分中应有意识地安排某几个批号的某些性质接近的原棉作为主体，一般以地区为主体，也有的以长度或线密度为主体。主体原棉在配棉成分中应占70%左右，这样可以避免品质特别好或特别差的原棉混用过多，从而使成纱质量保持稳定。

④ 队数和混用百分比要合适。队数多，混用百分比小，接批时混合棉性质波动小，但车间管理工作不便；队数少，混用百分比大，接批时混合棉性质波动大，但车间管理方便。考虑混合棉性质稳定和管理方便两方面的因素，确定原棉队数一般为5～8队。为了减少成纱质量的波动，最大混用百分比一般为25%左右，若先后接替原棉的主要性质差异过大，则混用百分比应控制在10%以内。

⑤ 交叉替补。在接批时，某队中接批的原棉某些性质较差或较好，为了弥补，可在另一队原棉中，选择一批在这些指标上较好或较差的原棉同时接批，以便互相弥补，使混合棉性质波动不大。要求同一天内接批的原棉批数，一般不超过两批，比例不超过25%。

⑥ 勤调少调。即接批时每次调动的比例小些，调动的次数多些，以保证混合棉性质稳定。如一批原棉混用25%，接近用完前，先将后批原棉换用10%左右，当前一批原棉用完后，再将后一批原棉增加到25%。

⑦ 回花和再用棉的使用。

纺纱过程中的回卷、回条、粗纱头、胶辊花等称为回花，可以与混合棉混用，但混用量不超过5%。

再用棉包括开清棉机的车肚落棉，梳棉机的车肚花、斩刀花和抄针花，精梳机的落棉等。开清棉机的车肚落棉中纤维短、含大杂多，可纺纤维少，一般是处理后混于粗特纱或副牌纱；斩刀花一般降级混用；精梳落棉一般在粗特纱中混用5%～10%，也可在中特纱中混用1%～5%。

4. 混合棉各项性质指标的计算

混合棉各项性质指标一般以混用原棉各项性能指标的加权平均数计算。

$$X = X_1 f_1 + X_2 f_2 + X_3 f_3 + \cdots + X_n f_n = \sum_{i=1}^{n} X_i A_i \tag{3-9}$$

式中 X——某项指标的加权平均值；

X_i——第 i 种纤维的某项性能指标；

f_i——第 i 种纤维的混用重量百分率。

（二）化学纤维的选配

随着化纤工业的飞速发展以及人民需求的日益提高，化学纤维愈来愈成为纺织工业不可缺少的重要原料之一。由于化学纤维品种繁多，性质各异，因此，根据不同产品的用途，适当选配化学纤维，可以增加花色品种，改善纤维可纺性能，提高织物服用性能，降低产品成本。

1. 纤维品种的选配

纤维品种的选配对混纺纱的性质起决定作用，应根据成纱用途来选择。内衣用纱，要求柔软光洁、条干均匀、吸湿性好，宜选用纯棉或棉与黏胶、维纶、腈纶等化学纤维混纺；外衣用纱，要求坚固耐磨，织物手感厚实、挺括、富有弹性，宜选用涤纶与棉混纺；特殊用纱，如轮胎帘子线，要求坚牢耐磨、不变形，宜采用涤纶或锦纶作原料。渔网用线，要求易干不霉，质轻耐磨，选用维纶比较合适。

2. 混纺比例的确定

混纺比例的确定对织物服用性能影响很大，主要考虑织物用途、成本、纱线强力和纺纱性能等因素。混纺纱常用的混纺比有 50/50、55/45、60/40、65/35，也有部分产品采用 20/80、30/70 等混纺比或倒比例。在混纺品种中，比例多的纤维性质对纱线的性质影响较大，成纱更具有此纤维的性能。

3. 纤维性质的选配

纤维性质的选配，主要影响纺纱工艺和混纺纱的质量。纤维品种和混纺比例确定以后，还不能最后确定产品的实际性能。因为同一种纤维的各项性质如长度、线密度、伸长率等，都对产品性能有直接的影响，所以，在原料选配的过程中，也要加以考虑。

(1) 化纤长度和线密度　化学纤维的长度和线密度相互配合构成棉型化纤、中长型化纤和毛型化纤三种规格，棉纺设备主要加工棉型和中长型化纤。棉型化纤的长度一般有 35mm 和 38mm 两种，线密度为 1.1～1.7dtex，常用于生产中、细特纱和质地紧密的薄型织物；中长型化纤的长度为 51～76mm，线密度为 2.2～3.3dtex，常用于生产中、粗特纱和质地厚实的毛型织物。

根据实践经验，化学纤维的长度 L(mm) 和线密度 T_t(dtex) 的比值为 23 左右，纺纱性能和纺纱质量比较好。当 $L/T_t>23$ 时，可纺细特纱，生产细薄织物，织物强度高，手感柔软，但纺纱过程中易产生纤维绕刺辊、绕锡林、绕罗拉、绕胶辊等现象，成纱棉结多；当 $L/T_t<23$ 时，可纺粗特纱，生产外衣织物，织物挺括并具有毛型感，但成纱发毛，可纺性差。

(2) 化纤的强伸性质　纤维强度高，成纱强力也高。纤维的强伸性质与纤维品种有关，同一品种的纤维，其强度和伸长也有差异。例如涤纶纤维，有低强高伸型、中强中伸型和高强低伸型之分，与棉混纺时，一般选用中强中伸型涤纶。当混纺纱受拉伸时，断裂伸长率低的纤维先断裂，使成纱强力降低，所以，应选配断裂伸长率相近的纤维进行混纺。

(3) 与成纱结构有关的纤维性质　两种纤维混纺时，细长、卷曲小、初始模量小的纤维容易分布在纱条的内层，粗短、卷曲大、初始模量大的纤维易分布在纱条的外层。外层纤维影响到织物的耐磨、手感和外观等表面性质，因此，要适当选配纤维性质，使某种纤维处于纱条外层，某种纤维处于纱条内层，充分利用纤维性质。

(4) 化学纤维的沸水收缩率　采用多唛头混用时，不同型号纤维的沸水收缩率应相接近，避免成纱在蒸纱定捻或印染加工受热后产生不同的收缩，造成产品出现布幅宽窄不一，形成条状皱痕。

(5) 色差　所谓色差，包括本色色差和染色色差。本色色差是指在纺部目测纺同一品种的熟条、粗纱、细纱和络纱筒子，可发现明显的色泽差异。染色色差是指在纺部目测纺同一品种的半制品和成品，没有明显的色泽差异，染色时因染色性能差异大才表现出明显的色泽差异。本色色差和染色色差都会使印染加工染色不匀，产生色差疵布。所以在化纤选配时，应选配色差和染色性能差异小的原料混合，对色差和染色性能差异大的原料应找出合适的混纺比，在纺纱过程中加强混合作用，接批时要做到勤调少调和交叉抵补。

（三）原料的混合

原料的混合是纺纱生产中的一项很重要的工作，尤其是混纺纱。目前常用的混合方法为棉包混合、条子混合。

1. 棉包混合　是指将配棉表所规定的各种成分的棉包，按排包图排列在自动抓棉机打手下方，打手逐包抓取适量的原棉混合的方法。适用于纯棉纺纱、纯化纤纺纱和混纺比要求不高的化纤混纺纱。特点是管理方便，但混合效果稍差，混纺比不易控制。

2. 条子混合　是指不同种类的纤维分别经过开清棉、梳棉等工序加工成条子后，在并条机上按预定的混纺比进行混合的方法。适用于纤维性质差异比较大或混纺比要求比较高的纤维混纺，如棉与化纤混纺。特点是有利于控制混纺比，但需增加并条设备道数以保证混合效果。

第二节　棉纺工程

一、棉纺纺纱系统及工艺流程

棉纺生产中，由于成纱用途和质量要求不同，所使用的原料也不相同，这就要求必须使用不同的机器进行组合，经过不同的加工程序来进行纺纱，将纤维纺制成纱线的加工过程称为纺纱工程。棉纺纺纱系统有粗梳纺纱系统和精梳纺纱系统两种。

1. 粗梳纺纱系统

粗梳纺纱系统也称普梳系统。一般用于纺制中、粗特纱，供织造普通织物用。工艺流程为：

开清棉→梳棉→头道并条→二道并条→粗纱→细纱

2. 精梳纺纱系统

精梳纺纱系统用于纺制高档棉纱、特种工业用纱或涤棉混纺纱等。要求纱线结构均匀、洁净、强力高、光泽好。工艺流程为：

开清棉→梳棉→精梳前准备→精梳→头道并条→二道并条→粗纱→细纱

成纱后根据产品用途和包装方式，采用不同的后加工流程。如股线需经过络筒、并纱、捻线、络筒、摇纱、成包等工序，以绞纱的形式销售，也有络筒经适当包装后以筒子纱形式销售。

二、开清棉

（一）开清棉工序的任务

开清棉是纺纱过程的第一道工序，将短纤维加工成适应下道工序使用的半制品。由于原棉中含有杂质、疵点和短绒，化学短纤维中含有各类疵点，为了保证棉纱质量，开清棉工序应完成下列任务。

(1) 开松 把压紧的大纤维块松解成较松的、大小均匀的小纤维块，同时应尽可能减少纤维的损伤。

(2) 除杂 在开松的基础上，清除纤维中的杂质、疵点。

(3) 混合 采取多种方式将各种成分的原料充分混合。

(4) 均匀成卷 制成纤维层纵、横向纤维密度基本均匀且具有一定规格的棉卷，以满足下道工序加工的需要。

若采用清梳联工艺，则不成卷，将经过开清棉加工后的纤维通过一定方式均匀地分配给梳棉机使用。

(二) 开清棉机械的分类

开清棉工序的任务是由开清棉联合机组来完成的，开清棉联合机是由一系列单台开清棉机械组成的，包括抓棉机械、混棉机械、开棉机械、给棉机械、清棉成卷机械等。各种机械通过凝棉器、配棉器、输棉管道等连接成开清棉联合机组。

(三) 典型的开清棉流程

目前，我国普遍使用的FA系列开清棉联合机，遵循精细抓取、多包取用、均匀混合、渐进开梳、早落少碎、少伤纤维的工艺原则，根据原料性质和产品质量要求进行合理组合。其典型组合如下。

1. 加工棉工艺流程

(1) FA002A型自动抓棉机×2台（并联)→FA121型除金属杂质装置→FA016A型自动混棉机（附A045B型凝棉器)→FA103型双轴流开棉机→FA022-6型多仓混棉机（附A045B型凝棉器)→FA106型豪猪式开棉机（附A045B型凝棉器)→FA106B型锯片打手开棉机（附A045B型凝棉器)→FA133型气动配棉器（2路)→FA046A型振动棉箱给棉机(附A045B型凝棉器)×2台→FA141型单打手成卷机×2台。

(2) FA002A型自动抓棉机×2台（并联)→FA121型除金属杂质装置→FA104型六滚筒开棉机（附A045B型凝棉器)→FA022-6型多仓混棉机（附A045B型凝棉器)→FA106型豪猪式开棉机（附A045B型凝棉器)→FA107型小豪猪式开棉机（附A045B型凝棉器)→A062型电气配棉器（2路)→A092AST型振动式双棉箱给棉机（附A045B型凝棉器）×2台→FA141型单打手成卷机×2台。

2. 加工化纤工艺流程

FA002A型自动抓棉机×2台（并联)→FA121型除金属杂质装置→FA016A型自动混棉机（附A045B型凝棉器)→FA022型多仓混棉机（附A045B型凝棉器)→FA106A型梳针滚筒开棉机（附A045B型凝棉器)→FA133型气动配棉器（2路)→FA046A型振动棉箱给棉机（附A045B型凝棉器)×2台→FA141型单打手成卷机×2台。

(四) 开清棉机械的主要结构和作用

1. 抓棉机械

各种原料按照排包图置于棉包台上，由抓棉打手对原料进行抓取，并喂给前方设备，在抓取的同时实现对原料的开松与混合。抓棉机械的种类和型号很多，但其作用原理基本相同。按机构特点的不同可分为两大类，即环行式自动抓棉机和直行往复式自动抓棉机。

(1) FA002A型环行式自动抓棉机 适于加工棉、棉型纤维和中长化纤。主要由抓棉小车、内围墙板、外围墙板、伸缩管、地轨等组成，如图3-20所示。棉包放在圆形地轨内侧抓棉打手的下方，抓棉小车沿地轨作顺时针环行回转，它的运行和停止由前方机台棉箱内光

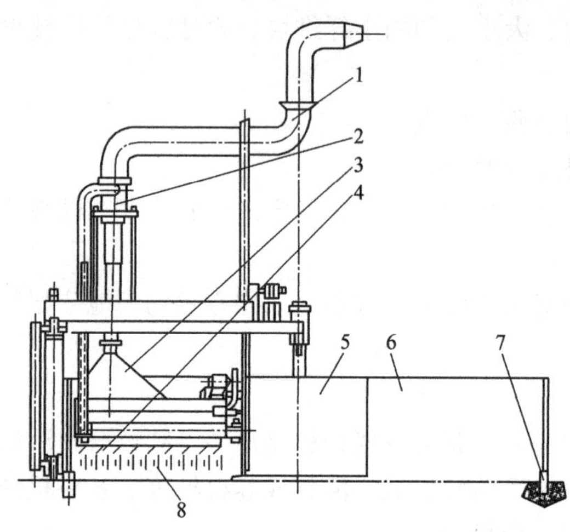

图 3-20 FA002 型环行式自动抓棉机

1—输棉管道；2—伸缩管；3—抓棉小车；4—抓棉打手；5—内围墙板；6—外围墙板；7—地轨；8—肋条

电管的控制。当前方机台需要原棉时，小车运行；前方机台不需要原棉时，小车就停止运行，以保证均匀供给。同时，小车每回转一周，打手间歇下降一定距离。由齿轮减速电机通过链轮、链条、4 只螺母、4 根丝杆传动。小车运行到上、下极限位置时，受限位开关的控制。抓棉小车运行时，抓棉打手同时作高速回转，借助肋条紧压棉包表面，锯齿刀片自肋条间隙均匀地抓取棉块，抓取的棉块由前方机台凝棉器风扇或输棉风机所产生的气流吸走，通过输棉管道落入前方机台的棉箱内。

(2) FA009 型往复式自动抓棉机　主要由抓棉小车、转塔、抓棉器、打手、压棉罗拉、输棉通道、地轨及电气控制柜等组成，如图 3-21 所示，该机适于加工各种原棉和长度 76mm 以下的化学纤维。

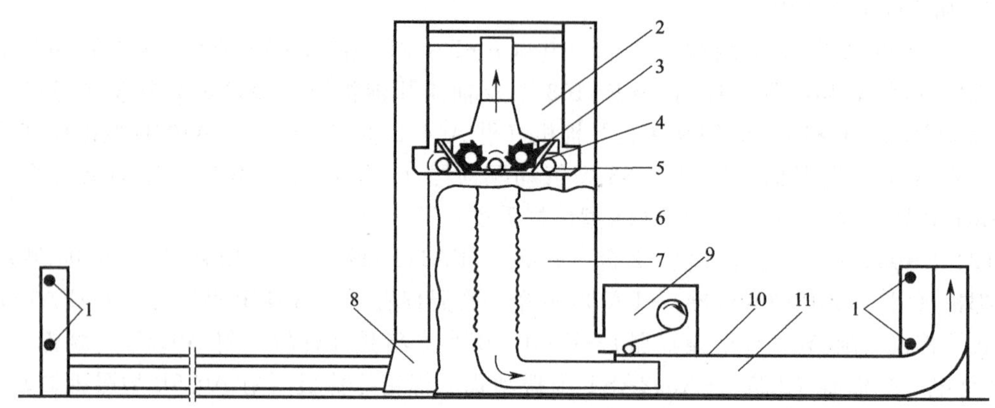

图 3-21 FA009 型往复式自动抓棉机

1—光电管；2—抓棉器；3—抓棉打手；4—肋条；5—压棉罗拉；6—伸缩输棉管；7—转塔；8—抓棉小车；9—覆盖带卷绕装置；10—覆盖带；11—输棉管道

抓棉机单侧可放置 50～100 个棉包，抓棉器内装有两只抓棉打手和三根压棉罗拉。打手刀片为锯齿形，刀尖排列均匀。压棉罗拉有两根分布在打手外侧，一根在两打手之间。抓棉小车通过四个行走轮在地轨上作双向往复运动。同时，间歇下降的抓棉打手高速回转，对棉包顺序抓取，被抓取的棉束经输棉管道，通过前方凝棉器或输棉风机的抽吸作用送入前方机台棉箱内。

(3) 抓棉机的作用　抓棉机具有抓取与开松作用和混合作用。抓取是通过肋条的紧压作用借助于打手锯齿的抓取作用来实现棉块的分离。混合作用是指抓棉装置抓取一层纤维时按照配棉比例抓取混合棉，并且由气流输送给前方机台，实现不同原棉的混合。

2. 混棉机械

混棉机械有较大的棉箱对原料进行混合，并用角钉机件扯松原料。按其结构特点分为两类。一类是自动混棉机，如 FA016A 型、A006BS 型、A006CS 型等；另一类是多仓混棉机，如 FA022-6（8、10）型、FA028 型、FA025 型等。

(1) FA016A 型自动混棉机　如图 3-22 所示，棉流由光电管控制，经凝棉器喂入本机，落入摆斗的两个金属翼片之间，由于翼片的摆动，将棉块横铺于输棉帘上，成为多层混合的棉堆。输棉帘与压棉帘同速，将棉堆夹持并逐渐压缩，纵向喂给角钉帘，再在具有速度差的压棉帘和角钉帘的同向夹持下向上输送，在此过程中对棉束有撕扯作用。角钉帘向上带动棉块通过均棉罗拉时，由于两者运动方向相反，故对棉块有撕扯和打击作用，并将多余的棉块回击到压棉帘上，返回棉箱再与棉堆混合。调节角钉帘与均棉罗拉间隔距，可改变输出棉量。角钉帘的前方有角钉打手能将角钉帘上的棉束剥下，撞击到角钉打手外围的尘格上，部分较大杂质被抛出。角钉打手上的棉束再被前方的豪猪打手剥下、打击并在打手与尘格之间反复作用，有些杂质经尘格落下，被撕扯打击后的小棉束由前方气流吸力的作用而输出。

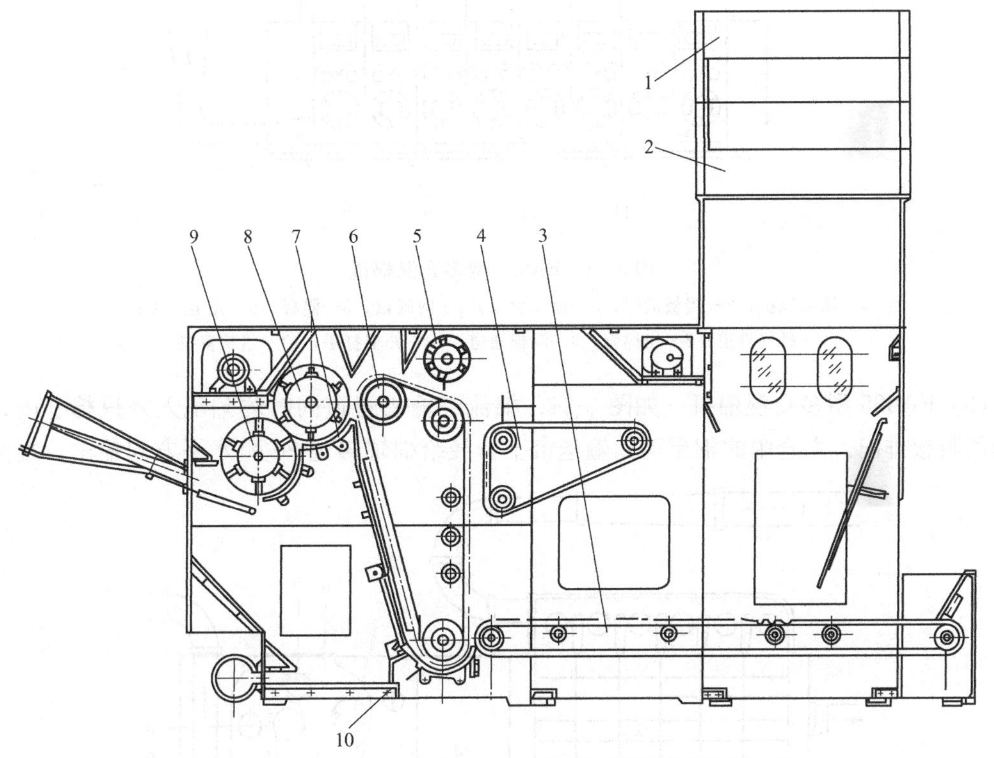

图 3-22　FA016A 型自动混棉机

1—凝棉器；2—摆斗；3—输棉帘；4—压棉帘；5—均棉罗拉；6—角钉帘；7—尘格；8—角钉打手；9—豪猪打手；10—漏底

(2) FA022 型多仓混棉机　FA022 型多仓混棉机有 6 仓、8 仓、10 仓，如图 3-23 所示。棉流被输棉风机吸入，压入输棉管道逐仓喂入仓内。各仓由挡板活门控制给棉，第一仓无活门，输棉管道两侧的排气管道与各仓隔板上部的网眼板相通，以排放仓内空气。当一个棉仓喂料时，料气分离，储棉增高，仓内气压增大，仓内外产生压差达到设定值时，压差开关发生作用，控制电气转换器，在气动作用下使该仓活门关闭，同时下一个棉仓的活门则自动开启，如此连续进行。在第二仓处设有高度限位光电开关，控制后方机台的喂棉。各仓纤维块在其下方给棉罗拉的握持下，由开棉打手开松，排入混棉通道内，各仓输出原料顺次叠加，完成混合，由出棉管将棉流输出机外。FA022 型多仓混棉机以各仓不同时喂入而在仓底同时输出所形成的时间差来实现混合作用，这种混合方式称为时差混合。

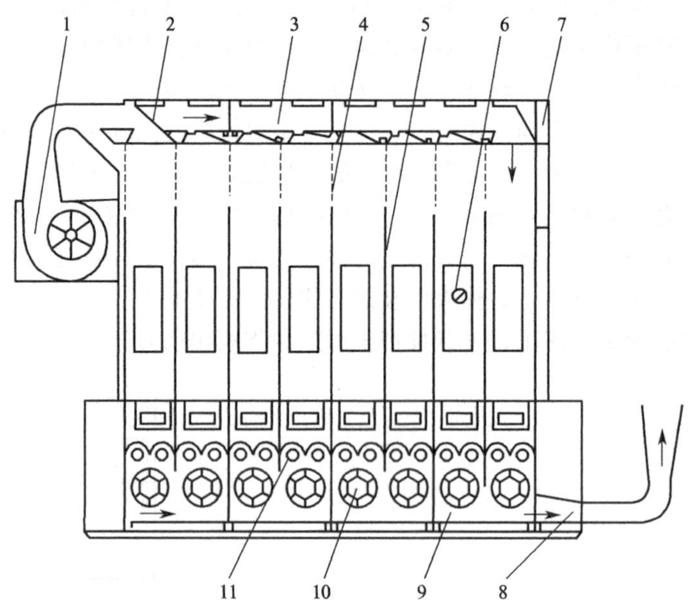

图 3-23 FA022 型多仓混棉机

1—输棉风机；2—挡板活门；3—输棉管道；4—网眼板；5—隔板；6—光电开关；7—排气管道；8—出棉管；9—混棉通道；10—开棉打手；11—给棉罗拉

(3) FA025 型多仓混棉机 如图 3-24，棉流经输棉管道同时均匀配入六只棉仓内，气流由网眼板排出。六仓中的棉层落到输送帘上，经给棉辊转过 90°呈水平方向输出，继而受

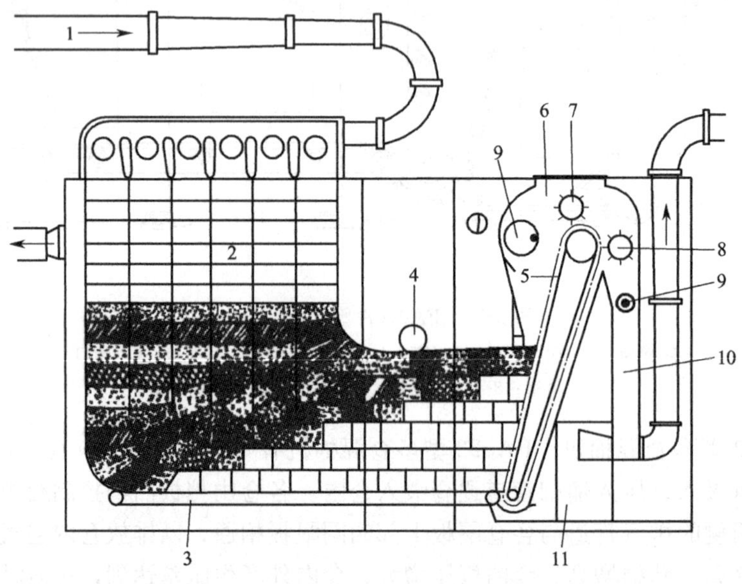

图 3-24 FA025 型多仓混棉机

1—输棉管道；2—棉仓；3—输送帘；4—给棉辊；5—角钉帘；6—小棉箱；7—均棉罗拉；8—剥棉罗拉；9—光电管；10—储棉箱；11—尘箱

到角钉帘的扯松，均棉罗拉将过多的原料击回小棉箱，角钉帘带出的更小的棉束由剥棉罗拉剥取落下，喂入下道机器。小棉箱、储棉箱棉量的多少由光电管控制。落下的杂质进入尘箱。FA025型多仓混棉机是以设计的仓间路程差为基础，对各仓同时喂入，不同时输出来达到混合作用，这种混合方式称为程差混合。

3. 开棉机械

开棉机械的特点是利用打手对纤维块进行打击，实现进一步的开松和除杂。开棉机械的打击方式有两种：一种为原料在非握持状态下经受打击，称为自由打击，如多滚筒开棉机、轴流开棉机，自由打击开棉机作用缓和、损伤纤维少、杂质不易碎裂；另一种为原料在被握持状态下经受打击，称为握持打击，如豪猪式开棉机，握持打击开棉机作用剧烈、易损伤纤维、除杂效果好。打手形式有矩形刀片式、梳针式、锯齿式。开清棉联合机的排列组合中，一般先安排自由打击开棉机，再安排握持打击开棉机。

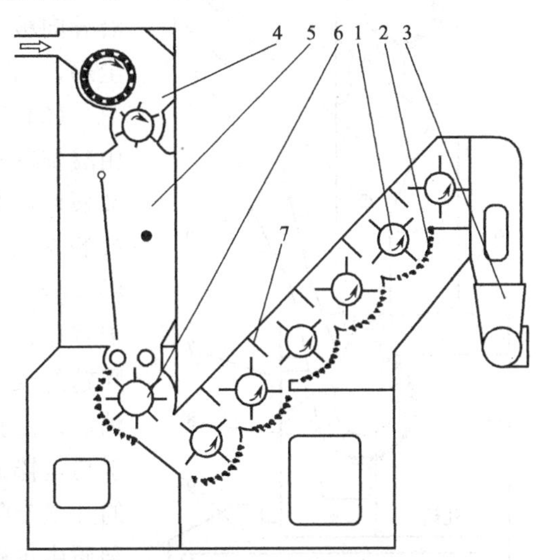

图 3-25 FA104A 型六滚筒开棉机

1—滚筒；2—尘格；3—出棉口；4—凝棉器；5—储棉箱；6—刀片打手；7—剥棉刀

(1) FA104A 型六滚筒开棉机 由储棉箱、滚筒、打手及尘格等组成，如图 3-25 所示。后方机台输出的纤维流在凝棉器的作用下，落入储棉箱，经 U 形刀片打手打击后喂给六只直径为 455mm 的角钉滚筒，六只滚筒呈 45°倾斜角排列，旋转方向相同。纤维块在惯性力及前方凝棉器的作用下自下而上逐渐向上转移，依次受到六只滚筒无握持状态下的打击。为了防止返花，在两滚筒之间加装剥棉刀。六只滚筒的下方装有扁钢振动尘棒组成的尘格，利用纤维块飞行中对尘棒的撞击及尘棒阻击、振荡，使纤维块在滚筒与尘格之间反复作用，受到开松。开松好的纤维由出棉口输出。杂质和短绒从尘棒间隙落入尘箱，由输杂帘将杂物导出机外，与吸落棉系统连接，收集处理。

(2) FA103 型双滚筒轴流式开棉机 适用于加工各种原棉及棉型化纤，一般安装在抓棉机与混棉机之间。如图 3-26 所示，棉流由进棉口输入，在轴向气流的作用下沿双滚筒做

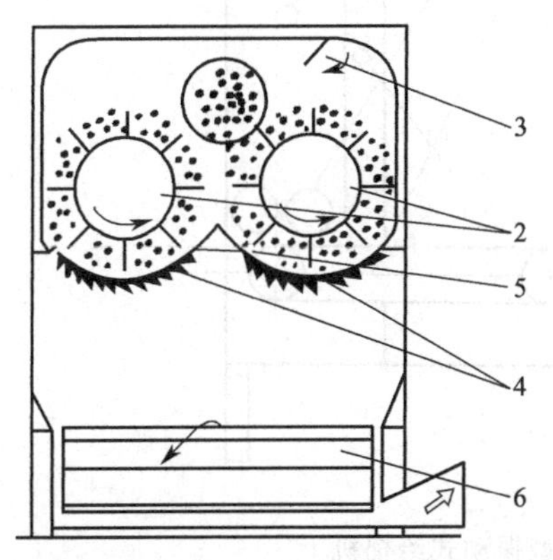

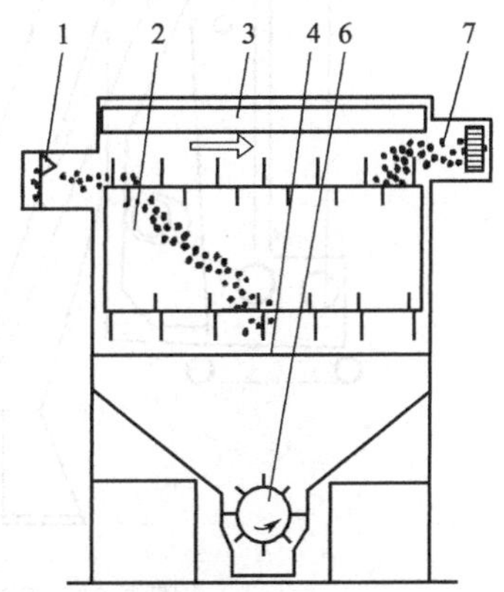

图 3-26 FA103 型双滚筒轴流式开棉机

1—进棉口；2—双滚筒；3，5—导向板；4—尘格；6—排杂打手；7—出棉口

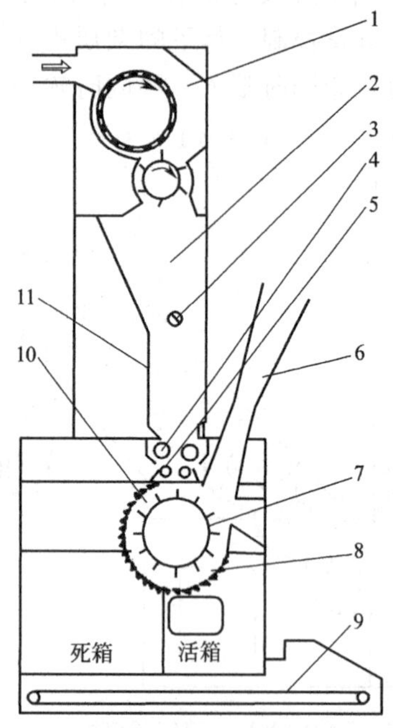

图 3-27 FA106 型豪猪式开棉机
1—凝棉器；2—储棉箱；3—光电管；4—集束罗拉；5—给棉罗拉；6—出棉管；7—豪猪打手；8—尘格；9—输杂帘；10—打手室；11—调节板

螺旋线轴向运动，经过两个滚筒的反复作用，从另一侧的出棉口输出。两只滚筒平行排列，回转方向相同，纤维流经两滚筒时，受到自由打击，反复翻转，棉块逐渐变小，沿导向板平行于轴向输出。杂质则通过可调尘棒间隙落入尘箱，由排杂打手经自动吸落系统排出机外。

(3) FA106 型豪猪式开棉机　如图 3-27 所示，原棉由凝棉器喂入储棉箱，储棉箱内装有调节板、光电管，调节板可调节储棉箱输出棉层的厚度，光电管可根据箱内原料的充满程度控制喂入机台对本机的供料，使棉箱内的原料保持一定的高度。棉箱下方设有一对集束罗拉和一对给棉罗拉，棉层由给棉罗拉握持垂直喂入打手室，受到高速回转的豪猪打手的猛烈打击、分割、撕扯，被打手撕下的棉块，沿打手圆弧的切线方向撞击在三角形尘棒上，在打手与尘棒的共同作用以及气流的配合下，棉块获得进一步的开松与除杂，受下一机台凝棉器吸引，由出棉管输出。杂质由尘棒间隙排落在车肚底部的输杂帘上输出机外，或与吸落棉系统相接收集处理。

4. 给棉机械

给棉机械的主要作用是均匀给棉，并具有一定的混棉和扯松作用。给棉机械在流程中靠近成卷机，以便保证棉卷定量，提高棉卷均匀度。FA046A 型振动式给棉机如图 3-28 所示，纤维流经凝棉器进入后储棉箱，储棉量的多

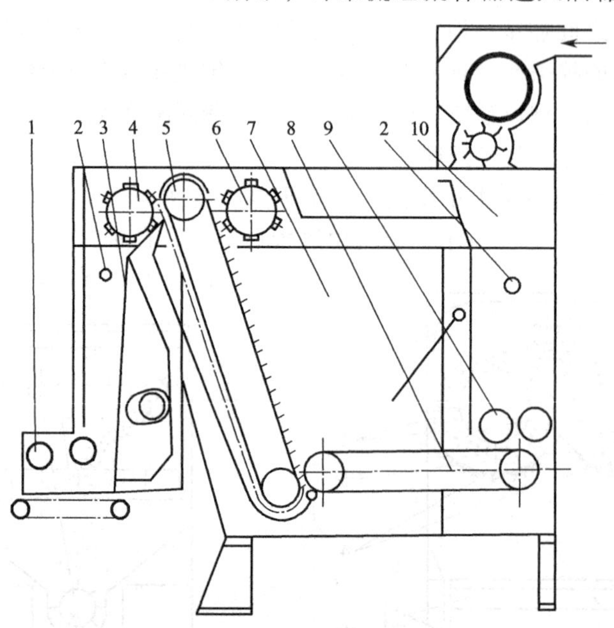

图 3-28 FA046A 型振动式给棉机
1—出棉罗拉；2—光电管；3—振动板；4—出棉罗拉；5—角钉帘；6—均棉罗拉；7—中储棉箱；8—水平帘；9—角钉罗拉；10—后储棉箱

少由光电管控制。棉箱下部一对角钉罗拉将原料送出落在水平帘上，水平帘再将原料带至中储棉箱，由角钉帘抓取并与均棉罗拉进行撕扯开松。中储棉箱的储棉量由摇板控制角钉罗拉的转动与停止而保持稳定。角钉帘上的原料由角钉打手剥取并均匀地喂入振动棉箱。振动棉箱内包括振动板、光电管和出棉罗拉。光电管控制振动棉箱内棉量的稳定，通过振动板振动使振动棉箱内的原料密度增大，输出棉层均匀。

5. 清棉、成卷机械

原料经给棉机械加工后，已达到一定程度的开松与混合，一些较大的杂质已被清除，但尚有相当数量的棉籽、不孕籽、籽屑和短纤维等需经过清棉机械做进一步的开松与清除。清棉机械的作用是：

① 继续开松、均匀、混合原料；

② 继续清除叶屑、破籽、不孕籽等杂质和部分短纤维；

③ 控制和提高棉层纵、横向的均匀度，制成一定规格的棉卷或棉层。

FA141 型单打手成卷机如图 3-29 所示，该机用于加工各种原棉、棉型化纤及 76mm 以下的中长化纤。原料由振动板双棉箱给棉机输出后，均匀地铺放在输棉帘上，经角钉罗拉引导，在天平罗拉和天平曲杆的握持下，接受高速回转的综合打手的打击、撕扯、分割和梳理作用，纤维抛向尘格，部分杂质落入尘箱。纤维块因风机的强力抽吸凝聚在回转的尘笼表面，形成纤维层，同时细小尘杂和短绒透过尘笼网眼而被排除。纤维层被剥棉罗拉剥下，经防粘罗拉、紧压罗拉、导棉罗拉及棉卷罗拉，并在压卷罗拉的压力下卷绕成卷。当棉卷达到规定的长度后，由自动落卷装置发生作用，将棉卷落下，再重新生头进行卷绕。

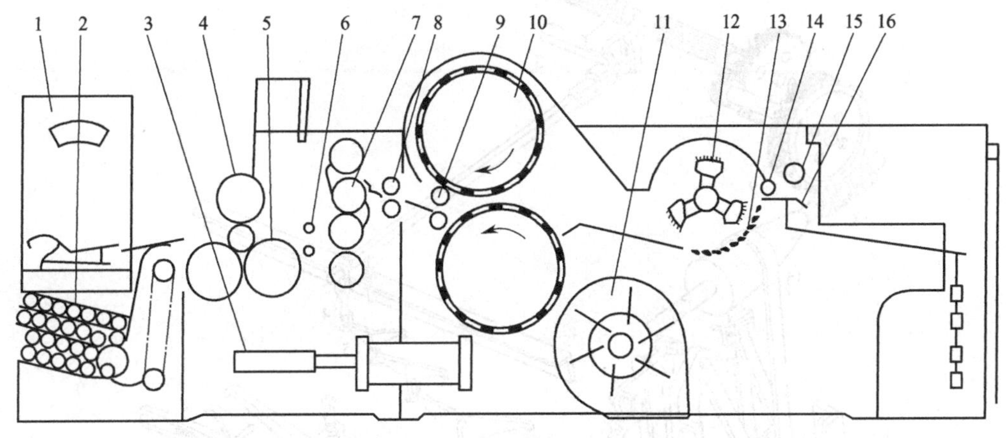

图 3-29　FA141 型单打手成卷机

1—棉卷称；2—存放扦装置；3—渐增加压装置；4—压卷罗拉；5—棉卷罗拉；6—导棉罗拉；7—紧压罗拉；8—防粘罗拉；9—剥棉罗拉；10—尘笼；11—风机；12—综合打手；13—尘格；14—天平罗拉；15—角钉罗拉；16—天平曲杆

(1) 综合打手　FA141 型单打手成卷机综合打手如图 3-30 所示，每翼打手臂上，刀片在前，梳针在后，其作用兼有翼式打手和梳针打手的特点。刀片作用角为 70°，梳针直径为 3.2mm，梳针倾角为 20°，梳针密度为 1.42 枚/cm^2。梳针长度从头排至末排依次递增，以逐步加强对纤维层的梳理作用。刀片可以根据工艺要求进行拆装和更换梳针护板，即改成梳针打手使用。综合打手作用较缓和，杂质破裂较少，并能清除部分细小杂质。在加工含杂为 3%～4%的原棉时，除杂效率可达 5%～7%。综合打手下方约 1/4 圆周外装有由尘棒组成的尘格，尘棒之间的隔距用机外手轮调节。

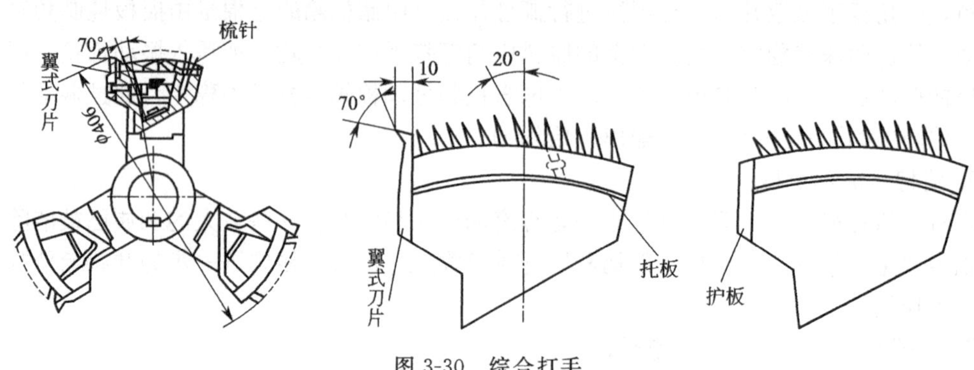

图 3-30 综合打手

(2) 天平调节装置 为使棉层纵、横向均匀度达到一定要求，FA141 型单打手成卷机采用天平调节装置。天平调节装置的工作原理是根据喂入棉层厚薄的变化调节给棉速度，使单位时间内喂入打手室的棉量保持恒定。天平调节装置的结构如图 3-31 所示。天平罗拉下面有 16 根并排的天平杆 3，分别检测横向各处的棉层厚度。天平罗拉位置固定，天平杆以刀口棒 2 为支点上下摆动。当通过天平罗拉与某一天平杆之间的棉层较厚时，则此天平杆的头端下摆，其尾端上升。各根天平杆的摆动通过连杆 4、5 反映在总连杆（吊钩攀）6 上。若棉层横向的平均厚度较厚，则总连杆 6 上升（其值取决于 16 根天平杆上下摆动的平均

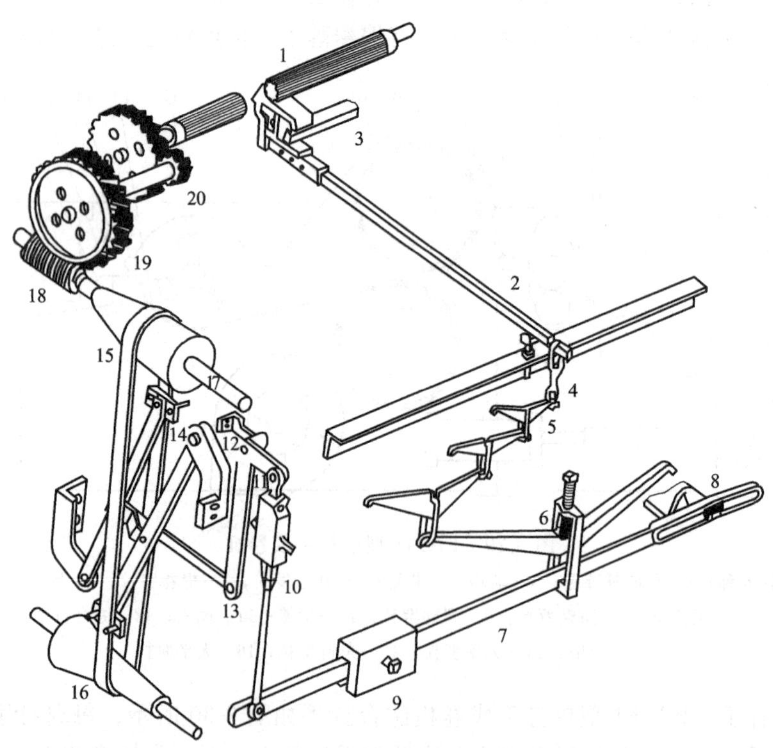

图 3-31 天平调节装置

1—天平罗拉；2—天平杆刀口棒；3—天平杆；4—天平连杆；5—支连杆；6—总连杆；7—平衡杠杆；8—平衡杠杆支点；9—平衡重锤；10—调节螺杆；11—双臂杠杆；12—双臂杠杆支点；13—连杆；14—铁炮皮带叉；15—铁炮皮带；16—主动铁炮；17—被动铁炮；18—蜗杆；19—蜗轮；20—齿轮

值），并使平衡杠杆7以平衡杠杆支点8抬高。同时，与平衡杠杆相连的调节螺杆10上升，通过双臂杠杆11（支点12）和连杆13，使铁炮皮带叉14右移。铁炮皮带15也随之向主动铁炮16的小头移动，使被动铁炮17减速（主动铁炮的转速是恒定的），并将其转速通过蜗杆、蜗轮、齿轮传动天平罗拉及其后方的给棉机构。所以，当天平罗拉和天平杆之间的棉层厚度变化时，铁炮皮带向下铁炮（主动铁炮）的大头或小头移动，从而减慢或加快给棉速度，使单位时间内输出的棉量稳定。天平调节装置的主要缺点是调节滞后。

(3) 尘笼　清棉机的尘笼是利用风扇所产生的气流吸力，将打手室的棉束吸向尘笼的表面，凝成纤维层。在棉层凝聚过程中，有均匀并合作用，并可清除其中的细小尘杂。

(4) 加压与成卷　FA141型单打手成卷机的成卷机构由紧压罗拉、防粘罗拉、压卷罗拉、棉卷罗拉和自动落卷装置等组成。为实现棉层卷绕紧密和减少退卷时的粘连现象，紧压罗拉和压卷罗拉除自重外，采用气动加压装置对棉层进行加压。该装置加压量大、压力调节方便，并设置渐增加压装置，使棉卷随着卷绕直径的增加，压力逐渐增加。

防粘凹凸罗拉装在尘笼与紧压罗拉之间，当棉层进入紧压罗拉之前，先经凹凸罗拉把棉层压紧，并压出波浪纹，起到防粘作用。

FA141型单打手成卷机设有自动落卷装置。当棉卷达到规定长度后，由定长装置发出动作，依次使棉卷释压，棉卷罗拉加速拉断棉层，并将棉卷推到棉卷托盘上，然后放入预备棉卷辊，重新生头。棉卷小车移动，拔出棉卷。完成上述全部动作需3～4s。

6. 开清棉联合机的连接

开清棉联合机利用凝棉器、配棉器、金属除杂装置以及管道将各单机相互连接，组成一套连续的加工系统。

(1) 凝棉器　凝棉器由尘笼、剥棉打手和风扇组成，如图3-32所示。凝棉器的作用是借风机产生的气流将上机台输出的棉流凝聚在尘笼表面，并去除部分短绒和细小杂质。

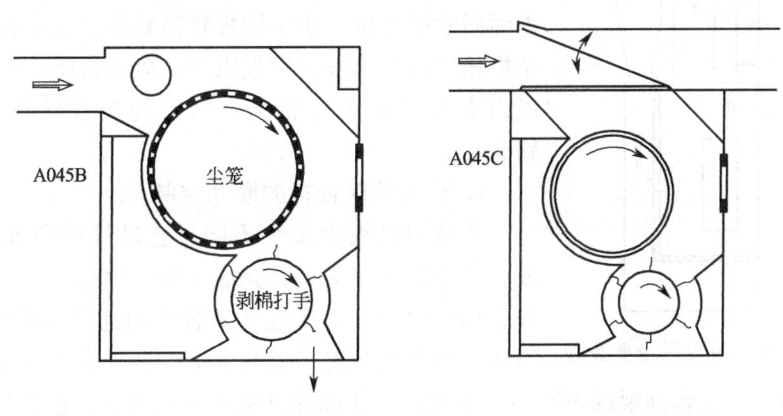

图3-32　凝棉器

(2) 配棉器　A062型电气配棉器如图3-33所示，它是将开棉机开松后的原棉均匀分配给2台双棉箱给棉机。全机由配棉头和进棉斗两部分组成，配棉头为Y式三通，称为二路电配。每条通道设有活门，可随意调节使其均匀配棉。进棉斗上有风门，由电磁铁启闭控制进棉。此外，还有气动配棉器和气流配棉器。

FA133型气动配棉器是利用气动板阀换向配棉，如图3-34所示。两个控制活门由连杆连接，用一个汽缸和一个电控滑阀完成动作，结构简单，使用方便，动作可靠。不给棉时向凝棉器补风，保持滤尘系统风量平衡。

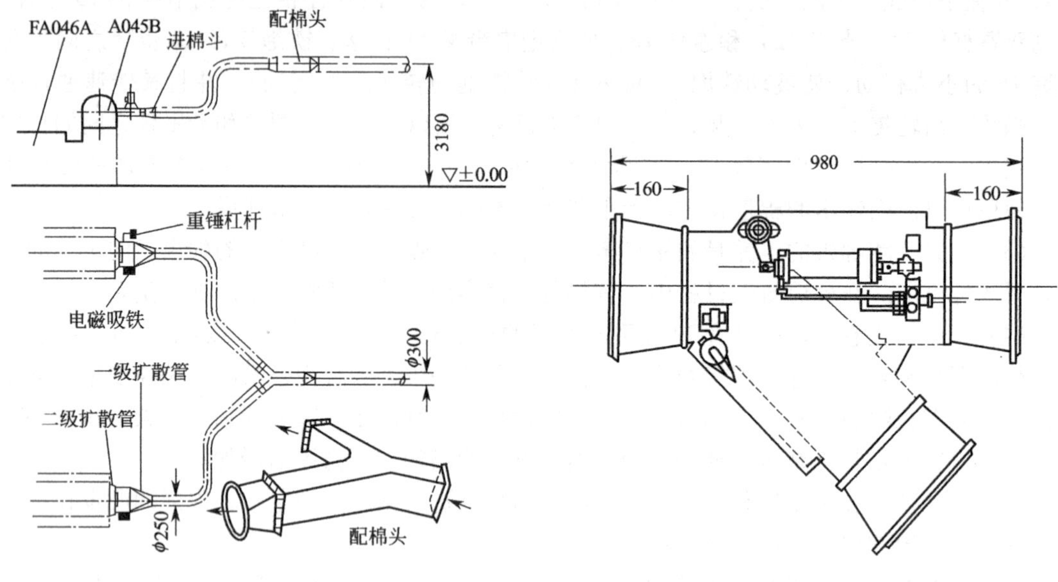

图 3-33 配棉器

图 3-34 FA133 型气动配棉器

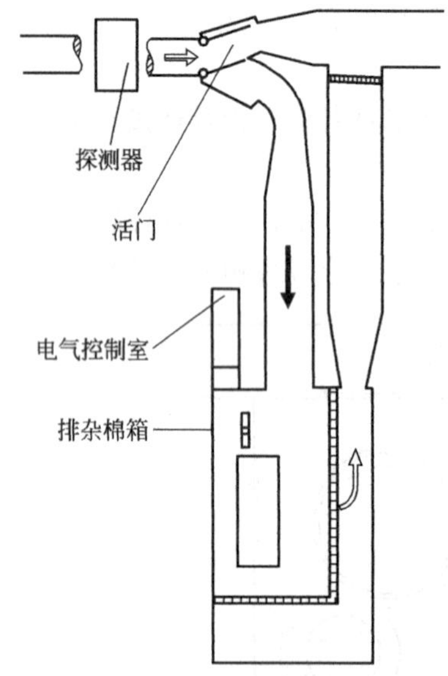

图 3-35 FA121 型除金属杂质装置

(3) FA121 型除金属杂质装置 FA121 型除金属杂质装置如图 3-35 所示，本装置一般位于混棉机与抓棉机之间的输棉管道中。当棉流中含有金属杂质时，套装在输棉管道处的探测器磁场受到感应而产生信号，通过电气控制箱中的电路放大系统传递作用使电磁铁动作，输棉管中的活门短暂放开 2～3s，使金属杂物由支管落入排杂棉箱，内活门立即复位，水平输棉管道复原，正常输棉。落入排杂棉箱内的杂物被筛网板阻拦，落下排除。气流则通过筛网由支管道汇入主棉流，气流的短暂转弯不影响棉流输送。

7. 开清棉联合机的联动控制

开清棉机组由多个不同工艺功能的单元机器组合而成，对原棉循序加工，完成开松、除杂、混合、输送，制成合格的棉卷。为保证开清棉机组连续生产和定量供应，需要一套联动装置，把各个单机组合成为一个整体，以便逐台相互控制，保证台间喂棉不脱节、不跑空，从而提高单机运转效率，达到匀整、及时供应筵棉的目的。

开清棉机组为保证后方机台供应前方机台原料和正常连续运转，应有一定数量的储棉装置。其存棉高度或筵棉密度依工艺要求应有合适的标准值。当高度或密度相对标准值发生变化时，就会产生对光线遮挡或压差感应，再通过光电开关或压差开关转换的电信号以及延时继电器的作用，控制供应机台给棉电动机转动或停止。也可以利用电信号作用于电磁阀，使气路开通或闭合，控制管路配棉，变换棉流供应，达到对机组运行的控制。

为了保证正常生产，开清棉联合机必须按照一定的顺序开关机，以防止机器压煞和管道堵塞。开机顺序：开凝棉器→开打手→开给棉罗拉，由前向后依次进行；关车顺序：关给棉罗拉→关打手→关凝棉器。

开清棉机组的联动控制系统采用集控柜联控，并配有运行状态显示，看管方便，保证生产安全。

三、梳棉

（一）梳棉工序的任务

(1) 分梳　对纤维进行细致梳理，使其分离成单纤维状态，并使纤维部分伸直或初步取向。

(2) 除杂　继续清除残留在棉束中的杂质和疵点，如带纤维的籽屑、破籽、软籽表皮、短绒、棉结、束丝与尘屑等。

(3) 均匀混合　使不同性状的纤维得到充分的混合，并通过梳理机件的“吸”、“放”纤维性能对在制品产生均匀作用。

(4) 成条　制成一定线密度的均匀棉条，并有规则地圈放在条筒中，供下道工序使用。

（二）梳棉机的工艺过程

如图 3-36 为 FA224 型梳棉机，棉卷在棉卷罗拉摩擦带动下退绕棉层，给棉罗拉牵引纤维层，并与给棉板组成握持钳口喂给刺辊。刺辊高速回转，刺辊锯齿对纤维层进行分梳。刺辊下方装有除尘刀和刺辊分梳板。由于刺辊高速回转，使其周围形成气流附面层，杂质因离心力大而分布在气流附面层的外层，除尘刀将含杂质较多的气流附面层切割下来，被刺辊下方吸口吸走，形成后车肚落棉。其他被刺辊带走的纤维接受刺辊与刺辊分梳板的分梳作用。此后纤维束或单根纤维经刺辊转移给锡林，经过后固定分梳板区，带入锡林盖板工作区。在锡林盖板工作区内，纤维或纤维束在两个针面间多次反复转移，受到细致的自由梳理，使绝大多数纤维呈单纤维状态，同时得到充分混合并清除细小杂质。充塞在盖板针面的纤维和杂

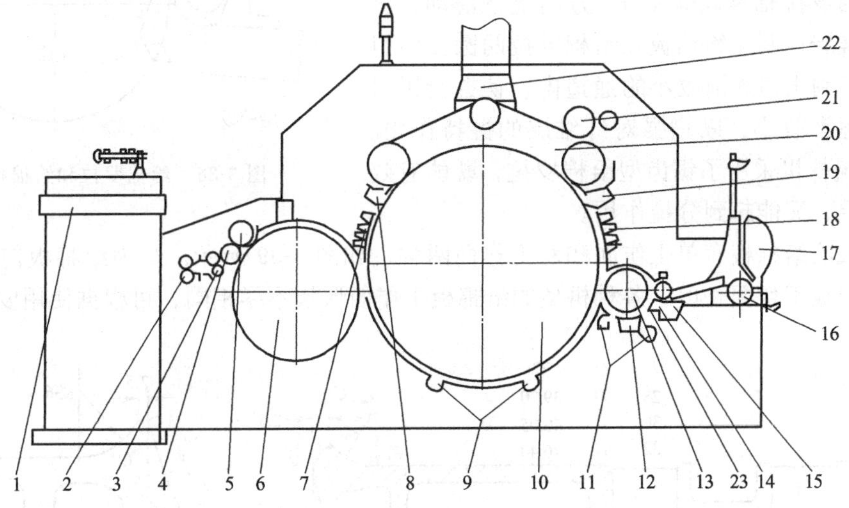

图 3-36　FA224 型梳棉机的工艺过程

1—圈条器；2—大压辊；3—轧辊；4—剥棉罗拉；5—清洁辊；6—道夫；7—前固定盖板；8—前棉网清洁器；9—锡林下方吸口；10—锡林；11—刺辊下方吸口；12—分梳板；13—刺辊；14—给棉板；15—给棉罗拉；16—棉卷罗拉；17—棉卷架；18—后固定盖板；19—盖板花吸点；20—盖板；21—大毛刷；22—连续吸落棉总管；23—落棉控制板

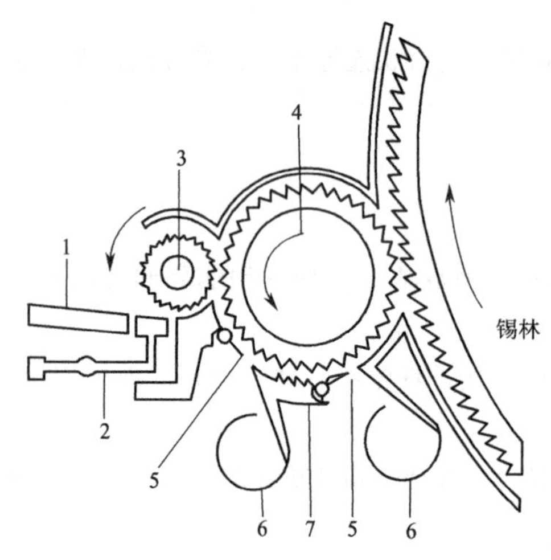

图 3-37 给棉刺辊部分

1—给棉板；2—棉层厚度测量杆；3—给棉罗拉；4—刺辊；5—排杂阀门；6—除尘刀及吸尘管；7—分梳板

质被带出锡林盖板工作区即被清洁毛刷剥下，由盖板花吸点吸走。被锡林针面带出锡林盖板工作区的纤维，通过前上罩板、前固定盖板，凝聚在慢速回转的道夫上，在道夫上形成纤维层。经剥棉罗拉剥取、上下轧辊输出成纤维网。经喇叭口集束成条，由大压辊压紧，最后由圈条器按一定规则圈放在棉条筒内。梳棉机分为给棉刺辊部分，锡林、盖板和道夫部分，剥棉、成条和圈条部分等三大部分。

（三）给棉刺辊部分

从棉卷罗拉到锡林剥取点之间的机构为给棉刺辊部分，如图 3-37 所示，其主要作用为握持分梳和除杂。

1. 棉卷架和棉卷罗拉

棉卷架由生铁制成，中间沟槽用以搁置棉卷扦，确保棉卷顺利退绕。

棉卷罗拉也由生铁制成，中空，直径为 152mm，宽度与锡林相同，棉卷搁置在上面。当棉卷罗拉回转时，依靠摩擦力使棉卷退解。棉卷罗拉表面有凹槽，以避免棉卷打滑。

2. 给棉罗拉和给棉板

给棉罗拉直径为 70mm，与给棉板组成喂给钳口，如图 3-38 所示。为使握持钳口具有足够的握持力，给棉罗拉两端施加压力，且在轴承挡板的作用下，给棉罗拉轴承向倾斜 15°方向上下滑动，这样可将纤维层控制在给棉板和给棉罗拉两圆弧面组成、从进口到出口逐渐收小的通道内，使握持钳口内纤维层逐渐收小，以增强对纤维层的握持作用。FA224 型梳棉机采用了锯齿型给棉罗拉，既能有效握持纤维层，又能起到分梳作用。

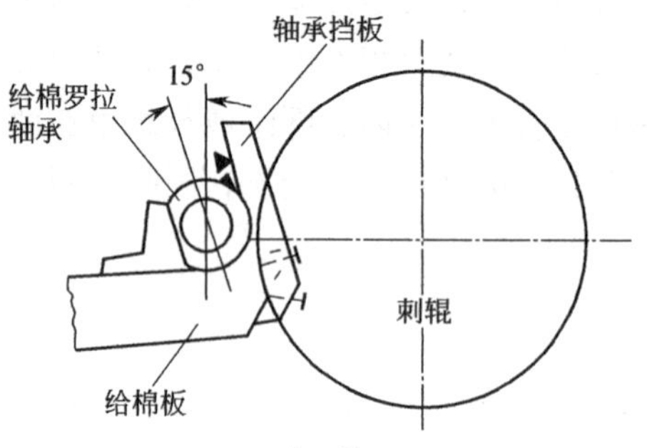

图 3-38 给棉罗拉和给棉板

梳棉机的给棉板有单工作面和双工作面两种，如图 3-39 所示。L 为给棉板前沿斜面长度，称给棉板工作面长度。各种机型的给棉板工作面形状不尽相同，可根据使用要求选择。

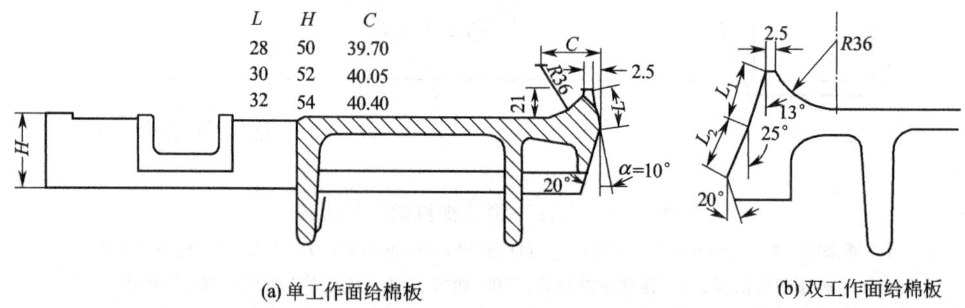

图 3-39 给棉板

3. 刺辊

刺辊主要由滚筒和包覆物锯齿组成，如图 3-40 所示。滚筒是由铸铁制成或用钢板包卷而成的圆筒，表面有螺旋线沟槽，用以嵌入分梳锯条。滚筒两端采用一对锥形套筒与两端堵头（法兰）紧固，堵头则固定在刺辊轴上，以保证刺辊筒体与轴的同心度。沿堵头内侧圆周有槽底大槽口小的梯形沟槽，平衡铁螺钉可沿沟槽在整个圆周上移动，平衡铁可固紧在需要的位置上。平衡铁放置在外，不需拆卸堵头，保证了平衡的精度，校好平衡后用罩盖封闭。

刺辊工作直径 250mm，转速 1200r/min 左右。由于刺辊速度较高，同相邻机件的隔距很小，因此对于刺辊筒体和锯齿面的圆整度，刺辊圆柱锯齿面与刺辊轴的同心度，以及整个刺辊的动平衡都有较高的要求。刺辊对给棉罗拉和给棉板喂入的纤维层进行强烈地握持分梳，使纤维的单纤化程度达到 70%～80%。

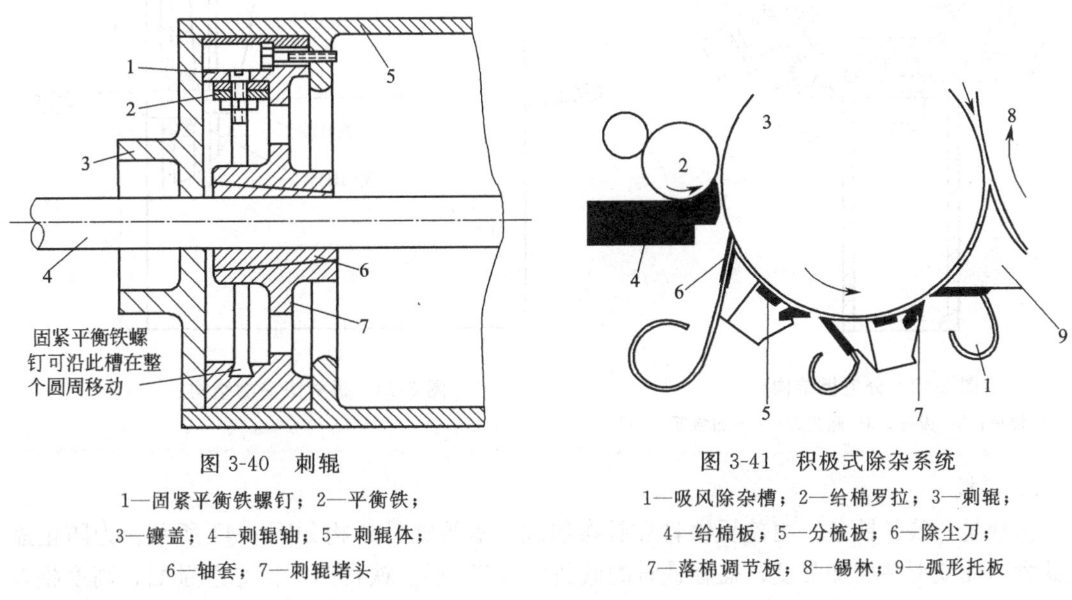

图 3-40　刺辊

1—固紧平衡铁螺钉；2—平衡铁；3—镶盖；4—刺辊轴；5—刺辊体；6—轴套；7—刺辊堵头

图 3-41　积极式除杂系统

1—吸风除杂槽；2—给棉罗拉；3—刺辊；4—给棉板；5—分梳板；6—除尘刀；7—落棉调节板；8—锡林；9—弧形托板

4. 积极式除杂系统

梳棉机积极式除杂系统如图 3-41，刺辊下方有落棉调节装置、除尘刀与吸风除杂槽组合装置、弧形托板。落棉调节装置是利用其安装的角度，控制刺辊表面气流附面层的厚度，并通过调节除尘刀位置调节落棉量及除杂效率。除尘刀与吸风除杂槽组合装置利用吸风槽内的负压吸收由除尘刀切割下来的刺辊气流附面层，清除杂质。弧形托板为弧形无孔钢板，起托持纤维作用。

5. 分梳板

分梳板起到预分梳作用，主要由导棉板、齿片、除尘刀和加强筋四部分组成，如图 3-42 所示。齿片采用一组或两组，由锰钢制成。齿片间以铝合金隔片间隔，并以螺钉固定在分梳板支承上，再用胶合树脂固定在外壳上。齿面应与刺辊同心，表面平整，齿尖光洁。

（四）锡林、盖板和道夫部分

锡林、盖板和道夫部分的作用是对经刺辊初步分梳后的纤维和纤维束进行进一步分梳，并尽可能除去细小杂质，道夫将梳理过的纤维凝聚成纤维层，纤维在分梳和凝聚过程中实现均匀与混合。

1. 锡林

锡林是梳棉机的主要机件，由滚筒和针布组成，滚筒的结构如图 3-43 所示。在滚筒两端，用堵头（法兰）和裂口轴套将滚筒和锡林联结在一起。由于锡林直径大，转速高，同相邻机件的隔距小，因而对滚筒的圆整度、滚筒和轴的同心度以及滚筒的动平衡等要求很高。滚筒体内有若干条环形筋，轴向有数十条直筋，用以增强其刚性，在包卷针布时可以减少变形现象。

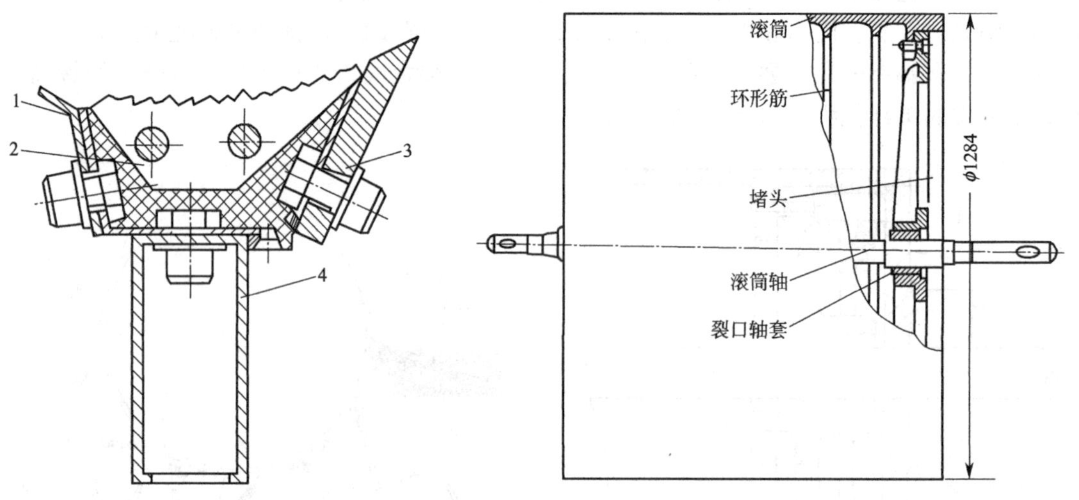

图 3-42 **分梳板结构**

1—导棉板；2—齿片；3—除尘刀；4—加强筋

图 3-43 **锡林滚筒的结构**

2. 盖板

盖板是一狭长铁条，由盖板铁骨和针布组成。盖板铁骨结构如图 3-44 所示，为防止盖板铁骨弯曲变形并增加强度，盖板铁骨的截面呈“T”形。铁骨两端面是踵趾面，高度相差 0.56mm，出口处有 3mm 的小平面，使每根盖板与锡林针面间的隔距入口大，出口小，这样纤维得到逐步细致的梳理。

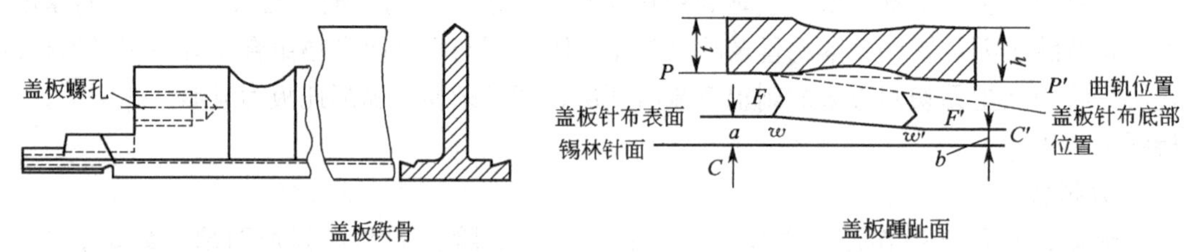

图 3-44 **盖板铁骨和盖板踵趾面**

有些梳棉机配置了铝制模件制造的盖板铁骨，减轻了盖板重量，同时采用同步齿形带通过其上的定位销固定盖板，减小盖板运行阻力，降低了盖板踵趾及曲轨的磨损。而且采用圆柱体代替盖板踵趾面，使盖板运转更加平稳，盖板针面与锡林针面间隔距校调更为精确，如图 3-45 所示。

梳棉机上配置的回转盖板根数视机型不同而不同。盖板由链条连接，平行地排列在一起，参与分梳的工作盖板两端踵趾面沿着安装在圆墙板上的曲轨，随链条一起运动。盖板与锡林间的隔距通过调节曲轨相对墙板的高低位置达到。

3. 道夫

道夫由滚筒和针布组成，道夫滚筒的结构与锡林相似。由于它的直径较小，转速低，因而对它的动平衡、轴承的要求均较锡林低，但其圆整度要求高，起到凝聚纤维成网的作用。

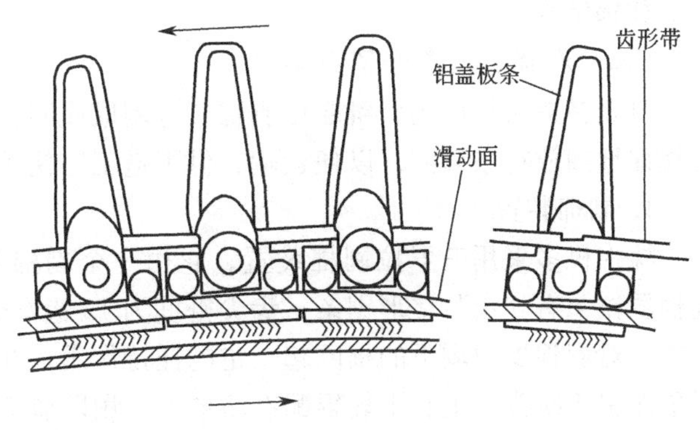

图 3-45　新型盖板及传动

4. 前、后固定盖板

FA 系列新型梳棉机在锡林前后安装固定分梳板、纤维网清洁器、除尘刀、后罩板和前上、下罩板，如图 3-46 所示。前、后安装固定盖板的根数，视机型不同而不同。

后固定盖板的作用是与锡林对纤维块、纤维束预分梳，减轻锡林与盖板梳理区的压力。前固定盖板和锡林共同整理由锡林针面带出的纤维层，提高整个梳棉机的分梳效能，也提高了纤维的分离度，改善棉网中纤维的定向度和生条中纤维的伸直度。

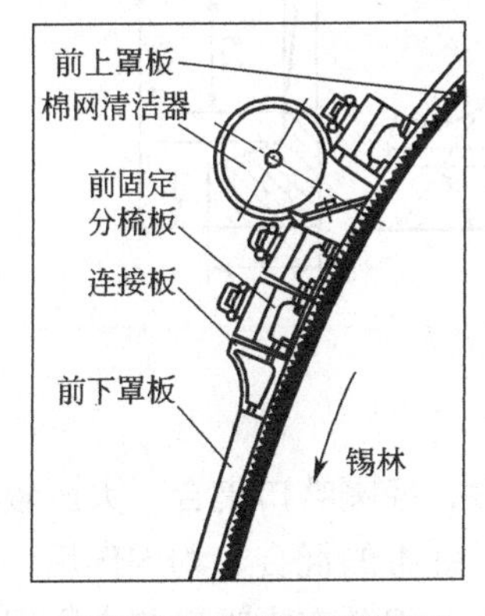

前三固定分梳板带棉网清洁器位置示意图

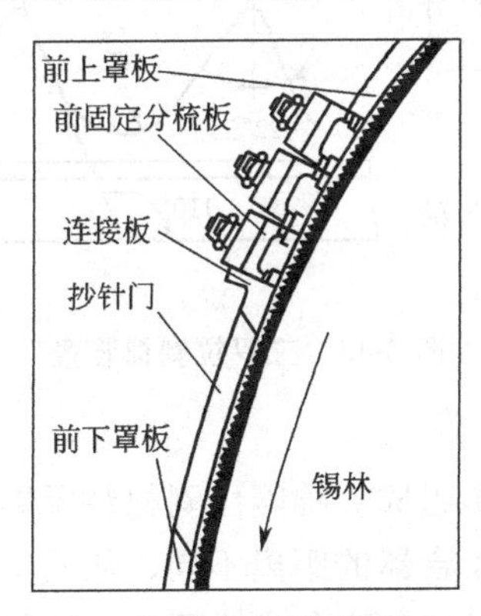

前三固定分梳板位置示意图

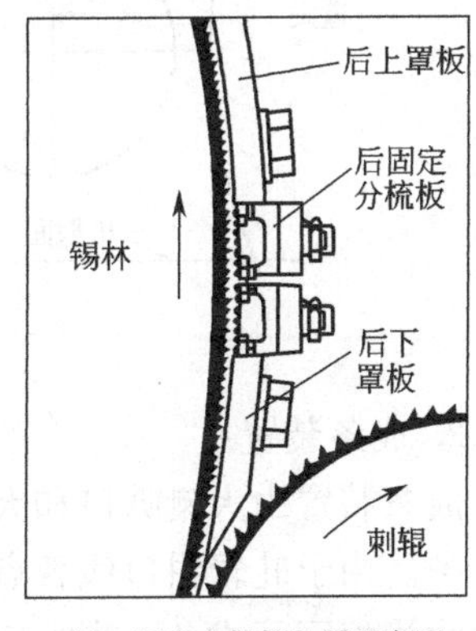

后二固定分梳板位置示意图

图 3-46　带棉网清洁器的固定盖板

5. 前后罩板

前后罩板的作用是罩住锡林针面上的纤维，以防飞散。前后罩板由钢板制成，上下呈刀口形。后罩板与锡林间的隔距大小，影响小漏底出口部分的气压和落棉。前上罩板的高低位置及前上罩板上口与锡林的隔距影响盖板花的多少。当前上罩板位置较高时，盖板花减少；前上罩板上口与锡林间的隔距减少时，盖板花减少。

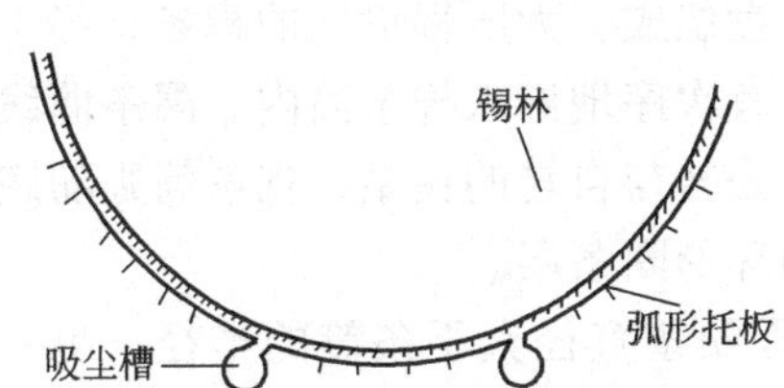

图 3-47　锡林弧形托板及吸尘槽

6. 锡林弧形托板及吸尘槽

如图 3-47 所示，在锡林底部安装弧形托板，托持锡林针面纤维。在锡林托板最底部配置着两处吸尘槽，利用其负压吸附锡林针面的短绒、尘杂。

7. 棉网清洁器

在前上罩板下加一把三角尘刀与吸管，与前固定盖板组成棉网清洁器，吸去外溢气流及杂质和棉结等。

（五）剥棉、成条和圈条部分

凝聚在道夫针面的纤维层由剥棉装置剥取成网，再由成条装置集合成条，最后由圈条器有规律地圈放在条筒内，以便运输，供下道工序使用。

1. 剥棉装置

梳棉机多采用三罗拉剥棉装置，它由一个剥棉罗拉和一对轧辊组成，如图 3-48 所示。剥棉罗拉包有“山”字形锯条，齿尖密度为 12 齿/cm^2。下轧辊的直径则较大，且车有螺纹沟槽，对剥棉罗拉剥下的棉网起一定的托持作用，并使棉网以较小的下冲角输出，避免棉网下坠而引起断头。上、下轧辊配有清洁刀，用以清除轧辊上的飞花、杂质，防止棉网断头后卷绕在轧辊。

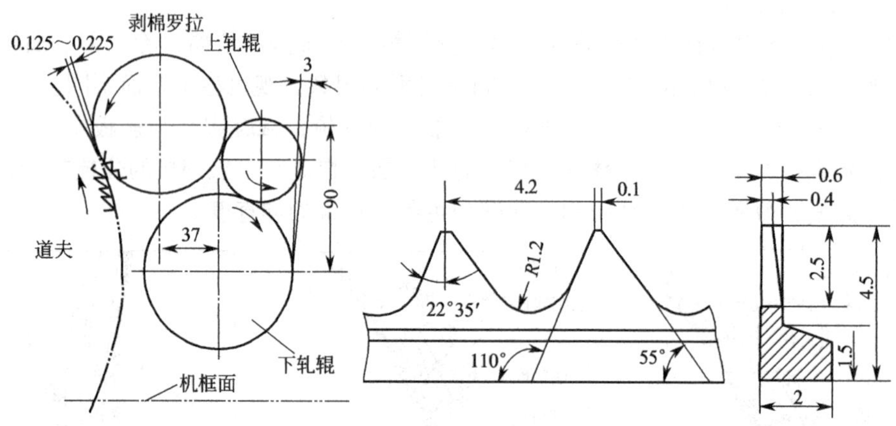

图 3-48　三罗拉剥棉装置

2. 成条装置

成条装置由大喇叭口和大压辊组成。棉网由剥棉装置剥离后，经喇叭口集合、大压辊压缩成条。由于轧辊钳口线各点到集合器的距离不同，从而实现了纤维的混合、均匀作用。喇叭口收拢棉网而成条，喇叭口直径应与生条定量配合。口径过小，棉条在喇叭口与大压辊间造成意外牵伸，影响均匀度；口径过大，达不到收集棉条的目的。压辊加压大小，同样会影响生条的收集程度。国内外有用沟槽压辊、双压辊、双喇叭等增加条筒容量的措施。另外，采用棉网集棉器、导网器可有效减少破边、断头。

3. 圈条装置

圈条装置由小喇叭口、小压辊、曲线斜齿轮和回转底盘组成。大压辊输出的棉条，经小喇叭口进一步集束、小压辊牵引、压紧，由圈条曲线斜管有次序地导入棉条筒内。圈条曲线斜管与回转底盘有一定的偏心距，底盘与斜管齿轮之间有公转与自转的关系，棉条筒则随底盘旋转，因而圈放于条筒内的棉条便形成了有一定气孔的环形圈条层。

圈条有两种类型，如图 3-49 所示，一种是大圈条，即圈条直径大于条筒的半径；另一种是小圈条，即圈条直径小于条筒的半径。

（六）其他辅助机构

1. 安全防轧装置

三罗拉剥棉装置的剥棉罗拉上方装有一包有直脚钢丝弹性针布的安全清洁辊，用以防止剥棉罗拉返花轧伤道夫针布。安全清洁辊由单独电动机传动，当发生剥棉罗拉返花时，清洁

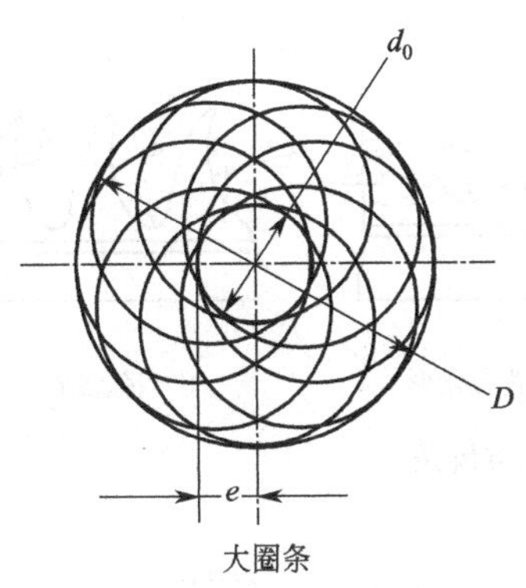

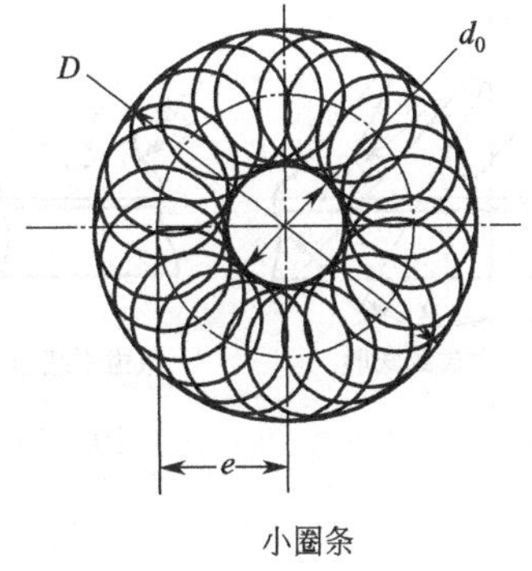

图 3-49 大、小圈条

辊以高速将剥棉罗拉上的返花打碎，并由清洁辊吸罩吸走打碎的飞花，防止飞花进入道夫锡林三角区轧伤道夫针布。

2. 自停装置

为保证安全、正常生产，梳棉机上设有多处自停装置。如大压辊出条处棉条断头、小喇叭口堵塞、小压辊绕花、剥棉罗拉、轧辊返花、圈条斜管堵塞分别设有光电自停装置或机械触点自停装置。

（七）针布

针布是分梳的主要元件，分金属针布和弹性针布两大类。包覆在刺辊、锡林、道夫、剥棉罗拉的筒体上通常用金属针布，包覆在回转盖板铁骨上的通常用弹性针布。针布的规格型号、工艺性能和制造质量，影响梳棉机的分梳、除杂、混合与均匀作用。

1. 金属针布

金属针布由优质高碳钢或低碳合金钢耐磨材料经拉制、冲切和热处理等制成，如图 3-50 所示。在规格参数中，以工作角、齿形、齿密和齿深较为重要。

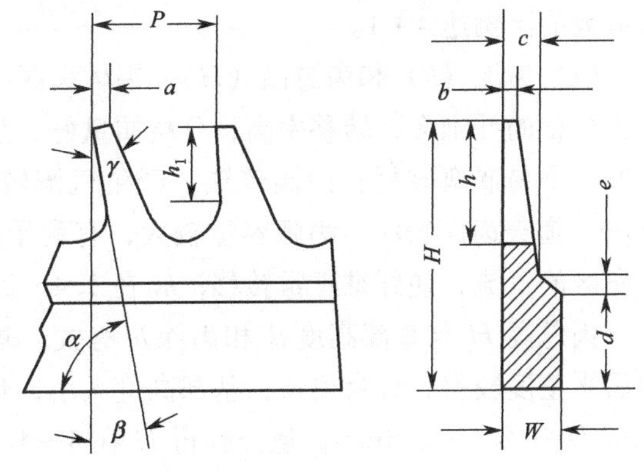

图 3-50 金属针布

H—总齿高；h—齿尖高（齿深）；h_1—齿尖有效高；α—工作角；β—齿前角；γ—齿尖角；P—纵向齿距；W—基部厚度；a—齿尖宽度；b—齿尖厚度；c—齿根厚度；d—基部高度；e—台阶高度

(1) 针齿工作角 α 亦称齿面角，是针齿工作面与底面的夹角。工作角的大小直接影响针齿对纤维的握持分梳和转移性能。α 偏大，针齿对纤维的握持力差，纤维易脱落，分梳作用不好。α 过小，纤维易滑向齿根，沉入针隙，造成分梳和转移不良。

(2) 针齿的齿形 齿形影响针齿对纤维的握持分梳和转移能力及齿条的强度。为适应不同纤维、不同品种的要求，设计了不同规格的针布，如图 3-51～图 3-53。浅齿和带有负角的齿条，纤维不易沉入齿根，有利于分梳、转移，弧背针齿强度较大，不易弯曲。

(3) 齿尖密度 齿尖密度影响分梳和转移。如锡林齿尖密度适当增加，作用于每根纤维上的平均齿尖数增加，增强分梳除杂作用，改善棉网结构，提高梳理质量。

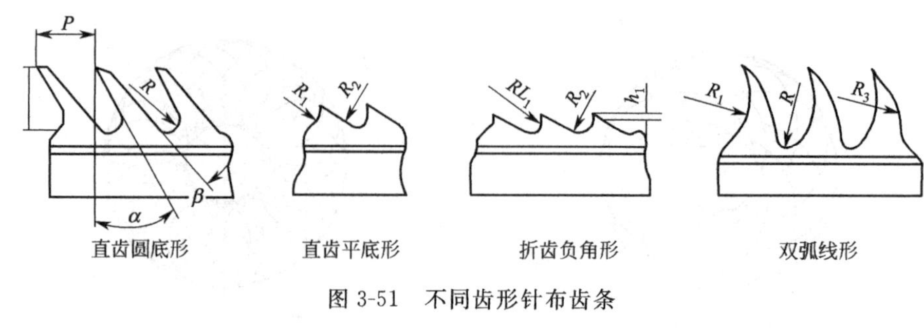

图 3-51 不同齿形针布齿条

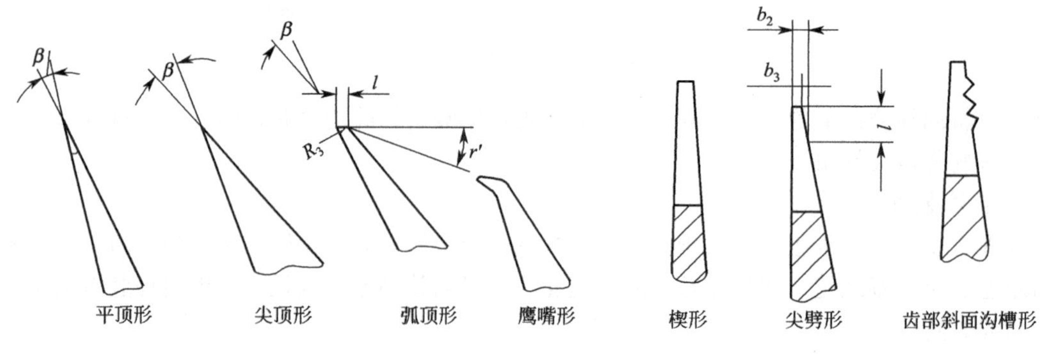

图 3-52 针布齿条齿顶形式

图 3-53 针布齿条齿尖断面形式

金属针布的齿尖密度由横向密度和纵向密度组成，基部厚度 W 越小，横向密度越大。纵向齿距 P 越小，纵向密度越大。一般横向密度与纵向密度之比为（1.5∶1）～(2∶1)，国外最大的比例达 4∶1。

（4）齿深（h）和齿总高（H） 锡林齿深小，充塞在齿隙下部的纤维少，处在齿尖承受积极分梳的纤维多，转移率高，分梳质量好，生条棉结减少；浅齿能提高齿尖强度，抗轧性能好，不易嵌塞破籽；齿高较矮，产生气流较弱，从而减少气流外溢，锡林齿深在 0.5～1mm。道夫齿深较深，齿隙容量较大，有利于提高道夫抓取纤维并能较好地疏通锡林道夫三角区的气流，使纤维正常转移，h_D在 1.4～2.5mm 之间。

齿总高 H 与基部高度 d 和齿深 h 有关。基部高度太大，包卷时不易弯曲帖服于铁胎，包后平整度较差，且易倒条；基部高度太小，包卷时容易伸长并易产生“跳刀”。一般锡林针布 H 在 2.5～3.6mm，道夫针布 H 在 4～4.7mm。

（5）其他 齿尖角 γ 越小，齿越尖，针齿穿刺性能越强，分梳效果越好。γ 过小，齿尖脆弱易断，淬火时易氧化，γ 一般在 15°～30°，高产重定量时 γ 应稍大。

齿顶面积为齿尖宽度 a 和厚度 b 的乘积。齿顶越小，越锋锐。国产新的针布 $a\times b$ 选用 0.1mm×0.15mm。

另外，针尖的耐磨度关系到锋利度的持久性和针布的使用寿命。

2. 弹性针布

弹性针布由底布和植在其上面的梳针组成，结构及规格参数见图 3-54 所示。

（1）底布 底布由硫化橡胶、棉织物、麻织物等多层织物用混炼胶胶合而成，底布是植针的基础。底布必须强力高、弹性好、伸长小。目前弹性针布的底布结构，有五层、七层、八层橡皮面等。

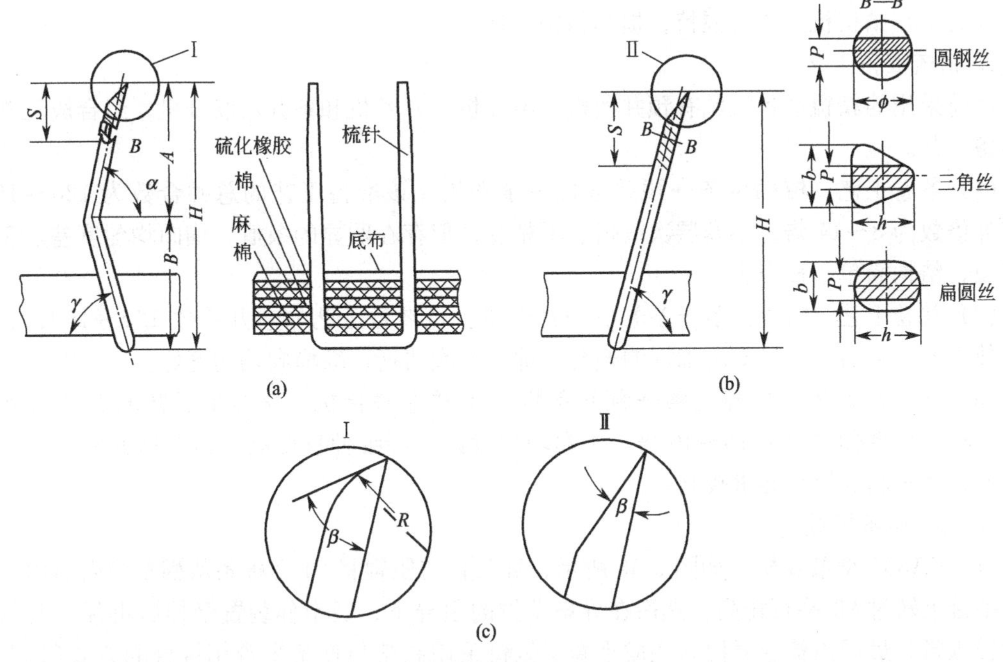

图 3-54　弹性针布

(2) 植针形式和横向针尖距　根据不同的工艺要求，植在底布上的梳针可采用不同的规格，不同的截面形状，如圆形、三角形、扁圆形、矩形、双凸形等。锡林针布植针方式早先一般采用条纹，为了增加横向针密和改善针尖排列，现多用缎纹、斜纹。另外，盖板针布的结构有双列与单列之分。

盖板梳针有直针与弯针两种。在梳理过程中，梳针受到梳理力的作用而向后仰，使锡林到盖板间的梳理隔距发生瞬息变化，影响分梳质量。为了减小隔距变化，将梳针设计成弯曲状。

四、精梳

(一) 精梳工序的任务

为了纺制高档纱线或特种纱线，如纯棉高档汗衫、细密府绸、涤棉织物用纱，轮胎帘子线，高速缝纫线，工艺刺绣线等，均需经过精梳加工，以提高纱线的强度、条干均匀度、表面光洁度等。精梳工序的主要任务是：

① 排除梳棉条中短绒，提高纤维长度整齐度，提高成纱强力及降低强力不匀率；

② 进一步清除梳棉条中残留的棉结、杂质和疵点，改善成纱外观质量；

③ 进一步分离纤维，提高纤维的伸直、平行度，提高成纱条干均匀度和强力，增强成纱光洁度；

④ 制成均匀的精梳棉条，并卷绕成形。

(二) 精梳准备

1. 精梳准备的任务

(1) 提高纤维的伸直平行度　利用精梳准备机械的牵伸作用提高棉卷中纤维的伸直平行度，减少纤维损伤和梳针损伤，降低落棉中长纤维的含量，有利于节约用棉。

（2）制成均匀的小卷　制成大容量，定量正确，边缘整齐，棉层清晰和纵横向均匀的小卷，以利于在精梳机上均匀握持，提高精梳质量。

2. 精梳准备工艺

目前采用的精梳准备机械有预并条机、条卷机、并卷机和条并卷联合机，组合成三类精梳准备工艺。

（1）条卷工艺　梳棉生条→预并条机→条卷机。该准备工艺的总并合数为120～192，总牵伸倍数为8～14倍，小卷层次清晰、不粘卷，但存在明显的条痕，横向均匀度差。工艺流程短，结构简单，投资少。

（2）并卷工艺　梳棉生条→条卷机→并卷机。该准备工艺的总并合数120～160，总牵伸倍数为8～14倍，经过6层棉网的叠合，棉层层次清晰，纵横向均匀度好。

（3）条并卷工艺　梳棉生条→预并条机→条并卷联合机。该准备工艺的总并合数为280～480，总牵伸倍数为18～40倍。小卷均匀度好，纤维伸直度高。但占地面积大，小卷易粘连，对车间温湿度要求较高。

3. 精梳准备机械

（1）FA331型条卷机　如图3-55所示，导条辊与压辊将24根棉条从棉条筒内引出，在导条平台上转过90°平行排列，然后在导条罗拉的引导下，经牵伸装置牵伸后再经一对气动紧压辊压紧，最后由棉卷罗拉卷绕成小卷。该机采用高架与低架平台相接合的方式(该图只画出低架平台，高架部分则省略)。

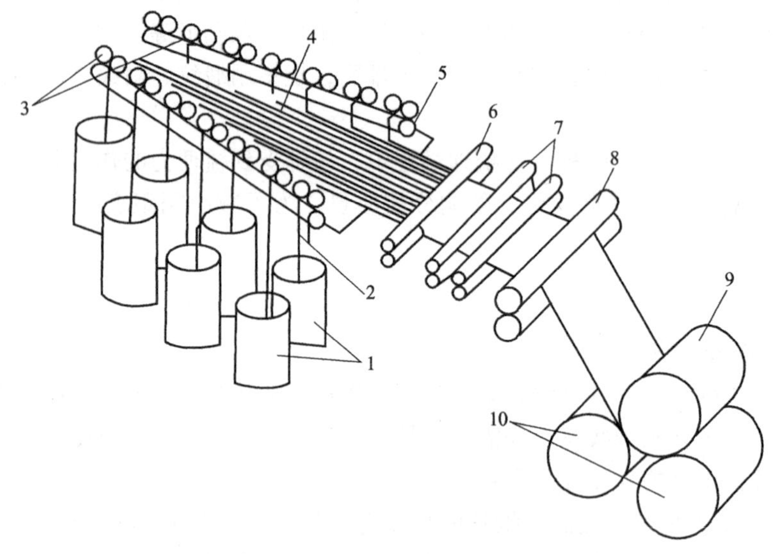

图3-55　FA331型条卷机的工艺过程

1—棉条筒；2—棉条；3—压辊；4—V形导条平台；5—导条辊；6—导条罗拉；7—牵伸罗拉；8—紧压辊；9—小卷；10—棉卷罗拉

（2）FA344型并卷机　如图3-56所示，将6只小卷分别放在喂卷罗拉上，由喂卷罗拉退绕后经喂棉板由导卷罗拉引导分别进入各自的牵伸装置。经牵伸后的棉网，绕过光滑的棉网曲面导板转过90°后，6层棉网在平台上进行叠合，经输棉罗拉输送到两对紧压罗拉将棉层压紧，再由棉卷罗拉制成小卷。

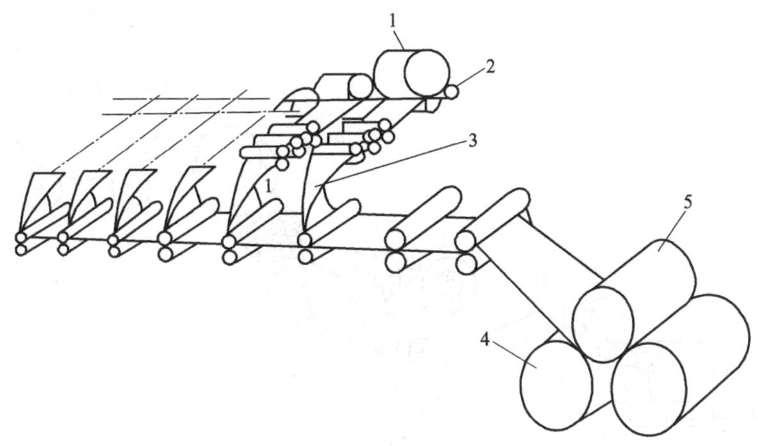

图 3-56　FA344 型并卷机的工艺过程

1—棉卷；2—喂卷罗拉；3—曲面导板；4—棉卷罗拉；5—小卷

(3) FA356 型条并卷联合机　如图 3-57 所示，FA356 型条并卷联合机喂入机构分为两组，各有 12～14 根棉条喂入。采用高架式导条，可减少阻力、方便操作。两组的棉层经牵伸后由曲面导板转过 90°，在输棉平台上完成两层棉层的重叠，然后经两对紧压罗拉压紧由成卷机构制成小卷。

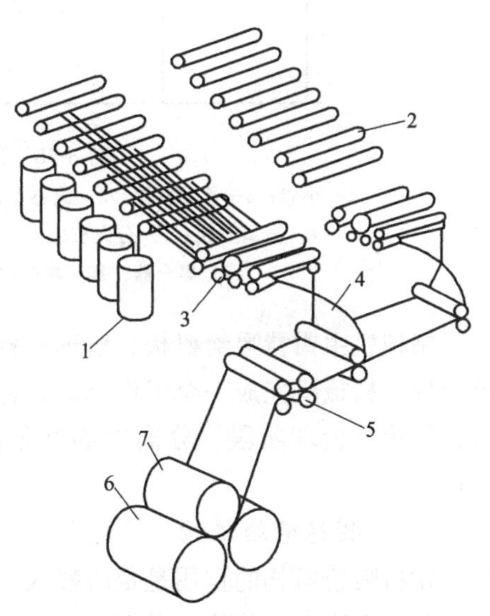

图 3-57　FA356 型条并卷联合机的工艺过程

1—棉条筒；2—导条罗拉；3—牵伸装置；4—曲面导棉板；5—紧压罗拉；6—棉卷罗拉；7—小卷

（三）FA269 型精梳机工艺过程

如图 3-58 所示，小卷在承卷罗拉的作用下退绕，小卷棉层经偏心张力辊输入给棉罗拉，给棉罗拉每次间歇给棉，给出的棉层经钳板钳口，当钳板向后摆动钳口闭合时，钳板握持须丛的后端，锡林上的锯齿刺入钳口外的须丛中，逐步梳理须丛的前端，使纤维的前弯钩伸直平行，同时清除须丛中的短纤维及棉结杂质疵点。当锡林梳理完毕，钳板向前摆动，钳板逐步靠近分离罗拉钳口。在钳板向前摆动过程中，上钳板逐渐开启，钳口外的须丛回挺伸直。同时，被分离罗拉钳住的棉网倒入机内一定长度，准备与已梳理过的须丛前端接合，分离罗拉倒转结束后变为顺转，当钳板外的须丛前端到达分离罗拉钳口，分离开始，须丛被张紧。同时，顶梳刺入须丛中，随着分离罗拉的顺转，须丛的后端受到顶梳的梳理，使须丛的后弯钩伸直平行。同时，须丛中的短纤维、棉结杂质和疵点阻留于顶梳后面的须丛中，锡林梳理时去除。当钳板与顶梳到达最前位置时，意味着分离接合结束。钳板与顶梳开始后退，给棉罗拉给棉，准备重复上述的工作过程。输出的棉网经过棉网托板、引导罗拉到达集束托棉板，再经过垂直向下的集合器集束成条，棉条经导向压辊和导条钉作直角转向，八根棉条在台面上平行排列，再经并合牵伸为一根棉条。然后，棉条由一对圈条压辊及圈条斜管圈放在棉条筒内。被锡林梳下的短纤维、棉结杂质和疵点由高速回转的毛刷刷下，形成的落棉由气流吸走。

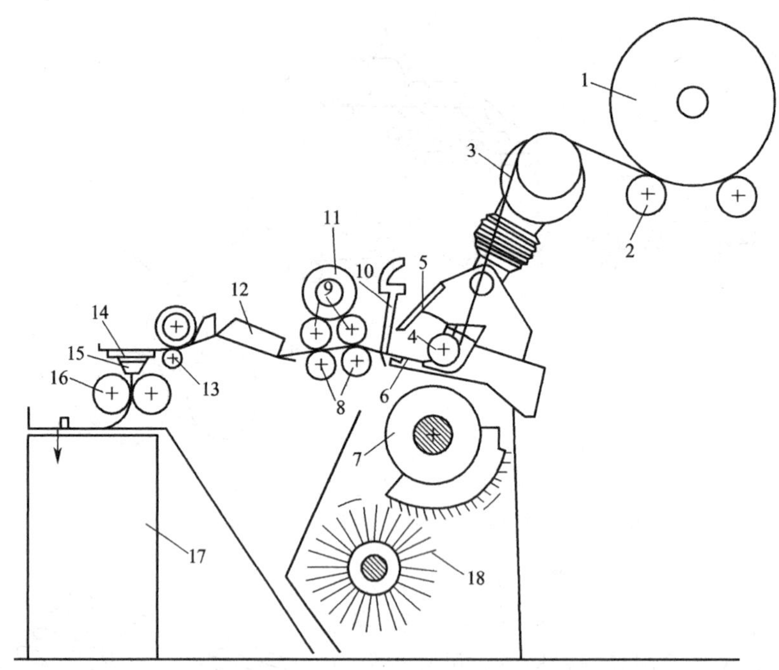

图 3-58 FA269 型精梳机的工艺过程

1—小卷；2—承卷罗拉；3—偏心张力辊；4—给棉罗拉；5—上钳板；6—下钳板；7—锡林；8—分离罗拉；9—分离胶辊；10—顶梳；11—绒辊；12—棉网托板；13—引导罗拉；14—集合器；15—喇叭口；16—导向压辊；17—棉条筒；18—圆毛刷

精梳机由钳持喂给机构、梳理机构、分离接合机构、落棉输出机构等组成。精梳锡林回转一周即精梳机完成一个工作循环，称为一个钳次。精梳机的每一个工作循环可分为四个阶段，即锡林梳理阶段、分离前的准备阶段、分离接合与顶梳梳理阶段、锡林梳理前准备阶段。

（四）钳持喂给机构

钳持喂给机构的作用是定时喂入一定长度的小卷，正确及时地钳持棉层供锡林梳理，及时松开钳板钳口，使钳口外须从回挺伸直，正确将须丛向前输送，参与以后的分离、接合工作。

精梳机的钳持喂给机构包括承卷罗拉喂给机构、给棉罗拉喂给机构和钳板机构。

1. 承卷罗拉喂给机构

FA269 型精梳机的承卷罗拉传动机构是连续回转式喂给机构，如图 3-59 所示。主传动油箱中的副轴通过过桥轮系和喂卷调节齿轮，以链条传动承卷罗拉回转退解棉层。调节喂卷调节齿轮 E，即可改变给棉长度。由于承卷罗拉采用了这种连续回转式传动机构，当给棉罗拉不给棉时，承卷罗拉仍在喂给，加之给棉罗拉随钳板摆动，从而引起棉层张力呈周期性的波动。为了稳定棉层张力，FA269 型精梳机的承卷罗拉与给棉罗拉之间装有一偏心张力辊，用于“储存”、“释放”棉层，保持棉层的张力稳定。

2. 给棉罗拉喂给机构

给棉罗拉置于下钳板上，FA 系列精梳机采用单罗拉给棉机构，由给棉罗拉和弧形给棉板组成握持钳口，由钳板两侧的扭簧在给棉罗拉轴承套上加压。具有机构简单、生头方便、

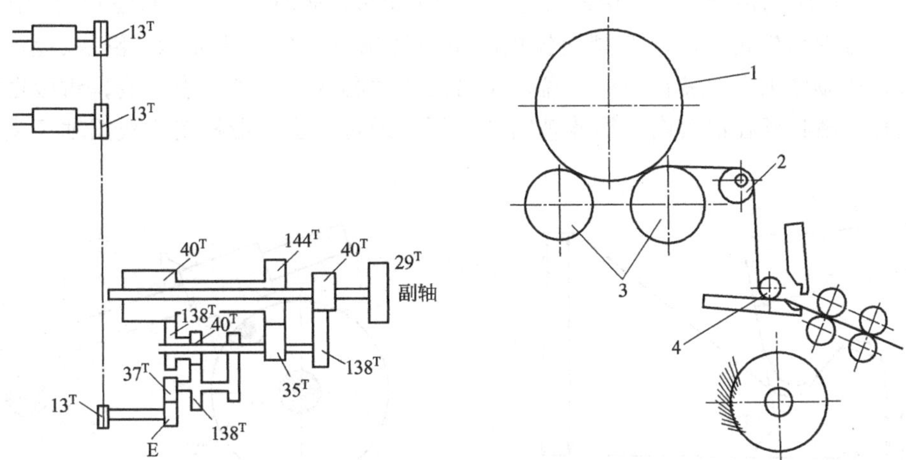

图 3-59　FA269 型精梳机承卷罗拉喂给机构

1—小卷；2—偏心张力辊；3—承卷罗拉；4—给棉罗拉

握持牢靠、给棉滑溜少等优点。给棉形式分为前进给棉和后退给棉。

（1）前进给棉　前进给棉即给棉罗拉在钳板向前摆动时输送棉层，完成给棉运动。如图 3-60，当钳板前进时上钳板逐渐开启，带动装在上钳板上的棘爪将固装于给棉罗拉轴端的给棉棘轮 Z_2 拉过一齿，使给棉罗拉转过一定角度而产生给棉动作，喂给一定长度的棉层；当钳板后退时，棘爪在棘轮上滑过，给棉罗拉不给棉。

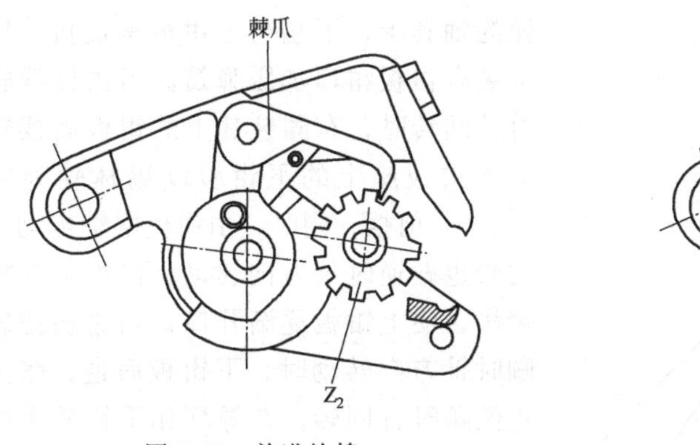

图 3-60　前进给棉

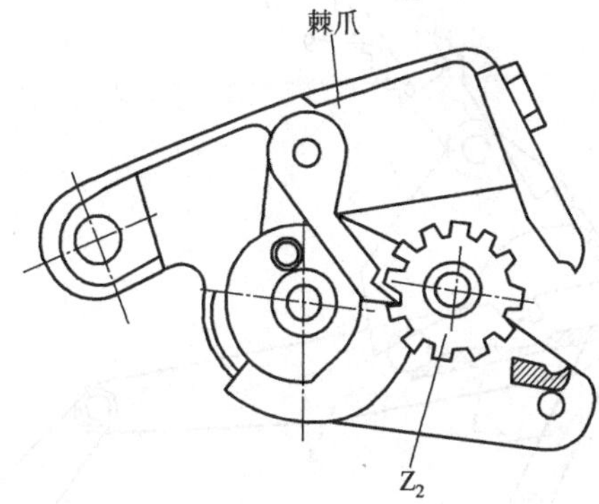

图 3-61　后退给棉

（2）后退给棉　后退给棉即给棉罗拉在钳板后摆时输送棉层，完成给棉运动。如图 3-61，当钳板后退时，上钳板逐渐闭合，带动装于上钳板上的棘爪，将固装于给棉罗拉轴端的给棉棘轮 Z_2 撑过一齿，使给棉罗拉转过一定角度而产生给棉动作，喂给一定长度的棉层；当钳板前进时，给棉罗拉随钳板前摆，钳口逐渐打开，棘爪在棘轮上滑过，给棉罗拉不给棉。

3. 钳板机构

精梳机的钳板机构由上下钳板、钳板摆动机构、钳板摆轴传动机构所组成，其作用是钳持棉层供锡林梳理，并将锡林梳理过的须丛送到分离罗拉钳口进行分离结合。

（1）上下钳板　钳板握持须丛能力的强弱直接影响锡林梳理及落棉率。因此，为了增强钳板的握持能力，上、下钳唇分别设计成凹凸状曲面结构，且上钳唇前端下突。如图 3-62 所示。

(2) 钳板摆轴的传动机构　钳板的前后运动由钳板摆轴驱动，而钳板摆轴的动作来自车头钳板摆轴的传动机构。FA269 型精梳机的钳板摆轴传动机构为曲柄、滑块、滑杆机构。如图 3-63，在锡林轴上固装有一法兰盘，在离锡林轴心 65mm 处装有滑套，钳板摆轴上装有 L 形滑杆，滑杆套在滑套内。锡林轴回转一周，通过滑套、滑杆使钳板摆轴正反向摆动一次。

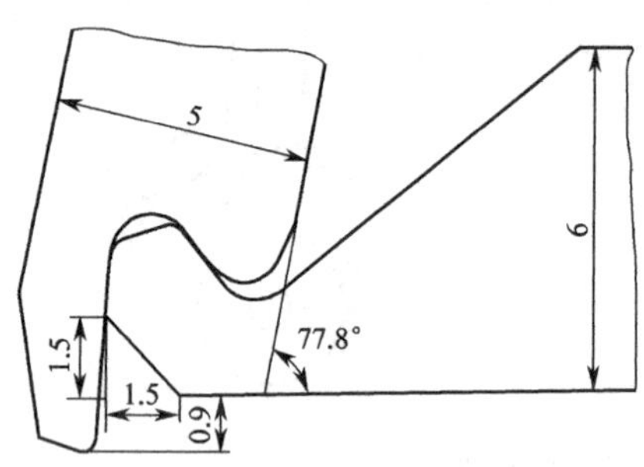

图 3-62　钳板钳口结构

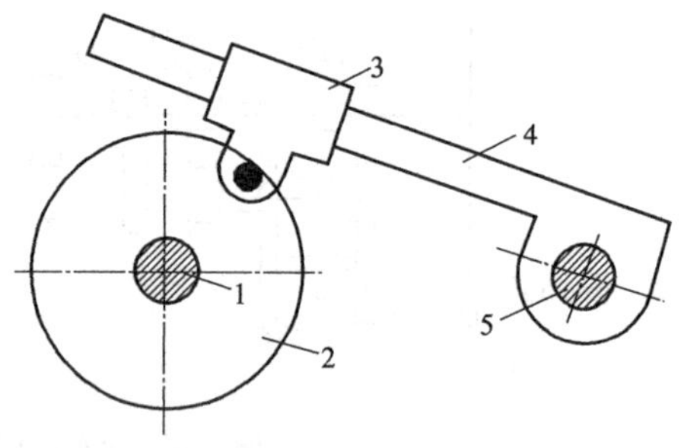

图 3-63　钳板摆轴的传动机构

1—锡林轴；2—法兰盘；3—滑套；4—滑杆；5—钳板摆轴

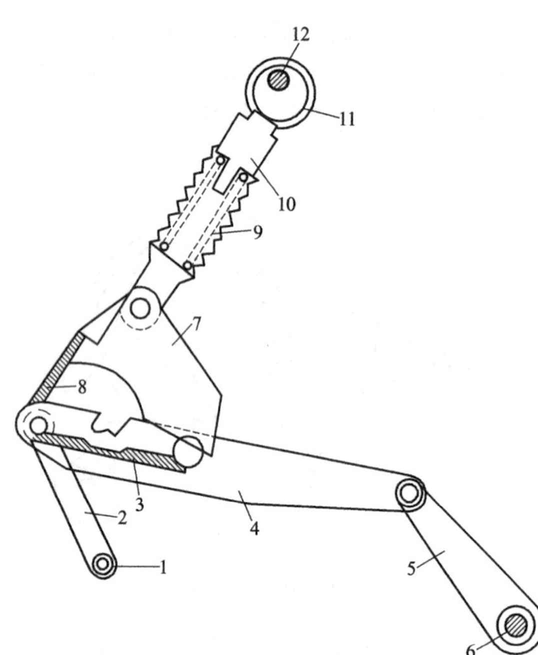

图 3-64　钳板摆动机构

1—锡林轴（摇架支点）；2—钳板前摆臂；3—下钳板；4—下钳板座；5—钳板后摆臂；6—钳板摆轴；7—上钳板架；8—上钳板；9—加压弹簧；10—导杆；11—偏心轮；12—张力轴

(3) 钳板摆动机构　钳板摆动机构是指以钳板摆轴和钳板摇架支点为固定支点的四连杆传动机构，如图 3-64。上钳板架铰接于下钳板座上，其上固装有上钳板。张力轴上装有偏心轮，导杆上端装于偏心轮的轴套上，下端与上钳板架铰接，导杆上装有钳板钳口加压弹簧。当钳板摆轴逆时针回转时，有固装其上的钳板后摆臂推动下钳板座上的下钳板以锡林轴为中心（活套）前摆，同时，由钳板摆轴传动的张力轴也做逆时针方向转动，再加上导杆的牵吊，使上钳板逐渐开口；当钳板摆轴做顺时针方向转动时，下钳板后退，张力轴也做顺时针回转，在导杆和下钳板座的共同作用下，上钳板逐渐闭合。钳板闭合后，下钳板继续后退，导杆中的加压弹簧受压使导杆缩短而对钳板钳口施加压力，以便钳板能有效地钳持棉丛，接受锡林梳理。

（五）梳理机构

精梳机的梳理机构包括锡林与顶梳。

1. 锡林

锡林是精梳机的主要梳理机件，由于上下钳板握持须丛的后端，锡林针齿刺入须丛由浅到深梳理须丛的前端。须丛前弯钩被梳直，纤维平行伸直度明显提高。被锡林梳下的短纤维及杂质形成落棉。

精梳锡林有梳针式和锯齿式。FA269 型精梳机采用锯齿锡林。根据结构和装配方式不同，锯齿锡林可分为黏合式和嵌入式两种。

(1) 黏合式锯齿锡林 使用黏合剂将锯条黏合在锡林弓形板上，弓形板再固定于铁胎上，弓形板的两侧有挡板，形成黏合式锯齿锡林，锡林再由法兰固装于锡林轴上，如图 3-65 所示。黏合式锯齿锡林分为两种，一种是整个锡林上的锯齿密度和规格都相同，也叫锯齿整体锡林。另一种是把不同密度和规格的锯条分别粘合在弓形板上，在锡林针面上由前到后形成前稀后密，锯齿工作角由大到小，锯齿深度由深到浅，锯齿高度由高到低，这种锡林能逐步加强对须丛的梳理作用，提高梳理效果。

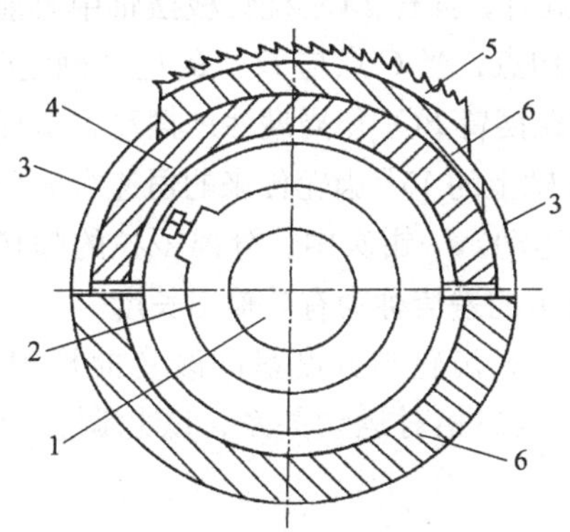

图 3-65 黏合式锯齿锡林

1—锡林轴；2—法兰；3—挡板；4—铁胎；5—锯条；6—弓形板

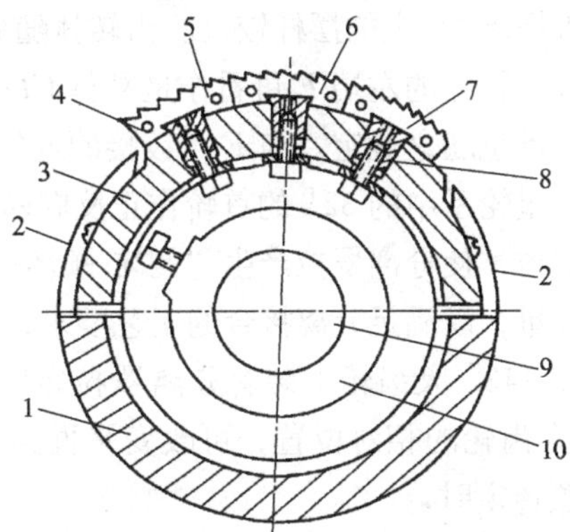

图 3-66 嵌入式锯齿锡林

1—弓形板；2—挡板；3—弧形基座；4—销轴；5—第一组齿片；6—第二组齿片；7—第三组齿片；8—嵌条；9—锡林轴；10—法兰

(2) 嵌入式锯齿锡林 如图 3-66 所示，将 3～6 组不同规格的齿片用嵌条及螺钉固定在弧形基座上，两侧有挡板，形成嵌入式锯齿锡林，锡林再由法兰固装于锡林轴上。锡林上各组齿片的齿形、工作角及厚度等系数可根据不同工艺要求设计，损坏后维修、更换较方便。

2. 顶梳

顶梳的作用是梳理须丛的后端，当分离罗拉握持须丛的前端，顶梳刺入须丛中时，由于分离罗拉顺转，须丛从顶梳中抽过，须丛后部纤维被顶梳梳理，短绒、杂质和棉结等也被顶梳阻留在顶梳的后面。

顶梳的结构如图 3-67 所示，顶梳固装于上钳板上，由顶梳托脚、梳针针板和梳针组成。

（六）分离接合机构

精梳机分离接合机构由分离罗拉、分离胶辊及其传动机构组成，其作用是在精梳机每一工作循环中，把锡林、顶梳梳理过的纤维从须丛中分离出来，并与前一工作循环形成的纤维网接合在一起，然后输出一定长度的棉网。为了实现棉丛的周期性分离、接合和输出棉网，在一个工作循环中，分离罗拉要倒转→顺转→基本静止，而且顺转量要大于倒转量，以保证有效地输出棉网。

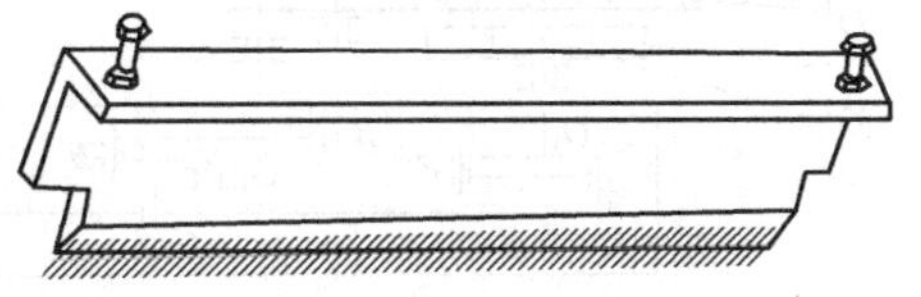

图 3-67 顶梳的结构

FA269 型精梳机的分离罗拉传动机构如图 3-68 所示，分离罗拉传动机构由平面连杆机构和外差动行星轮系组成。动力分配轴上固装的 29^{T} 齿轮传动与锡林轴 O 同轴的大齿轮 (143^{T})，在大齿轮 (143^{T}) 上用螺栓与分离罗拉定时调节盘相连，锡林轴 O 通过大齿轮

(143^T)上的定时调节盘，使曲柄销（固装于定时调节盘上）A 以 77mm 为半径绕锡林轴恒速转动。在锡林轴 O 上活套一固装于墙板上的偏心轮座，其中心 O_1 偏离锡林中心 28mm，两中心的相对位置如图 3-68(c) 所示。偏心轮座上套有偏心轮，偏心轮中心 C 偏离 O_1 点 25mm。定时调节盘的曲柄销通过 105mm 长的连杆，带动偏心轮上的一个铰接销 B，铰接销偏离偏心轮座中心 O_1 点 77mm。这样，$OABO_1$ 组成一个双曲柄机构，当 OA 随锡林轴恒速回转一周，使偏心轮上的铰接销 B 绕偏心轮座中心 O_1 变速运动一周。此时，偏心轮中心 C 也绕偏心轮座中心 O_1 变速运动一周。在偏心盘上又活套着转体，其左端铰接销 D，与活套在钳板摆轴 O_2 上的摆杆铰接。当转体随偏心轮回转一周时，摆杆 DO_2 绕钳板摆轴中心前后摆动一次。转体的左端 E 可看作是刚体 CDE 上的一个延伸点，当 C 点与 D 点的运动确定时，E 点的运动也随之确定。与 E 点铰接的连杆 EF，带动首轮摆臂 FO_3 作周期性地摆动，从而使外差动行星轮系中的 32^T 的首轮作正反向转动。经和锡林轴上的 15^T 齿轮传来的恒速合成后传向分离罗拉，使分离罗拉产生“倒转-顺转-基本静止”的运动。一钳次中，分离罗拉的顺转量大于倒转量，以满足分离接合的工艺要求，顺转量与倒转量的差值称为有效输出长度。

在 143^T 大齿轮上装有分离罗拉定时调节盘，143^T 大齿轮与分度盘同改变曲柄销 A 与 143^T 大齿轮的相对位置，可改变平面连杆机构与分度盘的相对运动关系，以此调整分离罗拉的顺转定时。

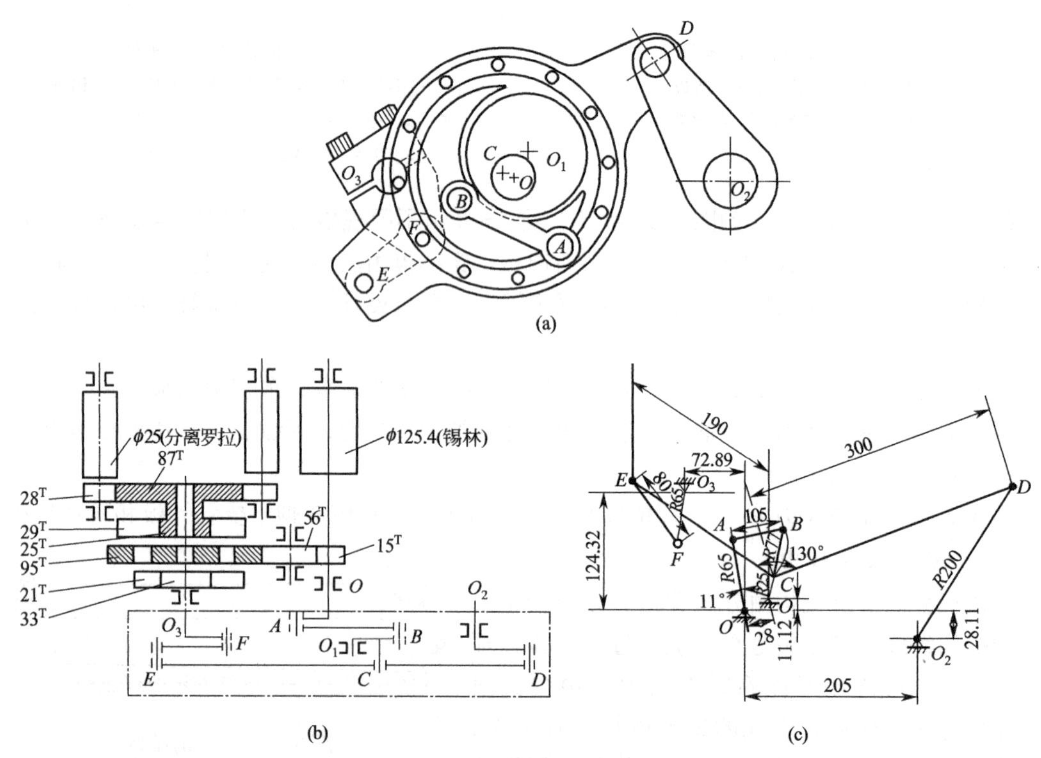

图 3-68　FA269 型精梳机的分离罗拉传动机构

（七）落棉输出机构

1. 车棉输出部分

FA269 型精梳机棉网由分离罗拉输出经托网板、集合器和导向压辊输出成条，绕过导条钉转过 90°后，8 根棉条经牵伸并合后圈条成形。由于分离须丛周期性的接合，使接合棉网呈周期性厚薄不匀，因此集合器偏向一边，使棉网经过托网板和集合器集束时有一定的均匀混合作用。另外，棉网经分离罗拉输出后不立即成条，经一段松弛区后再成条，有利于改善精梳条的结构和均匀度。

2. 牵伸机构

FA269 型精梳机采用倾斜式三上五下曲线牵伸形式，如图 3-69 所示。直径为 50mm 的中、后胶辊分别骑跨在两个直径为 27mm 的罗拉上，使后牵伸区与主牵伸区均为曲线牵伸，加强了对牵伸区纤维运动的控制。后区牵伸倍数为 1.14～1.50，前区牵伸倍数为 7.89～10.66，总牵伸倍数为 9～16。

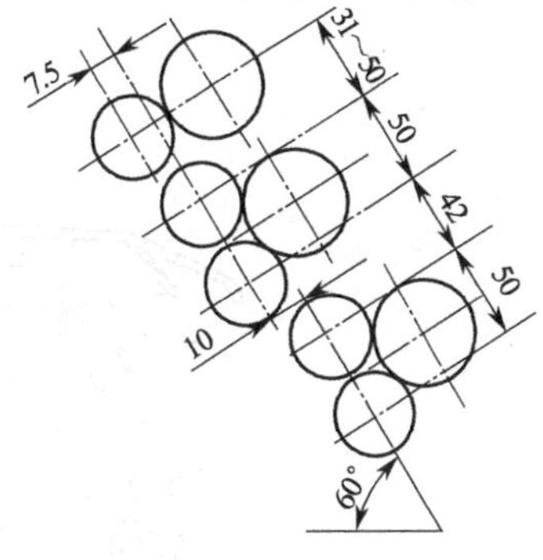

图 3-69　牵伸机构

3. 圈条机构

FA269 型精梳机采用单筒单圈条，随着精梳机产量的提高，条筒规格较大，为 ϕ600mm×1200mm，且配有自动增容装置和自动换筒装置。其容量可增加 15%～20%。

4. 落棉排除部分

FA269 型精梳机落棉经毛刷刷下，经气流作用由管道输送，集体排除落棉。

五、并条

（一）并条工序的任务

由于生条或精梳条的重量不匀率较高，且在普梳纺纱系统中生条中的纤维排列也很紊乱，大部分纤维呈弯钩卷曲状态，并有部分小纤维束存在。因此，并条工序的主要任务如下。

(1) 并合　将 6～8 根条子随机并合，改善熟条的长、中片段均匀度，使熟条的重量不匀率降到 1%以下。

(2) 牵伸　牵伸可以改善条子的结构，提高纤维的伸直、平行度和分离度。

(3) 混合　利用反复并合和牵伸实现单纤维之间的混合。特别是在棉与化纤混纺时，可以保证条子的混棉成分正确、均匀，避免纱线或织物染色后产生“色差”。

(4) 成条　经过并合、牵伸、混合后的纤维层，再经集束、压缩制成棉条，并有规律地圈放在条筒内，便于搬运和后道工序的加工。

（二）FA326A 型并条机的工艺过程

如图 3-70 所示，在并条机机后导条架的下方放置 12～16 个喂入棉条筒，分为两组。棉条经导条罗拉积极喂入，并借助于分条器将棉条平行排列于导条罗拉上，并列排好的两组棉条有秩序地经过导条块和给棉罗拉，进入牵伸装置。经牵伸后的须条进入弧形导管，再经喇叭口聚拢成条后由紧压罗拉压紧成光滑紧密的棉条，再由圈条盘将棉条有规律地圈放在输出棉条筒中。

棉纺生产一般采用两道或三道并条，依次称为头道、二道、三道并条机，最后一道并条机制成的棉条称为熟条，其他各道制成的棉条称为半熟条。

FA326A 型并条机主要由喂入机构、牵伸机构、成条机构、自动换筒机构及自调匀整装置组成。

（三）喂入机构

FA326A 型并条机采用高架积极式顺向喂入机构，主要由导条罗拉、导条支杆、分条器和一对给棉罗拉组成，如图 3-71 所示。导条架上还装有四组光电自停检测装置，当棉条拉断时自动停车，以保证纺出棉条重量稳定。棉条由棉条筒经导条罗拉积极回转喂入，经给棉罗拉喂入牵伸装置。

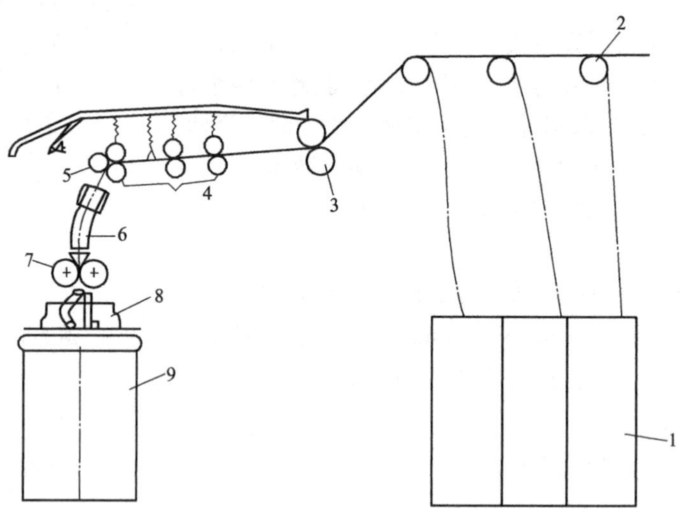

图 3-70 FA326A 型并条机的工艺过程

1—棉条筒；2—导条罗拉；3—给棉罗拉；4—牵伸装置；5—导向罗拉；6—弧形导管；7—紧压罗拉；8—圈条器；9—棉条

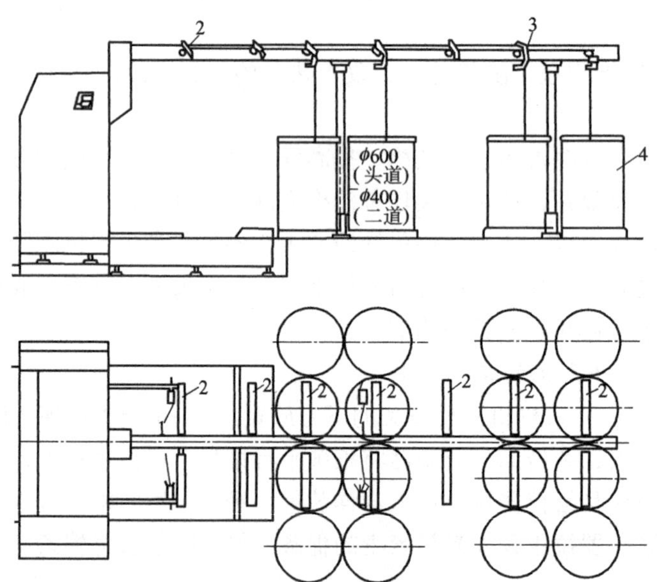

图 3-71 FA326A 型并条机高架积极式顺向喂入机构

1—光电自停检测装置；2—导条罗拉；3—分条器；4—棉条筒

（四）牵伸机构

FA326A 型并条机的牵伸机构由罗拉、胶辊、压力棒、加压装置及集束器等组成，牵伸形式是三上三下压力棒加导向胶辊曲线牵伸，如图 3-72 所示。棉网先经后区预牵伸，然后进入前区主牵伸区进行牵伸。在牵伸机构的前区有一下压式横截面呈扇形的压力棒，牵伸时弧形曲面与被牵伸纤维接触，增强牵伸区对纤维的控制，从而提高须条质量。

1. 罗拉

罗拉是牵伸的主要元件，它和上胶辊组成握持钳口。罗拉表面均设有不等距螺旋沟槽，以增加罗拉与胶辊握持纤维的能力，顺利完成牵伸，同时更有利于高速。

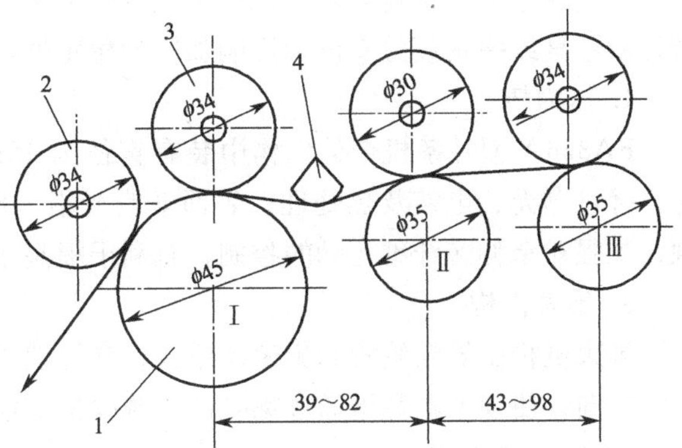

图 3-72 FA326A 型并条机的牵伸机构

1—罗拉；2—导向胶辊；3—胶辊；4—压力棒

2. 胶辊

胶辊也称为上罗拉，胶辊依靠下罗拉回转摩擦带动。并条机上的胶辊是单节活芯式，胶辊用轴承钢作芯轴，两端装有滚柱轴承，回转平稳灵活，芯轴外面包覆有丁腈橡胶套管。胶辊既有硬度又有弹性，因此胶辊与罗拉组成的钳口，既有一定握持能力，以保证有效地完成牵伸，又有一定的弹性，可以使纤维顺利通过。

3. 加压机构

罗拉加压主要是为了保证罗拉钳口对纤维有足够的握持力，从而更好地控制纤维运动，确保正常牵伸，提高成条质量。罗拉加压量的大小主要与牵伸倍数、罗拉速度及原料种类等因素有关。

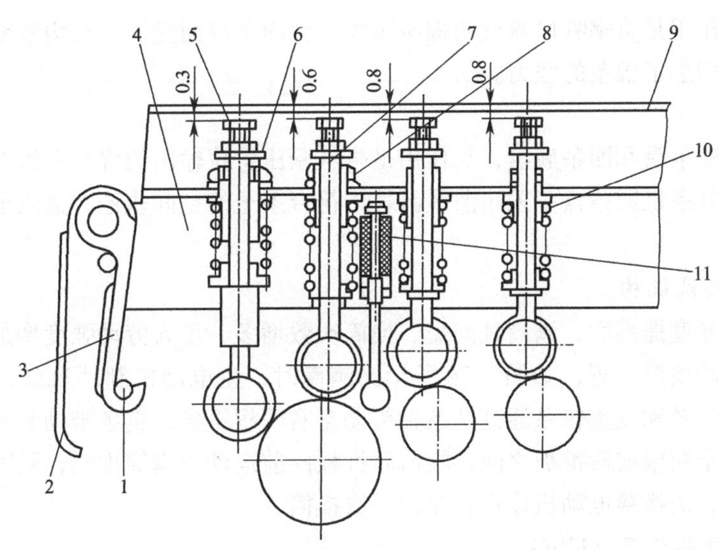

图 3-73 FA326A 型并条机弹簧摇架加压机构

1—前加压轴；2—加压手柄；3—加压钩；4—摇架；5—自停螺钉；6—导向套；7—加压轴；8—导向套螺母；9—自停臂；10—弹簧；11—压力棒加压轴

FA326A 型并条机弹簧摇架加压机构如图 3-73 所示，加压时，将摇架下压，使加压钩钩住前加压轴，再按下加压手柄，弹簧压力便通过各加压轴施加于胶辊及压力棒的端轴上；卸压时向前抬起加压手柄，使加压钩脱离前加压轴，整个摇架在蝶形簧平衡力的作用下向上抬起，可停留在操作所需任意位置。当纤维缠胶辊时，加压轴上升，自停螺钉使自停臂抬起，触动微动开关，使机台制动；待故障排除后，自停臂下降，微动开关下压，即可正常开车。弹簧摇架加压结构轻巧、加压量大且较准确、吸震作用好、加压和卸压方便，但如果弹簧材质不良或弹簧疲劳变形会影响加压的稳定性。

4. 压力棒

FA326A 型并条机牵伸机构中装有直径为 12mm 的扇形压力棒，压力棒是用铬钢制成的，经过抛光、电镀及热处理，表面非常光滑。压力棒的作用是利用其弧面与牵伸须条接触，加强对牵伸区纤维运动的控制，有利于提高条子质量。

5. 集束机构

集束机构由导向胶辊和集束器组成，它可使前罗拉输出的棉网集束成条，并改变输出条子的方向，使须条顺利地通过喇叭口，减少机前涌头及堵条现象。

（五）成条机构

成条机构主要是将弧形导管输出的棉层进一步凝聚成条，并有规律地圈放在棉条筒内，便于下一工序加工。

1. 喇叭口

喇叭口的作用是将弧形导管输出的束状棉层进一步集束成条，使棉条表面光滑，增加棉条紧密度。喇叭口的直径应与输出棉条定量相适应，口径过大，棉条易通过，但对棉条压缩不足，条子易发毛；口径过小，棉条不易通过，易造成堵塞断头。并条机常用喇叭口的直径为 2.4mm、2.6mm、2.8mm、3.2mm、3.6mm。

2. 紧压罗拉

紧压罗拉的作用是将喇叭口凝聚的棉条压缩，使棉条细而光洁、结构紧密，以增加条筒的容量，同时也增加了棉条的强力。

3. 圈条器

圈条器包括圈条盘和圈条底盘，其作用是将从紧压罗拉输出的棉条有规律地圈放在棉条筒中。目前高速并条机圈条盘多采用曲线斜管，符合条子的空间轨迹，适应于高速，且条子成形良好。

（六）自动换筒机构

并条机出条速度提高后，满筒时间短、换筒次数增多、工人劳动强度增加，因此，高速并条机均采用自动换筒装置，如图 3-74 所示。满筒时，主电动机制动刹车，换筒电动机启动，经一对三角带轮和减速轮系通过链条轴传动左右两根链条，链条带动装在导轨上的前后推板。棉条筒置于两根前后推板之间，随前后推板向前运动将满筒推出，同时输入空筒，主电动机开始运转，而换筒电动机停止，完成一次换筒。

（七）自调匀整装置（USG）

FA326A 型高速并条机自调匀整装置属于开环式控制系统，如图 3-75 所示。通过一对凹凸罗拉（T&C 罗拉）组成钳口，检测喂入条线密度，喂入条线密度（即粗细）变化引起凸罗拉位移量变化，利用位移传感器转变为电信号，经微机处理与设定的额定值进行比较后，通过伺服电动机结合差动轮系调节后区牵伸倍数，从而使输出条不因喂入条粗细的波动而波动。另外输出端还设有一个监测喇叭口（FP），进行在线检测匀整后的结果，并能通过微机处理显示 USG 终端，若质量超出所设定的极限值，它将会自动报警或停机。USG 自调匀整装置是一种在线监测与及时自动控制相结合的自调匀整装置。

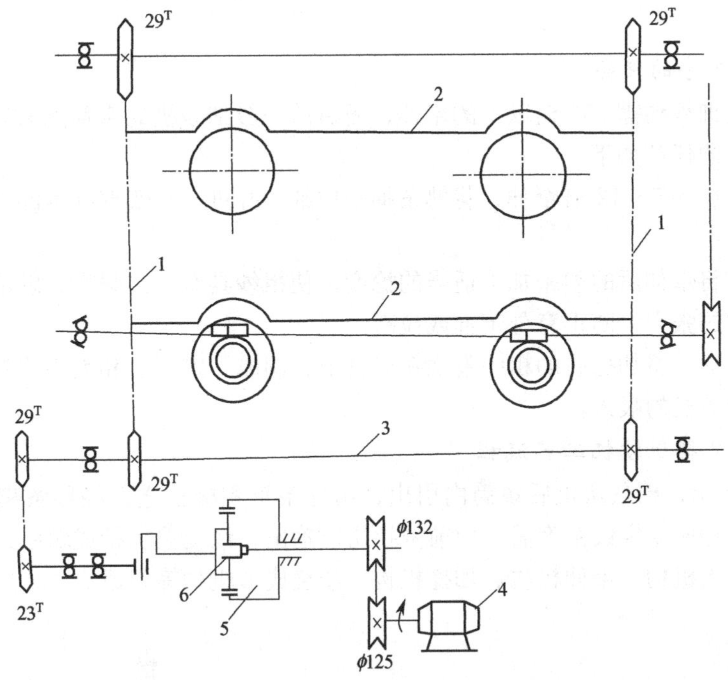

图 3-74　并条机自动换筒传动示意图

1—链条；2—前后推板；3—链条轴；4—换筒电动机；5—减速轮系；6—万向联轴节

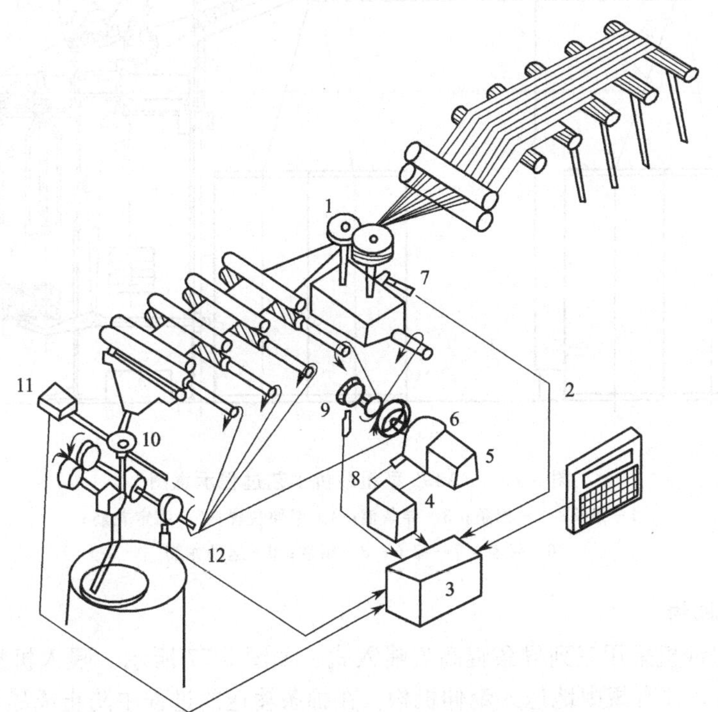

图 3-75　并条机自调匀整装置结构图

1—T&C 罗拉；2—微型终端；3—控制计算机；4—驱动电源；5—伺服电动机；
6—差动齿轮箱；7—位移传感器；8—T2 速度传感器；9—T3 速度传感器；
10—FP 喇叭口；11—FP-MT 前置放大器；12—T1 出条（压辊）速度传感器

六、粗纱

（一）粗纱工序的任务

将熟条纺成细纱约需 150 倍以上的牵伸，而目前一般细纱机的牵伸能力只有 10～50 倍。所以，粗纱工序的任务如下。

（1）牵伸　施加 5～12 倍牵伸，将熟条抽长拉细，并进一步改善纤维的伸直平行度与分离度。

（2）加捻　将牵伸后的须条加上适当的捻度，使粗纱具有一定强力，以承受粗纱卷绕和在细纱上退绕时的张力，防止意外牵伸或拉断。

（3）卷绕成形　将加捻后的粗纱卷绕在筒管上，制成一定形状和大小的卷装，便于储存和搬运，适应细纱机的喂入。

（二）FA492 型粗纱机工艺流程

如图 3-76 所示，棉条从机后条筒内引出，由导条辊积极输送，经导条喇叭口喂入牵伸装置。棉条被牵伸成规定线密度后，由前罗拉钳口输出，经锭翼加捻成粗纱，最后卷绕成管纱。粗纱机由喂入机构、牵伸机构、加捻机构、卷绕成形机构等组成。

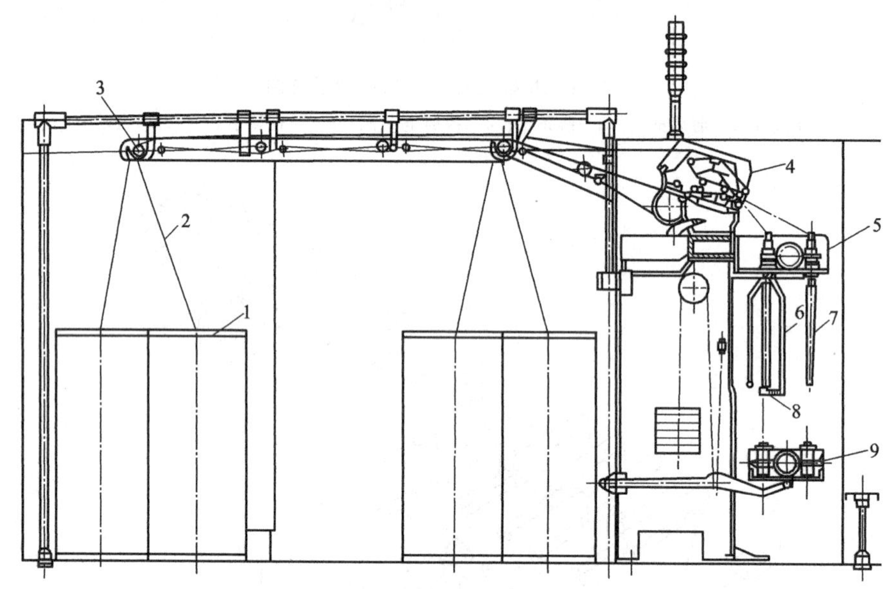

图 3-76　FA492 型粗纱机工艺过程示意图

1—条筒；2—棉条；3—导条辊；4—牵伸装置；5—固定龙筋；6—锭翼；7—锭子；8—压掌；9—运动龙筋

（三）喂入机构

FA492 型粗纱机采用三列导条辊高架喂入式，如图 3-77 所示。喂入机构的作用是从棉条筒中引出棉条，并有规则地送入牵伸机构，在棉条输送的过程中防止或尽可能减少意外牵伸。粗纱机的喂入机构由分条器、导条辊、导条喇叭组成。

（1）分条器　分条器一般由铝或胶木制成，其作用是隔离棉条，防止相互纠缠。

（2）导条辊　导条辊分前、中、后三列，由后罗拉通过链条积极传动。导条辊的表面速度略慢于后罗拉的表面速度，使棉条在输送中不致松垂。可以通过调换前导条辊头端的链轮来调节张力牵伸，以减少意外牵伸。

(3) 导条喇叭　导条喇叭的作用是正确引导棉条进入牵伸装置，使棉条经过整理和压缩后以扁平形截面喂入后钳口。喇叭口开口大小用宽×高表示，应按喂入棉条定量适当选用。当棉条定量在 17g/5m 以上时，选用 (10～15)mm×4mm 的扁平圆形口；当棉条定量在 17g/5m 以下时，选用 (7～10)mm×5mm 的扁平圆形口。导条喇叭用胶木或尼龙等材料制成。

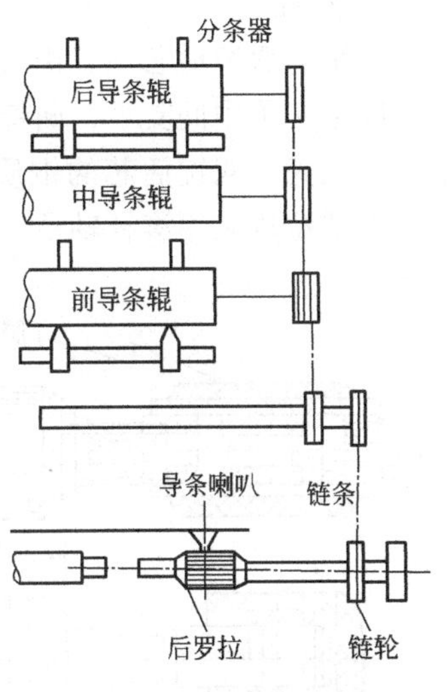

图 3-77　粗纱机喂入机构

(四) 牵伸机构

FA492 型粗纱机采用四罗拉双短胶圈牵伸，也称为 D 型牵伸，如图 3-78 所示。牵伸装置分为整理区、主牵伸区、后牵伸区。整理区的牵伸倍数为 1.05；主牵伸区承担大部分的牵伸；后牵伸区亦称为预牵伸区，是为主牵伸区牵伸做好准备。

在主牵伸区中，上、下胶圈间的摩擦力界使须条随上、下胶圈的速度而运动，并形成了一个柔和而又具有一定压力的胶圈钳口，既能有效地控制纤维运动，又能使前罗拉钳口握持的纤维顺利抽出。当须条厚度变化时，弹簧上销可自由摆动，以发挥钳口压力的自调作用，使胶圈钳口对纤维的控制力稳定。曲面下销中部上托，可减少胶圈回转时的中凹现象，使胶圈中部的摩擦力界增强而稳定。因此主牵伸区摩擦力界分布较为理想，可使纤维变速点离前钳口较近且集中，有利于改善条干。整理区有集合器，主要完成集束。主牵伸区无集束可缩小浮游区长度，粗纱条干质量得到提高。

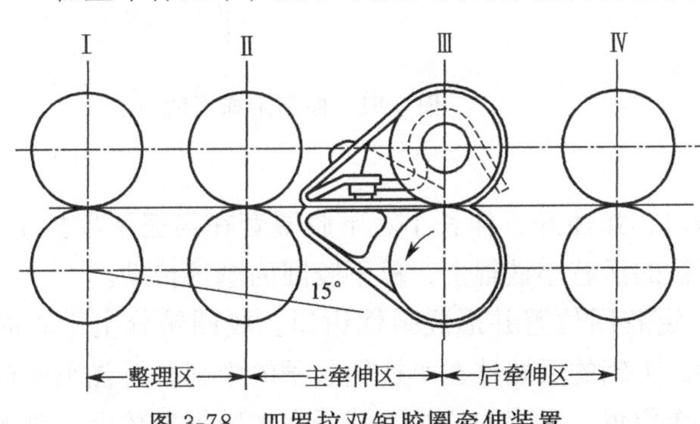

图 3-78　四罗拉双短胶圈牵伸装置

1. 罗拉

罗拉是牵伸机构的主要元件之一，由多节组成，每节 4～6 锭。如图 3-79 所示，每节罗拉的一端有导孔和螺孔，另一端有导柱和螺杆，各节罗拉由螺杆、螺孔连接起来，以满足机台所需的锭数。导柱和导孔可保持各节罗拉同心。

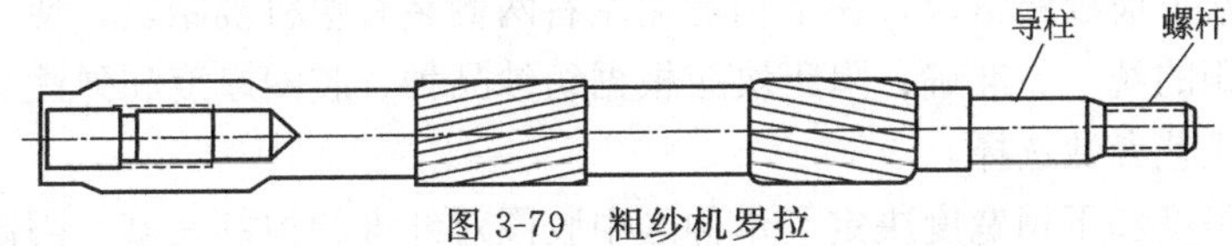

图 3-79　粗纱机罗拉

罗拉由罗拉座支承，相邻两个罗拉座间的距离称为节距。罗拉连接部分螺纹旋紧的旋向，须与罗拉的回转方向一致，使罗拉运转时越转越紧，以防止罗拉回转时连接处松退，使节距伸长而损坏机件。前、后罗拉表面刻有倾斜的沟槽，同档罗拉分别采用左、右旋向沟槽，使其与胶辊表面组成的钳口线在任一瞬间至少有一点接触，形成对纤维连续而均匀的握持钳口，并防止胶辊快速回转时的跳动。中罗拉表面呈菱形滚花。滚花用以加强中罗拉与下胶圈的摩擦，并减少胶圈损伤。

2. 胶辊

胶辊为双节活芯式，由胶辊芯子、铁壳、胶辊轴承和外包丁腈胶管组成，如图 3-80 所示。胶辊芯子中间支承，两锭受压。胶辊表面要求光滑、耐磨并具有适当的弹性和硬度。第三上罗拉为一双锭活芯的钢质小铁辊，它与上胶圈摩擦传动。为了保证运转灵活并适应高速，上罗拉均采用滚针轴承。

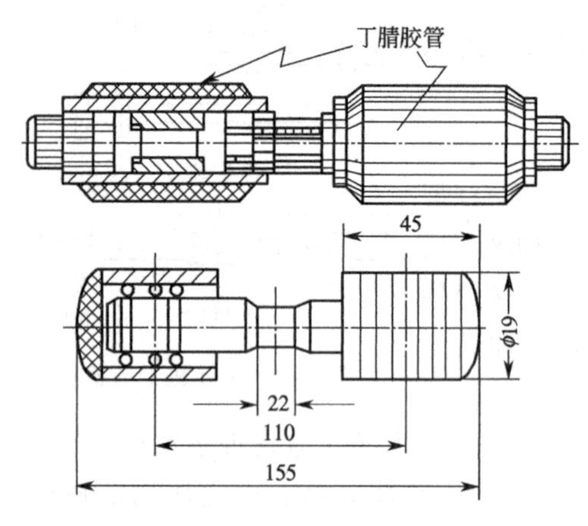

图 3-80 粗纱机胶辊结构

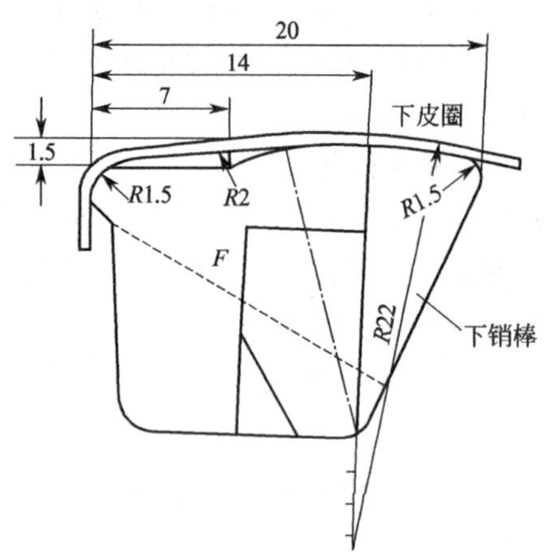

图 3-81 曲面阶梯下销

3. 胶圈与上下胶圈销

(1) 胶圈　由丁腈橡胶制成，厚薄均匀、弹性好、伸长小。下胶圈套在第三下罗拉上，随第三下罗拉回转，上胶圈套在第三上罗拉的活芯小铁辊上，靠下胶圈的摩擦传动。

(2) 上下胶圈销　胶圈销的作用是固定胶圈位置并形成弹性钳口。胶圈销分上下胶圈销。每两个上胶圈穿有一个弹簧摆动上销，上销的后端挂在小铁辊芯子的中部，可绕小铁辊芯子灵活摆动，支承上胶圈处于一定的工作位置。上销的片簧上端抵在加压摇臂体上，对上销施加一定的初始压力。

每一罗拉节距穿一根曲面下销，固装在罗拉座上，以支持下胶圈并将其引向前钳口，使胶圈稳定回转。下销的截面为阶梯形曲面，如图 3-81 所示，其最高点上托 1.5mm，使上下胶圈工作面形成缓和的曲线通道，以防止胶圈的中凹现象。平面部分不与胶圈接触，形成拱形弹性层与上胶圈配合，以减少销子与胶圈的摩擦，下销前缘突出并结合上销前端前冲来减小牵伸区中的浮游区长度。

上下销的前端形成胶圈钳口，在上销前端左右两侧装有塑料隔距块，使上下销前端保持上下销间原始隔距的统一、准确。隔距块应根据纺纱品种、胶圈厚度和弹性、上销弹簧压力以及纤维长度等工艺参数选择。

上胶圈架的长度和下销宽度决定了牵伸区中胶圈对纤维的控制长度，因此应根据纤维长度而定。一般纺棉及棉型化纤时，胶圈架长度为 34mm，下销宽度为 20mm；纺中长化纤时，上胶圈架长度为 42mm，下销宽度为 28mm。采用不同的胶圈架长度，则使用不同规格的上下胶圈。

4. 集合器

牵伸区内设置集合器，相当于增设了一个附加摩擦力界，并具有增加纱条密度、收拢牵伸后须条的边纤维、减少毛羽和飞花的作用。

5. 弹簧摇架加压装置

如图 3-82 所示，弹簧摇架加压装置由摇臂体、手柄、加压杆、加压弹簧、钳爪，压力调节块以及锁紧机构组成。弹簧摇架加压机构利用摇架下压自锁时压缩弹簧对所在钳口施加压力，一个摇架控制两锭位牵伸的加压。使用时间长后，弹簧疲劳而导致加压衰退，因而平时要注意维护、检测压力。

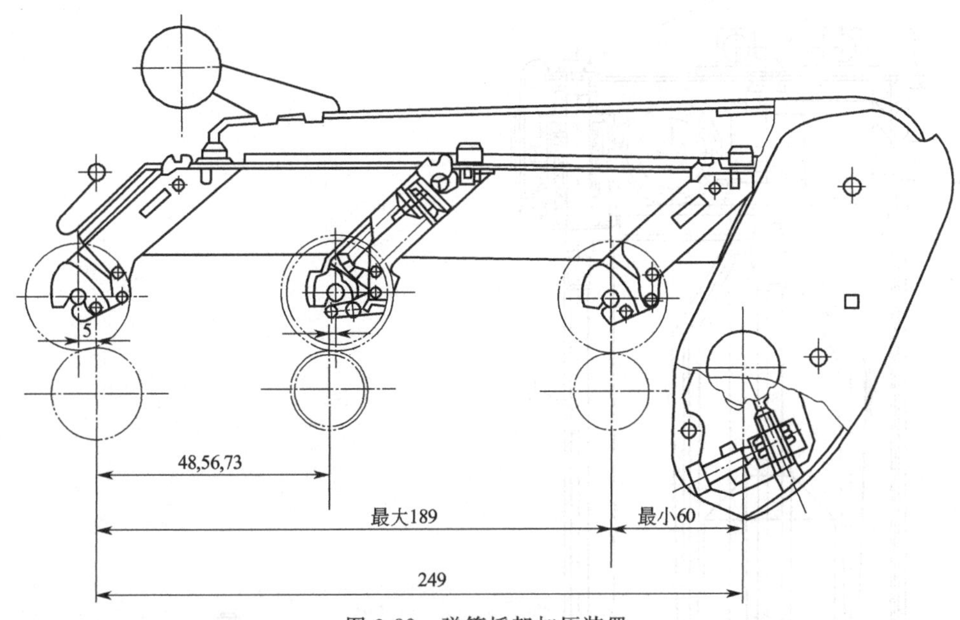

图 3-82　弹簧摇架加压装置

6. 清洁装置

清洁装置的作用是清除罗拉、胶辊、胶圈表面的短绒和杂质，防止纤维缠绕机件并保证产品不出或少出疵点。FA492 型粗纱机采用上下积极回转绒带加巡回吹吸风清洁装置，如图 3-83 所示。

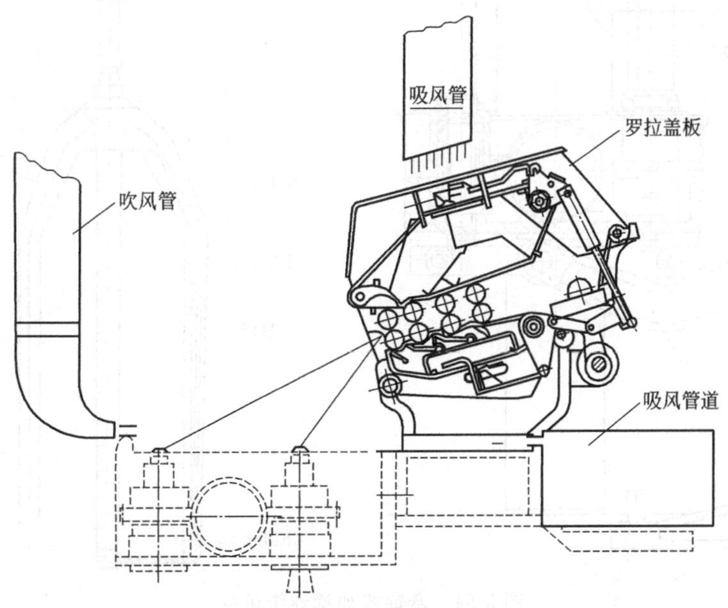

图 3-83　粗纱机清洁装置

（五）加捻机构

粗纱机的加捻机构主要包括锭子、锭翼和假捻器等。FA492型粗纱机采用悬锭式加捻卷绕机构，如图3-84所示。由前罗拉输出的须条经锭翼回转而加捻，锭翼每回转一周，纱

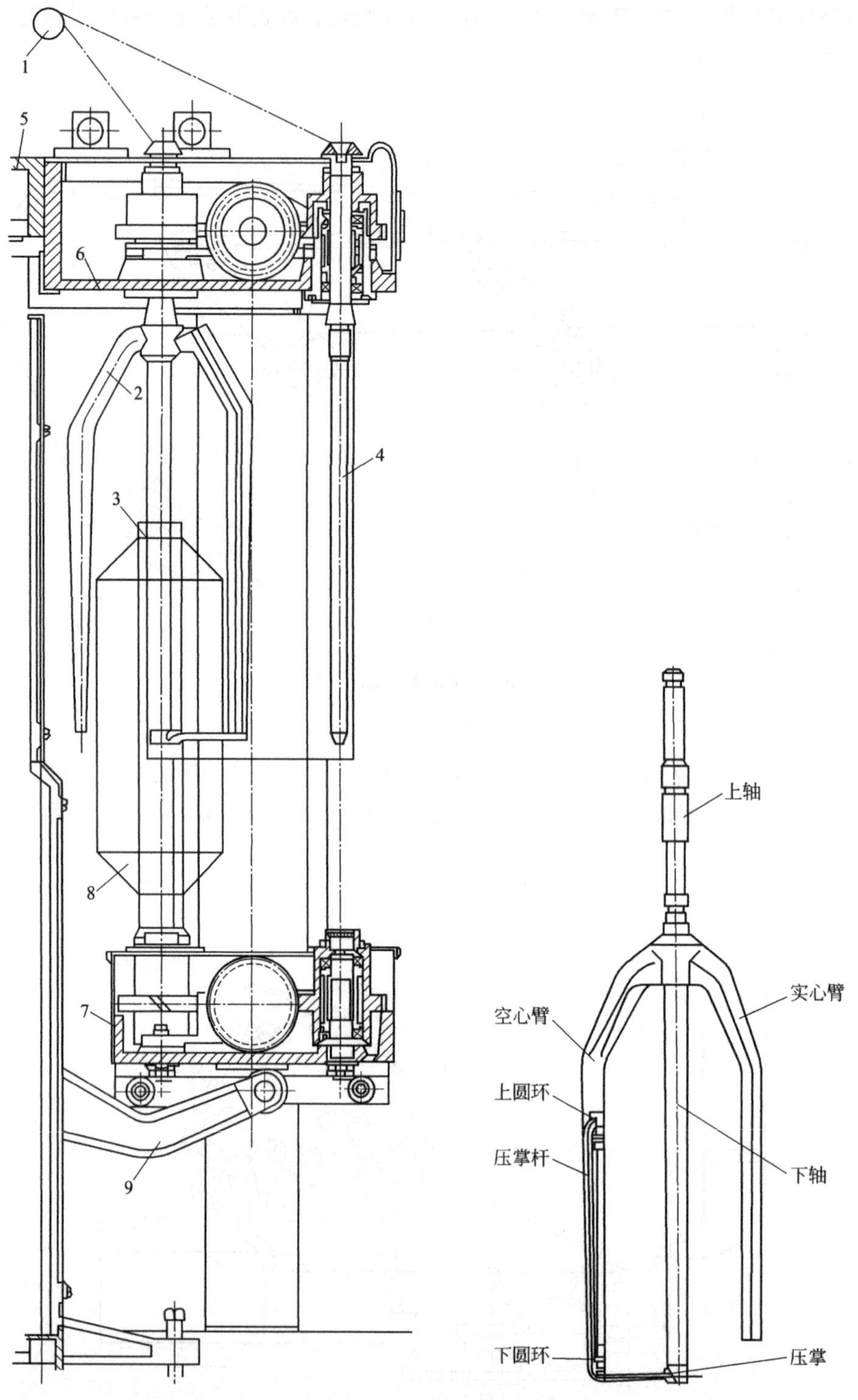

图3-84 悬锭式加捻卷绕机构

1—前罗拉；2—锭翼；3—筒管；4—锭子；5—机面；6—固定龙筋；7—运动龙筋；8—粗纱；9—摆臂

条上加上一个捻回。加捻之后的粗纱自锭翼上端顶孔穿入，从侧孔引出，在顶管外绕 1/4 或 3/4 周后，再穿入空心臂。自空心臂引出的粗纱在压掌上绕 2～3 圈后经压掌上的导纱孔卷绕在筒管上。

锭翼与锭子为一组合件，以轴承固装于机面的固定龙筋上，形成悬吊锭翼。锭翼的上部为上轴，下部为锭杆。锭翼由顶端螺旋齿轮或齿形带直接传动，锭杆从上部插入筒管内以稳定筒管的上部。锭翼由空心臂、实心臂和压掌组成。空心臂是引导粗纱的通道，实心臂起平衡作用。空心臂的侧面套有压掌，压掌有压掌杆、压掌可在一定范围内绕空心臂转动。筒管安装在升降龙筋上，由摆臂带动升降龙筋作升、降运动。

为增加前罗拉至锭翼之间纱条的强力，减少粗纱的意外伸长，粗纱机广泛使用锭帽式假捻器，如图 3-85 所示。锭帽式假捻器采用塑料、尼龙、橡胶、聚氨酯等弹性材料制成，插放在锭翼套管的顶端。表面刻有凸起的条纹或有三角形及球状微粒，以增加假捻器表面的摩擦系数。

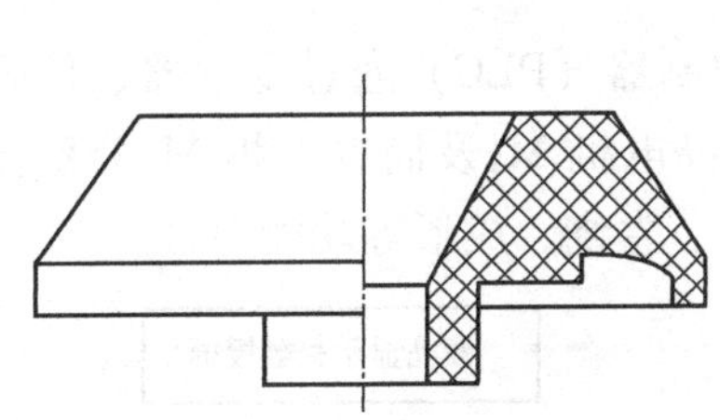

图 3-85 锭帽式假捻器

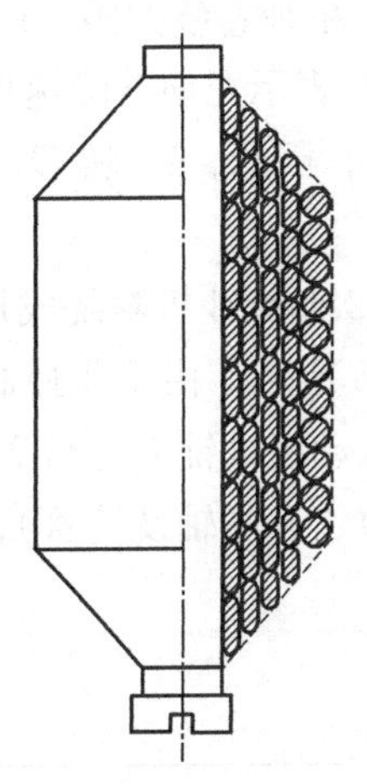

图 3-86 粗纱卷绕结构

（六）卷绕成形机构

1. 实现粗纱卷绕的条件

如图 3-86 所示，粗纱卷绕从里往外分层排列，每层粗纱平行紧密卷绕，为实现无边不塌头，采用两端截锥形中间圆柱体。粗纱卷绕条件如下。

① 采用管导卷绕，即筒管的转速大于锭翼的转速，如图 3-87 所示。

$$N_w = N_b - N_s$$

$$N_b = N_s + N_w \qquad (3\text{-}10)$$

式中 N_w——卷绕转速，r/min；

N_b——锭翼转速，r/min；

N_s——筒管转速，r/min。

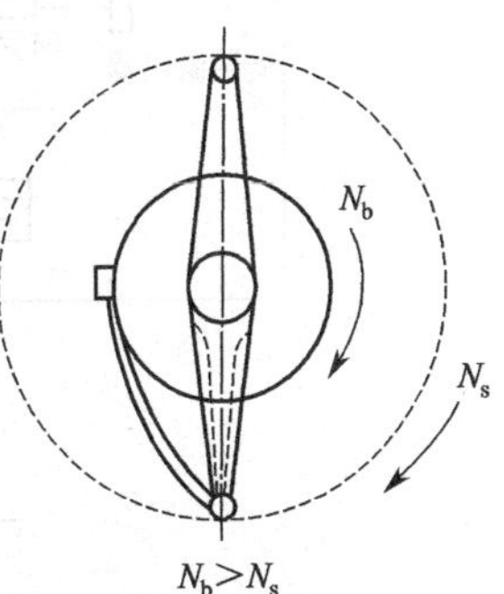

图 3-87 粗纱卷绕

② 单位时间内前罗拉钳口输出的须条长度必须等于筒管的卷绕长度，即：

$$V_f = \pi D_x N_w$$

或

$$N_w = \frac{V_f}{\pi D_x} \qquad (3\text{-}11)$$

式中 V_f——前罗拉钳口须条输出线速度；

D_x——筒管上粗纱卷绕直径。

式(3-10) 表示卷绕转速与卷绕直径之间的关系，称为粗纱的卷绕方程。将式(3-11) 代入式(3-10) 得：

$$N_b = N_s + \frac{V_f}{\pi D_x} \tag{3-12}$$

在实际生产中，V_f、N_s 为定值，D_x 随卷绕逐层增大，故筒管转速 N_b 将随卷绕直径 D_x 逐层增大而减小。对于同一层粗纱卷绕层，D_x 不变，N_b 也不变。

③ 单位时间内升降龙筋的升降高度应等于筒管的轴向卷绕高度。即：

$$V_r = \frac{V_f}{\pi D_x} h \tag{3-13}$$

式中 V_r——升降龙筋速度，mm/min；

h——粗纱卷绕圈距，mm。

式(3-13) 表示龙筋升降速度与卷绕直径的关系，称为粗纱机升降速度方程。在一落纱中，h 为定值，因此，V_r 随 D_x 逐层增大而减小，即每卷绕一层粗纱，筒管上升或下降的速率降低一次。

2. FA492 型粗纱机卷绕成形传动系统

如图 3-88 所示，由工业控制计算机与可编程序控制器（PLC）通过变频器、伺服控制器控制四个电动机（锭翼电机 M_1、牵伸电机 M_2、升降电机 M_3 及筒管电机 M_4 分别传动锭翼、牵伸罗拉、升降轴及筒管），从而完成牵伸、加捻、卷绕、成形等功能。

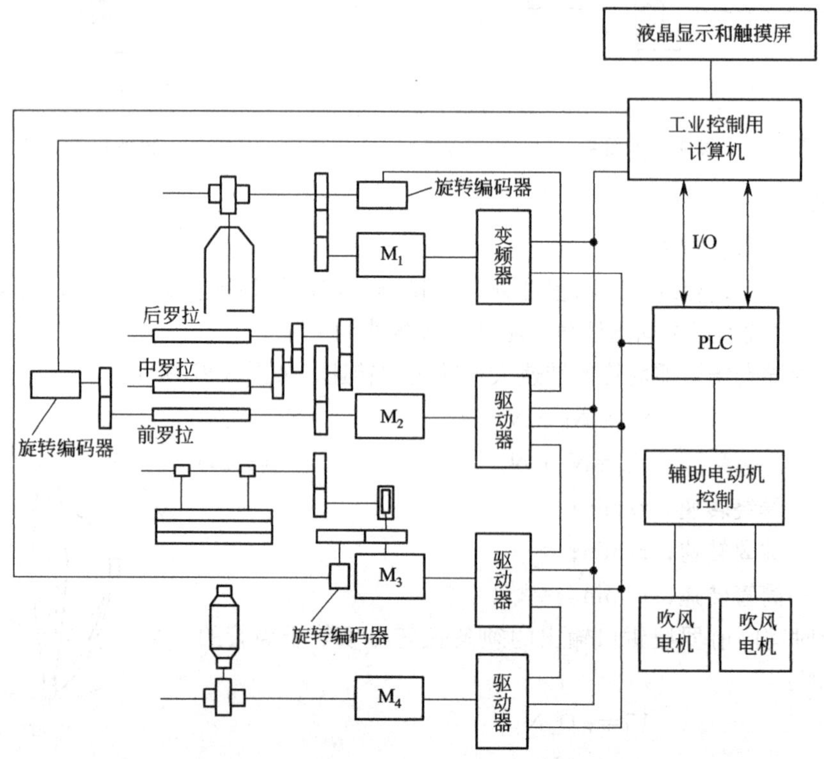

图 3-88 FA492 型粗纱机卷绕成形传动系统

七、细纱

（一）细纱工序的任务

细纱工序是将粗纱纺制成具有一定规格的细纱。细纱工序的任务如下。

（1）牵伸　将喂入粗纱均匀地抽长拉细到所设计的线密度。

（2）加捻　给牵伸后的须条加上适当的捻度，使细纱具有一定的强力、弹性、光泽和手感等物理机械性能。

（3）卷绕成形　把纺成的细纱按照一定的成形要求卷绕在筒管上，以便于运输、储存和后道工序的继续加工。

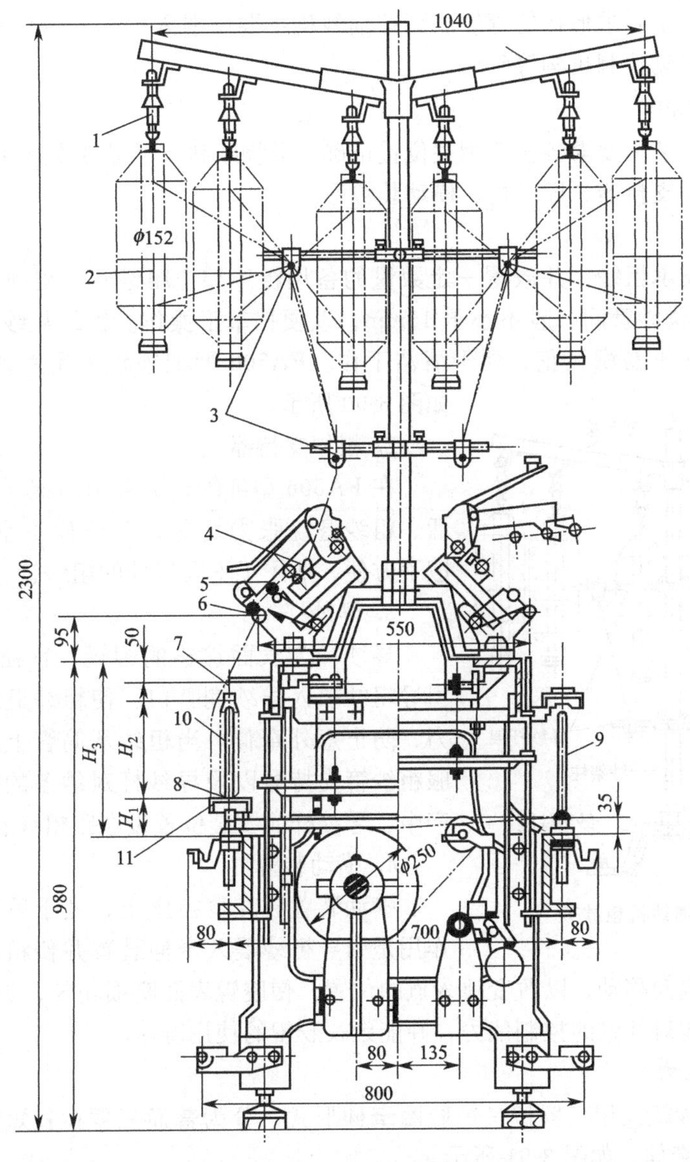

图 3-89　FA506 型细纱机的工艺过程

1—吊锭；2—粗纱管；3—导纱杆；4—横动导纱喇叭口；5—牵伸装置；6—前罗拉；7—导纱钩；8—钢丝圈；9—锭子；10—筒管；11—钢领板

棉纺厂以细纱机总锭数表示生产规模；细纱的产量决定棉纺厂各道工序机台数量。因此，细纱工序在棉纺厂中占有非常重要的地位。

（二）细纱机的工艺过程

细纱机为双面多锭结构。图 3-89 所示为 FA506 型细纱机，粗纱从吊锭上的粗纱管退绕后，经过导纱杆和慢速往复横动的导纱喇叭口，进入牵伸装置。牵伸后的须条从前罗拉输出后，经导纱钩，穿过钢丝圈，卷绕到紧套在锭子上的纱管上。生产中筒管高速卷绕，使纱条上产生张力，带动钢丝圈沿钢领高速回转，钢丝圈每转一圈，前钳口到钢丝圈之间的须条上便得到一个捻回。由于钢丝圈受钢领的摩擦阻力作用，使得钢丝圈的回转速度小于筒管，两者的转速之差就是卷绕速度。依靠成形机构的控制，钢领板按照一定的规律做升降运动，使细纱卷绕成符合一定要求形状的管纱。环锭细纱机主要由喂入机构、牵伸机构、加捻机构、卷绕成形机构及自动控制机构等组成。

（三）喂入机构

喂入机构在工艺上要求各机件相关位置正确、退绕顺利，尽量减少意外牵伸。喂入部分包括粗纱架、粗纱支持器、导纱杆、横动装置等。

1. 粗纱架

粗纱架用来支承粗纱，并放置一定数量的备用粗纱和空粗纱管。粗纱架的高度一般为 1.8m 左右。相邻满纱管间一般不小于 15mm，以便挡车工操作。粗纱从纱管上退解时回转要灵活，粗纱架应不易积飞花，便于清洁工作。FA506 型细纱机采用六列单层吊锭形式，如图 3-90 所示。

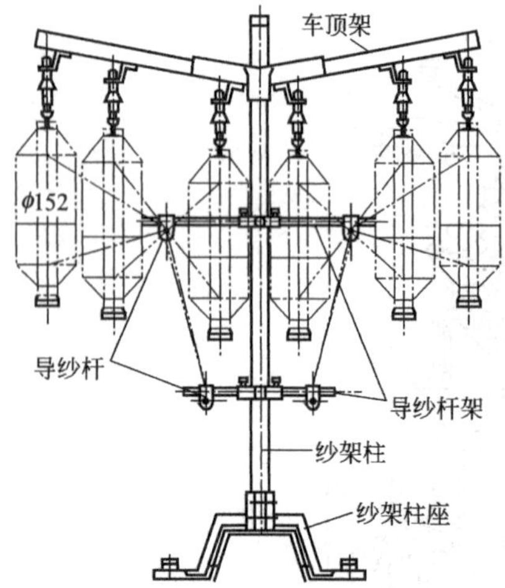

图 3-90　细纱机粗纱架

2. 粗纱支持器

在 FA506 型细纱机上采用吊锭支持器，它转动灵活、粗纱退绕张力均匀、意外伸长小、粗纱管放置、取下方便，适用于不同尺寸的粗纱管。

3. 导纱杆

导纱杆为表面镀铬的圆钢，直径为 12mm，用来引导粗纱喂入导纱喇叭口，使粗纱退绕均衡以减小张力，防止意外牵伸。当粗纱从筒管上退绕时，需要克服粗纱管支持器以及导纱杆对纱条的摩擦力。实际生产中，导纱杆的安装位置设在距粗纱卷装下端 1/3 处。

4. 横动装置

横动装置装在罗拉座上，处于后罗拉的后方，其作用是引导粗纱喂入牵伸装置并使粗纱在一定范围内作缓慢而连续的横向移动，以改变喂入点的位置，使胶辊表面磨损均匀，防止因磨损集中形成胶辊凹槽而减弱对纤维的控制能力，并能延长胶辊的使用寿命。

（四）牵伸机构

FA506 型细纱机采用三罗拉长短胶圈牵伸形式，分为普通三罗拉长短胶圈牵伸和三罗拉长短胶圈 V 形牵伸，如图 3-91 所示。

1. 牵伸罗拉与罗拉轴承

(1) 罗拉　牵伸罗拉是牵伸机构的重要部件，它和上罗拉组成罗拉钳口，握持纱条进行牵伸。

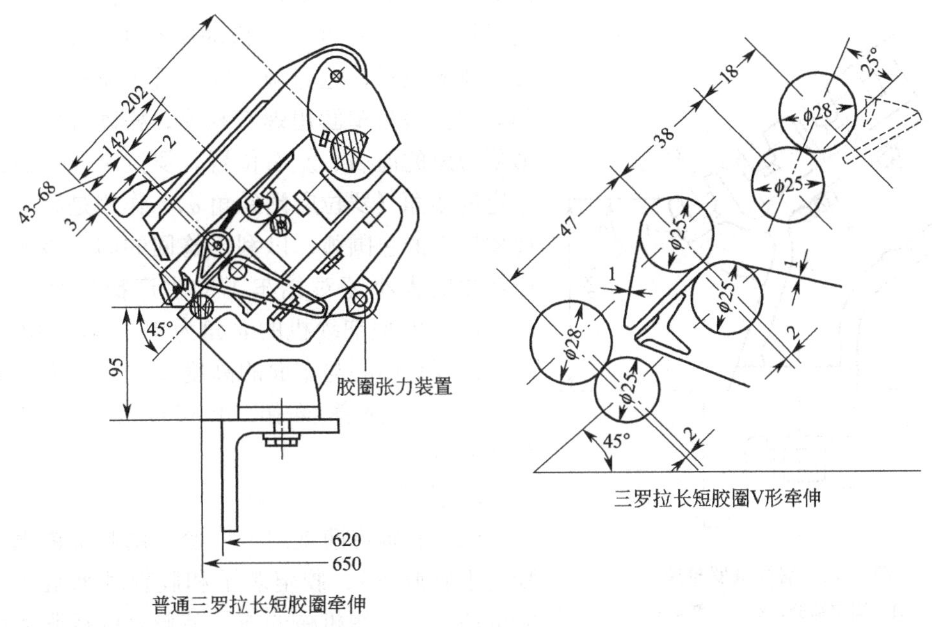

图 3-91 FA506 型细纱机牵伸形式

前、后两列罗拉为梯形等分斜沟槽罗拉，如图 3-92 所示，同档罗拉分别采用左右旋向沟槽，目的是使其与胶辊表面组成的钳口在任一瞬时至少有一点接触，形成对纤维连续均匀的握持钳口，并可防止胶辊快速回转时的跳动。

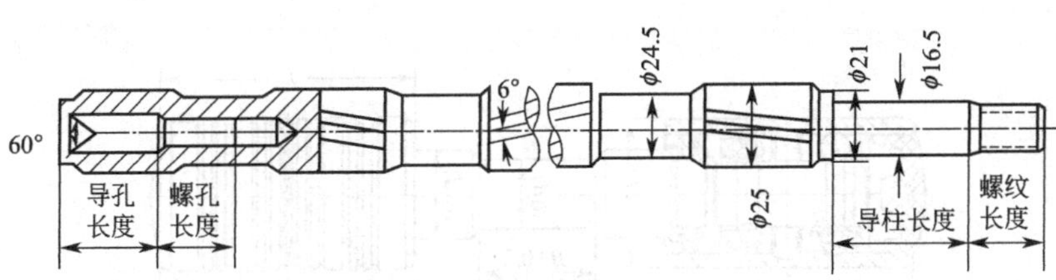

图 3-92 梯形等分斜沟槽罗拉

中罗拉传动下胶圈，采用菱形滚花罗拉，如图 3-93 所示，以有效带动胶圈运动减少胶圈滑溜和速度不匀。

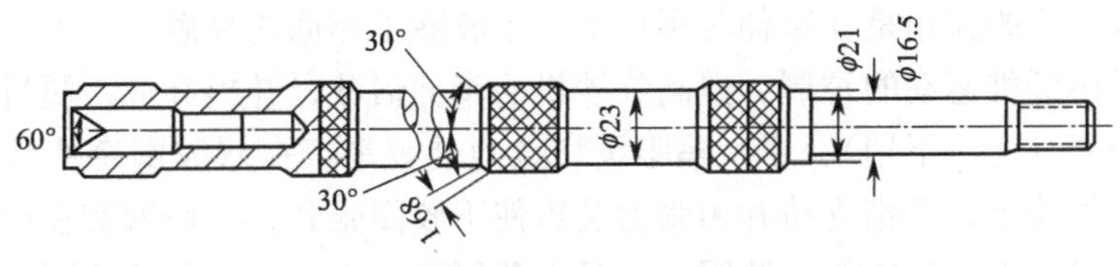

图 3-93 菱形滚花罗拉

(2) 罗拉轴承 FA506 型细纱机采用滚针轴承，能适应重加压的要求，有利于功率传递和减少罗拉扭振。

(3) 罗拉座 罗拉座的作用是用来放置罗拉。相邻两只罗拉座之间的距离称为节距。罗拉座由固定部分和活动部分组成，如图 3-94 所示，前罗拉放置在固定部分上，活动部分由

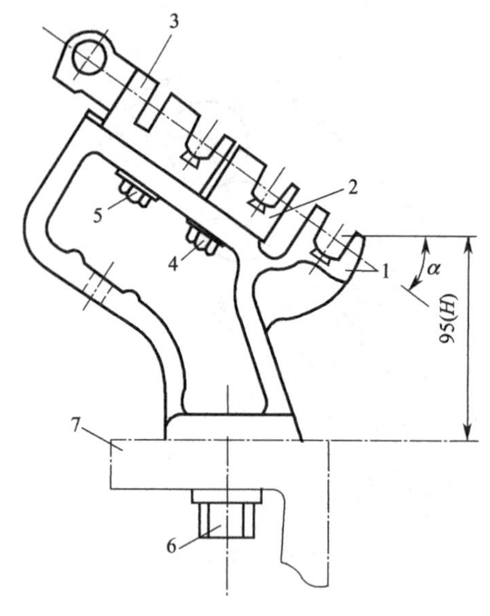

图 3-94 细纱机罗拉座
1—固定部分；2，3—滑座；
4～6—螺钉；7—车面

两只滑座组成，中罗拉放在滑座 2 内，后罗拉和横动导杆放在滑座 3 内。松动螺钉 4、5，可改变中、后滑座的位置，达到调节前、后区罗拉中心距的目的。罗拉座与车面用螺钉相连，松动螺钉，可以调节罗拉座的前后、左右位置。罗拉座与车面设计成一定的倾角（罗拉座倾斜角 α），作用是减小须条在前罗拉上的包围弧，以利于捻回的向上传递；罗拉座倾角的大小还对挡车工的生产操作有一定的影响。FA506 型细纱机的 α 角为 45°。罗拉座高度 H 是指前罗拉中心与车面的高度尺寸，H 大有利于清洁、保全、保养操作。FA506 型细纱机的 H 为 95mm。

2. 胶辊

细纱胶辊每两锭组成一套，由胶辊铁壳、包覆物（丁腈胶管）、胶辊芯子和胶辊轴承组成，如图 3-95 所示。采用机械的方法使胶管内径胀大后，套在铁壳上，并在胶管内壁和铁壳表面涂抹黏合剂，使胶管与铁壳粘牢。芯子和铁壳由铸铁制成，铁壳表面有细小沟纹，使铁壳与胶管之间的连接力加强，防止胶管在加压回转时脱落。胶辊的硬度对纺纱质量影响极大，一般把硬度为邵氏 A72 以下的称为低硬度胶辊，A73～A82 的称为中硬度胶辊，A82 以上的称为高硬度胶辊。

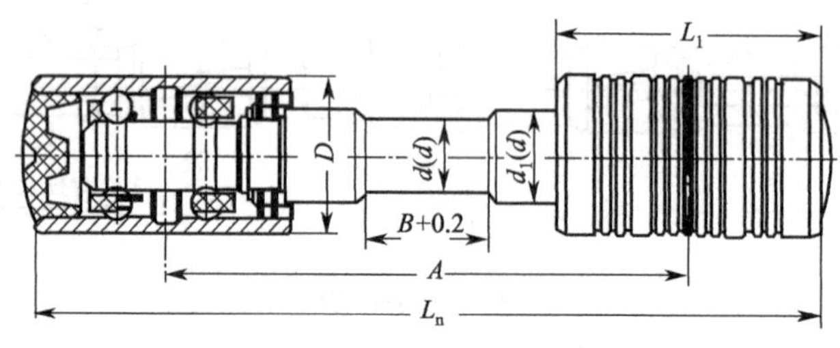

图 3-95 细纱机胶辊

3. 胶圈及控制元件

胶圈及控制元件的作用是在牵伸时利用上、下胶圈工作面的接触产生附加摩擦力界，加强对牵伸区内浮游纤维运动的控制，提高细纱机的牵伸倍数，并提高成纱质量。胶圈控制元件是指胶圈支持器（上、下销）、钳口隔距块和张力装置等。在双胶圈牵伸装置中，下胶圈套在有滚花的中罗拉上，下销支持并由张力装置使下胶圈张紧；上胶圈套在中上罗拉（活芯小铁辊）上，由弹簧摆动销支持。胶圈一般是上薄下厚；上、下销组成扁形胶圈钳口，易于伸向前罗拉钳口，达到缩短浮游区长度的目的。

FA506 型细纱机采用三罗拉长短胶圈牵伸形式，由弹簧摆动上销和曲面阶梯下销组成弹性钳口，如图 3-96 所示。

(1) 曲面阶梯下销　下销的横截面为曲面阶梯形，如图 3-97 所示，下销的作用是支承下胶圈并引导下胶圈稳定回转，同时支持上销，使之处于工艺要求的位置。下销用普通钢材制成，表面镀铬，以减少胶圈与销子的阻力。下销是六锭一根的统销，固定在罗拉座上。下销最高点上托 1.5mm，使上、下胶圈的工作面形成缓和的曲面通道，从而使胶圈中部的摩擦力界强度得到适当加强。下销前端的平面部分宽 8mm，不与胶圈接触，使之形成拱形弹性层，与上销配合，较好发挥胶圈本身的弹性作用。下销的前缘突出，尽可能伸向前方钳口，使浮游区长度缩短。

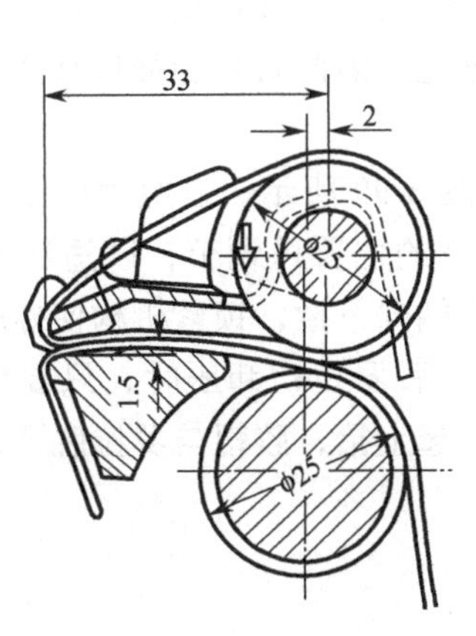

图 3-96 弹性钳口

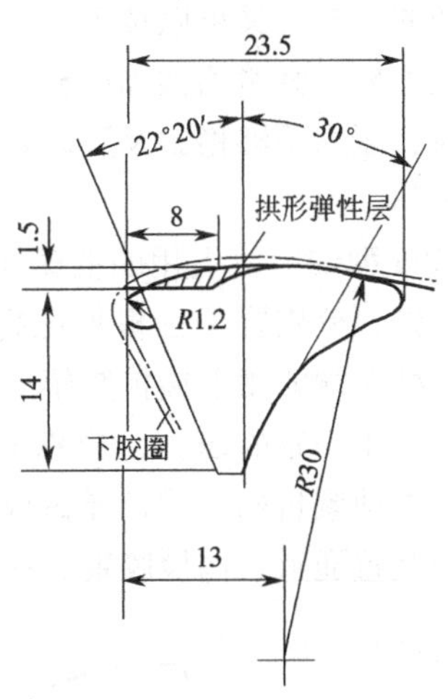

图 3-97 曲面阶梯下销

(2) 弹簧摆动上销　上销的作用是支持上胶圈处于一定的工作位置，FA506 型细纱机采用双联式叶片状弹簧摆动上胶圈销，如图 3-98 所示。上销在片簧的作用下与下销保持紧贴，并施加一定的起始压力于钳口处。上销后部借叶片簧的作用卡在中罗拉（即小铁辊芯轴）上，并可绕小铁辊芯轴在一定的范围内转动，当通过的纱条粗细变化时，钳口隔距可以自行上下调节，故称为弹簧摆动钳口，简称弹性钳口。为防止因销子上下反复摆动而产生的塑性变形影响钳口压力的稳定，片簧材料一般选用优质锰钢。

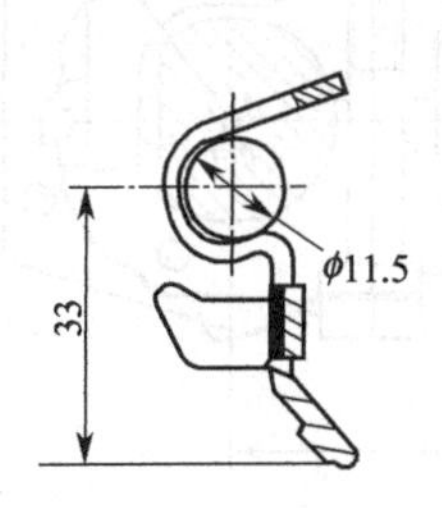

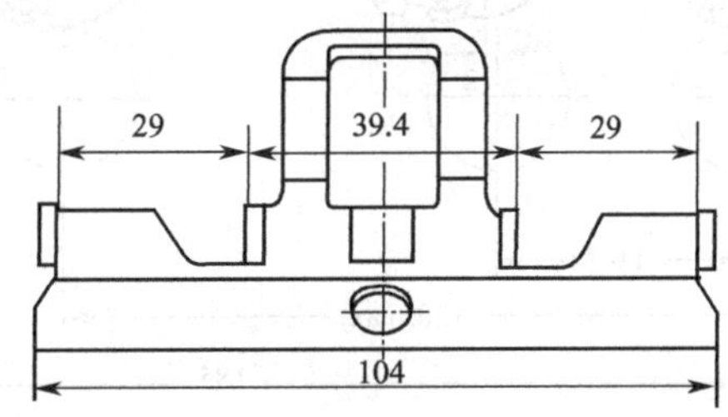

图 3-98 弹簧摆动上销

(3) 隔距块　上销中央装有隔距块，作用是确定并使上、下销间的最小间隙（钳口隔距）保持统一和准确。上、下销原始钳口隔距由隔距块的厚度确定，隔距块可根据不同的纺纱线密度进行调换。

(4) 胶圈张力装置　为了保证下胶圈（长胶圈）在运转时保持良好的工作状态，在罗拉座的下方装有张力装置。张力装置利用弹簧把下胶圈适当拉紧，从而使下胶圈紧贴下销回转。

4. 加压机构

为使罗拉钳口具有足够的握持力，细纱机采用加压机构。工艺上要求加压稳定并能调节，生产操作中加压、卸压及保全保养方便。根据压力源的不同分为摇架弹簧加压和摇架气动加压两种形式。

摇架弹簧加压由加压组件和锁紧机构两大部分组成。摇架弹簧加压具有结构轻巧、紧凑、惯性小、机面负荷轻、吸振作用好、能产生较大压力等优点，并且压力的大小既不受罗拉座倾角的影响，又可以按工艺的需要在一定范围内调节。同时摇架弹簧加压的支承简单，加压释压方便。弹簧摇架加压机构的主要缺点是：使用时间长时，弹簧塑性变形，使压力有衰退现象，压力不够稳定及胶辊对罗拉的平行度尚不够理想。因此必须加强日常测定、检修和保养工作。

FA506 型细纱机上用的摇架主要是 YJ2-142 型，如图 3-99 所示。三组螺旋压缩弹簧装在摇臂匣内，分别置于三根加压杆的中部，中、后加压杆的位置可调节，以适应工艺的需要；加压杆头端的钳爪握持胶辊的中部。摇架加压时，手柄向下揿，锁紧机构使螺旋弹簧压缩变形，产生一定的压力，分别通过压杆传递到前、中、后罗拉；卸压时，只要将手柄抬起，便可将锁紧机构松开，弹簧放松，摇臂与三档胶辊一起上抬，胶辊与罗拉脱开，以便于清扫牵伸装置通道、调换胶辊、揩车等操作。

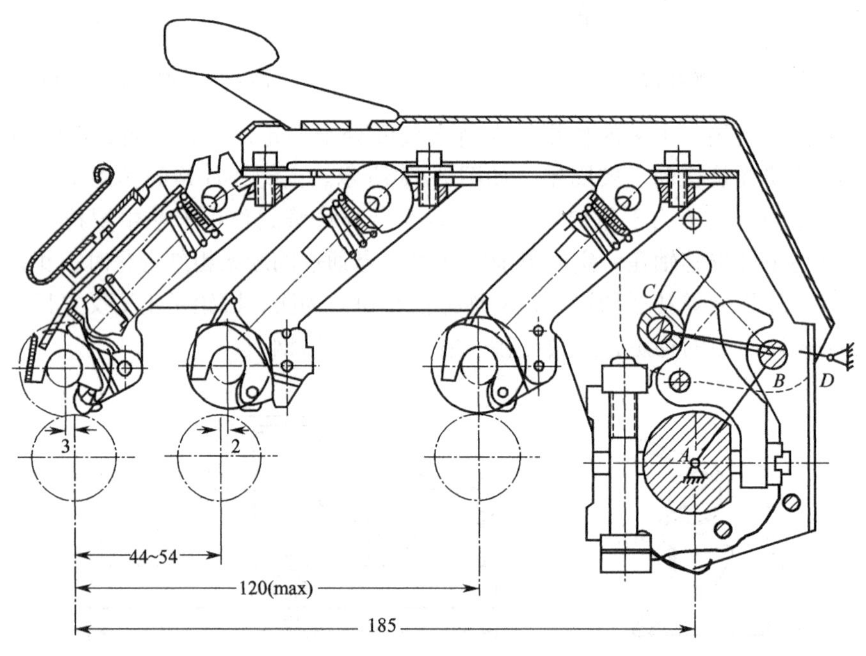

图 3-99 弹簧摇架加压机构

5. 集合器

集合器的作用是收缩牵伸过程中带状须条的宽度，减少飞花和边纤维的散失，减少绕皮辊、绕罗拉现象，减小加捻三角区，使须条在比较紧密的状态下加捻，使成纱结构紧密、光滑，减少毛羽和提高强力。

按其外形和截的不同，集合器可分为木鱼形、梭子形、框形（如图 3-100）等；按其挂装方式不同，集合器有吊挂式和搁置式；此外还有单锭用和双锭用之分。

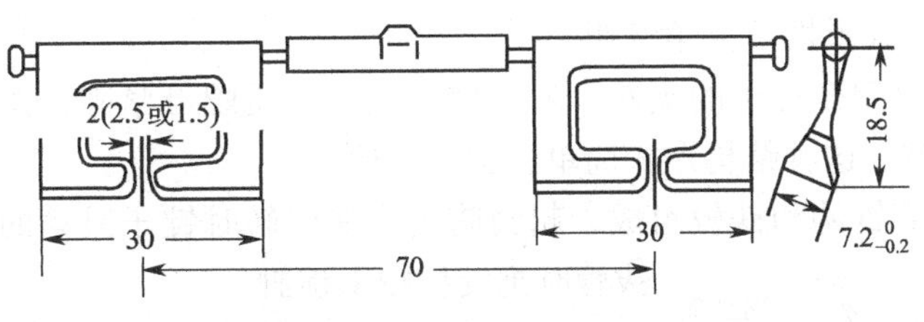

图 3-100　细纱机前区集合器

6. 断头吸棉装置

采用断头吸棉装置的目的是在细纱生产中出现断头后，能够立即吸走前罗拉钳口吐出的须条，消除飘头造成的连片断头，减少绕罗拉绕胶辊现象，减少毛羽纱和粗节纱，降低车间的空气含尘量，改善劳动条件，减轻挡车工劳动强度。注意控制车尾储棉箱风箱花的积聚，确保前罗拉钳口前下方的筒管内呈一定的负压。

（五）加捻机构

细纱前罗拉输出的纱条经导纱钩，穿过活套于钢领上的钢丝圈，绕在紧套于锭子上的筒管上。锭子或筒管的高速回转，借纱线张力的牵动，使钢丝圈沿钢领回转。此时纱条一端被前罗拉钳口握持，另一端随钢丝圈绕自身轴线回转。钢丝圈每转一转，纱条便获得一个捻回。细纱机加捻机构主要有锭子、筒管、钢领、钢丝圈、导纱钩和隔纱板等。

(1) 锭子　锭子速度因纺纱品种和卷装大小而不同，一般在 14000～17000r/min。要求锭子运转平稳、振幅小，使用寿命长、功率消耗小、噪声低、承载能力大、结构简单可靠、制造方便、易于保全保养。

锭子由锭杆、锭盘、锭胆、锭脚和锭钩组成，如图 3-101 所示。

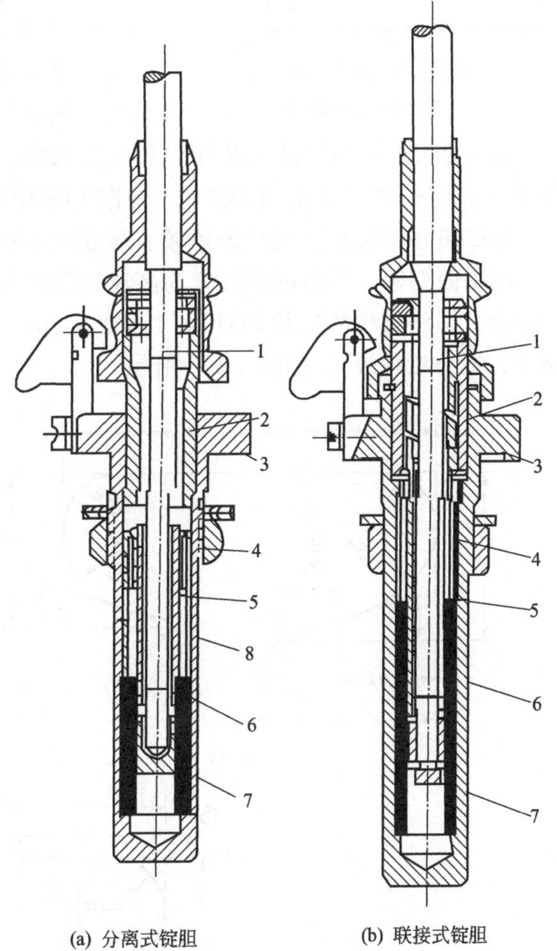

(a) 分离式锭胆　　(b) 联接式锭胆

图 3-101　锭子

1—锭杆；2—支承；3—锭脚；4—弹性圈；5—中心套管；6—圈簧；7—锭底；8—隔离圈

① 锭杆　作为高速回转轴，锭杆同心度要高，其偏心、弯曲应控制在允许的范围内。锭杆上部的锥度大小应与筒管相配合，起定位作用。锭杆底部做成 60°的锥形，锭尖是一个很小的圆球面，保证运转平稳。上、下两轴承处要求有较高的硬度(HRC62 以上)。

② 锭盘　锭盘紧套在锭杆的中部，铸铁制成，呈钟鼓形，由锭带传动。锭子的上轴承罩在锭盘内，以防止飞花、尘杂侵入。

③ 锭胆　目前广泛采用的是弹性支承高速锭子。FA506 型细纱机的锭胆采用弹性支承形式，一种是 D1200 系列分离式弹性支承高速锭子，另一种是 D3200 系列联接式弹性支承

高速锭子，采用连接式弹性下支承锭胆。

④ 锭脚　锭脚是整个锭子的支座，兼作储油用。它用螺母紧固在龙筋上，因而锭子与钢领的同心度可调节。这种结构形式简单、加工方便。

⑤ 锭钩　锭钩有铁钩和铁板组成，起到防止高速回转时锭子跳动的作用，并可以防止拔管时把锭杆拔出锭脚。

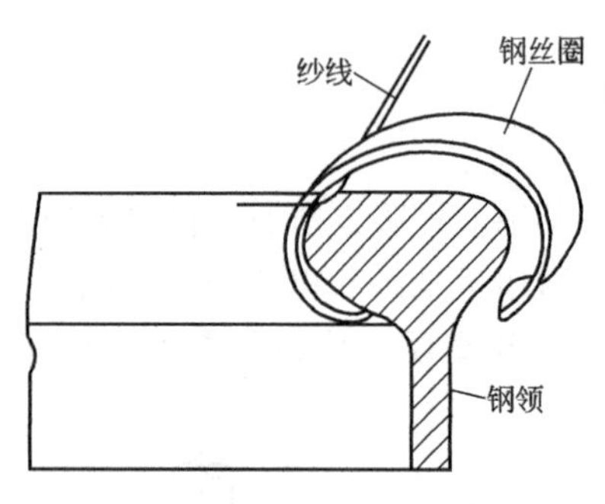

图 3-102　纱线、钢领、钢丝圈接触状态

(2) 筒管　细纱筒管有经纱管和纬纱管两种，纬纱管是用于有梭织机的直接纬纱，其长度和直径受梭子内腔长度和宽度的限制。经纱管长度根据钢领板升降全程和纺纱长度而定，一般较钢领板升降全程大 12%左右，而直径一般为钢领直径的 40%～50%；纱管上部天眼与锭子上锥度接触配合，底部与锭盘钟鼓形间隙配合(0.05～0.25mm)。筒管材料有木质、塑料和纸质三种，目前大多采用塑料筒管，其优点是制造工艺简单，结构均匀，规格一致，耐磨性好等特点。

(3) 钢领　钢领是钢丝圈的回转轨道，如图 3-102 所示，钢丝圈在高速回转时其线速度可达 30～45m/s。由于离心力的作用，使钢丝圈的内脚紧贴钢领的内侧圆弧（俗称跑道）滑行。

FA506 型细纱机上使用的钢领有平面钢领和锥面钢领两种。

①平面钢领　平面钢领可分为高速钢领和普通钢领两种。高速钢领有 PG1/2 型（边宽 2.6mm，适纺细特纱）和 PG1 型（边宽 3.2mm，适纺中特纱），普通钢领有 PG2 型（边宽 4mm，适纺粗特纱），如图 3-103 所示。

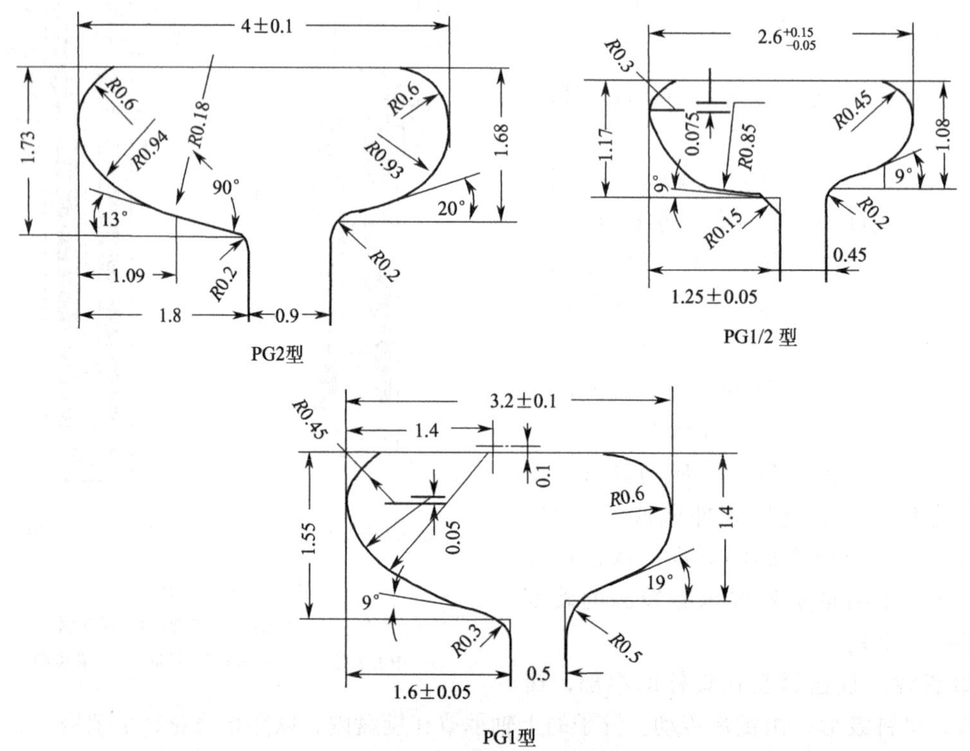

图 3-103　平面钢领几何形状

②锥面钢领 锥面钢领有 HZ7 和 ZM6 两个系列。其主要特征是钢领与钢丝圈为“下沉式”配合，如图 3-104 所示。钢领内跑道几何形状为近似双曲线的直线部分，与水平面呈 55°倾角。钢丝圈的几何形状为非对称形，内脚长。钢领与钢丝圈之间的接触面积大，压强小，有利于钢丝圈的散热并减少了磨损。钢丝圈运行平稳，有利于降低细纱断头。

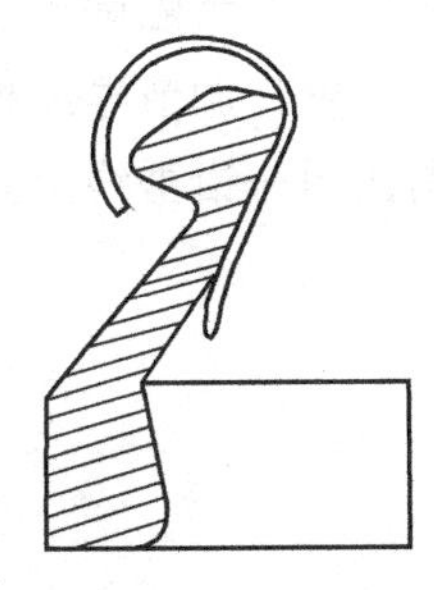

图 3-104 锥面钢领与钢丝圈的配合

(4) 钢丝圈 钢丝圈是完成细纱加捻卷绕不可缺少的元件，生产上通常采用调整钢丝圈型号的方法来控制和稳定纺纱张力，以达到卷绕成形良好，降低细纱断头的目的。钢丝圈在钢领上高速回转，其线速度可达到 45m/s，压强高达 372.4×10^4Pa，摩擦产生的温度可达 300℃以上，所以钢丝圈容易磨损烧毁。为此，必须使钢丝圈在高速运行中尽量保持平衡。另外，当钢丝圈承受不住自身的离心力而从钢领上飞脱（飞圈）时，会产生断头。当钢丝圈的顶端和两脚与钢领的顶面或颈壁相碰时，会造成钢丝圈的抖动或楔住，使纱线断头。钢丝圈分为平面钢领用钢丝圈和锥面钢领用钢丝圈两种类型。

平面钢领用钢丝圈的型号，是按钢丝圈的几何形状划分的，同时还反映了钢丝圈线材的截面形状。钢丝圈的号数反映钢丝圈的重量，不同型号钢丝圈的重量标准各不同。钢丝圈的号数是用 1000 只同型号钢丝圈公称重量的克数值来表示的。钢丝圈的圈形按形状特点分为 C 型、EL 型（椭圆形）、FE 型（平背椭圆形）和 R 型（矩形）四种，如图 3-105 所示。

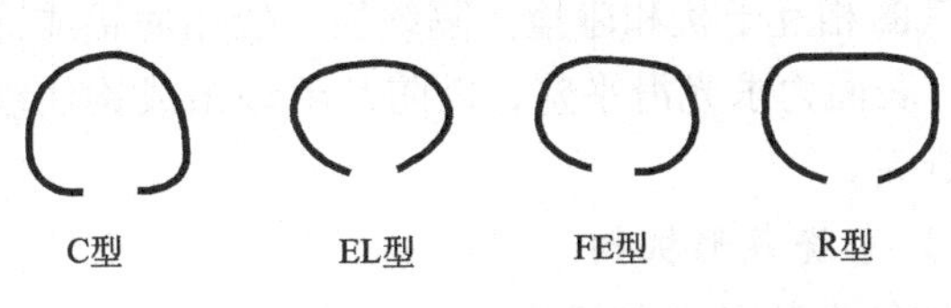

图 3-105 平面钢领用钢丝圈

锥面钢领用钢丝圈的线材截面为薄弓形，如图 3-106 所示，由于钢丝圈与钢领的接触面积大，大量的摩擦热可通过钢领传向钢领板，又因内脚长，其热容量和散热能力也较平面钢领用钢丝圈有所提高，所以内脚温度低，减少了热磨损与飞圈断头。其线速度一般比平面钢领用钢丝圈提高 5%～10%。

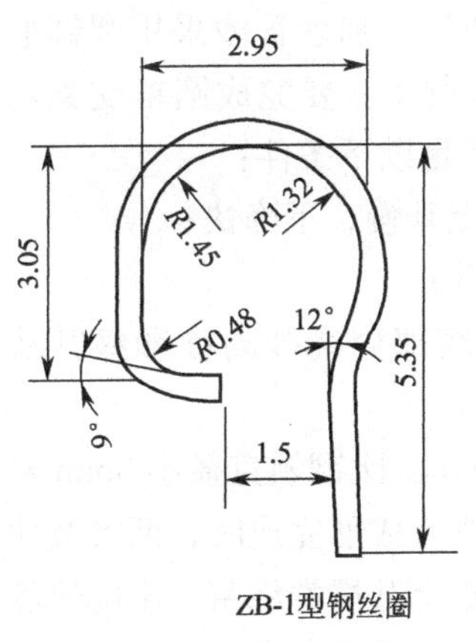

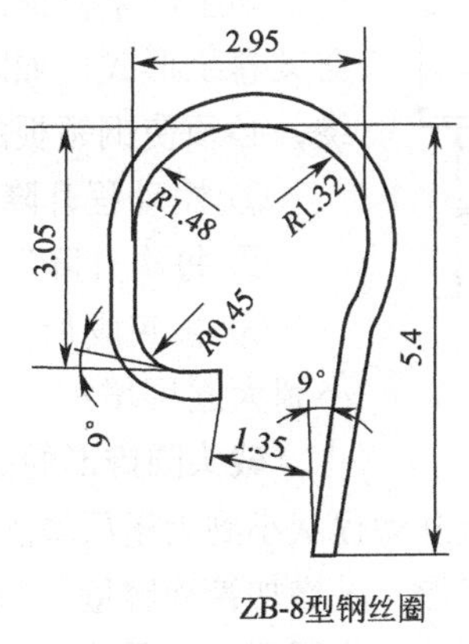

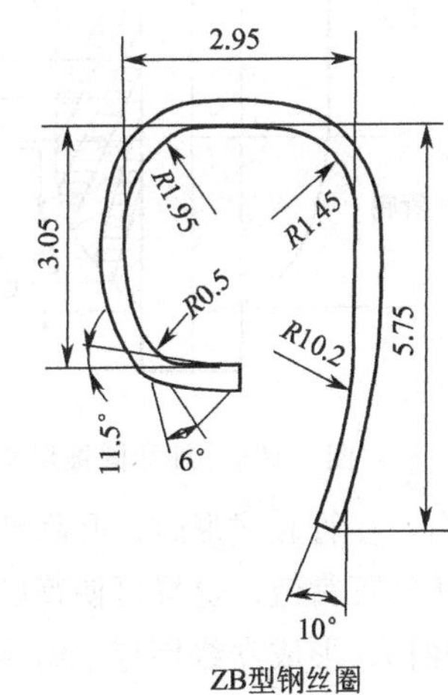

图 3-106 锥面钢领用钢丝圈

(5) 导纱钩 导纱钩的作用是将前罗拉输出的须条引向锭子的正上方，以便卷绕成纱。FA506 型细纱机所用的导纱钩为虾米螺丝式，如图 3-107 所示。导纱钩前侧有一浅刻槽，其作用是在细纱断头时抓住断头，不使其飘至邻锭而造成新的断头，又可将纱条内附有的杂质或粗节因气圈膨大而碰在浅槽处切断，以提高细纱质量。通过调节虾米螺丝可调节导纱钩前后位置，调节导纱板下方的螺丝可调节导纱钩左右位置，实现锭子、钢领中心与导纱孔的内侧在同一铅垂线上。

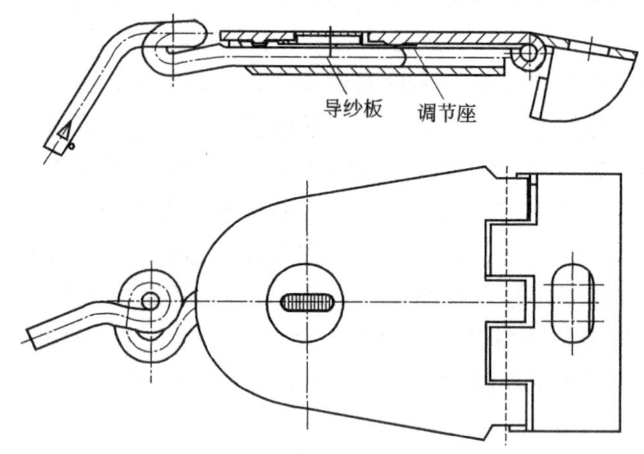

图 3-107 导纱钩

(6) 隔纱板 隔纱板的作用是防止相邻两气圈相互干扰和碰撞。隔纱板一般用薄铝或锦纶制成，表面力求光滑平整，以防刮毛纱条或钩住纱条造成断头。

(六) 卷绕成形机构

1. 细纱卷装形式和要求

对细纱卷绕成形的要求是卷绕紧密、层次分清、不相纠缠，后工序高速轴向退绕时不脱圈，便于运输和储存。卷装尺寸应尽量增大，以提高设备的利用率和劳动生产率，提高产品质量。细纱管纱采用圆锥形交叉卷绕形式，如图 3-108 所示。要完成圆锥交叉卷绕，必须使钢领板的运动满足以下条件：

① 短动程升降，一般上升慢，下降快；

② 每次升降后应有级升；

③ 管底成形，即在管底部分绕纱高度和级升从小到大逐层增加。

图 3-108 细纱圆锥形交叉卷绕

截头圆锥形的最大直径 d_{max} 比钢领直径小 3mm 左右。在管底成形时，升降动程和级升动程从小到大逐层增加，直到管底成形完成时，两参数才达到正常值，这样可使管底成凸起形，以增加管纱容量。利用钢领板上升慢卷绕密，下降快卷绕稀，形成卷绕层与束缚层，两层纱间分层清晰，既防止退绕时脱圈，又增大了容纱量。

2. 细纱机的成形机构

FA506 型细纱机的卷绕成形机构，如图 3-109 所示。

(1) 钢领板的升降运动 成形凸轮 1 在车头轮系传动下匀速回转，推动成形摆臂 2 上下摆动，通过摆臂左端轮 3 上的链条 3′，拖动固装于上分配轴 4 上的链轮 5，使上分配轴作正反向往复转动，因而固装在上分配轴上的左右钢领板牵吊轮 6 经牵吊杆、钢领板牵吊滑轮

29、钢领板牵吊带 30 去牵吊钢领板横臂 31，其上的锦纶转子 32 沿主柱 33 上下滚动，使机台两侧的钢领板 34 以主柱 33 为升降导轨作短动程升降。

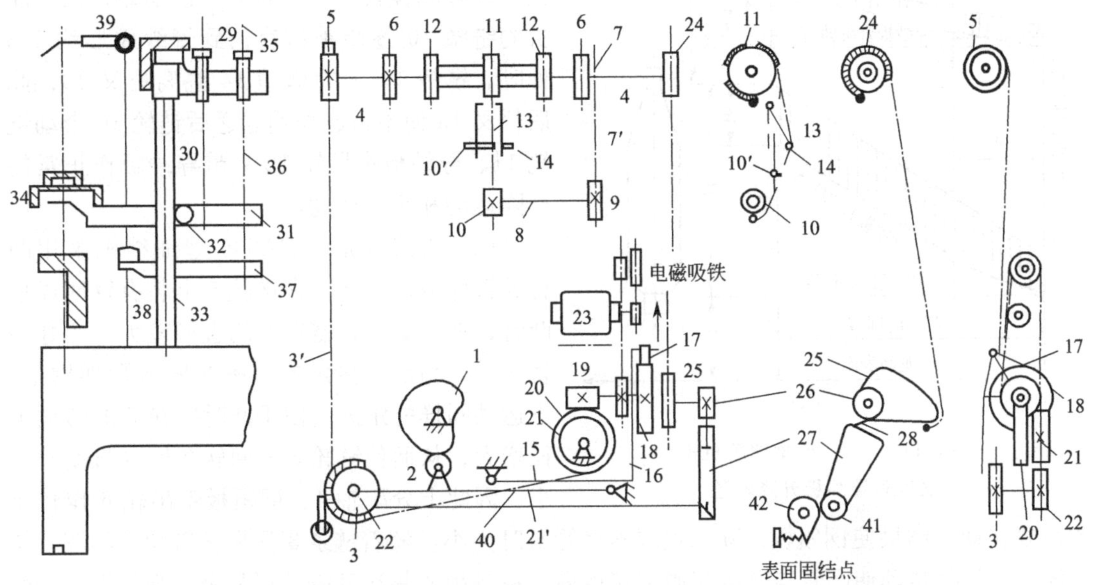

图 3-109　细纱机成形机构

1—成形凸轮；2—成形摆臂；3—摆臂左端轮；3′，7′，10′，21′，28—链条；4—上分配轴；5，7，9～11，22，24—链轮；6—钢领板牵吊轮；8—下分配轴；12—导纱板牵吊轮；13—位叉；14—横销；15—小摆臂；16—推杆；17—撑爪；18—级升轮；19—蜗杆；20—蜗轮；21—卷绕链轮；23—小电动机；25—平衡凸轮；26—平衡小链轮；27—扇形链轮；29—钢领板牵吊滑轮；30—钢领板牵吊带；31—钢领板横臂；32—锦纶转子；33—主柱；34—钢领板；35—导纱板牵吊滑轮；36—导纱板牵吊带；37—导纱板横臂；38—导纱钩升降杆；39—导纱板；40—升降杆；41，42—扭杆

(2) 导纱板短动程升降运动　当上分配轴 4 作正反向往复转动时，上分配轴 4 右侧钢领板牵吊轮 6 旁的链轮 7（两者固装为一整体），通过链条 7′去拖动装在下分配轴 8 上的链轮 9，使下分配轴作正反向转动。固装在下分配轴 8 上的链轮 10 通过链条 10′拖动活套在上分配轴上的链轮 11，链轮 11 和左、右两侧的导纱板牵吊轮 12 是一个整体，所以导纱板牵吊轮 12 作正反向转动，再经牵吊杆、导纱板牵吊滑轮 35、导纱板牵吊带 36 牵吊导纱板横臂 37 分别牵吊机器两侧的导纱钩升降杆 38，使导纱板 39 作短动程升降。

(3) 钢领板、导纱板的逐层级升运动　钢领板、导纱板的级升运动是由级升轮 18 控制的。其级升运动是在成形摆臂 2 向上摆动时带动小摆臂 15 向上摆动。其右端顶着推杆 16 上升，推杆 16 上端有撑爪 17 撑动级升轮 18 作间歇转动，并通过蜗杆 19、蜗轮 20 传动卷绕链轮 21 间歇转过一个角度，然后通过链条 21′使链轮 22 间歇转动。链轮 22 与摆臂左端轮 3 为一整体。于是摆臂左端轮 3 不断地间歇卷取链条 3′的一小段，使钢领板和导纱板产生逐层级升运动。当成形摆臂向下摆动时，撑爪在撑头牙上滑过，不产生级升运动。

为了压缩小纱时的气圈高度、降低小纱气圈张力，导纱板采用的是变动程升降运动，即从管纱始纺开始，导纱板短动程升降和级升逐渐增大，管纱成形到 1/3 左右时，才恢复到正常值，如图 3-110 所示。为此，在链轮 10 和链轮 11 之间设置了位叉机构。位叉 13 在链条 10′的一个横销 14 上，在小纱始纺时，迫使链条 10′屈成折线，此时链轮 10 的正反向往复转

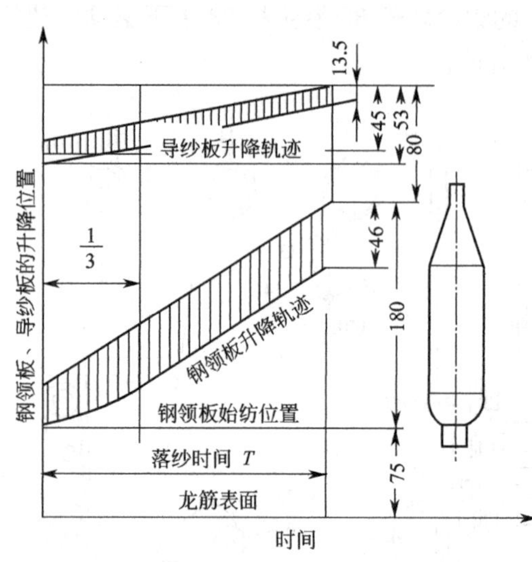

图 3-110 FA506 型细纱机钢领板和导纱板升降轨迹

动造成位叉 13 的来回摆动，而链轮 11 和导纱板牵吊轮 12 只作少量的往复转动，此时导纱板的升降动程较小。随着级升运动的继续，曲折的链条 10′逐步被拉直，到管纱成形约 1/3 处时，链条 10′上的横销 14 脱离位叉 13，此后位叉 13 便不再起作用。之后链轮 10 带动链轮 11、导纱板牵吊轮 12 去带导纱板作正常的升降运动和级升运动。

(4) 管底成形 FA506 型细纱机采用凸钉式管底成形机构。在链轮 5 上装有管底成形凸钉，在凸钉处，链轮 5 的直径较大。当卷绕管底时，与凸钉接触的链条 3′随成形摆臂上、下运动同样的距离，由于此时链轮 5 的转动半径增大，从而使链轮 5 的回转角度（弧度）较小，因此上分配轴 4、钢领板牵吊轮 6 作较小的往复转动，结果使钢领板升降动程较卷绕管身时为小。随着链条 3′逐层被链轮 3 卷取，待链轮 5 的间歇转动使凸钉与链条 3′脱离接触后，钢领板的每次升降动程和级升恢复正常，此时便完成了管底成形。

(5) 升降系统的平衡机构 FA506 型细纱机采用双弹性扭杆平衡，对钢领板和导纱板的重量加以平衡，确保钢领板升降平衡。

（七）细纱机自动控制装置

为了提高产品质量，降低工人的劳动强度，提高劳动生产率。FA506 型细纱机主要配备了以下自动控制装置。

① 中途关车，自动适位制动停车。

② 中途（提前）落纱，钢领板自动下降到落纱位置，适位制动停车。

③ 满管落纱，钢领板自动下降到落纱位置，适位制动停车。

④ 开车前，钢领板自动复位。

⑤ 打开车门时，全机安全自停。

⑥ 满纱后自动接通 36V 低压电源，供电动落纱小车落纱。

⑦ 车头面板数字显示牵伸倍数、纺纱线密度、罗拉及锭子速度等。

（八）环锭纺新技术

1. 紧密纺纱技术

(1) 紧密纺纱原理 毛羽是预测纱线性能的主要指标之一，是影响纱线后加工及其产品档次的主要因素。在传统的环锭纺纱中，从牵伸系统出来的纤维束即达到了所纺纱线的定量，纤维间的抱合力基本失去，因此刚刚到达以及正要离开的前罗拉钳口的单根纤维都处于无控制状态，须条宽度是所纺纱线直径的数倍，它们仅在捻度的作用下形成纱线。如图 3-111 所示，在加捻三角区中，边缘纤维在加捻之前脱离主体形成飞花，或者纤维一段被捻入纱体，而另一端形成毛羽。另外，纤维在加捻时，产生了向心压力，使处于三角区外侧的纤维向心压力最大，而在中心的纤维受到的向心压力最小，这样加捻三角区的纤维发生内外转移，从而造成纤维两端暴露在纱干外面而形成纱线毛羽。

在紧密纺细纱机上，须条经过主牵伸区进入加捻区前，利用气流或机械等作用，使松散的须条纤维向纱干中心集聚，大大减少了须条宽度与纱线直径的比值，减小甚至消除了加捻三角区，如图 3-112 所示。紧密纺纱大大减少了纱线的毛羽和飞花，同时纱线的强力也得到了提高。

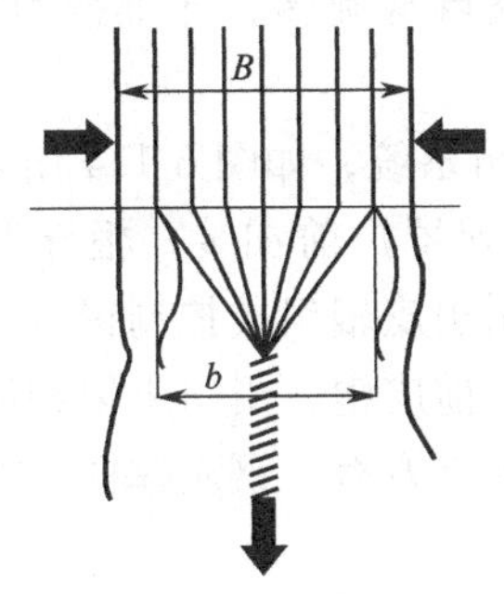

图 3-111　环锭纺加捻三角区

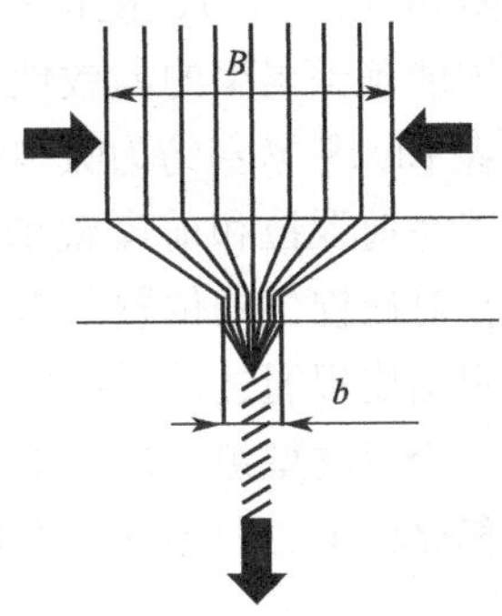

图 3-112　紧密纺加捻三角区

(2) 紧密纺纱装置　根据紧密纺产生集聚作用的方式不同，紧密纺系统主要可分为以下两类：一种是气流集聚型紧密纺系统，主要以负压气流力使集聚区内的纤维收缩而集聚紧密；另一种是机械集聚型紧密纺系统，主要以机械作用力使集聚区内的纤维横向收缩而集聚。

在气流集聚紧密纺系统中，按照气流集聚机构的不同又可分为集聚罗拉集聚型紧密纺系统和吸风管套集聚圈集聚型紧密纺系统。在吸风管套集聚圈集聚型紧密纺系统中，根据吸风管的横截面不同，又可以分为圆形吸风管紧密纺系统和非圆形吸风管紧密纺系统；根据吸风集聚装置的安装位置不同，可分为上置式气流集聚型紧密纺系统和下置式气流集聚型紧密纺系统。

立达公司的 Com4 (Comforspin) 是集聚罗拉集聚型紧密纺系统，如图 3-113 所示。在这种纺纱系统中，和前皮辊组成前钳口的是一特制的网眼前罗拉。它为一直径较大的钢质空心罗拉，罗拉表面有网眼状小孔，以牵伸倍数规定的转速主动回转，形似一个小尘笼，在其内部装有吸风组件，吸风组件呈圆弧状，弧面上开有由后向前逐渐变窄的 V 形吸风狭槽。阻捻皮辊压靠在网眼前罗拉上，形成阻捻钳口，起到阻捻作用。在集聚区的网眼前罗拉外侧还装有气流导向装置。

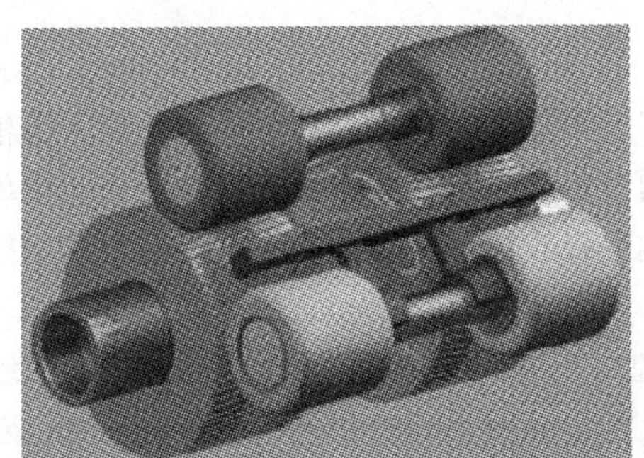

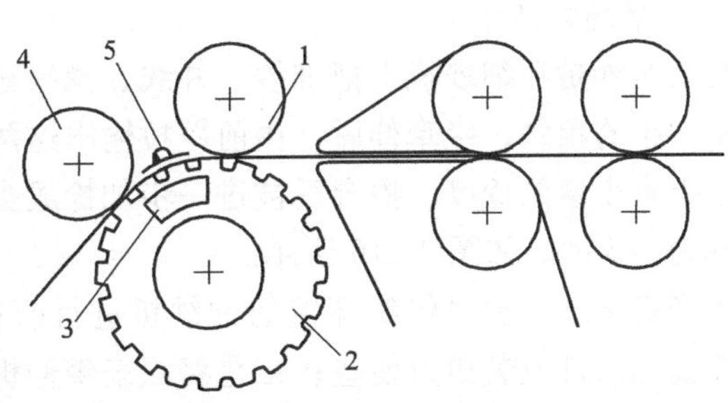

图 3-113　立达紧密纺纱系统结构简图

1—前皮辊；2—网眼前罗拉；3—吸风组件；4—阻捻皮辊；5—气流导向装置

网眼前罗拉分别与前皮辊、阻捻皮辊组成前钳口和阻捻钳口，两钳口之间为集聚区。吸风组件通过网眼前罗拉的网眼抽吸气流，使得网眼前罗拉表面的纤维须条集聚，集聚的须条在出阻捻钳口后被加捻。

网眼前罗拉表面为凹凸沟槽，改善了对纤维的握持效果，并能防止纤维的黏附。吸风组件的V形狭槽长度跟须条与前罗拉的接触长度相适应，V形狭槽的中心线跟纤维须条运动方向有一倾斜角（约15°），使得被集聚的纤维须条可以绕自身旋转，纤维得到充分集聚。气流导向装置能确保集聚的高效性。

德国绪森Elite®紧密纺为吸风管套集聚圈集聚型紧密纺系统，如图3-114所示。Elite®紧密纺纱装置在前罗拉和前皮辊前面增加了一个集聚区。前罗拉前加装一根异形截面集聚管，吸聚管在对应锭位的位置开有狭长吸风槽。吸聚管与引出皮辊组成控制钳口，起握持及阻捻作用。引出皮辊通过过桥齿轮由原来的前上皮辊传动，前皮辊、引出皮辊和过桥齿轮由罗拉盒构成一个紧凑型组合件，能方便地从摇架拆装。吸管下方有一钢质撑杆，网格圈套在异形吸聚管和撑杆上由引出皮辊摩擦传动回转。

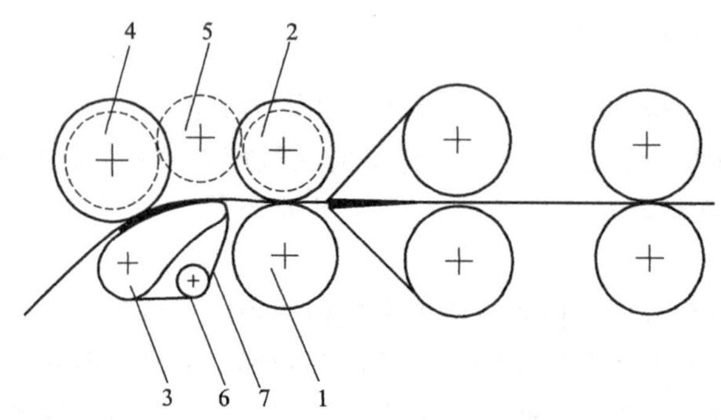

图3-114 绪森Elite®紧密纺纱装置结构示意图

1—前罗拉；2—前皮辊；3—异形吸聚管；4—引出皮辊；5—过桥齿轮；6—张力撑杆；7—网格圈

ROCOS（Rotorcraft）紧密纺装置是机械-磁性集聚式紧密纺系统，如图3-115所示。前罗拉和输出罗拉的直径和凝聚器的半径正确匹配。从钳口线A到钳口线B之间为凝聚区。正确设计的磁性集聚器在永久磁铁的吸引力作用下紧紧贴在前罗拉上，与下罗拉一起形成一封闭的压缩区域。前下罗拉的表面同凝聚区内的纤维须条同步运动，将纤维须条安全运送并通过集聚区。纤维束在凝聚区内被凝聚，因此加捻成纱时无法形成加捻三角区。该装置仅用磁性和机械相结合的集聚方式，避免了其他紧密纺装置存在的缺点：产生负压气流所需的动力、气流凝聚装置及额外的开支。

2．赛络纺纱技术

赛络纺纱是在细纱机上把细纱、并线、捻线三道工序合为一体。在细纱机上喂入两根保持一定间距的粗纱，经牵伸后，由前罗拉输出这两根单纱须条，并由于捻度的传递而使单纱须条上带有少量的捻度，拼合后被进一步加捻成类似合股的纱线，卷绕在筒管上，所纺纱线国内称为AB纱，如图3-116所示。

生产赛络纱需要对传统环锭纺细纱机进行改造，一是改装粗纱架，增加一倍的粗纱吊锭，托锭加吊锭改装更方便些；二是将原来牵伸机构中的横动喇叭口调换为双眼形式，双眼之间的距离一般在3～6mm；三是导纱横动装置固定在中央位置或作小动程横动，这样需要适当缩短胶辊的保养或调换周期；四是增加断头自停装置，其作用是防止纺单纱现象，即当一根粗纱条断头时，为避免产生长片段细节纱疵，必须将另一根纱条也及时打断。

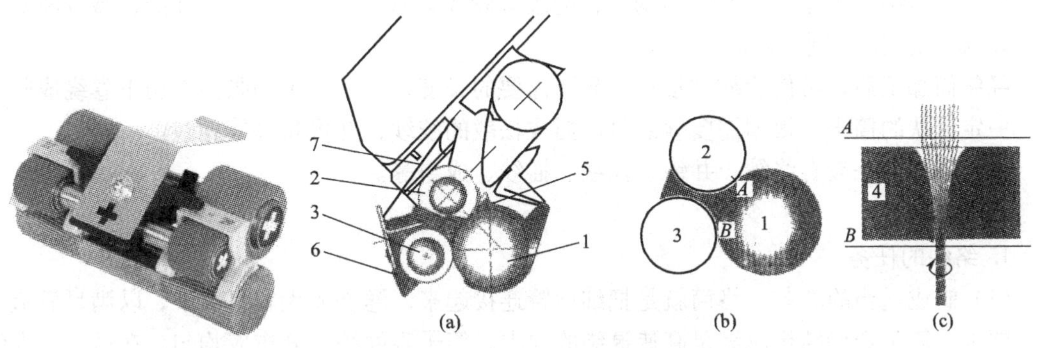

图 3-115　ROCOS 紧密纺装置结构简图

1—前下罗拉；2—前上罗拉；3—输出罗拉；4—磁性陶瓷集聚器；5—纤维导向器；6—输出罗拉托架；7—带弹簧

赛络纺过程中单纱与股线是同步加捻，而且单纱与股线的捻向相同，这使它不同于传统的股线，传统股线单纱与捻线捻向相反。赛络纺中单纱的捻回使得加捻三角区的宽度变窄，三角区附近的一些边缘纤维被捻入单纱中，从而减少了毛羽。因此赛络纱具有毛羽少、条干好、表面光洁和截面呈圆形等特点。

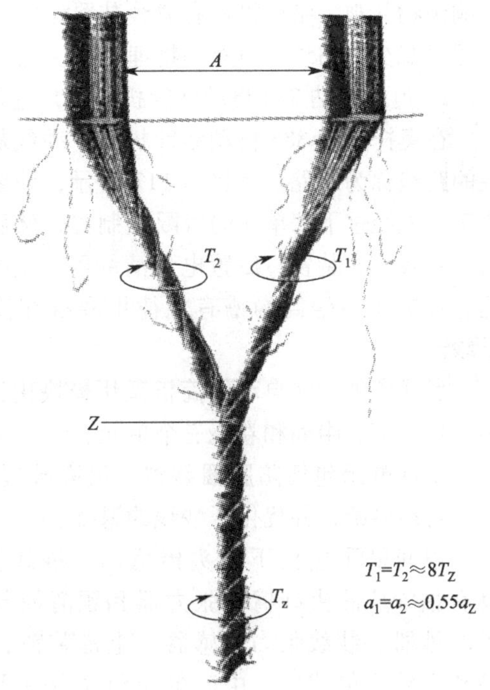

图 3-116　赛络纱成纱过程

八、后加工

为满足后续生产厂的需要，将细纱管纱进一步加工成筒子纱、绞纱、股线、花式纱等，供应织布厂、巾被厂、线带厂等使用。对特殊用途的纱线，为了稳定捻度、消除静电现象，需要蒸纱、烧毛等。这些细纱工序以后的加工统称为后加工。

（一）后加工的任务

1. 改善产品的外观质量

经过细纱工序生产出来的细纱存在条干不匀及棉结杂质等疵点，所以，后加工设备设有清纱装置、毛刷及吹吸风设备，用来清除细纱表面的疵点和棉结杂质。有的高档和特殊要求的产品还需要经过烧毛，除去表面毛羽、纤维环以增进光泽。表面要求光滑的产品还可经过上蜡等辅助工艺。

2. 改善产品的内在性能

经过股线加工能改变纱线的结构，从而改变其内在性能。选用不同品质的单纱经一次或两次合股加捻，配以不同股数、捻向、捻系数、不同的工艺过程及辅助装置，可增进条干均匀度和强力，改善纱线性能。

3. 稳定产品的结构状态

稳定产品的结构状态，主要指稳定纱线的捻回和均匀股线中的单纱张力。如果纱线捻回不稳定，易产生“扭结”、“纬缩”等疵点。对捻回稳定性要求高的纱线必要时可经过热湿定形处理。股线中各加捻单元的张力均匀，能改善股线强力、弹性、伸长等性能，减少断头。

4. 制成适当的卷装形式

经络筒加工后，可使管纱“接长”到所需要的长度，并在一定的张力作用下卷绕成坚实的、一定形状的筒子。根据需要纱线可以摇成松散的绞纱，并可将绞纱打包。

后加工工序一般有络纱、并纱、捻线、摇纱、成包等。

（二）络纱

1. 络纱的任务

（1）制成适当的卷装　络筒就是把细纱管连接起来，卷绕成大容量筒子，以满足后道工序的要求。筒子卷绕结构应满足高速退绕的要求，筒子表面纱线分布应均匀，在适当的卷绕张力下，具有一定的密度，并尽可能增加筒子容量，表面和端面要平整，没有脱圈、滑边、重叠等现象。

（2）减少疵点提高品质　细纱上还存在疵点、粗节、弱环，它们在织造时会引起断头，影响织物外观。络筒机设有清纱装置除去单纱上的绒毛、尘屑、粗细节等疵点。络筒过程中应尽量减少损伤纱线原有的物理机械性能。

2. 奥托康纳 338 自动络筒机的工艺过程

在奥托康纳 338 自动络筒机上，纱线从纱管到筒子所经的路线称为纱路。如图 3-117 所示，纱线从管纱上退绕下来，先经过下部单元的气圈控制器，然后经过前置清纱器、纱线张力装置、后置电子清纱器、上蜡装置，最后到达卷绕单元经槽筒沟槽有规律地卷绕在筒管上，形成筒子纱。

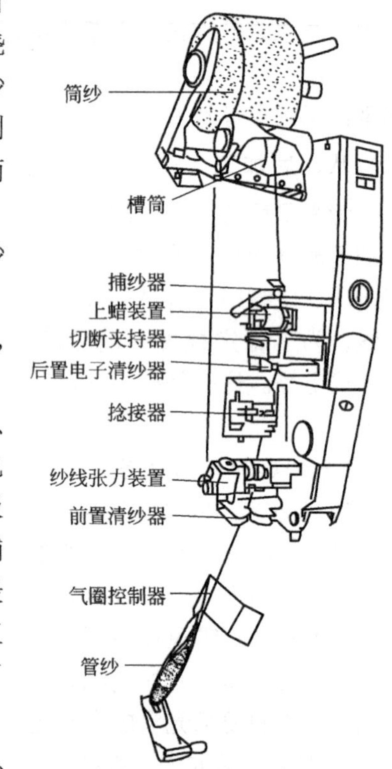

图 3-117　奥托康纳 338 自动络筒机的工艺过程

奥托康纳 338 自动络筒机采用模块化设计，每个络纱锭包括下部、中间和卷绕三个单元。

下部单元包括防脱圈装置、气圈破裂器、圆形纱库，保证管纱供给，并优化了纱线的退绕。

中间单元包括下纱头传感器、纱线剪刀、夹纱器、具有拍纱片的夹纱臂、张力器和预清纱器、捻接器、电子清纱器、纱线张力传感器、上蜡装置、捕纱器、大吸嘴和上纱头传感器。中间单元包含所有用于上下纱头捕捉、纱线监测与纱线捻接和张力控制的元件。在达到最大生产率的前提下，可获得最佳的纱线与卷装质量。工艺参数的电脑集中设定和电机的单独控制极大地方便了操作者的工作。

卷绕单元包括络纱锭控制系统、操作开关和信号灯、绕槽筒监测装置、ATT（扭矩自动传送）槽筒、具有补偿压力调节的筒子架。卷绕单元还控制着整个络纱锭的运行及操作信息的采集。槽筒直接驱动方式改善了对卷绕过程的控制，同时提高了能量利用率，磨损减少，维护方便。

3. 奥托康纳 338 的主要元件及其作用

（1）气圈破裂器　气圈破裂器也称气圈控制器，安装位置靠近纱管顶部。当管纱退绕至管底部时，纱线与气圈控制器相碰撞，形成双节气圈，避免了单节气圈，减小了管纱表面摩擦纱段的长度，均匀并降低了管纱从满管至管底整个退绕过程中纱线的张力，它根据纱管长度和管纱卷绕方向来调整设定。

(2) 防脱圈装置　在捻接过程中，防脱圈装置使纱线在管纱顶部处保持适当的张力，避免管纱在开始退绕时脱圈。

(3) 预清纱器　预清纱器为一机械式清纱器，它位于张力盘下方，纱线在由两薄板构成的隙缝中通过。这个供纱线通过的隙缝远大于纱线直径，故实际上预清纱器并不承担清除纱疵的任务，但它能有效地阻止从管纱上脱落的纱圈和黏附在纱线上的飞花等杂质进入后面的纱路。

(4) 电磁式纱线张力器　为使筒子卷绕紧密、成形良好，纱线必须具有一定的络筒张力。为防止纱线对固定张力盘的定点磨损，张力盘由小电动机驱动积极回转。纱线从两个张力盘之间通过，张力盘的转动方向与纱线运行方向相反，从而防止了灰尘微粒集聚、张力盘磨损。纱线张力可在电脑上集中调控，保持张力均匀，断头时由快速夹持功能牢固夹持纱头。这种系统的优点是可直接与电子自动控制系统相融合。

(5) 自动捻接器　每个络纱锭都装有一个自动捻接器，在断头、清纱切割或换管时，捻接器自动将两个充分开松的纱头捻接在一起，捻接头外观与纱线本身几乎相同。

(6) 电子清纱器　电子清纱器用以监测纱线质量。上纱头传感器能够精确地检测到纱疵长度，单锭计算机据此信息来确定卷装退绕的长度，从而保证了卷装中整个纱疵长度的纱线得以完全退绕，同时避免不必要的回丝浪费。独特的清纱控制系统不仅能检测与去除短片段纱疵，同时也能有效地去除卷装中的长片段纱疵和周期性纱疵。电子清纱器还向定长装置提供正常络筒信号，使定长装置在正常络筒时进行计长。

由于电子清纱器在纱路中位于自动捻接器之后，因此在锭位启动过程中，每个捻接头均经过清纱器的质量检测。

(7) 张力传感器　每个络纱头清纱器上端装有张力传感器，它被安装在锭位纱路中清纱器的后边，随时检测络纱过程中动态张力变化值并及时经锭位计算机，通过闭环控制电路传递至张力器来调节压力的增减，即纱线张力大小不仅是直接测量的，同时也直接受张力器压力的调节而维持在一个恒定的水平，真正实现络纱的精密卷绕。

(8) 上蜡装置　纱线与上蜡装置中的蜡盘接触，电动机带动蜡辊逆纱线运动方向转动，以达到均匀上蜡的要求，在接头或落筒时停止。

(9) 捕纱器　正常络筒时，它不作用于纱线。在纱线因细节而断头时，捕纱器夹持下纱头，捕纱器快门盖住捕纱器口，以防止钩住运行中的纱线或形成纱圈。在自动接头装置工作后，找头的大吸嘴将捕纱器的纱头吸持并交给捻接器。

(10) 槽筒　槽筒对筒子表面进行摩擦传动来实现对纱线的卷取，并利用其上的沟槽曲线完成导纱运动。奥托康纳 338 采用钢制槽筒，横动动程有 3～6 英寸，槽筒沟槽有对称、不对称以及不同圈数。每个卷绕头都装有一个驱动槽筒的伺服电机。槽筒直接装在电动机轴上。

(11) 自动落筒装置　它能够进行自动落筒、空管放置、空管自动喂入和将满筒放在锭位后边的托盘或输送带上。当卷装绕至预定直径或长度时，纱锭发出信号，自动落筒装置从前一停留处直接移至该锭位进行落筒，降低锭位停机时间，提高机器效率。自动落筒装置为卷装留出外层纱头，从空管库中取出空管并放入筒子架，固定纱头，卷绕后形成换管纱尾。

(12) 清洁与除尘系统　奥托康纳 338 的清洁与除尘系统有管纱除尘、巡回清洁装置、多喷嘴吹风装置。

（三）并纱

并纱的主要任务是将两根或两根以上的单纱并合成各根张力均匀的多股纱并卷绕成筒子，供捻线机使用，以提高捻线机效率。

1. FA702 型并纱机的工艺过程

如图 3-118 所示，单纱筒子插在纱筒插杆上，几根单纱分别自单纱筒子上退绕出来，经过导纱钩、张力垫圈装置、断纱自停落针、导纱罗拉、导纱辊后，由槽筒的沟槽引导卷绕到筒子的表面上。

2. 并纱机的主要机构及作用

(1) 张力装置　当纱线通过时，两个转动的张力盘靠重力加压使纱线获得张力，有利于卷绕成形和加大容量。

(2) 断头自停装置　为保证并纱根数，并纱机上使用落针式断头自停装置，主要机件是落针与自停转子。当单筒纱用完或纱断头时，落针失去了纱的张力作用，因本身的重量而下落，下落后受到一直高速回转的自停转子的猛烈打击，经杠杆与弹簧的作用导致纱筒与槽筒脱离接触，并使筒子停转。该装置动作灵敏、停动迅速，能减少回丝和接头操作时间。

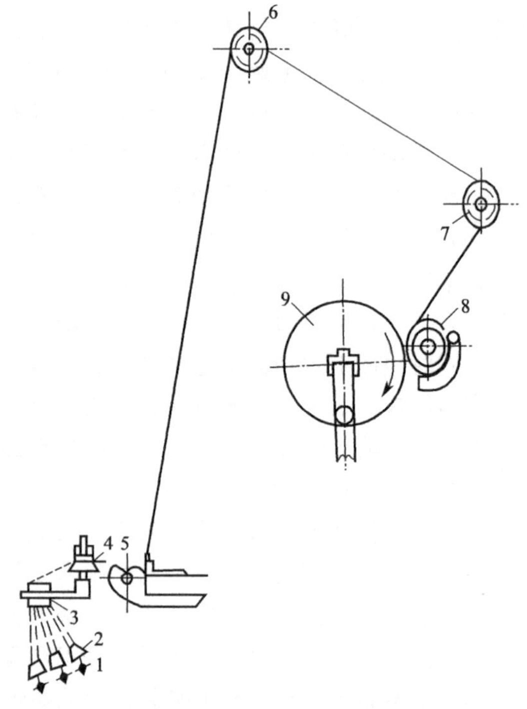

图 3-118　FA702 型并纱机的工艺过程

1—插杆；2—筒子；3—导纱钩；4—张力装置；5—落针；6—导纱罗拉；7—导纱辊；8—槽筒；9—筒子

（四）捻线

1. 捻线的任务

捻线的任务是将两根或两根以上单纱并合在一起，加上一定捻度，加工成股线。单纱经过并合后得到的股线，比同样粗细单纱的强力高、条干均匀、耐磨，表面光滑美观，弹性及手感好。

2. 捻线机

捻线机的种类按加捻方法可分为单捻捻线机与倍捻捻线机两种。

(1) FA721-75 型单捻捻线机工艺过程　如图 3-119 所示，左边纱架为纯捻线专用，喂入并纱筒子；右边纱架为并捻联合用，喂入圆锥形单纱筒子。现以右边纱架说明其工艺过程。从圆锥形筒子轴向引出的纱，通过导纱杆，绕过导纱器进入下罗拉的下方，再经过上罗拉与下罗拉钳口，绕过上罗拉后引出，并通过断头自停装置穿入导纱钩，再绕过在钢领板上高速回转的钢丝圈，加捻成股线后卷绕在筒管上。

(2) VTS 倍捻机的工艺过程　如图 3-120 所示，无捻纱线借助于退绕器（又叫锭翼导纱钩）从喂入筒子上退绕输出，从锭子上端向下穿入空心轴中，在空心轴中纱线由张力器

(纱闸) 加上张力，再进入空心锭子，然后从储纱盘的小孔中引出来，这时无捻纱在空心轴内的纱闸和锭子转子内的小孔之间进行了第一次加捻，即施加了第一个捻回。已经加了一次捻的纱线绕着储纱盘形成气圈，再受到气圈罩的支承和限制，气圈在顶点处受到导纱钩的限制。纱线在锭子及导纱钩之间的外气圈进行第二次加捻，即施加了第二个捻回。经过加捻的股线通过断纱探测杆、可调罗拉、超喂罗拉、横动导纱器，交叉卷绕到由摩擦辊传动的筒子上，筒子夹在无锭纱架上两个中心对准的圆盘之间。

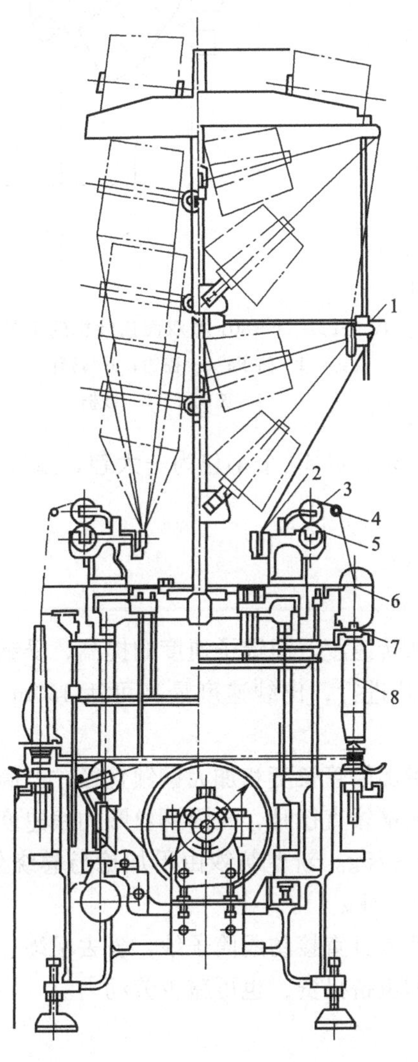

图 3-119　FA721-75 型单捻捻线机工艺过程

1—导纱杆；2—导纱器；3—上罗拉；4—断头自停装置；5—下罗拉；6—导纱钩；7—钢领板；8—筒管

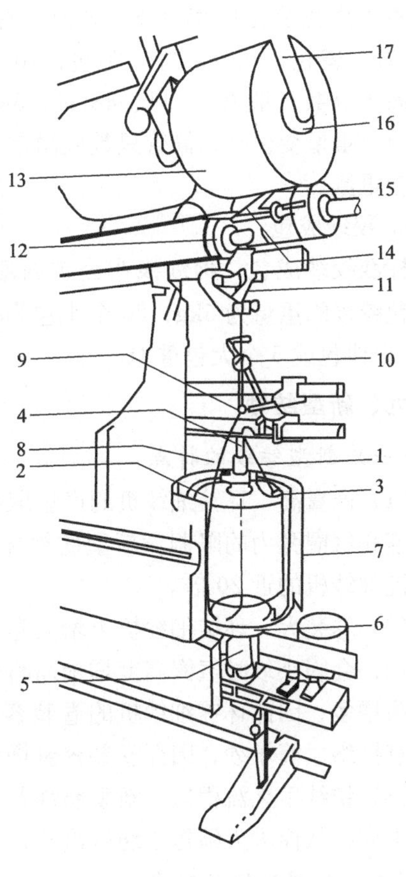

图 3-120　VTS 倍捻机的工艺过程

1—无捻纱线；2—喂入筒子；3—锭翼导纱钩；4—张力器；5—锭子转子；6—储纱盘；7—气圈罩；8—气圈；9—导纱钩；10—断纱探测杆；11—可调罗拉；12—超喂罗拉；13—预留纱尾装置；14—横动导纱器；15—摩擦辊；16—卷取筒子；17—无锭纱架

（五）摇纱

摇纱是将筒子上的纱线按规定的重量或长度摇成绞纱，以便成包。FA801型双面摇纱机的工艺过程如图3-121所示，纱线自筒子上引出，经过瓷钩、落针、玻璃杆，然后经横动导纱器绕于纱框上。

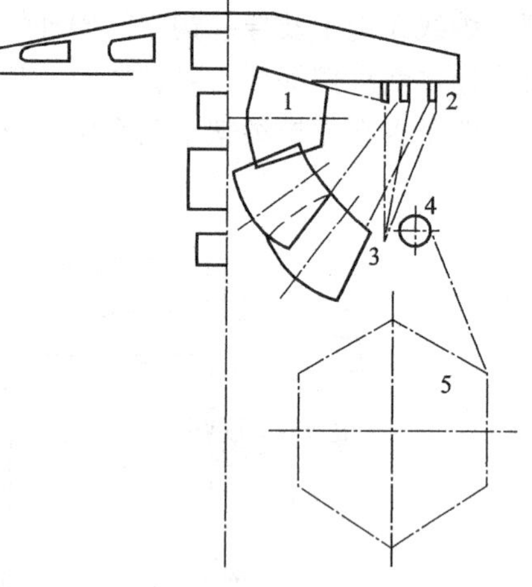

图3-121 FA801型双面摇纱机的工艺过程
1—筒子；2—瓷钩；3—落针；
4—玻璃杆；5—纱框

（六）成包

成包是将绞纱或筒子纱按规定的重量包装起来，其任务是压缩纱线的体积，防止棉纱线受到损伤，便于计量发货、搬运和存放。

1. 筒子成包

棉纱线在公定回潮率8.5%时，标准成包规格50kg为一袋包，100kg为一件包，10个件包重1t。每包筒子只数一般有40只、48只、56只、64只四种，筒子重量变化时，筒管只数应固定不变，以便计算筒管重量。

2. 绞纱成包

标准绞纱成包，棉纱线在公定回潮率8.5%时，每小包绞纱的重量为5kg；20个小包为件包，重100kg；每40个小包为一大包，重200kg；每10个件包或5个大包重1t。

九、新型纺纱

（一）新型纺纱的特点

（1）产量高　环锭细纱机的产量取决于锭子的回转速度，而锭子速度的提高，受钢丝圈线速度和气圈张力的限制。新型纺纱加捻与卷绕分开进行，出纱速度最高可达450m/min，是环锭细纱机的近20倍。

（2）卷装大　环锭细纱机上增大卷装的途径是增加筒管长度和加大钢领直径。但筒管长度增加，会因小纱时气圈高度增加而断头增多；加大钢领直径时，又因钢丝圈的线速度增大而断头增多，因此环锭细纱机的卷装容量一般为70～75g。新型纺纱由于加捻与卷绕分开，可以直接络成筒子纱，因而卷装容量增大，可达1.5～7kg。

（3）纺纱工艺流程短　新型纺纱普遍采用条子喂入且直接纺成筒子纱，省去粗纱、络筒两道工序，从而大大缩短了纺纱流程，节约了基建和设备投资，也可减少劳动力。

（二）新型纺纱的种类

新型纺纱按纺纱原理可分为自由端纺纱和非自由端纺纱两大类。自由端纺纱有转杯纺纱、摩擦纺纱、涡流纺纱、喷气涡流纺纱等。非自由端纺纱有自捻纺纱、喷气纺纱和无捻纺纱等。

（三）转杯纺纱

1. 转杯纺纱机的工艺过程

如图3-122所示，条子从条筒中引出进入喂给喇叭，依靠喂给罗拉与喂给板将条子握持并积极向前输送，经表面包有金属锯条的分梳辊分梳成单纤维。由于纺纱杯高速回转产生的离心力或由于风机的抽吸，将纺纱杯内的空气排出，在纺纱杯内形成一定的真空度，迫使外界气流从补风口和引纱管中补入气流，被分梳辊分解后的单纤维，随同这股气流经输棉通道被吸入纺纱杯，纤维沿纺纱杯壁滑入凝聚槽形成凝聚须条。引纱通过引纱管时也被吸入凝聚槽内，由于纺纱杯高速回转产生的离心力使引纱纱尾贴附于凝聚槽面而与须条连接，并被纺纱杯摩擦握持而加捻成纱。然后引纱罗拉将纱从纺纱杯中经假捻盘和引纱管引出，依靠卷绕罗拉（槽筒）回转，卷绕成筒子。

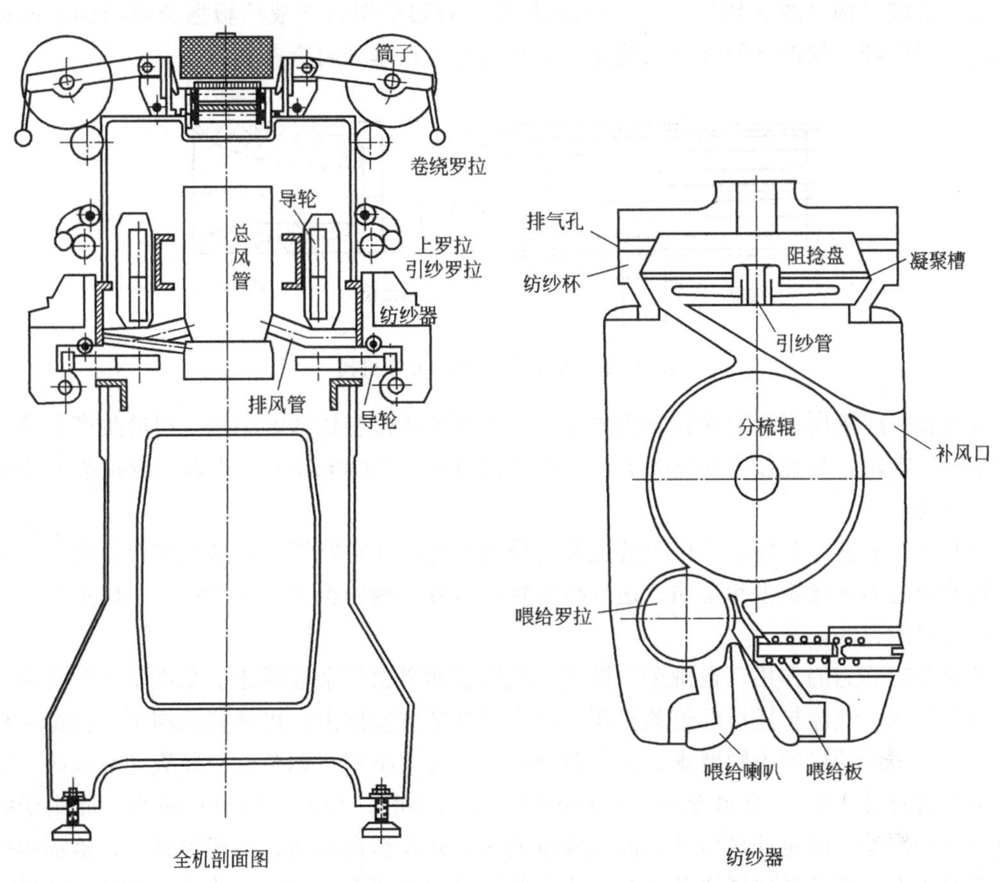

图 3-122　转杯纺纱机的工艺过程

2. 前纺工艺

转杯纺纱机以条子喂入，其前纺设备，除省去粗纱机外，基本上与传统纺纱相似。

3. 转杯纺纱机的主要机构

转杯纺纱机主要由喂给机构、分梳机构、排杂装置、凝聚加捻机构等机构组成。

(1) 喂给机构　喂给机构由喂给喇叭、喂给罗拉和喂给板组成，如图 3-123 所示。其作用是将条子均匀喂入，并对条子施加一定压力，供分梳辊分梳。

喂给喇叭的作用是使条子进入握持机构前受到必要的整理和压缩，使须条横截面上的密度趋于一致，以扁平截面进入握持区。喂给喇叭的出口应尽量接近握持钳口，使

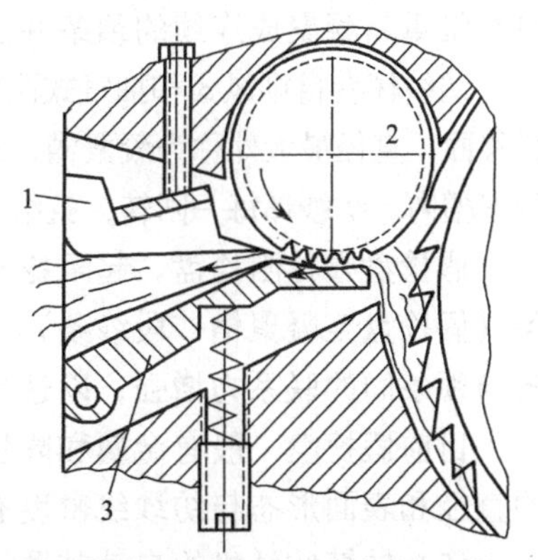

图 3-123　转杯纺纱机的喂给机构

1—喂给喇叭；2—喂给罗拉；3—喂给板

纤维经握持机构向前输送时受到一定的张力，从而伸直纤维。喂给喇叭的出口位置应稍低于分梳辊中心，以免绕分梳辊。

条子从条筒中引出后经喂给喇叭密集，然后以扁平状截面进入喂给罗拉与喂给板的握持区，喂给罗拉一般为表面带斜齿的沟槽罗拉，喂给板依靠弹簧加压，使喂给罗拉与喂给板比较均匀地握持条子，并借助喂给罗拉的积极回转向前输送供分梳辊抓取分梳。

(2) 分梳机构 (图 3-124)　分梳辊的作用是对喂给罗拉与喂给板握持喂给的须条进行分梳，实现单纤维状态下的排杂与输送，为纤维的重新排列组合做准备。

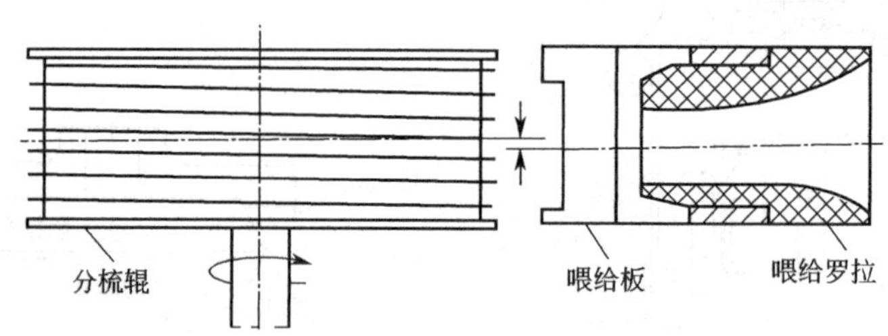

图 3-124　转杯纺纱机的分梳机构

分梳辊一般采用铝合金或铁胎表面包有金属锯条或植有梳针的结构。目前生产上普遍采用高速小分梳辊，其直径为 60～80mm，转速为 5000～9000r/min，基本上能将条子分解成单纤维状态。

(3) 排杂装置　转杯纺纱机上普遍装有排杂装置，并将补气与排杂相结合。利用气流和分梳辊的离心力排除微尘和杂质，达到减少转杯内凝聚槽的积尘、减少断头、稳定生产、提高成纱质量的目的。

杂质受离心力的作用，自排杂口排出，经排杂通道由吸杂管吸走。如图 3-125 所示，固定补风口补入的气流起托持纤维的作用，防止纤维随杂质排出。可调补风阀可以根据原棉的含杂情况及成纱质量的不同要求，调节落棉率及落棉含杂率。调节时只要旋动补风阀，使补风口的通道打开 1/6、1/2 或全部。当补风口通道减小时，补入的气流量减小，而由于纺纱杯真空度的影响，固定补风口补入的气流量增多，回收作用增强，落棉量减少，落棉中排除的主要是大杂；当补风口通道开大时，由于此补风口靠近纺纱杯，此处补入的气流量增多，而固定补风口受纺纱杯真空度的影响减弱，补风量减少，落棉量增多。

(4) 凝聚加捻机构　凝聚加捻机构由纺纱杯和假捻盘组成，其作用是将分梳辊分梳后的单纤维重新凝聚成连续的须条并加上一定的捻回成纱。

纺纱杯有自排风式和抽气式两种，如图 3-126 所示。纺纱杯的外观近似截锥形，其内壁称为滑移面，直径最大处称为凝聚槽，纺纱杯高速回转产生的离心力使纤维自输送管道输出后凝聚在凝聚槽内。纺纱杯每一回转，就给纱条加一个捻回。抽气式纺纱杯的真空度取决于抽气速度。

假捻盘亦称阻捻盘，起阻捻和假捻作用。阻捻即阻止捻回传递，捻回集中分布在回转纱条（假捻盘至凝聚槽一段纱条）上；而假捻则使回转纱条上的捻回增多。这样，可使回转纱条与须条间的联系力增强，以达到减少断头的目的。

目前假捻盘一般有金属和陶瓷两种材质，形态有表面光滑、表面刻槽及盘香式。假捻盘的直径和表面形态与纺纱线密度有关，纺纱线密度大，假捻盘直径也大。

(5) 转杯纺纱机的自动装置　为适应转杯纺纱机速度的提高，保证成纱质量、提高生产效率，目前高速转杯纺纱机均配有自动接头、自动落筒、自动清洁、成纱质量自动监测与显示、工艺参数显示等自动装置。

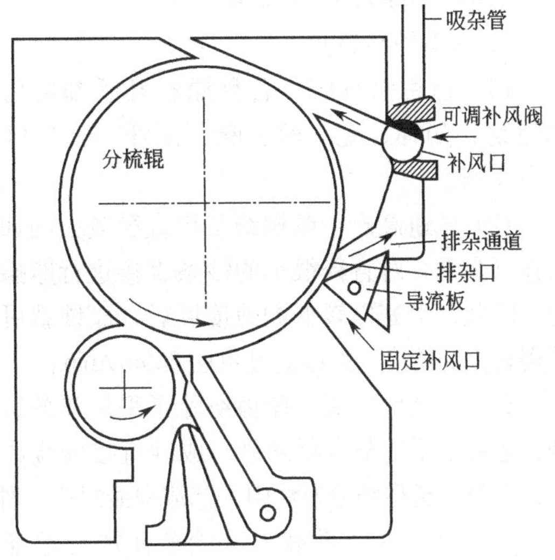

图 3-125　转杯纺纱机的排杂装置

（四）喷气纺纱

喷气纺纱是利用空气涡流对须条施加捻回而成纱的一种新型纺纱方法。根据其加捻特点，又被称为“包缠纺”、“捆扎纺”。由于从喂入到输出卷绕成纱整个纱条是连续的，所以属非自由端纺纱。

1. 喷气纺纱特点

（1）纺纱速度高　由于喷气纺采用喷射空气涡流加捻，纱条加捻转速可达（2～3）×10^5 r/min，其纺纱速度可达到 130～220m/min，一般为 140～180m/min，是环锭纺输出速度的 10 倍左右。

（2）纺纱特数低　喷气纺是目前为数不多的可以纺细特纱的新型纺纱方法。目前，喷气纺可纺制 29.2～7.3tex 纱，其成纱结构也与环锭纱、转杯纱不同，产品则更具有独特的风格。

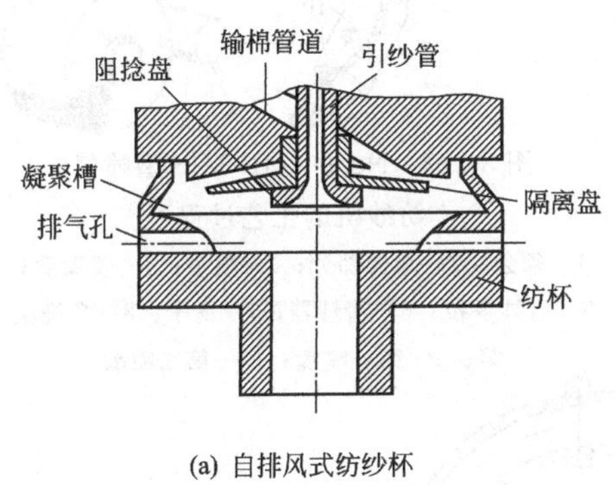

(a) 自排风式纺纱杯

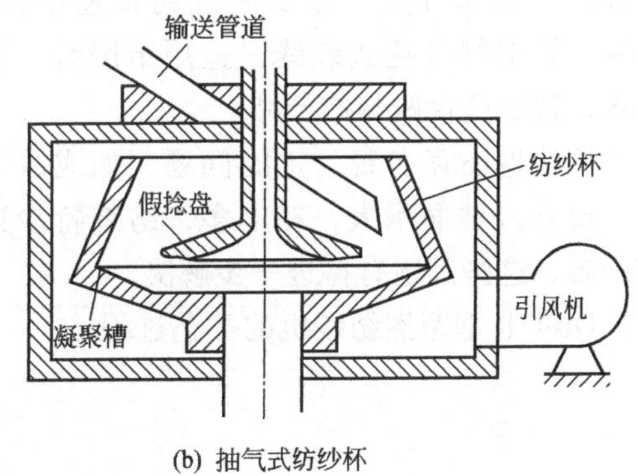

(b) 抽气式纺纱杯

图 3-126　纺纱杯

（3）工艺流程短、占地面积小　喷气纺采用条子直接纺成筒子纱，卷装重量可达 3～4kg，省去了粗纱、络筒工序，机器占地面积比环锭纺减少了约 40%。

（4）翻改品种方便　喷气纺在翻改品种时，除需调整牵伸部分工艺外，加捻部分一般只需调节喷嘴的气压。

喷气纺也存在着一些问题，如动力消耗高，机件（胶圈、胶辊）磨损快。另外，喷气纺目前主要应用于纺纯涤纶和涤/棉混纺纱，纺纯棉纱还存在一些问题。

2. 喷气纺纱机工艺过程

喷气纺纱机工艺过程见图 3-127。喂入条子经四罗拉双短胶圈牵伸装置，经 150 倍左右的牵伸后由前罗拉输出。依靠加捻器中的负压将须条吸入，接受空气涡流的加捻。加捻器由第一喷嘴和第二喷嘴串联而成，两个喷嘴射出的气流旋转方向相反。须条受到这两股反向旋转气流的作用而获得捻度。第一喷嘴气流的旋向起包缠纤维的作用，第二喷嘴气流的旋向决定成纱上包缠纤维的捻向。被加捻后的纱条由引纱罗拉引出后卷绕成筒子纱。前罗拉输出速度应略大于引纱罗拉输出速度，通常称为超喂入，超喂入率一般控制在 1%～3%，使纱条在气圈状态下加捻。

（五）摩擦纺纱（尘笼纺纱）

1. 摩擦纺纱特点

（1）适用原料广　各种原料几乎都可用于摩擦纺，如棉、毛、丝、麻、化纤、长丝以及各种下脚。

（2）低速高产　摩擦纺采用直径较大的加捻机件（尘笼）对直径很小的纱条直接进行摩擦加捻，因此，尘笼以较低的速度回转，成纱就可以获得较大的捻度。纺纱速度可达 300m/min。

（3）工艺流程短　摩擦纺除了采用熟条纺纱外，还可以用生条进行纺纱，成纱直接卷绕成筒子，是所有新型纺纱方法中工艺流程最短的一种。

（4）断头少，卷装大　纱条在加捻卷绕过程中，纺纱张力很低，几乎不发生断头，其卷装最大可达 9kg。

（5）产品品种多　摩擦纺能纺普通纱线、包芯纱、竹节纱等花式纱线，适用于服装、工业用布，特别适合做装饰产品。

摩擦纺也还存在着一定的问题，如成纱手感差，设备占地面积大，耗电多，纺细特纱还比较困难，这些问题有待进一步解决。

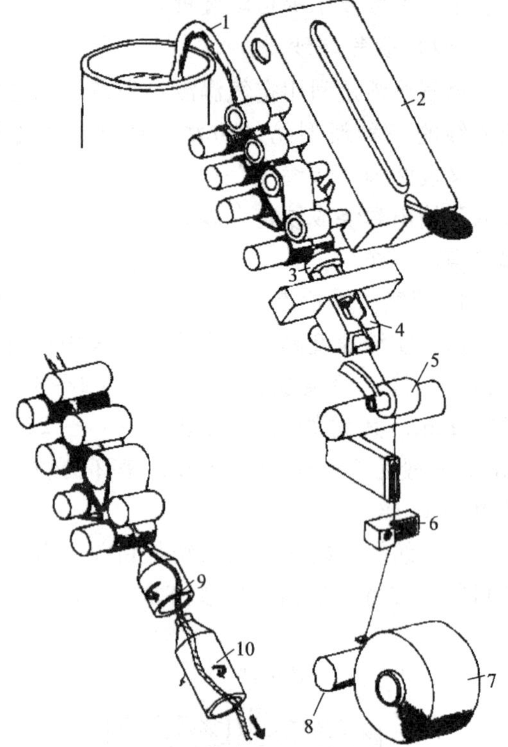

图 3-127　No. 802HR MJS 型喷气纺纱机的工艺过程

1—须条；2—牵伸部分；3—喷嘴；4—喷嘴盒；5—引纱罗拉；6—清纱器；7—筒子；8—卷绕滚筒；9—第一喷嘴；10—第二喷嘴

2. Dref-Ⅱ型摩擦纺纱机的工艺过程

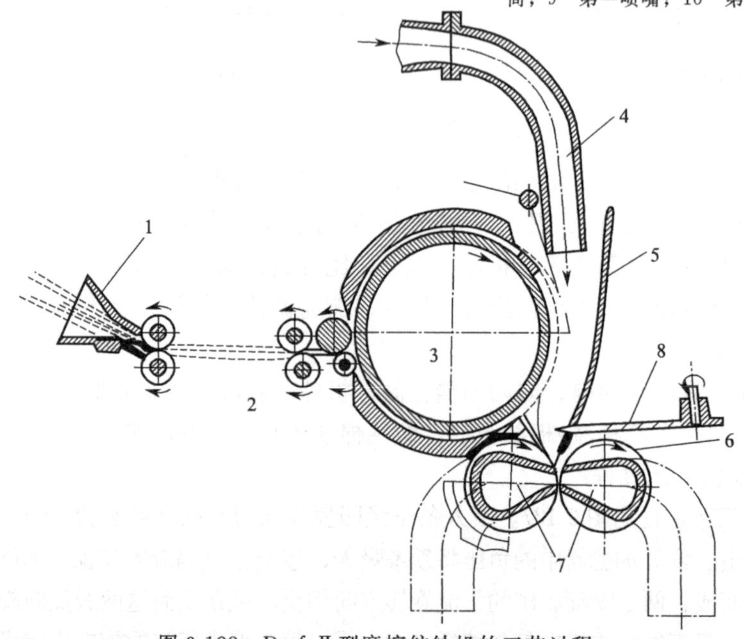

图 3-128　Dref-Ⅱ型摩擦纺纱机的工艺过程

1—喂入喇叭；2—牵伸机构；3—分梳辊；4—吹风管；5—挡板；6—尘笼；7—吸气装置；8—导向盘爪

Dref-Ⅱ型机为自由端纺纱，如图 3-128 所示。条子经喇叭口进入三上三下罗拉牵伸机构。根据纺纱品种的要求，喂入条子可以是一根或数根不同材料或不同颜色的纤维条。经过牵伸后的条子，被分梳辊分解成单纤维。纤维在惯性力及吸风管的气流作用下，脱离分梳辊，沿挡板进入一对尘笼的楔形区中。两个尘笼都有吸气装置，在气流的作用下，纤维被凝聚。两尘笼同向回转，将已凝聚的须条搓捻成纱。引纱罗拉将纱引出，在槽筒的作用下，卷绕成筒子纱。

第三节　毛纺工程

一、毛纺纺纱系统及工艺流程

毛纺工业根据产品的要求、用途及加工工艺不同，分为粗梳毛纺纺纱系统、精梳毛纺纺纱系统和半精梳毛纺纺纱系统。

粗梳毛纺纺纱系统纺纱线线密度较低，所使用的原料性能较差，纺纱工艺流程短。一般为：

羊毛的初步加工→粗梳毛纺原料→和毛加油混料→梳毛→细纱

精梳毛纺纺纱系统纺制的纱支较高，对成纱的质量要求高，因而对原料的要求也高，纺纱经过的工序多，流程长。工艺流程为：

羊毛的初步加工→毛条制造→前纺工程→后纺工程

半精梳毛纺纺纱系统是介于精梳毛纺纺纱系统和粗梳毛纺纺纱系统之间的一种纺纱方法。原来的半精梳毛纺纺纱系统的特征为与粗纺系统相比使用针梳机，与精纺系统不同的是不使用精梳机。目前业内所谓的半精梳毛纺纺纱系统实质上是由毛纺设备和棉纺设备混合组成，准确称谓是“普梳短毛纤维纺纱系统”，其特点是成条工艺与毛半精梳相仿，纺纱工艺与普梳棉纺相仿。

羊毛的初步加工包括羊毛的拣选、开毛、洗毛、烘干、炭化等工序。拣选是根据产品质量的要求，对不同质量的原毛进行分选，做到经济合理地使用原料。开毛是利用机械方法将羊毛松解，除去其中大量的砂土杂质，为洗毛创造有利条件。洗毛是利用机械和化学相结合的方法，取出羊毛脂汗及黏附的杂质。烘毛是用热空气烘燥羊毛，去除洗净毛中过多的水分，使其达到规定的回潮率。炭化是利用化学及机械的方法，除去洗净毛中包含的植物性杂质，使梳理和纺纱过程得以顺利进行。一般粗梳毛纺纺纱系统须经过炭化工序，精梳毛纺纺纱系统不经过炭化工序。

二、粗梳毛纺

粗梳毛纺制品的纱线较粗，织物较厚，其产品有海军呢、麦尔登、粗花呢等。

（一）粗梳毛纺工程的任务

粗纺原料经初步加工后，原料大多呈小块状或束状，不能适应纺纱需要。通过梳毛机加工，将块状纤维开松成单纤维；去除原料中的杂质和粗死毛，使纤维进一步混合；在梳理过程中，使纤维逐步伸直平行；最后将梳理后的毛网制成粗纱，以供细纱机使用。

（二）国产粗纺梳毛机

1. 粗纺梳毛机的组成

国产粗纺梳毛机有二联式和三联式，其组成包括自动喂毛机、预梳理机、梳理机、过桥机及成条机五大部分。对于不同的机型，五大组成部分的组合形式有所不同。

BC272型三联式梳毛机：自动喂毛机→预梳理机→梳理机→过桥机→梳理机→过桥机→梳理机→成条机。

BC272B型二联式梳毛机：自动喂毛机→预梳理机→梳理机→过桥机→预梳理机→梳理机→成条机。

2. 粗纺梳毛机的工作过程

国产BC272型梳毛机如图3-129所示。从和毛工序下来的混料，首先送入自动喂毛机。自动喂毛机定量地将混料通过升毛帘、称毛斗和喂毛罗拉送入预梳理机中。在预梳理机中，混料先被胸锡林和工作辊梳理，由大块状分解成小块状和纤维束。然后通过运输辊将小块状纤维和纤维束转移给第一梳理机。第一梳理机的大锡林与五对工作辊、剥毛辊对块状和束状纤维进行充分混合梳理，将其松解成单纤维，然后经风轮从大锡林针隙中起出，凝聚在道夫上。斩刀将道夫上的纤维斩下形成毛网，送入第一过桥机。

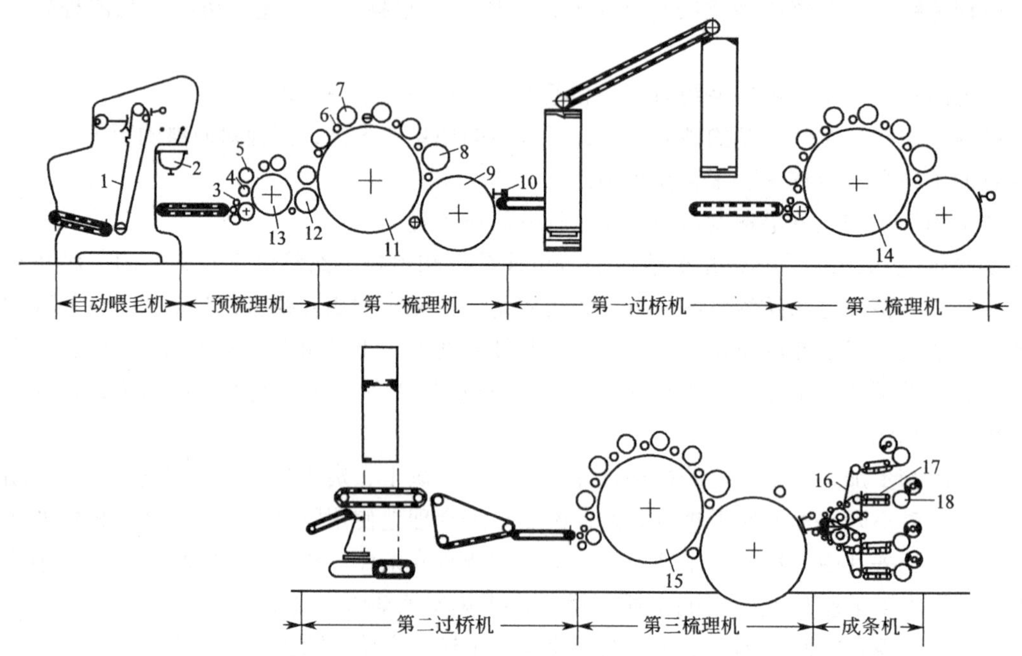

图3-129 BC272型粗纺梳毛机示意图

1—升毛帘；2—称毛斗；3—喂毛罗拉；4，6—剥毛辊；5，7—工作辊；8—风轮；9—后道夫；10—斩刀；11—初梳锡林；12—运输辊；13—胸锡林；14—中锡林；15—末梳锡林；16—皮带丝；17—搓板；18—卷绕滚筒

毛网在第一过桥机上经过纵向折叠混合和横向折叠混合，其中的纤维得到充分混合，再进入第二梳理机，接受进一步梳理、混合，又被梳理成单纤维状态，然后通过风轮、道夫、斩刀又一次形成毛网，进入第二过桥机上。

经过第二过桥机折叠混合后，毛网进入第三节梳理机中进行最后一次梳理。最后从道夫输出的毛网中，纤维的伸直度和取向性都已比较高。

将毛网喂入成条机。在成条机中，毛网被皮带丝切割成若干个小毛带，最后经过四对搓板，搓捻成光、圆、紧的小毛条（即粗纱），并卷绕成粗纱毛饼。

3. 自动喂毛机

自动喂毛机的基本任务如下。

① 控制称毛斗定时定量喂毛，保证每间隔一定时间喂入一定量的混料，保证每一个梳

理滚筒上的毛层均匀，使梳毛机中参与梳理的纤维量不随时间而变化，从而确保粗纱粗细一致，条干均匀。

② 进一步混合原料，去除杂质，尤其是金属杂质，防止梳理机受损。

国产自动喂毛机大多采用称重式，其结构组成见图 3-130。

自动喂毛机是周期性工作的。储毛箱中的底帘 11 将储毛箱中的混料向升毛帘方向靠拢。升毛帘向上运动时，靠其针齿抓取混料向上运送，均毛耙不断摆动，将升毛帘上过厚的毛层剥落下来，使其重新落入储毛箱中，并使升毛帘上的毛层尽可能地均匀。当升毛帘带着混料到达最高点时，通过磁铁将混料中的金属杂质去除，然后转到前边向下行。当混料位于称毛斗上方时，剥毛耙将混料全部剥落下来，通过由挡毛板构成的通道进入称毛斗。当称毛斗中的混料达到规定的重量后，称毛斗稍稍下降，升毛帘立即停止转动，挡毛板同时闭合，以防止升毛帘上的混料再落入称毛斗中，减少每次称毛量的差异。称毛斗完成称毛动作之后，即自行打开，使称过重的混料落在喂毛帘上。混料落完后，称毛斗自然稍稍上升，恢复原位。接着称毛斗闭合，为下一个喂毛周期的称毛做准备。自动控制机构启动升毛帘并打开挡毛板开始下一个喂毛工作周期。落到喂毛帘上的混料在推毛板的推动下向前集中，并与喂毛帘一起向前运动，再经拍毛板的拍打，以厚薄均匀的状态喂入预梳理机。

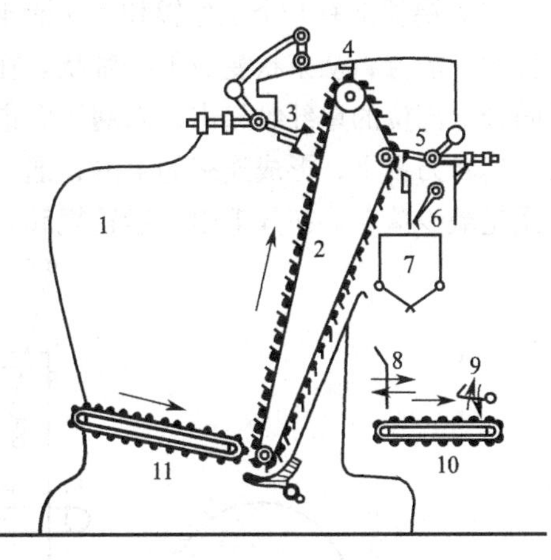

图 3-130　自动喂毛机

1—储毛箱；2—升毛帘；3—均毛耙；4—磁铁；5—剥毛耙；6—挡毛板；7—称毛斗；8—推毛板；9—拍毛板；10—喂毛帘；11—底帘

4. 梳理机

梳理机是梳毛机的重要组成部分。图 3-131 为 BC272B 型粗纺梳毛机的后车（第一节梳理机）结构示意图。

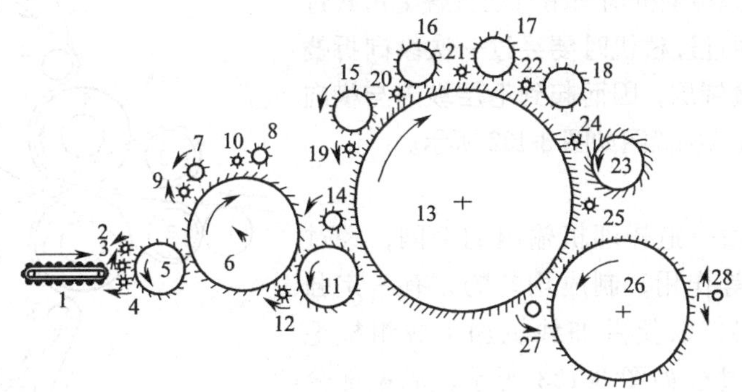

图 3-131　梳理机示意图

1—喂毛帘；2，3—喂毛罗拉；4—清洁罗拉；5—开毛辊；6—胸锡林；7，8—胸锡林工作辊；9，10—胸锡林剥毛辊；11—运输辊；12，27—托毛辊；13—大锡林；14～18—工作辊；19～22—剥毛辊；23—风轮；24，25—挡风辊；26—道夫；28—斩刀

梳理机由三大部分组成，即喂入开毛部分、预梳理部分和主体梳理部分。各部分主要机件的表面都包覆着不同类型的针齿或针布，以完成对混料的梳理和混合作用。

从称毛斗中落在喂毛帘上的混料，被喂毛帘送入两喂毛罗拉之间。喂毛罗拉紧紧握持住混料，接受开毛辊的分梳，达到初步开松。开松后的混料通过开毛辊转移给胸锡林，在胸锡林两个工作辊及两剥毛辊之间接受预梳理，将块状的混料梳理成束状纤维。经过预梳理的纤维束，通过运输辊转移到大锡林上。

在大锡林上有 5 个工作辊和 4 个剥毛辊，纤维束在大锡林与工作辊、剥毛辊之间进行充分的梳理、混合，从束状变成单纤维状。在大锡林上还装有风轮，其任务是将分梳后位于大锡林针隙较深部位的单纤维起出，以利于向道夫上转移。道夫将大锡林上的部分纤维剥取，由高速摆动的斩刀剥下，形成连续的毛网，通过过桥机送入下一节梳理机进行再梳理。两个托毛辊的作用是减少落毛。在开毛辊、运输辊和大锡林下面还装有漏底，其作用是减少落毛。

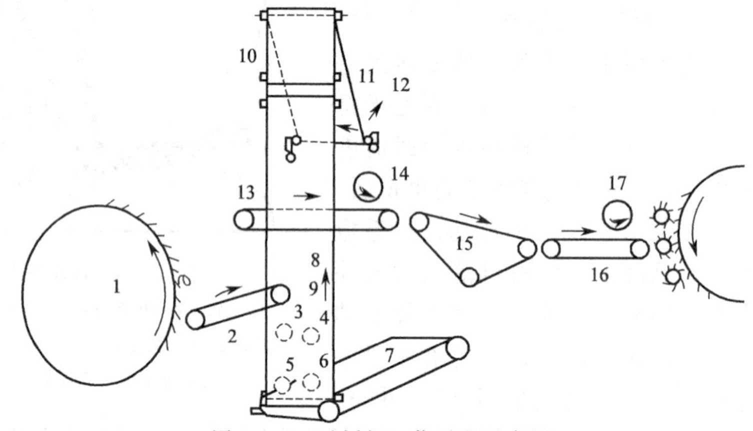

图 3-132 过桥机工作过程示意图

1—道夫；2—出毛帘；3～6—滚筒；7—下斜帘；8，9—立帘；10—横帘；11，12—铺毛帘；13—水平帘；14，17—木滚筒；15—三角过桥帘；16—喂毛帘

5. 过桥机

在粗纺梳毛机的每两节梳理机中间都装有过桥机，过桥机的形式较多，有毛帘式、宽条式和毛条式等。BC272 型和 BC272B 型梳毛机均采用自动折叠毛帘式过桥机。因为毛网在通过过桥机时要经过一次纵向折叠铺层和一次横向折叠铺层，因而起到毛层纵向与横向的混合作用。过桥机结构简图如图 3-132 所示。

6. 成条机

成条机是把最后一道梳理机输出的毛网，经过分割、搓捻及卷绕等作用，制成均匀的、有一定强度的小毛条（粗纱），以便供细纱机加工成粗梳毛纱。成条机的工艺过程如图 3-133 所示，成条部分由割条机构、搓条机构和卷条机构组成。

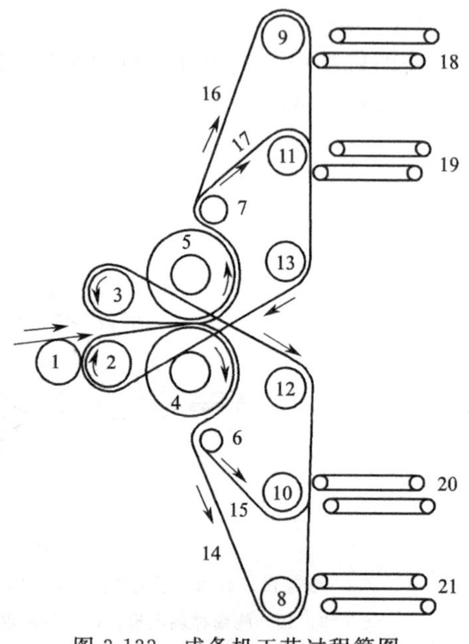

图 3-133 成条机工艺过程简图

1—托毛辊；2，3—进网轴；4，5—割条轴；6～11—张力辊；12，13—导条辊；14～17—皮带丝；18～21—搓板

(1) 割条机构　是利用割条轴和皮带丝的作用将从前车梳理机输出的毛网按照工艺要求，分隔成一定宽度的毛带。割条轴的结构如图 3-134 所示。

(2) 搓条机构　搓条机构是将经割条轴制成的毛带，利用搓板的往复运动而完成搓捻作用。搓板的运动有两种，一种是圆周运动；另一种是往复运动。目前国产梳毛机上均采用四对搓板，每对搓板搓条的根数为出条总根数的1/4。搓板是用牛皮或丁腈橡胶制成的，表面有浅沟槽，以增加其对纤维的摩擦力。

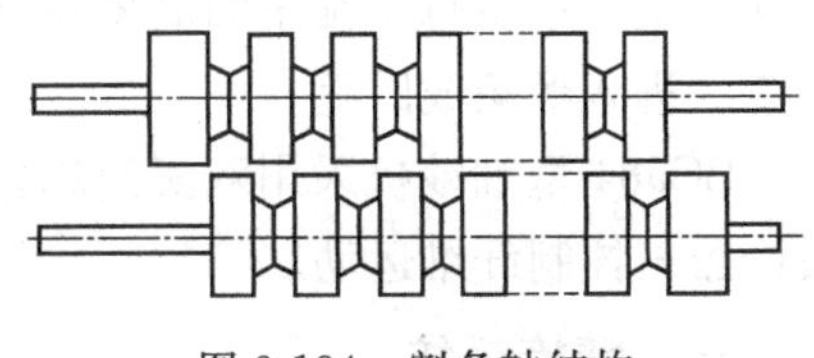

图3-134　割条轴结构

(3) 卷条机构　如图3-135所示，由搓板间出来的毛条1经导条架2，到达卷绕滚筒3上。导条架作往复运动，使毛条在一定的宽度内形成交叉卷绕。卷绕木轴4的轴芯铁钉6靠在支架7的斜坡上，由于卷绕滚筒3的摩擦传动，使毛条1卷绕在卷绕木轴4上，成空心毛条饼5。

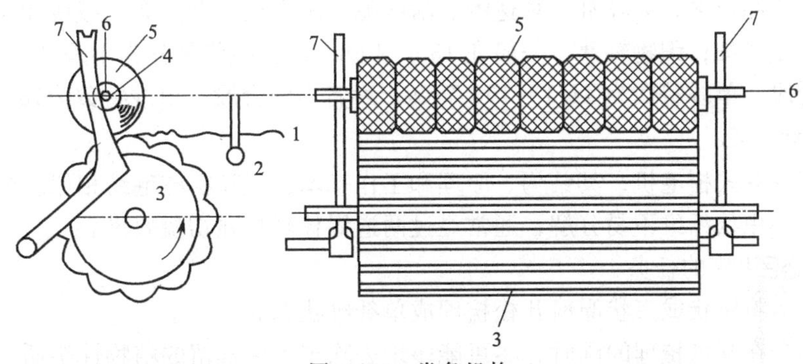

图3-135　卷条机构

1—毛条；2—导条架；3—卷绕滚筒；4—卷绕木轴；5—毛条饼；6—铁钉；7—支架

(三) 细纱机

1. 细纱机的任务

(1) 牵伸　将粗纱（小毛条）按照规定的纺纱细度抽长拉细。由于粗纺细纱线密度一般在50～1000tex，所以，在纺制线密度较粗的细纱时，有时也可不进行牵伸。

(2) 加捻　将牵伸后的须条根据织物的要求加上适当的捻回纺制成细纱。

(3) 卷绕成形　将纺成的细纱卷绕在筒管上，以便于储存、搬运和后加工。

2. 细纱机的工艺过程

BC583型细纱机的工艺过程如图3-136所示。毛轴经退卷滚筒摩擦传动，其上纱条经分条器进入后罗拉及压辊之间，然后经导条杆及假捻器进入前罗拉8、9、10之间。纱条在通过后罗拉与前罗拉之间时受到牵伸。从前罗拉输出的须条经导纱器及钢丝圈绕在纱管上。纱线穿过钢丝圈时，在纱线张力作用下，钢丝圈沿钢领跑道回转。钢丝圈每转一转，就给纱条加上一个捻回。由于钢丝圈的转速落后于锭子转速，因而产生了卷取作用，借助一套成形机构，细纱便按一定形状卷绕

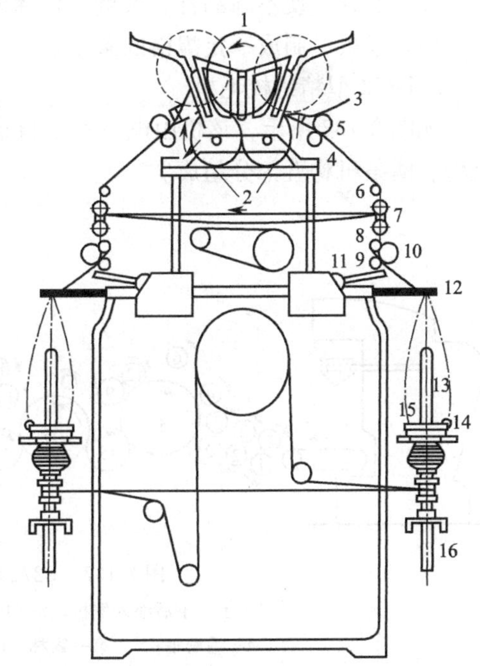

图3-136　BC583型细纱机工艺过程

1—毛轴；2—退绕滚筒；3—分条器；4—后罗拉；5—压辊；6—导条杆；7—假捻器具；8～10—前罗拉；11—吸毛嘴；12—导纱器；13—纱管；14—钢丝圈；15—钢领；16—锭子

在纱管上。该机每个锭子的前罗拉下方均装有吸毛嘴。当细纱断头时，须条被吸毛嘴吸入总风道，进入毛箱成回毛。

BC584 型细纱机采用双滚筒单轴式喂入机构，在牵伸机构中以针圈代替 BC583 型中的假捻器来控制纤维运动。

三、精梳毛纺

精梳毛纺一般分为毛条制造和精梳毛纺两个阶段。毛条制造是将洗净毛按精梳毛纱的品质要求，加工成精梳毛条。精梳毛条制成后，再经前纺和后纺制成毛纱，其工艺流程为：

梳毛机→针梳机→精梳机→针梳机→针梳机→末道针梳机→粗纱机→细纱机

精梳毛纺产品很多，如哔叽、华达呢、啥味呢、派力司、女士呢、绒线和长毛绒等。精梳毛制品的纱线较细，织物轻薄，一般在 130～400g/m^2。绒线又分为不编结绒线和针织纱，前者多为四合股，单纱特数为 41.7～166.7tex；后者为两合股，单纱特数为18.5～71.5tex。

（一）精纺梳毛

一般采用双联式梳毛机，其结构、原理和工作基本过程和粗梳毛纺相似。但由于精梳毛纤维较细长，小束状纤维不易分解，通常经过两道锡林来加强初梳效果。

1. 精纺梳毛工序的任务

（1）开松　将块状或束状原料开松梳理成单纤维状态。

（2）除杂　在开松梳理的同时，尽可能多地去除羊毛中残留的植物性杂质、沙土、粗腔毛及羊粪等。

（3）混合　使不同品种、长度、色泽的原料充分混合。

（4）成条　制成一定规格的条子。

2. B272 型精纺梳毛机

如图 3-137 所示，该机由电气控制自动喂毛机构、第一预梳机构、第二预梳机构、梳理机构、圈条机构五部分组成。

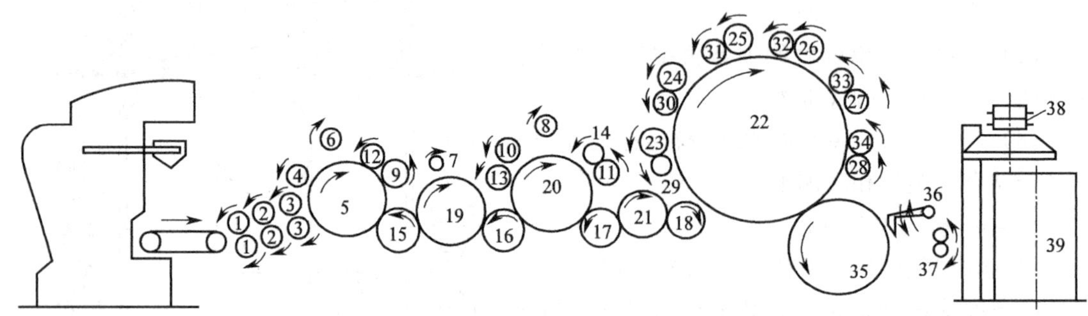

图 3-137　B272 型精纺梳毛机的工艺简图

1—上、下后喂入罗拉；2—上、下沟槽罗拉；3—上、下前喂入罗拉；4—毛刷辊；5—第一锡林；6～8—打草辊；9～11—胸锡林工作辊；12～14—胸锡林剥毛辊；15～18—转移辊；19—除草辊；20—第二胸锡林；21—分梳辊；22—大锡林；23～28—大锡林工作辊；29～34—大锡林剥毛辊；35—道夫；36—斩刀；37—出条压辊；38—圈条压辊；39—条筒

（1）喂入部分　B272 型梳毛机喂入部分，是附有自动称重的自动喂毛机，通过机械-电气控制系统，周期性地喂入混料。

(2) 预梳部分 混料经慢速回转的水平喂毛帘进入喂毛罗拉。混料在后喂毛罗拉与沟槽罗拉之间受到约 7 倍的牵伸，使毛层减薄，纤维受到一定的松解与伸直作用。

(3) 梳理部分 经过预梳部分充分开松的混料，由转移辊交给梳理部分，接受大锡林及其上六对工作辊和剥毛辊的彻底梳理。大锡林与道夫之间具有分梳条件，在分梳作用的基础上，慢速回转的道夫将大锡林上的一部分纤维凝聚转移。

(4) 输出 由斩刀将毛网从道夫上剥下，经漏斗聚集成条，再经出条压辊及圈条器，有规律地圈放在毛条筒中。

(二) 针梳

1. 针梳的任务

将毛条内的纤维理直，使之平行排列，改善与提高毛条的条干均匀度。牵伸区中的平面针排，用来控制纤维在牵伸区的运动。细羊毛用双针排，粗羊毛用单针排，毛条用 2～3 道交叉针梳机，每道用 4～8 根毛条并合牵伸，成为纤维平直的毛条，以便精梳加工。

2. B306 型针梳机的机构和作用

图 3-138 为 B306 型针梳机工艺简图。由喂入机构、牵伸梳理机构和卷绕成形机构组成。

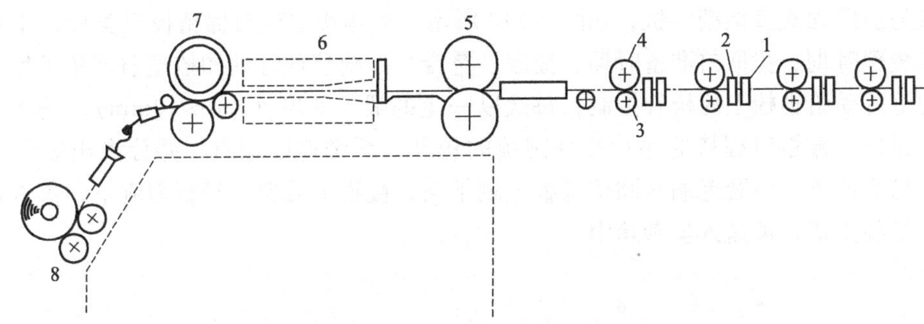

图 3-138 B306 型针梳机工艺简图

1—导条棒；2—导条叉；3—导条辊；4—导条压辊；5—测量罗拉；6—梳箱；7—前罗拉；8—卷绕滚筒

(1) 喂入机构 B306 型针梳机为毛球喂入，其余针梳机均为条筒喂入。本机采用纵列式喂入架，喂入毛球经导条棒 1、导条叉 2、导条辊 3 和导条压辊 4 组成钳口，呈平展状态按一定宽度进入牵伸区。

(2) 牵伸梳理机构 由梳箱与针板、喂入罗拉等组成。梳箱结构如图 3-139 所示。在牵伸过程中，针板上的梳针控制纤维的运动并梳理纤维。

(3) 卷绕成形 B306 型针梳机是球形卷绕形式。它是由毛条的往复横动及定向回转两种运动合成的，卷条滚筒的往复运动则由游车带动。

新型针梳机有 F2392、F2342、F2342A、F2352、F2362 等型号。梳箱采用交叉式针板，双头螺杆传动，精确度较高。主传动为同步齿形带传动、变频调速，常用输出速度 80～120m/min，最大输出速度为 150m/min。

(三) 精梳

1. 精梳工序的任务

① 清除毛条中的毛粒、细小草杂和不符合纺纱要求的短纤维。

② 使纤维在梳理中进一步顺直平行。

③ 使混料进一步混合均匀。

2. B311A 型精梳机工艺过程

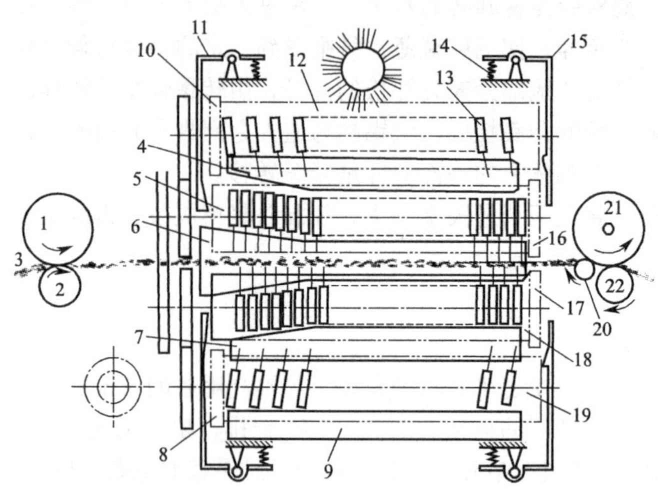

图 3-139 针梳机梳箱结构简图

1—大压辊；2—后罗拉；3—毛条；4，6，7，9—导轨；5、18—工作螺杆；8，10，16，17—打手；11—后挡板；12，19—回程螺杆；13—针板；14—弹簧；15—前挡板；20，22—前下罗拉；21—前上罗拉

该机为前摆动式直型精梳机，如图 3-140 所示。其作用原理与棉精梳机类似，工作过程分为圆梳梳理时期、拔取前准备时期、拔取、叠合与顶梳梳理时期和梳理前准备时期。周期性喂入的毛片受给进梳上的梳针控制，每次以一定的喂毛长度（5.8～10mm），送向上下钳板组成的钳口。被钳口握持的毛片接受圆梳的梳理，纤维得以顺直，并分离出短纤维与杂质。杂质与短纤维，由圆毛刷从圆梳针板上刷下来，被道夫凝聚，经斩刀剥下，落入短毛箱中。杂草等经尘道，被抛入尘杂箱中。

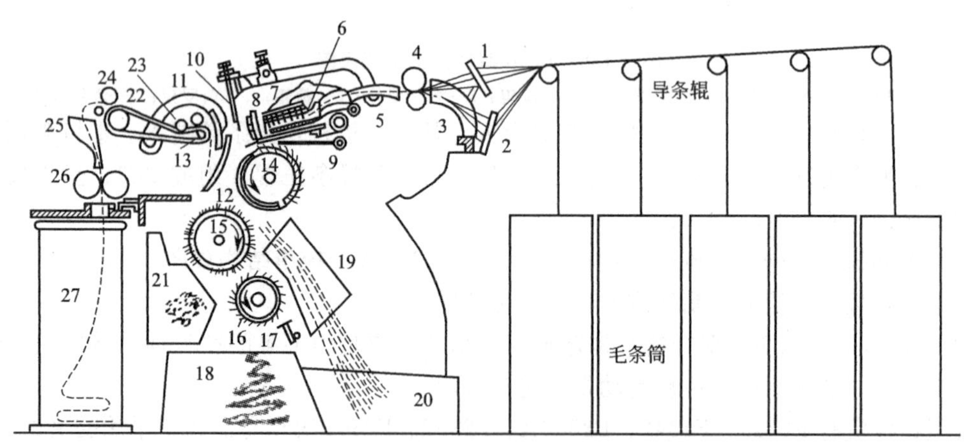

图 3-140 B311A 型精梳机的工作过程

1，2—导条板；3，5—托毛板；4—喂毛罗拉；6—给进盒；7—给进梳；8—上下钳板；9—铲板；10—顶梳；11，12—上下打断刀；13—拔取罗拉；14—圆梳；15—圆毛刷；16—道夫；17—斩刀；18—短毛箱；19—尘道；20，21—尘杂箱；22—拔取皮板；23—拔取导辊；24—卷取光罗拉；25—集毛斗；26—出条罗拉；27—毛条筒

当圆梳针排转离钳板后，上下钳板张开并上抬，拔取车后退后钳板靠近，拔取罗拉正转拔取纤维与须丛尾端接合。此时，顶梳下降刺入须丛，使须丛尾端接受顶梳的梳理。部分短纤维、杂质和疵点被顶梳阻留于针排后方的须丛中，待下一次圆梳梳理时除去。

（四）复洗

1. 复洗的目的

① 消除纤维的疲劳与静电，并对纤维进行一次定形。

② 洗去油污和油剂，对染色毛条复洗清洗浮色。

原色细毛条需要复洗；供染色的细毛条，可在染色后复洗。一般粗羊毛和化纤条可不经复洗。

2. LB334 型热风式毛条复洗机

如图 3-141 所示，适用于染色湿毛条复洗。全机由进条、洗槽、烘房，卷球、主传动五部分组成。

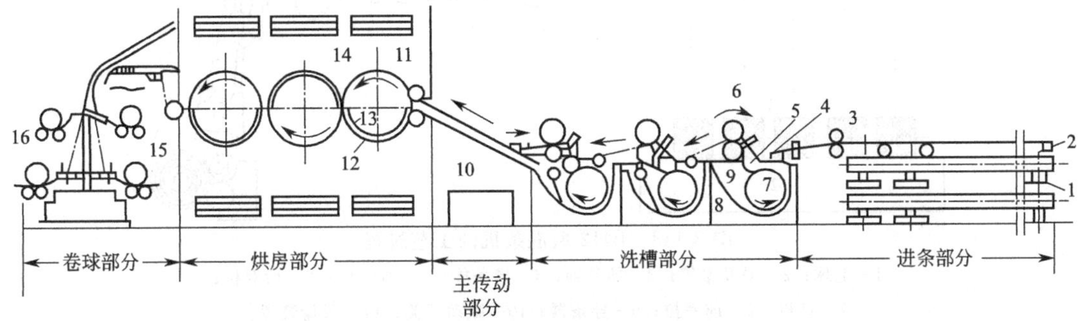

图 3-141 LB334 型热风式毛条复洗机

1—托盘；2—导条滚筒；3—进条压辊；4—导条辊；5—压条辊；6—上下轧辊；7—网眼锡林；8—洗槽；9—夹层板；10—导条托板；11—烘房进条辊；12—圆网锡林；13—圆网密封板；14—加热器；15—烘房出条辊；16—卷条滚筒

LB334A 型热风式毛条复洗机适用于本白色毛条复洗，进条部分为毛球架退卷滚筒，喂入 24 根，每根条重 12～25g/m，如图 3-142 所示。

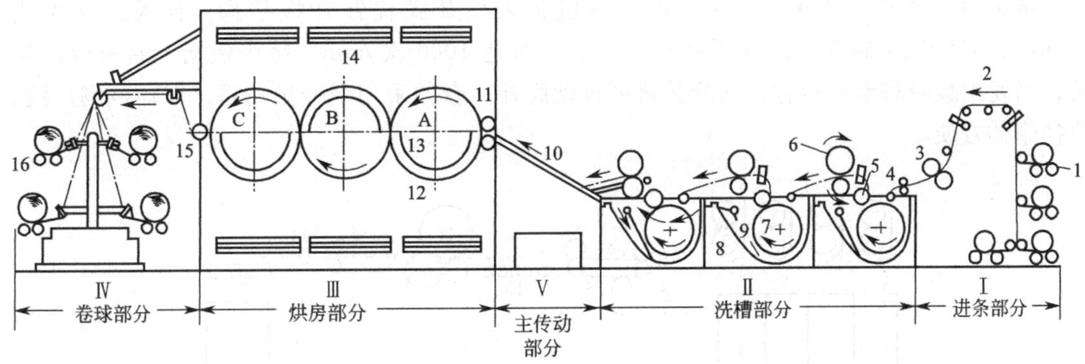

图 3-142 LB334A 型热风式毛条复洗机

1—退卷滚筒；2—导条滚筒；3—进条压辊；4—导条辊；5—压条辊；6—上下轧辊；7—网眼锡林；8—抛物线形洗槽；9—夹层板；10—导条托板；11—烘房进条辊；12—圆网锡林；13—圆网密封板；14—加热器；15—烘房出条辊；16—卷条滚筒

（五）混条

1. 混条的任务

(1) 混合　将不同颜色、不同性质的毛条，利用并合的方法在混条机上均匀混合。

(2) 梳理　利用针梳梳理，使毛条中的纤维进一步伸直平行。

(3) 适量给油　改善纤维的物理机械性能，防止静电产生。

2. B412 型混条机的工艺过程

如图 3-143 所示，毛球自退卷滚筒退出毛条后，经导条轴、导条棒、喇叭口，到达后罗拉处，经针板的梳理和控制，由前罗拉输出，再经导条器（产生压力压住微动开关，使电路呈常闭状态），到达假捻装置，由卷绕滚筒卷成毛球。

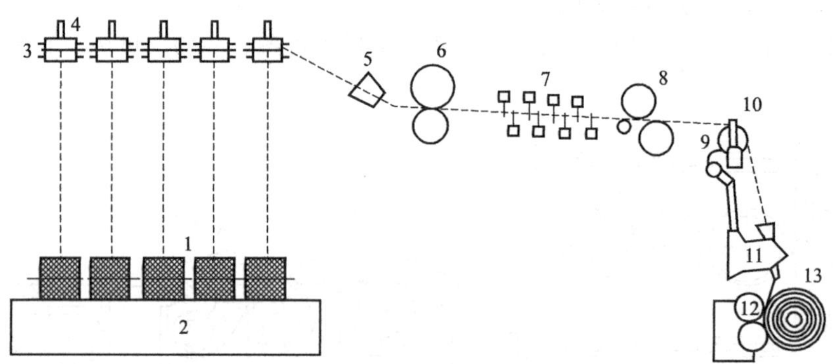

图 3-143　B412 型混条机的工艺过程

1—毛球；2—退卷滚筒；3—导条轴；4—导条棒；5—喇叭口；6—后罗拉；7—针板；8—前罗拉；9—导条器；10—微动开关；11—假捻装置；12—卷绕滚筒；13—毛球

（六）针梳

针梳机的作用是使精梳毛条在充分混合的基础上，经过牵伸、并合、梳理，使条干更加均匀，纤维排列顺直平行，且可去除部分小杂和短毛。前纺使用的针梳机和毛条制造中的针梳机，在结构上并无显著区别。

1. B452 型针梳机

结构简图如图 3-144，该针梳机牵伸机构采用开式扁针针板结构，针板区长度为 150mm，对纤维控制良好，针板打击速度最高可达 1000 次 /min。每个梳箱上装有保险装置，当发生故障和卡针板时，保险装置可自动脱开。牵伸采用牵伸齿轮箱，牵伸范围广泛，改换牵伸方便。

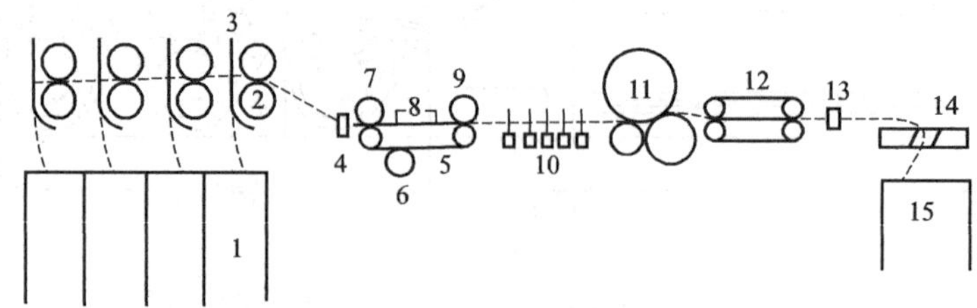

图 3-144　B452 型针梳机

1—毛条筒；2—导条罗拉；3—导条叉；4—导条钩；5—喂入皮板；6—张力轮；7、9—喂给罗拉；8—导条槽；10—开式针板；11—前罗拉；12—搓捻机构；13—导条器；14—圈条器；15—毛条筒

2. 高速链条针梳机

国产高速链条针梳机共有三道，头道 B424 型、二道 B433 型和三道 B443 型。这三道针梳机都由喂入、牵伸及卷绕成形部分组成。其中喂入部分与 B452 型针梳机基本相同，只牵

伸部分略有差异，如图 3-145 所示。

牵伸装置由两个牵伸区组成。后区由两对罗拉组成，牵伸 1～2 倍；前区由前罗拉和针棒机构组成，牵伸倍数为5～9.33。

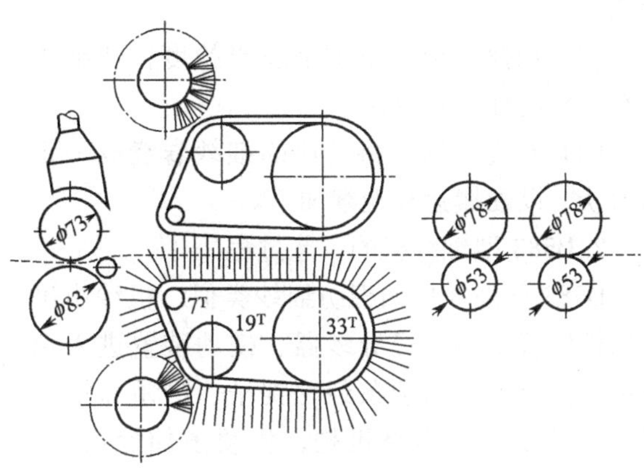

图 3-145 高速链条针梳牵伸部分示意图

（七）粗纱

粗纱机的任务是将针梳机制得的毛条，经牵伸、加捻（真捻或假捻），制成一定线密度、一定强力的粗纱，并卷绕成一定的形状，以便搬运和继续加工。

精梳毛纺粗纱机分为无捻粗纱机（如 B461 型针筒粗纱机、B471 型双皮圈式高速大牵伸粗纱机）和有捻粗纱机（B463 型翼锭粗纱机）两类。

1. B463 型翼锭粗纱机（有捻粗纱机）

工艺过程如图 3-146 所示，毛条自毛条筒中引出，经导条辊及分条架进入压条辊 1，经导条钩 2 进入牵伸区，牵伸装置为双胶圈牵伸。利用前后罗拉线速度的不同，对须条产生抽长拉细的作用。前罗拉 7 输出的须条，利用锭翼 8 的回转而加捻。利用筒管 9 与锭翼速度的不同而产生卷绕作用，然后利用成形机构，使粗纱以一定形状卷绕于筒管上。

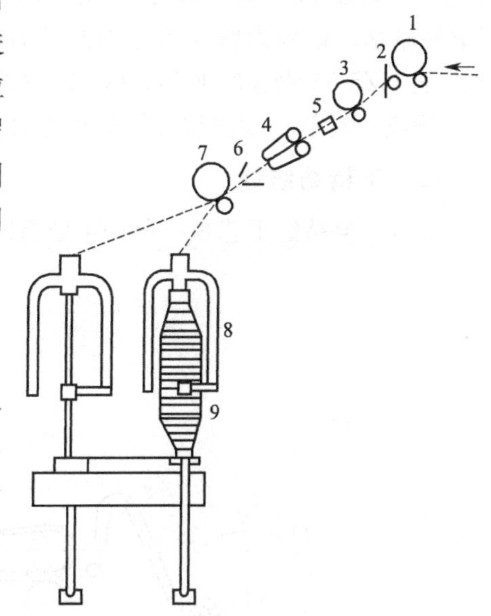

图 3-146 B463 型翼锭粗纱机工艺过程

1—压条辊；2—导条钩；3—后罗拉；4—胶圈；5，6—集合器；7—前罗拉；8—锭翼；9—筒管

2. 针圈粗纱机（无捻粗纱机）

B461 型针圈粗纱机工艺过程如图 3-147 所示，主要机构由喂入、牵伸、搓捻和卷绕成形四部分组成。针圈粗纱机上有三层粗纱架，架上放有粗纱管。粗纱由筒管退解下来，经导条辊、分条架、横动导纱杆而进入牵伸区。牵伸区由后罗拉、两对中罗拉、针圈、前罗拉和胶辊组成。纱条经牵伸后，由前罗拉输出，经搓皮板的搓捻而得假捻，再经卷取罗拉卷绕到筒管上。

3. 针筒无捻粗纱机

B471 型针筒无捻粗纱机的工艺过程如图 3-148 所示。这种粗纱机用于前纺末道，可与高速链条针梳机配套使用。

毛条自毛条筒引出，经导条辊、导条杆进入牵伸装置。牵伸装置由前后罗拉及双胶圈组成，构成双区滑溜牵伸。经牵伸后的须条，通过双偏心搓捻机构搓成粗纱。粗纱由作往复运动的开槽塑料导管，送到卷绕罗拉，被卷绕到筒管上。

（八）细纱

1. 细纱工序的任务

(1) 牵伸　将粗纱抽长拉细到所需要的特数。

(2) 加捻　给纱条加上适当捻度，使细纱具有一定的强力和弹性。

(3) 卷绕成形　将纺成的细纱卷绕成一定的形状，以便搬运和继续加工。

2. B583型细纱机的工艺过程

B583型细纱机如棉纺细纱类似。粗纱由吊锭的粗纱管引出，经导纱器、横动装置进入牵伸机构。牵伸后的须条经由锭子、钢领和钢丝圈组成的加捻、卷绕机构，将须条加捻成纱，并卷绕成截头圆锥体的管纱，以供继续加工。

这种细纱机适于羊毛、羊毛与化纤的纯纺和混纺，牵伸倍数可达40倍，锭速范围为7000～13000r/min。牵伸形式为三罗拉双胶圈大摇臂单区滑溜牵伸。锭子采用D1301A-230型滚柱轴承。钢领为粉末冶金锥面ZGH5-51×11.2配HZ5-51钢领座或ZGH3-51×8配HZ3-51钢领座。其他自动化装置与棉纺类似。

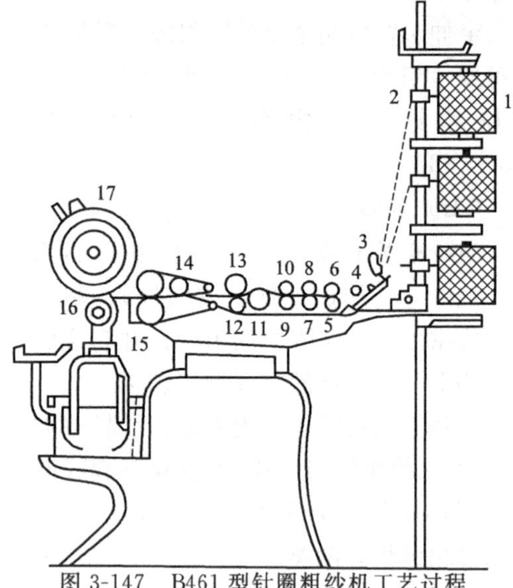

图3-147　B461型针圈粗纱机工艺过程

1—粗纱管；2—导条辊；3—分条架；4—横动导纱杆；5，6—后罗拉；7～10—中罗拉；11—针圈；12—前罗拉；13—胶辊；14，15—搓皮板；16—卷取罗拉；17—筒管

四、半精纺纺纱

目前，半精纺工艺生产色纱主要有两种工艺路线。

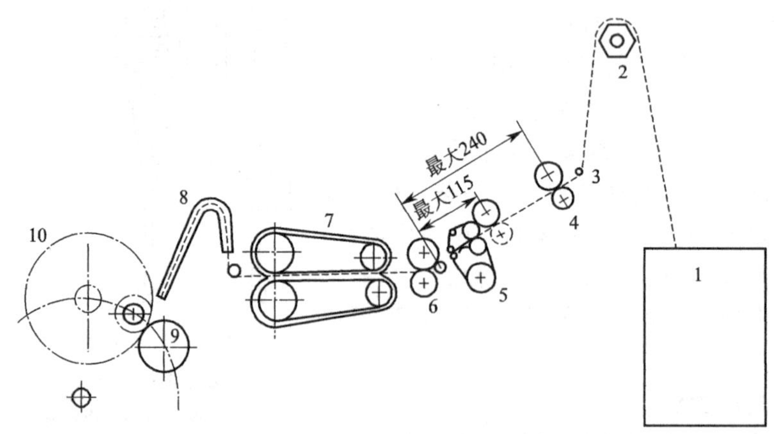

图3-148　B471型针筒无捻粗纱机工艺过程简图

1—毛条筒；2—导条辊；3—导条杆；4—后罗拉；5—双皮圈；6—前罗拉；7—搓皮板；8—开槽塑料导管；9—卷绕罗拉；10—筒管

① 散纤维分别染色→晾晒或烘干→和毛加油→清花→梳棉→并条→粗纱→细纱→络筒。该种工艺路线原料混合充分，有利于控制混纺比和成纱均匀度。

② 散纤维分别染色→晾晒或烘干→和毛加油→喂毛机→梳棉→并条→粗纱→细纱→络筒。

该种工艺路线需加强对原料的混合，在梳棉机上要加装自调匀整装置，最好使用带自调匀整装置的并条机。

半精纺工艺路线实质是采用了牵伸法纺纱，同时吸取了毛纺原料混合和梳理及棉纺的并合牵伸，从而使纺出的纱线色泽均匀，纱线表面光洁，手感蓬松、柔软。其主要目的是充分利用各种纺纱原料开发新型纱线、改善纤维的可纺性和降低原料成本，便于生产性能不同、风格迥异、富有特色的各种纱线，以满足市场需要。它适应了原料多元化、品种多样化、流程简单化、成本低廉化的趋势，可以较好地适应当前市场对毛纺面料的需求。

半精纺对原料的适应性比较广泛，不仅用于各种棉、麻、丝、毛等天然纤维和棉型短纤维，也适用于中长纤维和毛型纤维的纺制加工。纺纱线密度范围大，技术易于普及，设备投资低，占用厂房面积小。半精纺产品多为散毛染色，原料成分中混纺居多。在纺制毛型纤维时可以把粗纱、细纱的控制牵伸形式改为滑溜牵伸形式。在生产管理上适应小批量、多品种、多色号的生产方式。

因为半精纺工艺所使用设备已在加工棉、毛等有关章节中阐述，在此不再另行说明。

第四节 麻纺工程

一、苎麻纺纱

苎麻纺纱所使用的原料为精干麻，精干麻一般采用精梳毛纺式梳理工艺的纺纱系统，其工艺流程如下：

初步加工→梳麻→精梳→头道并条→二道并条→三道并条→四道并条→粗纱→细纱

精干麻在经过精梳机加工过程中，往往会产生落麻，精梳落麻可以与其他纤维进行混纺。采用棉纺纺纱系统或半精纺纺纱系统时精梳落麻可以与棉纤维、棉型化纤和中长化纤进行混纺，以生产细特纱；采用䌷丝纺纺纱系统（开清棉→BC272 型双联式梳麻机→BC584 型细纱机）可以生产粗特纱。

（一）精干麻的初步加工

1. 初步加工的目的

① 改善纤维的柔软度和松散度。

② 增加纤维的回潮率，减少静电现象。

③ 分磅定量。

2. 机械软麻

机械软麻有两种机型，一种是往复式直型软麻机，另一种是往复式圆型软麻机。前者应用较广，后者采用较少。图 3-149 所示为 CZ141 型往复式直型软麻机的工艺简图。

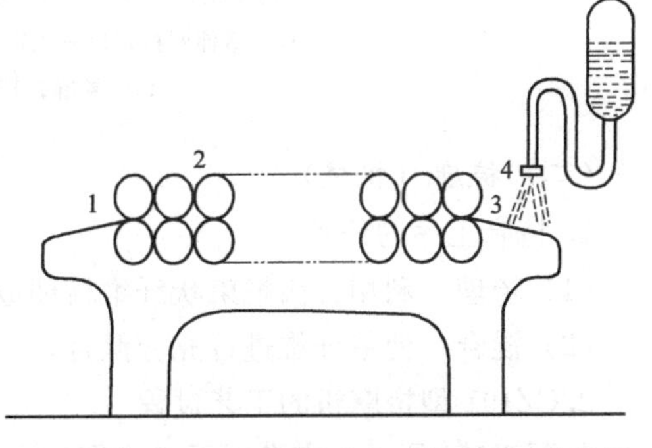

图 3-149 CZ141 型往复式直型软麻机工艺简图

1—喂麻帘子；2—软麻沟槽罗拉；3—出麻帘子；4—自动给湿喷嘴

铺放在喂麻帘子上的精干麻，通过软麻沟槽罗拉反复搓揉后（增加纤维的柔软度和松散度，以利乳化液的渗透），由出麻帘子送出机外，自动给湿喷嘴将乳化液喷射到精干麻上。

3. 给湿加油

给湿加油是采用油和水制成的乳化液，使精干麻达到一定的回潮率，减少纺纱时的静电现象；加油是增加纤维的柔软度和润滑性，减少纤维间的摩擦系数，改善表面性能。

4. 分磅与堆仓

(1) 分磅　把已给湿加油的精干麻，分成重量为650～900g的麻把。

(2) 堆仓　为使油水能在麻的内外层均匀分布，需在一定室温（冬季15℃，夏季28℃）下堆仓3～7天。经堆仓后精干麻的回潮率要求达到10%～13%。

5. 开松

经软麻、给湿加油、分磅堆仓以后的精干麻，柔软度、松散度增加，回潮率提高，但有些纤维过长，松散度还不能满足梳理机件的要求。因此需经开松机将过长的纤维拉断、松解纤维，并制成一定重量的麻条卷成麻卷，以便梳麻机的喂入。

精干麻开松的用梳麻机，梳麻机型号有C111B等，其结构如图3-150所示。

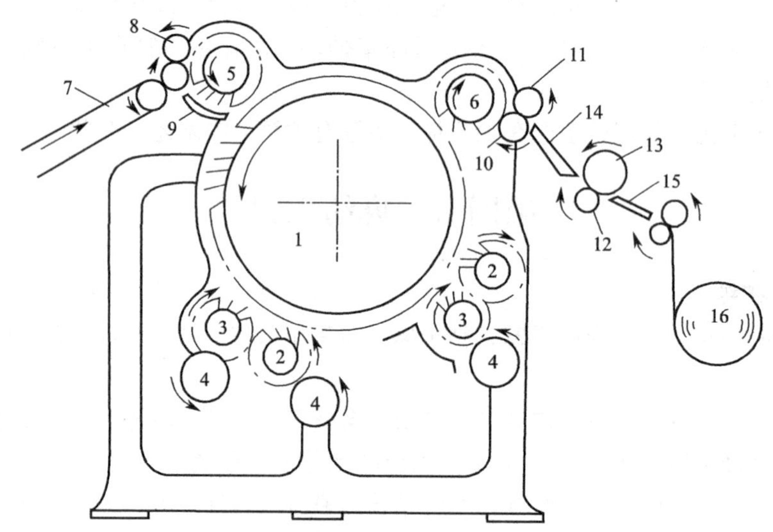

图3-150　C111B型回丝梳麻机

1—锡林；2—工作罗拉；3—剥麻罗拉；4—白铁罗拉；
5—喂麻罗拉；6—道夫；7—喂麻帘子；8—沟槽罗拉；9—铁托板；
10—牵伸罗拉；11—压辊；12—出麻罗拉；13—自重压辊；
14—导麻；15—小导斗；16—麻卷

（二）梳麻（粗梳）

1. 梳麻工序的任务

(1) 梳理　利用针齿把束状纤维梳理成单纤维状态。

(2) 混合　使单纤维进行充分混合。

2. CZ191型梳麻机的工艺过程

如图3-151所示，麻卷置于退卷罗拉上，经喂麻板，由一对沟槽罗拉和一对喂给针辊握持，并借其回转，麻层向前输送给分梳罗拉。分梳罗拉上包有针布，因而麻层受到梳理。然后经转移罗拉而与锡林相遇。锡林表面包有金属针布，将转移罗拉上的纤维剥取，并将纤维依次带到四个分梳区。每一分梳区均由锡林、工作罗拉剥麻罗拉组成。锡林上的纤维在工作区中反复受到梳理作用后，有部分凝聚到表面速度比锡林小得多的道夫上，在道夫针面上形成薄薄的纤维层。再由道夫带至剥取辊处，道夫上的纤维层被剥取辊剥取，经转移辊，由上下压辊剥下成为麻网。再经喇叭口聚合，大压辊压缩后由圈条器将麻条有规律地圈放在麻条筒中。

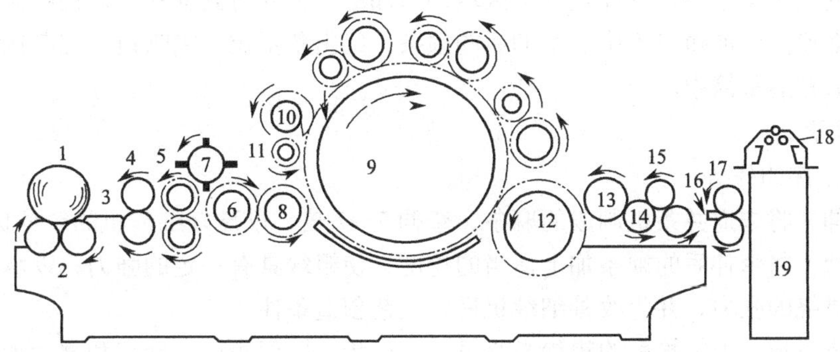

图 3-151　CZ191 型梳麻机工艺过程

1—麻卷；2—退卷罗拉；3—喂麻板；4—沟槽罗拉；5—喂给针辊；6—分梳罗拉；7—毛刷；8—转移罗拉；9—锡林；10—工作罗拉；11—剥麻罗拉；12—道夫；13—剥取辊；14—转移辊；15—上下压辊；16—喇叭口；17—大压辊；18—圈条器；19—麻条筒

（三）精梳

苎麻纺采用 B311-CZ 型精梳机，该机为一固定钳板式直行精梳机，其与毛纺和绢纺的 B311 型、B311A 型基本相同，不再说明。

（四）并条（针梳）

1. 并条的任务

通过并合作用，改善麻条的长、中片段不匀率，利用牵伸作用，提高纤维的平行伸直度。纤维混纺时，为控制混纺比例，均在并条机上进行混条。苎麻纺的并条道数一般采用四道。

并条机有针梳和双皮板式两种类型，而针梳式牵伸又有单针和重针之分。

2. 并条机的工艺过程

国产苎麻纺并条机型号较多，有 CZ304 型、CZ304A 型、CZ423 型、CZ304B 型等多种。CZ304A 型并条机工艺过程，如图 3-152 所示。

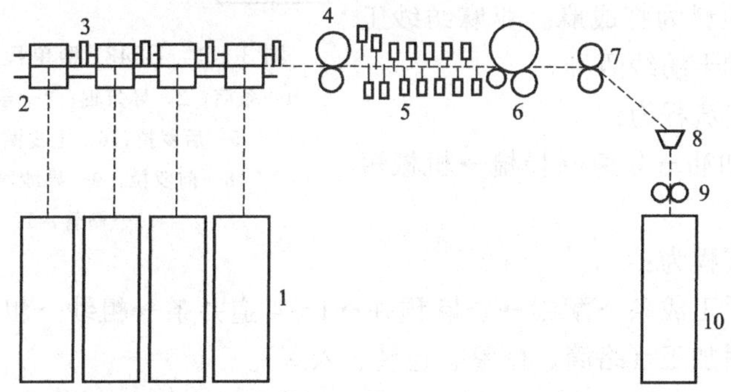

图 3-152　CZ304A 型并条机工艺过程

1，10—麻条筒；2—导条罗拉；3—导条棒；4—后罗拉；5—针板；6—前罗拉；7—出条罗拉；8—喇叭口；9—圈条压辊

麻条自麻条筒引出，经导条罗拉、导条棒送给后罗拉，经针板牵伸后，由前罗拉输出。须条利用前后罗拉表面速度的差异，达到牵伸的目的，并借针板的控制，使纤维与针齿及纤

维与纤维之间增加摩擦力，从而使这一区域的附加摩擦力界得到补充，以便控制浮游纤维运动，使纤维变速点向前钳口集中。牵伸后的须条，经出条罗拉、喇叭口、圈条压辊，将麻条有规律地圈放在麻条筒中。

（五）粗纱

1. 粗纱工序的任务

（1）牵伸　将末道并条机制成的麻条，牵伸 5～7 倍，以减轻细纱机的牵伸负担。

（2）加捻　将牵伸后的须条加上适当的捻度，使粗纱具有一定的强力，以承受粗纱机卷绕及细纱机退绕的张力，并为改善细纱机后区工艺创造条件。

（3）卷绕成形　把加捻后的粗纱卷绕成一定形状，以便搬运、储存和继续加工。

2. 粗纱机的工艺过程

粗纱机目前使用的有 CZ411 型头道粗纱机、CZ421 型二道粗纱机和 CZ431 型单程粗纱机。CZ431 型单程粗纱机工艺过程，如图 3-153 所示。麻条从条筒引出，经导条辊、导条板、导条器，进入后罗拉的钳口。通过三罗拉双胶圈牵伸机构的牵伸，由前罗拉输出，经导纱器，由锭翼加捻，最后卷绕到无边筒管上。

（六）细纱

1. 细纱工序的任务

（1）牵伸　把粗纱抽长拉细 8～25 倍，纺成 10～167tex 的细纱。

（2）加捻　给纱加上一定的捻度，使细纱具有一定强力、弹性和光泽等物理机械性能。

（3）卷绕成形　卷绕成一定形状，以便搬运、储存和继续加工。

2. 细纱机的工艺过程

DJ562（CZ）型细纱机工艺过程与棉纺细纱机加工过程基本相同，在此不再详述。

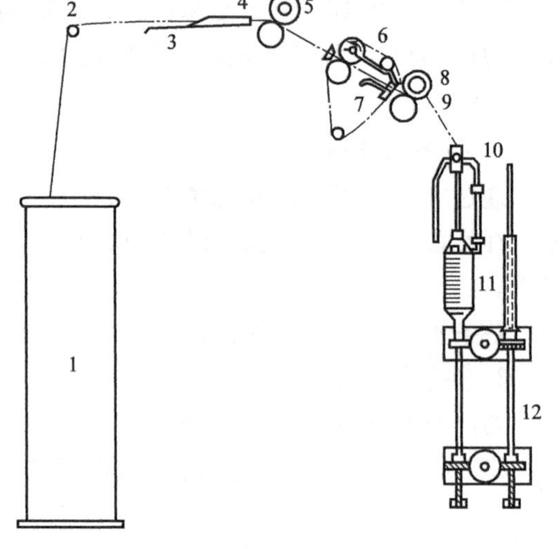

图 3-153　CZ431 型单程粗纱机工艺过程

1—条筒；2—导条辊；3—导条板；4—导条器；5—后罗拉；6—上皮圈；7—下皮圈；8—前罗拉；9—导纱器；10—锭翼；11—筒管；12—锭子

二、亚麻纺纱

麻纺厂使用的原料为打成麻。亚麻纺纱工艺流程分为湿纺纱和干纺纱两种。

（1）湿纺纱工艺流程为：

打成麻→给湿加油→分束→栉梳→机械短麻和梳成长麻。

长麻加工工艺流程为：

长麻→配麻→手工成条→配组→长麻预并→1～4 道并条→粗纱→粗纱煮练→细纱机→干燥→细纱分色→后加工（络筒、修整、包装、入库）。

长麻纺纱占亚麻纱中的 55%～65%，主要原料为栉梳机梳理时梳下的短纤维部分。

短麻加工工艺流程为：

短麻→分号→配麻→混麻加湿→梳麻→针梳（再割）→再割（针梳）→针梳→精梳→4 道针梳→粗纱→煮练→细纱→干燥→细纱分色→后加工。

短麻纺纱系统是用来加工亚麻原料在初加工制取打成麻时获得的粗麻（一粗和二粗），

经过除杂后取得的短纤维。

(2) 干纺纱工艺流程为：混麻加湿→梳麻→针梳（2～3）→粗纱→干纺细纱→络筒→包装→入库。

（一）给湿加油

给湿加油目的是提高麻纤维的回潮率，增加纤维的强度、弹性、柔软度，有利于减少纤维在加工过程中的损伤，使纺纱顺利进行。为了使加到纤维表面的乳化液能均匀地渗透到纤维的各部分，需将加湿后的纤维堆置一定时间，这个堆置过程称为纤维的养生。一般堆置18～24h。经养生后的亚麻纤维回潮率控制在14%～16%。

（二）分束

分束是将打成麻分成一定重量的小束，以适合栉梳机的喂入要求，这道工序目前还是手工操作，每束重量为100～140g。

（三）栉梳

亚麻栉梳机是一台以梳理作用为主的机台，梳理纤维时，纤维的一端被积极握持，另一端受到钢针的梳理，所以说，栉梳机也是一种精梳机械。栉梳机的作用是从打成麻中梳出长而整齐的梳成长麻及短而紊乱的短麻（称机械短麻）；将打成麻进一步分劈成较细的工艺纤维；除掉一部分杂质（如麻屑、麻皮等）。

由于亚麻纺纱在配混麻以后与苎麻纺纱对纤维的加工原理基本相似，亚麻加工机械在此不再累述。

第五节　制丝及绢纺工程

一、制丝

制丝是用桑蚕茧或柞蚕茧作原料制成生丝或柞蚕丝。制丝工艺过程包括混茧 、剥茧、选茧、煮茧、缫丝、复摇、整理、检验等工序。混茧、剥茧和选茧是缫丝前的准备工序，其目的是将蚕茧按一定比例均匀混合，以扩大批量，稳定缫丝生产；剥去茧衣，以利于选茧；剔除不能缫丝的下茧和难以缫丝的次茧，分选出上茧中的大型茧或小型茧。煮茧和缫丝是制丝工艺中的关键工序。煮茧是利用水和热的作用，有时也添加化学助剂，把茧丝外围的丝胶适当膨润、软和，使茧丝间的胶着力小于茧丝的湿润强力，以便缫丝时茧丝能连续不断地依次离解。煮茧后桑蚕茧即可缫丝，而柞蚕丝还必须经过化学药品处理（称漂茧）后才可缫丝。缫丝是根据生丝的规格要求，集合若干粒煮熟茧的茧丝，顺序离解、卷绕，并不断补充新的煮熟茧，缫成生丝。复摇是把缫丝时卷绕在小丝绞上的生丝重新卷绕成大绞丝片状或筒装生丝的过程。整理是指把大绞丝片或筒装生丝摇成绞再打成包的过程。

二、绢纺

绢纺是把养蚕、制丝、丝织中产生的疵茧、废丝加工成纱线的纺纱工艺过程。根据原料和成品性质，绢纺有绢丝纺和䌷丝纺两大类，产品包括绢丝和䌷丝。

绢丝纺工艺依顺序分为精练、制绵和纺纱三阶段。

（一）精练

绢纺精练包括原料选别、脱胶、水洗、脱水、烘干等工序。目的是去除疵茧、废丝上的大部分丝胶以及油脂和杂质，使纤维洁白柔软，显现出丝素应有的光泽和手感，同时使纤维疏松，便于以后加工。原料选别是把原料按品质进行分类合并，并扯松除去杂质。脱胶，过去曾利用微生物促进原料上丝胶和油脂的水解，称为腐化练法，由于生产过程中散发出恶臭，现已很少应用。现在一般采用化学练法，在煮练液中加入适量的碱或酸和其他化学助剂起脱胶去脂作用。也有采用蛋白酶制剂进行脱胶的。精练后纤维上残存的练液和悬浮物等杂质，需经水冲洗干净，再脱去水分，烘干成精干绵。

（二）制绵

绢纺制绵工艺基本可分为两类。借圆形梳绵机完成精梳的，称圆梳制绵工艺；借直形精梳机完成精梳的，称直型精梳制绵工艺。此外，也有采用圆梳、精梳相结合的制绵工艺的。

1. 圆梳制绵工程

（精干绵）→ 选别 → 给湿 → 配绵 → 开绵 → Ⅰ道中切 →

（落绵）　　　　（落绵）　　　　（落绵）

→Ⅰ号圆梳 →Ⅱ道小切 →Ⅱ号圆梳 →Ⅲ道小切 →Ⅲ号圆梳→ 至䌷丝纺

↓　　　　↓　　　　↓　　排绵

精绵Ⅰ　　　　精绵Ⅱ　　　　精绵Ⅲ

(1) 开绵机　开绵机的作用是把纤维扯松，使之初步伸直；去除部分杂质，如草屑、芦苇、蛹屑等；制成大小及重量一定、厚薄均匀的绵张。

DJ261 型开绵机的工艺流程如图 3-154 所示。把配绵球中各种成分，按一定顺序平铺在帆布带上，并按箭头方向送至喂绵刺辊，它与持绵刀组成握持纤维的钳口。利用刺辊回转的离心力和锡林上与刺辊的速比（170～330 倍），纤维被锡林抓取，完成第一次扯松，同时清除了部分杂质。浮于锡林针面上的纤维团通过工作罗拉时，又被工作罗拉与锡林再次扯松。毛刷与工作罗拉间及毛刷与锡林间均为负隔距。它一方面把工作罗拉上的纤维转移到锡林上，另一方面又把锡林表面的纤维压入针根，使锡林钢针保持良好握持纤维能力。由于锡林与刺辊的速比很大，因此，当纤维转移到锡林表面的同时，也就完成了纤维的混合作用。当一定量的配绵喂入完毕后，即行关车，并用制动装置把锡林煞住，沿锡林表面无针处，把锡林表面的绵层剪断，最后借剥绵罗拉的作用，将锡林上的绵层输出，并用手工绕成开绵球。

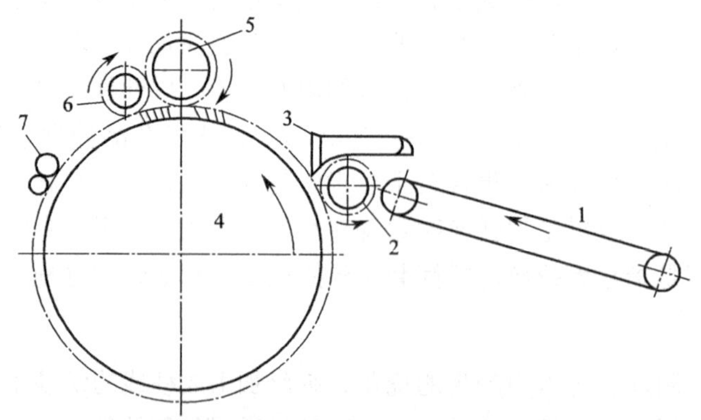

图 3-154　DJ261 型开绵机工艺流程简图

1—帆布带；2—喂绵刺辊；3—持绵刀；4—锡林；5—工作罗拉；6—毛刷；7—剥绵罗拉

(2) 切绵机　切绵工序是把丝纤维切截成一定长度，以便梳理、除杂和牵伸；卷成棒绵，以适应圆形梳绵机加工；扯松丝纤维，并除去部分杂质。

切绵机分大切绵机、中切绵机和小切绵机三种。国内除及少数工厂使用大切绵机之外，大多数采DJ171型中切绵机进行头道切绵，并采用CZ181型小切绵机进行以后各道切绵。切绵机的工艺过程如图3-155、图3-156所示。

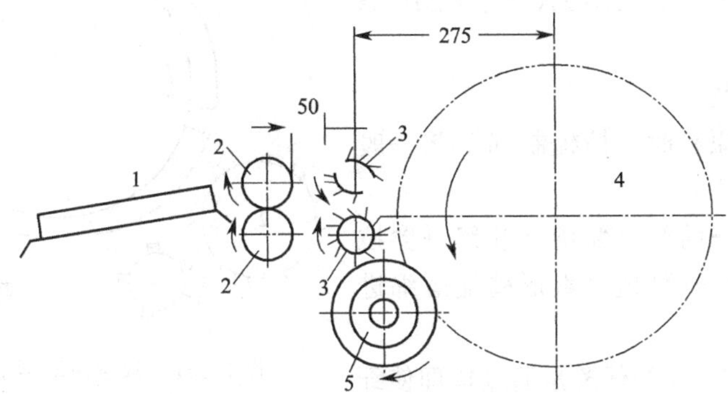

图3-155　DJ171型中切绵机工艺过程简图

1—帆布帘；2—沟槽罗拉；3—针辊；4—锡林；5—毛刷

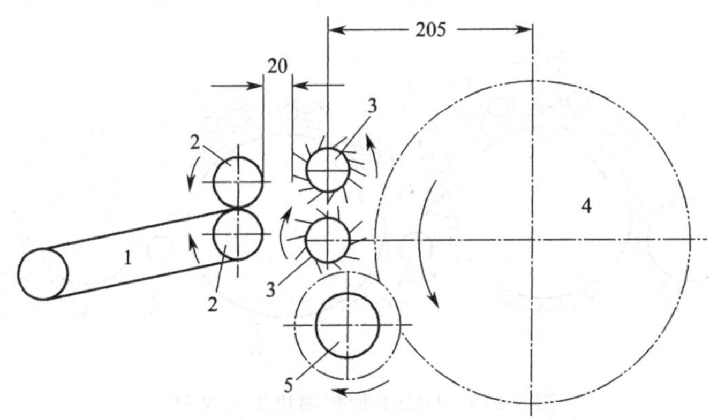

图3-156　CZ181型中切绵机工艺过程简图

1—帆布帘；2—沟槽罗拉；3—针辊；4—锡林；5—毛刷

① 喂绵　由给绵帆布帘、沟槽罗拉及喂给针辊组成的喂给机构来完成。给绵帆布帘的表面速度接近或等于喂给针辊的速度。沟槽罗拉协助喂给并给予喂给绵层一定压力，使喂入部分控制纤维的作用更为充分。

② 扯松与梳理　纤维在喂给针辊的控制下，被高速回转锡林的针板抓取。纤维在遇到锡林时，纤维间联系力比较小的短纤维易被锡林所抓取，并从其周围的纤维束中分离出来。而较长的、结构紊乱的、联系力大的纤维就不易被抓取。在这种情况下，锡林钢针对纤维起到扯松与梳理作用。

③制成棒绵　在喂给一定长度绵层后，依靠专门的自停机构自行停车，以保证棒绵达到规定的重量。但由于喂入绵层本身厚薄不一，并在喂绵操作过程中，将绵层引伸而变薄，因此各棒绵重量不可能完全一致。

(3) 梳绵机　梳绵工序的任务是精细地梳理纤维，力求把纤维束分梳成单纤维状态，并使其伸直平行；彻底清除纤维中的杂质；去除短纤维，按纤维长度分类，使精绵整齐度良好。

双滚筒圆型梳绵机主要由圆梳锡林、前梳理滚筒、后梳理滚筒以及圆毛刷等组成，如图3-157所示。圆梳锡林共分成五个工作区，俗称五门。每门中装有相同数量的夹绵板。国产圆型梳绵机有CZ161A型、CZ162A型、CZ163A型三种型号。

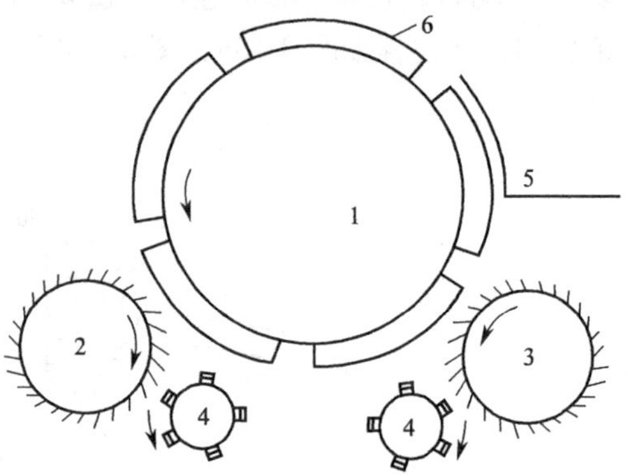

图3-157 双滚筒圆型梳绵机工艺图
1—锡林；2—前梳理滚筒；3—后梳理滚筒；4—毛刷；5—操作位置；6—夹绵板

2. 精梳制绵工程

加工桑蚕绢纺原料时，精梳制绵工艺一般采用以下工艺流程：

精干绵→选别→给湿→配绵→开绵→罗拉梳绵→理条（两道）→精梳（直形精梳落绵进入细丝纺。

(1) 梳绵 梳绵工序的任务是通过梳理使纤维束（块）分解成单纤维；清除纤维束中的杂质；依靠各机件针面吞吐纤维的作用，实现单纤维的混合。制成生条，圈放在绵条筒中。国产DJ191型梳绵机的工艺过程如图3-158所示。

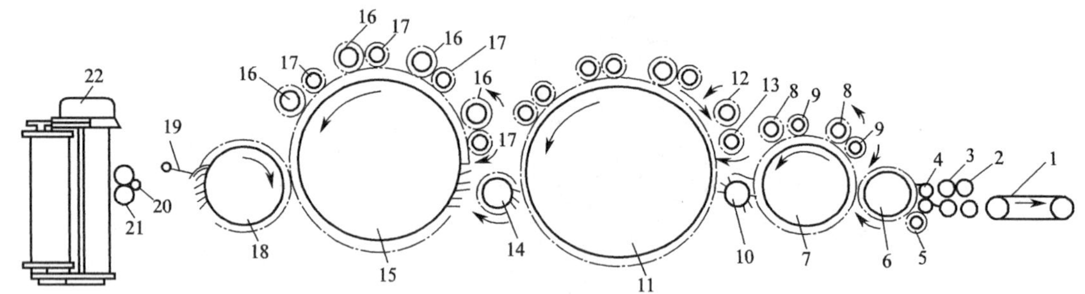

图3-158 DJ191型梳绵机工艺过程
1—喂绵帘子；2，4—喂给刺辊；3—喂入沟槽罗拉；5—清洁辊；6—开绵辊；7—预梳锡林；8，12，16—工作辊；9，13，17—剥绵辊；10，14—运输辊；11—中锡林；15—前锡林；18—道夫；19—斩刀；20—喇叭口；21—出条压辊；22—圈条器

(2) 理条 目前绢纺厂普遍采用两道理条，第一道使用针梳机、罗拉牵伸机或BR211型双胶圈牵伸机等设备，第二道则广泛使用针梳机。

(3) 精梳 绢纺清梳制绵工艺基本上采用国产毛型B311型直型精梳机。

3. 圆形和直形精梳相结合的精梳系统

所谓结合就是精干绵先经圆形精梳机梳Ⅰ道，精干绵按圆形精梳机制绵系统纺低特绢丝；而Ⅰ号落绵经直型精梳系统，绵条从纺部纺高、中特绢丝。

4. 成条工程

(1) 成条的目的 根据所纺绢丝的品质要求，把精绵进行适当的配合和混合；在牵伸中，使纤维进一步伸直、平行；利用绵层的叠合，使原料进一步均匀混合，并在牵伸中达到单纤维之间的混合；把片状的精绵，连接成一定长度、一定均匀度、一定粗细的绵条，以便在粗纱机及细纱机上继续加工。

(2) 成条的工艺过程 由于制绵工程有三种不同的加工方式——圆梳工艺、精梳工艺和两者结合的工艺，其半制品的性状也不相同，所以在制条工程中需采用不同的工艺过程来加工这两种半制品。

① 圆梳精绵的成条工艺过程　精绵首先要根据所纺绢丝的品质要求进行配绵，然后在延展机上将绵片制成一定长度的绵带，再在制条机上将绵带连接并拉细成连续的绵条，最后经并条机改善绵条的结构，提高绵条的品质。其加工过程如下：

(精绵) →配绵→延展Ⅰ→延展Ⅱ→制条→并条Ⅰ→并条Ⅱ→并条Ⅲ

精绵成条工程所采用的设备是传统的绢纺机械。定型设备有 CZ231 型延展机、CZ241 型制条机、CZ251 型并条机（又称练条机）和 CZ252 型末道并条机。

②精梳绵条的成条工艺过程　由于精梳绵条已是连续的条子，故只需经并条机改善其绵条的结构。工艺过程为：

(精梳绵条) →针梳Ⅰ→针梳Ⅱ→针梳Ⅲ→针梳Ⅳ

精梳绵条工程所用的设备，习惯引用毛纺设备并加以改进的高速针梳机。常用的型号有 DJ304 型、DJ423 型、DJ432 型和 DJ442 型等，也可以用 CZ 型并条机。

③ 圆梳、精梳结合的成条工艺过程

(甲级开球绵)→切绵→圆梳 (精绵)→排绵→延绵Ⅰ→延绵Ⅱ→制条→并条Ⅰ→并条Ⅱ→并条Ⅲ

圆梳 (落绵)→罗拉疏绵→理条Ⅰ→理条Ⅱ→精梳→针梳Ⅰ→针梳Ⅱ→针梳Ⅲ→针梳Ⅳ

(乙级开球绵)→罗拉疏绵

(3) 成条机械

① 延展机　延展机的任务是将精绵进行牵伸，使纤维进一步得到伸直与平行；并将牵伸后的纤维层反复卷绕在延展机木滚筒上而获得均匀混合作用；制成一定长度（3m）的绵带，为后工序的定量控制奠定基础。

CZ231 型延展机的工艺过程如图 3-159 所示。把一定重量的精绵片，按一定搭头长度依次平铺在喂绵皮带上，由皮带将精绵送入牵伸机构。牵伸机构由梳箱和前罗拉组成。梳箱有上、下两组针板，两者针尖相对，相互交错。在靠近喂绵皮带处，上、下两组针板插入绵层，然后针板以接近后罗拉的速度将绵层引向前罗拉，由于前罗拉速度快，因而纤维的后端从梳箱的针间抽出时发生了牵伸作用，一般牵伸 8～14 倍。在牵伸的同时，纤维之间得以伸直平行。针板运动到梳箱的最前端（靠近前罗拉处）就从绵层中退出，并向后罗拉处移动，以便重新参加工作。经牵伸后的绵层，通过铜罗拉送至大皮板，最后卷绕于木滚筒上。大皮板借助于前、后导辊及张力辊的作用，以一定的张力包围在木滚筒的下半部分，使绵层能平整、紧密地包绕在木滚筒上，防止大皮板黏附纤维。木滚筒由齿轮传动，转速 10～14r/min，当一定重量的精绵片完全绕在木滚筒后，把木滚筒上的绵层扯断，绕成球状，称为延展球，然后送入第二道延展机或制条机上进行加工。由于喂入的精绵重量一定，且延展机木滚筒的周长也一定，故绵带的特数也就一定。为保证产品均匀，国内一般采用两道延展机。

② 制条机　制条机的任务是把延展机上制得的绵带接续起来，经牵伸后制成适当特数的绵条。

CZ241 型制条机的工艺过程如图 3-160 所示，制条机由喂入机构、牵伸机构及成条装置三部分组成，喂入与牵伸部分与延展机相似。把延展球铺放在喂绵皮带上，绵带经过牵伸机构梳箱、前罗拉的牵伸后，呈极薄的绵网，由前罗拉送出，然后经集绵板和喇叭口集合成绵条，再送入圈条器，最后有规律地圈放在绵条筒中。

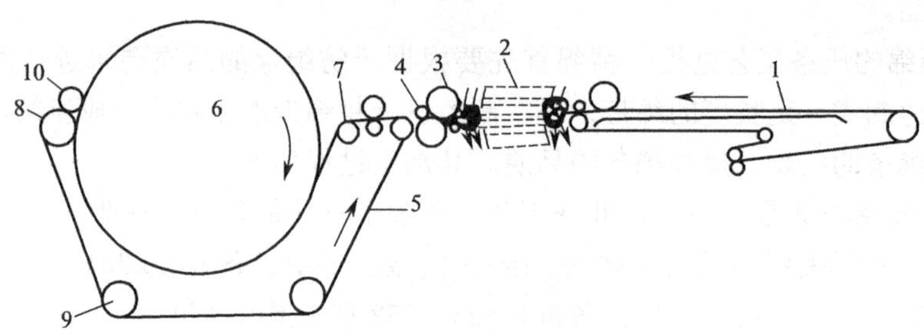

图 3-159 CZ231 型延展机工艺简图

1—喂绵皮带；2—梳箱；3—前罗拉；4—铜罗拉；5—大皮板；6—木滚筒；7—后导辊；8—前导辊；9—张力辊；10—压辊

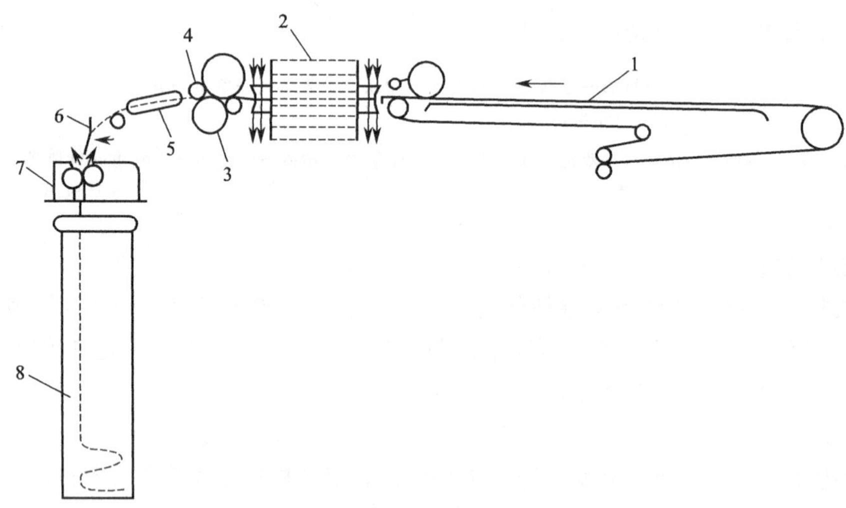

图 3-160 CZ241 型制条机的工艺简图

1—喂绵皮带；2—梳箱；3，4—前罗拉；5—集绵板；6—喇叭口；7—圈条器；8—绵条筒

③并条（练条） 并条工序的任务是将 10 根左右绵条相并合，以改善绵条的条干均匀度。制成品质优良的绢丝。在并合时，由于绵条变粗，需给以相应的牵伸，使纤维得到进一步的伸直与平行；同时，使各种纤维的原料，达到单纤维的混合。

CZ251 型并条机的工艺过程如图 3-161 所示，它由喂入机构、牵伸机构和成条机构组成。

并条机的结构与制条机大体相同，仅在喂入部分有所差异。喂入并条机的半制品是由制条机制得的绵条，因此采用导条板喂入机构。绵条从绵条筒内引出，经导条孔，导条辊、分条槽并列地进入一对后罗拉，再由喂绵皮带送入梳箱，由前罗拉送出，完成牵伸工作。牵伸倍数为 6～12 倍。牵伸后的绵条，自前罗拉引出后，通过集绵板、喇叭口集合成条，由圈条器圈入绵条筒中。

（三）纺纱

1. 粗纺工程

(1) 粗纱工序的任务

① 牵伸 把并条机制得的绵条牵伸 6～8 倍，以适于细纱机加工。

② 加捻 把牵伸后的须条加以适当的捻回，使粗纱具有一定的强力。

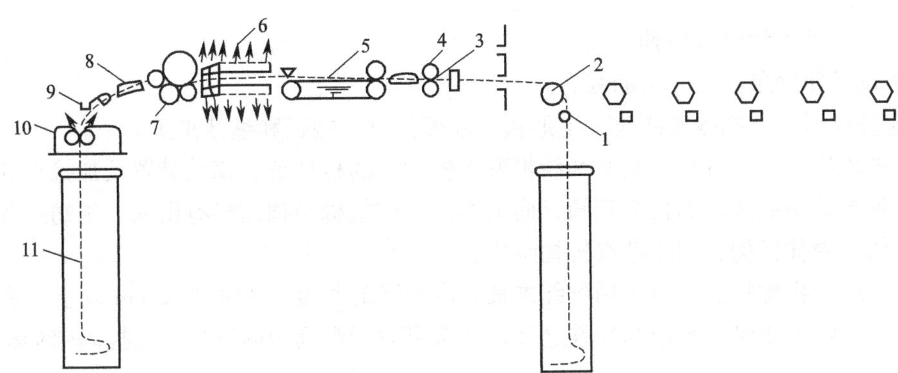

图 3-161　CZ251 型并条机的工艺简图

1—导条孔；2—导条辊；3—分条槽；4—后罗拉；5—喂绵皮带；6—梳箱；7—前罗拉；8—集绵板；9—喇叭口；10—圈条器；11—绵条筒

③ 卷绕成形　把加捻后的粗纱卷绕成一定形状，以便搬运、储存和继续加工。

(2) 粗纱工序的机械种类

① 延绞机　纺制较粗特数的绢丝时，可采用延绞机，能减少绢丝表面的疵点，而纺制较细特数的绢丝，延绞机可能会造成条干均匀度的恶化，故不常采用。

② 粗纱机　纺制较细特数的绢丝时，把末道绵条定量适当降低，可直接喂入粗纱机纺成粗纱。

(3) 延绞机的工艺过程　图 3-162 所示为 DJ431 型延绞机的工艺简图。绵条自绵条筒引出，经导板喂入喂绵罗拉，再经针辊的梳理，到达两列罗拉。针辊上的小压辊，借自重压在须条上，以获得较好的牵伸效果。经牵伸后的须条，由搓条胶圈进行搓捻，再经紧压罗拉和出条管，最后进入绵条筒中。

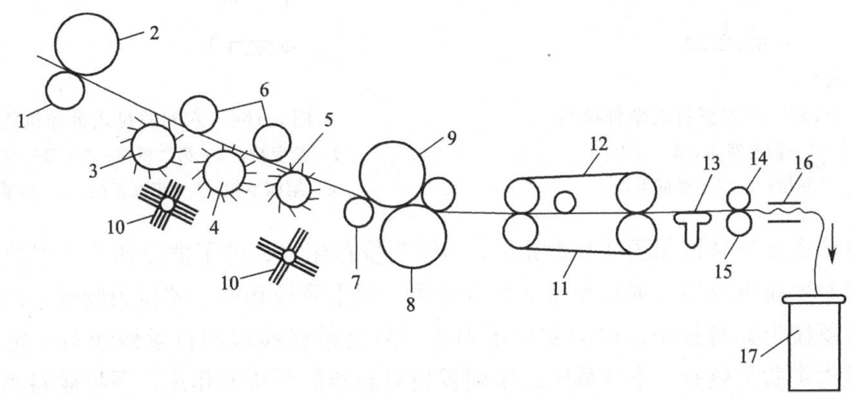

图 3-162　DJ431 型延绞机工艺简图

1，2—喂绵罗拉；3～5—针辊；6—小压辊；7，8—前罗拉；9—皮辊；10—毛刷

11，12—搓条皮圈；13—集合器；14，15—紧压罗拉；16—出条管；17—绵条筒

(4) 粗纱机的工艺过程　粗纱机主要由牵伸机构、加捻机构、卷绕成形机构三部分组成。一般是以 1～2 根延绞绵条喂入粗纱机。当不采用延绞工序时，则将末道并条机的绵条直接喂入粗纱机制得粗纱。其基本过程与原理和棉纺粗纱机相似。

2. 精纺工程

(1) 精纺工程的任务

① 牵伸 把粗纱经过牵伸，制成具有一定线密度的细纱。

② 加捻 使纱条具有一定的强力。

③ 卷绕成形 把细纱卷绕成一定形状，以便储存、搬运和继续加工。

(2) 细纱机的工艺过程 绢纺细纱机喂入机构中的粗纱架、横动装置及加捻与卷绕成形机构等，均与棉纺细纱机的机构相同，而绢纺的牵伸机构与棉纺略有出入。绢纺细纱机主要由喂入机构、牵伸机构、加捻卷绕机构组成。

(3) 细纱机机构特点 由于绢丝纤维长，牵伸区的长度一般都在 20cm 以上，在这样长的纤维区中，除采用轻质辊控制纤维之外，其余可放置数列中间罗拉，以提高牵伸机构的牵伸效果。

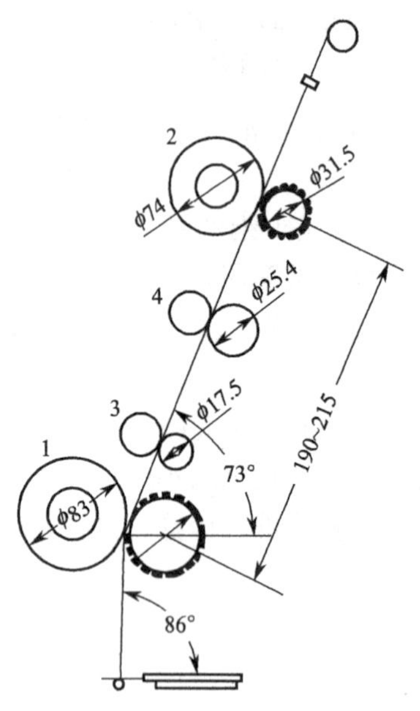

图 3-163 四列罗拉式牵伸机构
1—前上罗拉；2—后上罗拉；3，4—中间罗拉

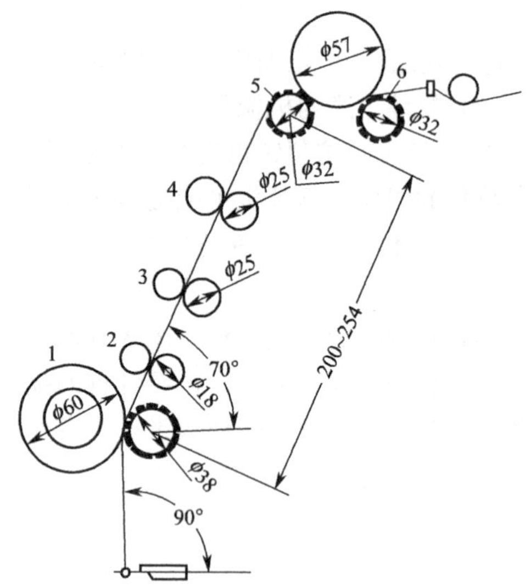

图 3-164 六列罗拉式牵伸机构
1—前罗拉；2—第二罗拉；3—第三罗拉；4—第四罗拉；5—第五罗拉；6—后罗拉

四列罗拉式牵伸装置如图 3-163 所示。由四列罗拉组成，前下罗拉和后下罗拉为沟槽罗拉，中间两对罗拉由轻质木辊和光面下罗拉组成，前上罗拉和后上罗拉为胶辊。前罗拉为杠杆加压，后罗拉为弹簧加压，中间罗拉不加压，只是借轻质辊的自重给纱条一定压力。因此，牵伸机构实质上只有一个牵伸区，中间罗拉只起控制纤维的作用，罗拉倾斜角为 73°。

六列罗拉式牵伸装置如图 3-164 所示，这种牵伸机构的牵伸区长度、罗拉列数和各罗拉间中心距离都比较适中。对于长短绵和不同特数的绢丝都适用，后罗拉用大铁辊和一对沟槽罗拉组成。

DJ561 型细纱机为六列罗拉式牵伸装置，这种牵伸机构由前、后罗拉及 2～5 列中间罗拉组成。前后罗拉积极握持须条，各中间罗拉的上罗拉系木制轻质辊。借轻质辊较轻的压力及粗纱本身捻度所产生的摩擦力界控制纤维运动。

国产 DJ562 型和 FK501 型细纱机均采用三罗拉上短下长的双胶圈式牵伸机构。这种牵伸机构借胶圈产生的摩擦力界，能有效地控制纤维运动。

为了便于捻回传递至前罗拉握持点，减少断头，绢纺细纱机罗拉座也采用一定的倾斜角。倾斜角的范围较棉纺大，一般在45°～75°之间。

三、䌷丝纺

在绢丝纺系统中，三道梳绵机下来的落绵数量很多，占喂入头道梳绵机重量的40%～50%。落绵的纤维长度仅25～45mm，整齐度较差，含杂率高。将这类纤维纺纱的系统为䌷丝纺丝系统。工艺顺序为：

开清棉→混合给湿→梳绵→精纺。

1. 开清绵

落绵中含有以蛹屑、绵结、草屑等为主的杂质和绵结，必须尽可能的加以清除。开清绵工序的作用是将落绵扯散开松，以利于除杂和梳理。

2. 混合给湿

䌷丝纺生产中采用的原料往往种类不同、性质各异，为稳定质量及充分利用原料，必须将原料进行混合。对含杂程度差异大的原料，适宜于经开松、除杂后再混合，便于进行开清处理。差异小的可在开清绵前混合。混合方法有人工和机械两种。经过开清棉的原料一般都需通过给湿处理。目的是消除静电及增加纤维之间的润滑，使纤维柔软。方法是将原料送入给湿室，喷入蒸气后，控制一定的时间和回潮率。最后达到给湿的要求。

3. 梳绵

梳绵工序的任务是分梳绵束，使其分解为单纤维状态，并使纤维彻底开松，充分除去残存的杂质，同时使纤维得到进一步地混合，纺制成条干均匀并具有一定强力的粗纱，供精纺加工。

4. 精纺

精纺工序的任务是将粗纱加以牵伸和加捻，制成具有相当强力和规定线密度的细纱，即䌷丝。目前大多采用环锭式精梳机完成精纺任务。

复　习　题

1. 原料开松的方法有几种？各有什么特点？
2. 梳理机两针面对纤维可产生哪几种作用？各自实现的条件是什么？
3. 并条机的并合数一般为几根？为什么？
4. 什么是牵伸？牵伸的目的是什么？实现罗拉牵伸必须具备的三个条件是什么？
5. 什么是机械牵伸倍数和实际牵伸倍数？二者的关系如何？
6. 什么是摩擦力界？影响摩擦力界的因素有哪些？
7. 什么是牵伸力和握持力？影响它们的因素是什么？
8. 纤维伸直必须具备的条件是什么？影响纤维伸直平行效果的主要因素有哪些？
9. 什么是捻度？捻度和捻系数的关系如何？
10. 什么是假捻和假捻效应？粗纱机上假捻的目的是什么？
11. 合股线捻合后性质有哪些变化？
12. 什么叫配棉？配棉的目的、依据和方法是什么？
13. 原料混合的方法有哪些？各有什么特点？
14. 开清棉工序的任务是什么？
15. 开清棉主要机械如何分类？写出加工棉的开清棉工艺流程。

16. 叙述 FA002A 型圆盘式自动抓棉机的结构和工艺过程。
17. 叙述 FA022 型多仓混棉机的结构和工艺过程。
18. 叙述 FA104A 型六滚筒开棉机的结构和工艺过程。
19. 叙述 FA106 型豪猪式开棉机的结构和工艺过程。
20. 叙述 FA046A 型振动式给棉机的结构和工艺过程。
21. 叙述 FA141 型单打手成卷机的结构和工艺过程。
22. 梳棉工序的任务是什么？叙述梳棉机的工艺过程。
23. 说明梳棉机主要机构的结构和作用。
24. 针布有几种？金属针布的规格参数有哪些？它们对纺纱性能有何影响？
25. 精梳工序的任务是什么？
26. 精梳准备的任务是什么？常用精梳准备的工艺流程有哪些？
27. 叙述 FA269 型精梳机工艺过程。
28. 说明精梳机主要机构的结构和作用。
29. 并条工序的任务是什么？
30. 叙述 FA326A 型并条机的工艺过程。
31. FA326A 型并条机主要由哪些机构组成？其作用是什么？
32. 粗纱工序的任务是什么？
33. 叙述 FA492 型粗纱机的工艺流程。
34. FA492 型粗纱机主要由哪些机构组成？其作用是什么？
35. 细纱工序的任务是什么？
36. 叙述 FA506 型细纱机的工艺流程。
37. FA506 型细纱机主要由哪些机构组成？其作用是什么？
38. 细纱机采用什么牵伸形式？其牵伸装置由哪些部件组成？它们的作用是什么？
39. 叙述细纱机加捻卷绕元件的结构和作用。
40. 后加工工序的任务是什么？
41. 络筒的任务是什么？叙述奥托康纳 338 自动络筒机的工艺过程。
42. 新型纺纱有什么特点？
43. 叙述转杯纺纱机的工艺过程。
44. 叙述 No. 802HR MJS 型喷气纺纱机工艺过程。
45. 叙述 Dref-Ⅱ型摩擦纺纱机的工艺过程。
46. 毛纺纺纱有哪几种纺纱系统？
47. 粗梳毛纺工程的任务是什么？
48. 国产梳毛机结构主要由哪几部分组成？
49. 自动喂毛机的作用是什么？
50. 精纺梳毛工序的任务是什么？
51. B272 型梳毛机结构分为哪几部分？各部分的作用是什么？
52. 毛精梳工序的任务是什么？
53. 复洗的目的是什么？
54. 混条工程的任务是什么？
55. 有捻粗纱机和无捻粗纱机在牵伸结构上的主要区别是什么？
56. 目前半精纺纺纱有哪几种工艺？半精纺纺纱的主要特点是什么？
57. 写出麻纺精梳毛纺式纺纱的工艺流程。
58. 精干麻经过初步加工的目的是什么？
59. 梳麻工序的任务是什么？

60. 麻纺粗纱工序的任务是什么?
61. 写出亚麻梳成长麻的纺纱工艺流程。
62. 制丝工艺过程包括哪些工序?
63. 什么是缫丝?
64. 绢纺制绵工艺分为哪几类?
65. 切绵机的作用有哪些?
66. 梳绵机的作用是什么?
67. 写出精梳制绵工程的工艺流程。
68. 精梳绵条成条的目的是什么? 它包括哪几种加工形式?
69. 绢纺细纱机牵伸机构有哪几种结构形式?
70. 什么是绢纺? 什么是䌷丝纺? 两者区别是什么?

第四章　机织工程

学习目标

1. 掌握各类机织物织造的工艺流程。
2. 掌握织造准备工序的任务及工艺要求，了解相关的部件的组成及工作过程。
3. 掌握织造五大运动的任务及工艺要求，掌握关键部件的结构，了解相关工作机构的工作过程。
4. 掌握织物组织的表示方法，了解变化组织及其他复杂组织的表示方法、特点等。

第一节　概述

一、机织物的形成

传统的两向机织物由经、纬两系统纱线在织机上互相交织而成。在织物内平行于布边的纵向纱线称为经纱，与织边垂直的横向纱线称为纬纱。

图 4-1 是在织机上织物形成的示意图。纵向纱线（即经纱）自织轴上引出，绕过后梁、停经片，逐根按一定规律分别穿过综框和上的综丝眼，再穿过钢筘的筘齿与横向纱线（即纬纱）交织，在织口处形成织物。织物经胸梁、刺毛辊和导布辊，最后卷绕在卷布辊上。

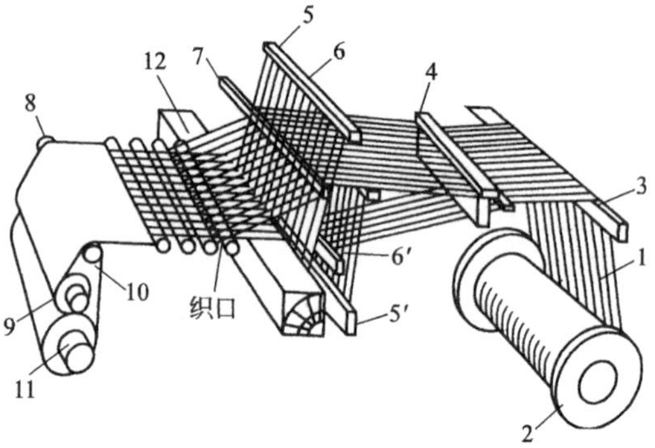

图 4-1　机织物形成示意图

1—经纱；2—织轴；3—后梁；4—经停片；5，5′—综框；6，6′—综丝眼；7—钢筘；8—胸梁；9—刺毛辊；10—导布辊；11—卷布辊；12—纬纱

各种机织物在纤维材料、织物组织、织物规格和用途等方面都具有各自的特殊性，在机织加工过程中，要针对这些特殊性选择适宜的加工流程、加工设备、环境条件，同时还应注意原纱质量。

二、棉型织物的加工流程

棉型织物生产主要分为白坯织物生产和色织物生产两大类，其中大部分为白坯织物的生产。

1. 白坯织物

白坯织物以本色棉纱线或棉型纱线为原料，一般经漂、染、印花等后整理加工。白坯织物生产特点是产品批量大，织物组织比较简单（主要是平纹、斜纹和缎纹组织）。在无梭织机上加工时，为减少织物后加工染色差异，纬纱一般以混纬方式织入。

根据经、纬纱线的形式和原料，白坯织物织造时工艺流程通常有以下几种。

(1) 单色纯棉织物

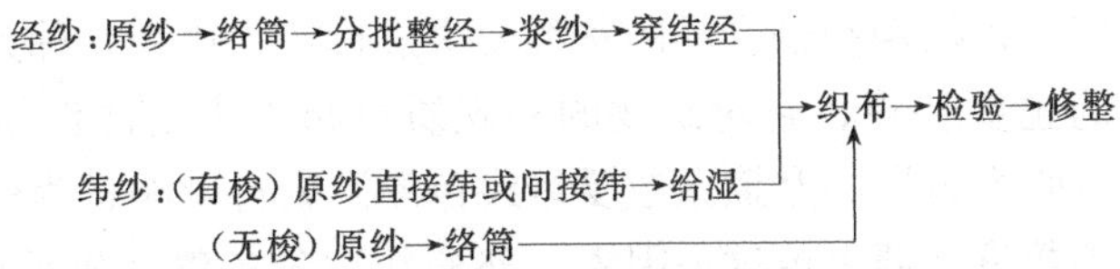

(2) 单纱涤棉织物

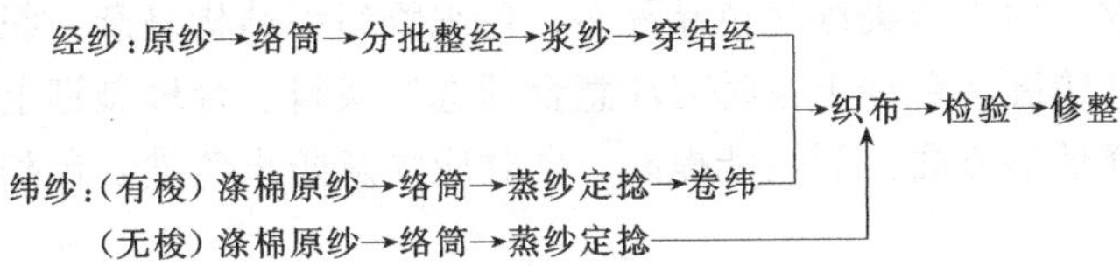

(3) 股线织物

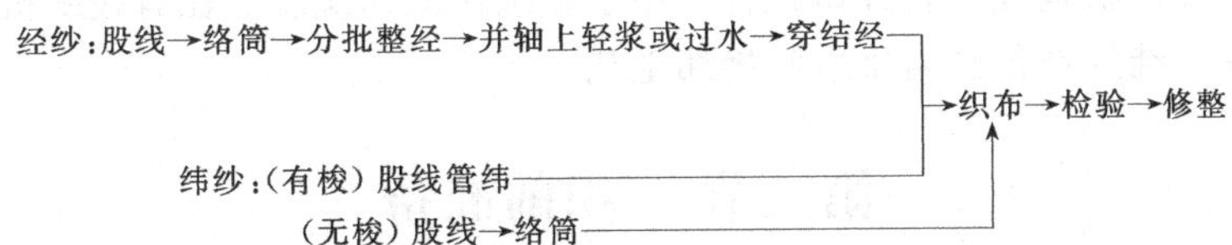

在有梭织机上加工织物时，纬纱可以是直接纬纱或间接纬纱。间接纬纱的纡子卷装成形较好，容纱量也较大，对提高织物质量，减少纬向织疵是十分有利的。如果以涤棉纱作为纬纱，则纬纱准备加工必须采用间接纬纱工艺，因为涤棉纱需要进行蒸纱定捻处理。涤棉纬纱定捻是减少纬缩疵点的重要措施。无梭织机上使用筒子纱作纬纱。

2. 色织物

色织物由经、纬色纱交织而成。色织物设计中通常以色纱和织物组织结构相结合的手法来体现花纹效应，因此花型变化比较灵活，花纹层次细腻丰富、有立体感，花型比较逼真、饱满。色织物生产一般有小批量、多品种的特点。

色织物生产工艺流程的选择应考虑到产品批量、色纱的染色方法和染色质量、织造效率等因素，根据实际情况尽量采用新工艺、新技术，以提高织物的产品质量。两种比较常见的色织工艺流程如下。

(1) 分批整经上浆工艺流程

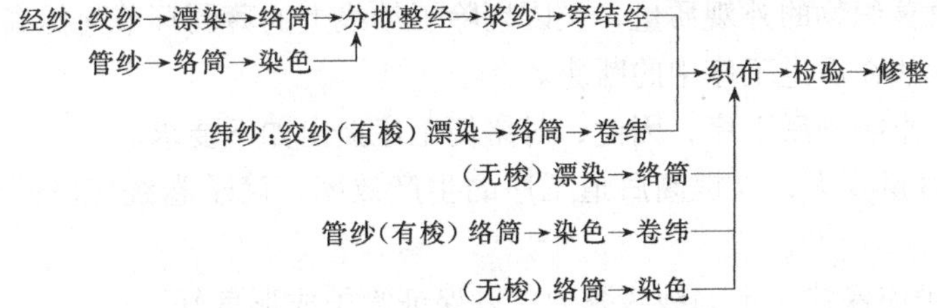

(2) 股线、花式线等免浆工艺流程

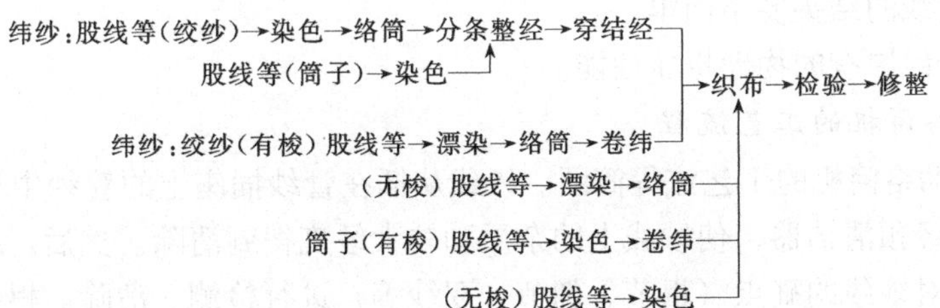

在整经和浆纱工序中，按照织物产品的花型要求进行色纱排列，称为排花型。整经和浆纱排花型是色织工艺的重要特点，它对织物的外观质量起着决定性作用。在色纱整经过程中，色纱与导纱部件、张力装置的摩擦系数受纱线色泽及染料影响，为保证片纱张力均匀程度，张力装置的工艺参数设计要考虑这一因素。部分新型分条整经机采用间接法张力装置，从而排除了这项不利因素，给工艺设计和张力装置的日常管理带来便利，同时满足了经纱的片纱张力均匀性要求。由于漂染纱线色泽繁多，色织物组织结构复杂，织造难度较大，因此对色纱的上浆要求亦较高。色纱上浆时应注意合理选用浆料、合理制订上浆工艺，使经纱从耐磨、增强和毛羽降低等方面得到性能提高，同时应注意防止色纱变色和沾色，保持色纱色泽的鲜艳。

色织生产使用的织机一般为选色功能较强的多梭箱有梭织机、剑杆织机和喷气织机，织机通常配有多臂开口机构或提花开口机构，用于复杂花型的织制。在有梭织机上加工时，为提高产品的质量，纬纱准备经常采取间接纬工艺。

第二节　织前准备

一、络筒

（一）络筒的目的与任务、要求

络筒（又称络纱）是织前准备的第一道工序，它的任务是将来自纺部的管纱或绞纱在络筒机上加工成符合一定要求的筒子。

络筒工序的作用可以概括为以下两点。

① 将原纱（或长丝）做成容量大的筒子，提供给整经、卷纬、针织、无梭织机的供纬或漂染等工序。管纱容量小，大卷装的管纱也仅能容纳 29.2tex（20 英支）的中特棉纱约 2500m。若将管纱直接用于整经或织机上供纬等工序，都将因频繁换管而使停车时间过长，这样既不符合工艺上的要求，也不利于提高生产效率。而筒子的卷装容量则大大增加，一般中特纱的筒子其绕长度可达 10 万米左右。

② 清除纱线上的某些疵点、杂质，改善纱线品质。由纺厂运来的原纱一般有较多的外观疵点，在通过络筒机上的清纱装置时，可以清除其上的绒毛、尘屑及弱纱、粗节等杂质疵点。这样，既可改善织物的外观质量，又因剔除了纱线上的薄弱环节而提高了它们的平均强度，从而减少了纱线在后道工序中的断头。

络筒质量直接影响到后工序，因此，对络筒工序提出如下要求。

① 筒子卷装容量要大，以提高后道工序的生产效率；筒子卷绕应坚固结实，以便于储存和运输。

② 卷绕过程中应保持一定的纱线张力，以保证筒子成形良好。

③ 要便于筒子在后道工序中的退绕，防止出现脱圈上缠断头。

④ 筒子上纱线的结头要小而牢。

⑤ 不损伤纱线原有的物理机械性能。

（二）自动络筒机的工艺流程

图 4-2 为自动络筒机的工艺流程简图。纱线从插在管纱插座上的管纱中退绕下来，经过气圈破裂器后再经预清洁器，使纱线上的杂质和较大纱疵得到清除。然后，纱线通过张力装置和电子清纱器对纱线的疵点（粗节、细节、双纱等）进行检测、清除。根据需要还可由上

蜡装置对纱线进行上蜡。最后，当槽筒转动时，一方面使紧压在它上面的筒子作回转运动，将纱线卷入；另一方面槽筒上的沟槽带动纱线作往复导纱运动，使纱线均匀地卷绕在筒子表面。清纱器检出纱疵之后立即剪断纱线，筒子从槽筒上抬起，并被刹车装置制动。装在上下两边的吸嘴分别吸取断头两侧的纱线，并将它们引入捻接器，形成无结接头，然后自动开车。

（三）自动络筒机主要组成部分的作用和工作原理

(1) 槽筒传动控制　包括制动、反向转动、慢速启动、防量装置、卷绕速度。槽筒的转速由安装在槽筒锭子上的脉冲发生器进行检测。通过磁极轮将脉冲信号传输给卷绕单元的电子控制部分，以调节槽筒速度、控制防叠装置。

(2) 电子清纱器　它位于捻接器和上蜡装置之间，被捻接的接头首先要通过电子清纱器检测。它的作用是消除粗节、细节，提供切纱信号、双纱信号、纱线动态信号及静态信号。电子清纱器具有清纱和验结功能。

(3) 张力装置　由两个积极运动的张力盘组成，电动机传动张力盘，回转方面与纱线通过方向相反，阻止了纱线上棉结杂质带入纱线通道。张力盘压力由两侧两个弹簧控制，通过刻度调节对压力加以控制。

(4) 自动调速装置　解决管纱在退绕到小纱时纱的张力增大的问题。在每一卷绕单元内，由计算机监测信息控制系统（MIC）根据纱线在管纱上的数量来控制卷绕速度。一般在管纱量为80%以内，卷绕过程能够保持纱线张力均匀情况下的卷装，对最后20%管纱量，纱线张力明显增加，自动调速装置控制卷绕速度逐渐减小。

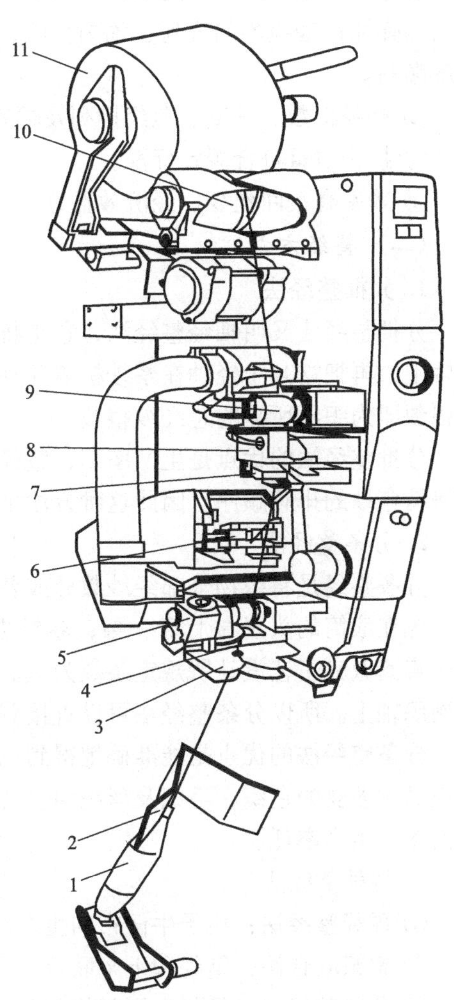

图4-2　自动络筒机工艺流程图

1—管纱；2—气圈破裂器；3—余纱剪切器；4—预清洁器；5—张力装置；6—捻接器；7—电子清纱器；8—切断夹持器；9—上蜡装置；10—槽筒；11—筒子

(5) 防叠装置　随着筒子直径增加，筒于转速降低，从而改变槽筒和筒子的转速比。当传动比为整数时，如1∶1、1∶2或2∶3，纱会发生卷绕重叠。防叠装置使槽筒和筒子之间产生周期性滑动引起沟槽与筒子圆周的移动，从而有效地避免重叠。为了使槽筒与筒子之间有足够滑动，卷绕单元控制部分以正常卷绕速度周期性偏差6%的范围控制槽筒速度改变。

(6) 计算机监测信息控制系统（MIC）　其作用是监测、信息传输和控制。操作前，必须向MIC提供必要的生产参数，如纱线线密度、产量、卷绕速度、卷绕长度、直径、捻接器隔距设定等。在卷绕过程中，设定的参数不断地与每一卷绕单元获得的实际数据相比较，当接收到任何差异信号时，会停止卷绕并打印出来。

二、整经

（一）整经的任务及其工艺要求

整经是指根据工艺设计要求，将一定数量的筒子纱，按规定的长度、排列顺序及幅宽等平行而均匀地卷绕在经轴或织轴上，供浆纱或穿经工序使用。

整经质量的好坏直接影响后道工序的生产效率和织物的质量。实际生产对整经工艺的要求如下。

① 张力、排列、压力三均匀。单纱与片纱张力尽量均匀一致，且张力恒定，保持纱线强力与弹性；纱线均匀排列、均匀受压，以保证经轴表面平整，卷绕密度均匀保证后道工序退解顺利。

② 整经根数、长度、色经排列及幅宽绝对符合工艺。

③ 接头质量符合规定标准。

④ 效率高、回丝少、经济效益好。

（二）整经方式

1. 分批整经法

分批整经法又叫轴经整经法，它是将织物所需的总经纱根数分成几批，分别卷绕在几个经轴上，再把这几个经轴在浆纱机或并轴机上合并，卷绕成一定数量的织轴。织轴上的经纱总根数即为织物所需的总经纱根数。

分批整经法的优点是生产率高，整经质量好，适宜大批量生产。但是经轴纱片并合时不易保持色纱的排花顺序。因此这种方法主要应用在原色或单色织物中。

2. 分条整经法

分条整经是将织物全部经纱数分成若干小部分，每个小部分以条带状卷绕在一个大滚筒上。先在滚筒的头端卷上第一条，卷够要求长度后剪断固结。依次卷绕第二条、第三条，……直到做完工艺设计所规定条数为止。全部条带卷满后，再一起从大滚筒上退解出来，卷绕到织轴上。所以分条整经法可以直接获得织轴。

分条整经法的优点是能准确地得到色花的排列顺序，且改变花色品种很方便。广泛用于花色品种多变的色织、毛织及丝织中。其不足是张力不均匀，换条、倒轴、接头等停车操作时间多，生产率低。

3. 特种整经法

① 球经整经法：用于牛仔布的生产。

② 整浆联合法：整经和上浆联合，可直接得到已上浆的经轴。

③ 分段整经法：是将全幅织物的经纱分别卷绕在数只狭幅经轴上，然后将数个小经轴的经纱同时退解出来，再卷在织轴上。主要用于宽幅的经编织物。

（三）整经机的工艺流程

1. 分批整经机的工艺流程

如图 4-3 所示，纱线自筒子 1 引出后，经过导纱机件和张力装置后，被引向机前并合成纱片，纱片在伸缩筘 2 处被均匀排列成规定的宽度，再绕过测长辊（或导纱辊）3，卷绕到整经轴 4 上，压纱辊 5 给整经轴以适当的压力，以保证整经轴具有均匀适度的卷绕密度和表面圆整。

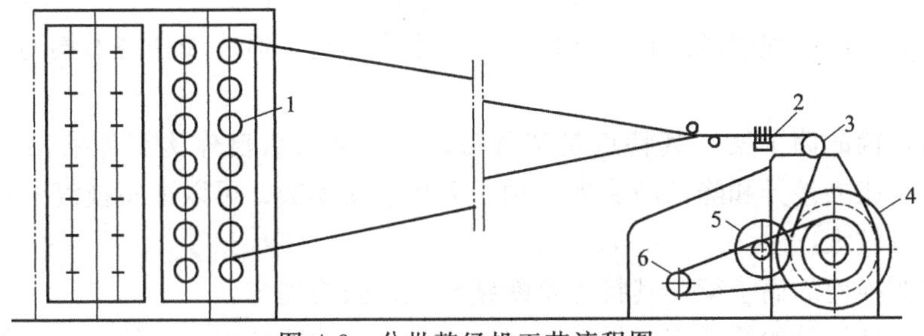

图 4-3 分批整经机工艺流程图

1—筒子；2—伸缩筘；3—导纱辊；4—整经轴；5—压纱辊；6—直流调速电动机

2. 分条整经机的工艺流程

如图 4-4 所示，纱线自筒子架上的筒子引出后，经过玻璃导杆、后筘、导杆、停经片、分绞筘、定幅筘、测长辊、导辊，以条带的形状逐条卷绕到大滚筒上。等卷完规定的条带后，再一起从大滚筒上按逆时针方向退绕下来，卷绕到织轴上。该机的筒子架有横动功能，在筒子架的下方装有滑轮，滑轮可在地面轨道上滑动，从而带动筒子架左右横向移动。横向移动由导条器、装在筒子架上的钢丝、行程开关、电动机及传动齿轮来完成。

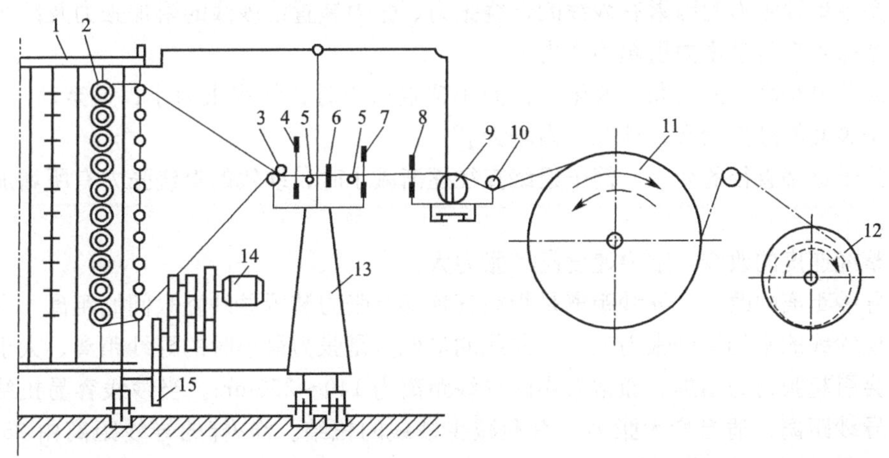

图 4-4 分条整经机工艺简图与筒子架横动装置

1—筒子架；2—筒子；3，5—导杆；4—后筘；6—光电断头自停片；7—分绞筘；8—定幅筘；9—测长辊；10—导辊；11—滚筒；12—织轴；13—分绞架；14—电动机；15—固定齿条

（四）筒子架

筒子架是用来放置筒子纱，调节片纱张力，安装在整经机的后方。按不同的分类标准可分为供回转筒子用的筒子架、供固定筒子用的筒子架；断续整经筒子架、连续整经筒子架；V 形、矩形及矩-V 形筒子架。

(1) 人字形筒子架　供有边筒子或圆柱形无边筒子用。目前只在部分丝织厂中使用。

(2) 矩形筒子架　外形呈长方形，供锥形筒子用。筒子安装在插纱锭子上，并向下倾斜 15°，两侧有安装张力装置和导纱瓷板的导纱架。可容纳筒子 600 个。特点：断续整经，停车换筒，所有筒子的退绕直径相同，因此经纱的片纱张力比较均匀，经轴质量好。但效率低。适用于纱特细、质量要求高的棉织生产，或用于品种多变、批量小，需进行色纱排列的色织生产。

(3) 矩-V形筒子架　其特点是在每个工作筒子旁有一个预备筒子。工作筒子用完后就自动引出预备筒子的纱线继续工作。连续整经，生产率高。但片纱张力不均匀。适用于分批整经。

(4) 链式换筒的筒子架　其特点是架身短，经纱从断头自停钩至伸缩筘之间没有导纱器，有利于减少张力差异和降低断头率。由于采用链式换筒，可以缩短换筒停车时间，但这种筒子架的宽度较大。

(5) 筒子车换筒的筒子架　其特点是断续整经，张力均匀。

(6) 回转立柱换筒的筒子架　是以三根立柱为一组的回转立柱式筒子架。每根立柱的外排为工作筒子，里排为预备筒子，换筒时，启动电动机经蜗杆蜗轮驱动三根立柱以中心柱为中心转动180°，使预备筒子由里转到外侧，然后引头向前。这种换筒方式也属整批换筒，所以片纱张力均匀。但换筒需人工剪头和接头，且筒脚也多。

(五) 整经张力及张力装置

整经张力均匀，经轴卷绕密度均匀，卷绕平整和圆整。在满足卷绕密度的条件下，尽量采用小张力。整经张力包括单纱张力和片纱张力。

1. 整经单纱张力的变化

组成整经单纱张力的因素有纱线的退绕张力、张力装置给纱线的附加张力及纱线在导纱过程中因摩擦和自身悬索力引起的张力。

(1) 筒子退绕高度的周期性变化　自筒子顶端引出时，纱线张力小；退至筒子底部时，纱线与筒子表面的摩擦增大，纱线张力增大。

(2) 筒子退绕直径的变化　筒子退绕直径逐渐减小时，纱线的退绕张力有所增加，但增加量不大。

(3) 整经速度的改变　整经速度高，张力大。

(4) 导纱距离的改变　导纱距离是指筒管顶部至张力装置导纱瓷眼间的距离。导纱距离的改变，使纱线的平均退绕张力变化。曲线的最低点是张力最小时的导纱距离，大于或小于此距离都会引起张力的增加。通常采用的导纱距离为140～250mm。当纱线容易扭结时，选择较小的导纱距离，适当增大张力，有利减少纱线的扭结。涤/棉的导纱距离由250mm减小到130mm，减少了扭结，降低了断头。空管和满管的筒子中心线的顶点距筒管顶部为120～810mm。

纱线在筒子架前测得的张力比在进入张力装置前测得的张力大得多，这是导纱过程的摩擦和纱线本身的悬索张力造成的。

2. 整经片纱张力的分析

整经片纱张力均匀是指整经全幅经纱间的张力均匀。引起片纱张力不匀的因素如下。

(1) 筒子在筒子架上的放置位置不同　在整经时形成单纱张力的主要因素是纱线在纱架上行进时的摩擦阻力和纱线本身的悬索张力。所以筒子在筒子架上的位置不同，其张力变化如下：前排＜中排＜后排；中层＜上层＜下层。

(2) 纱线引入后筘位置的不同　纱线引入后筘位置不同时，使纱线对筘片的摩擦包围角不同，包围角愈大，给纱线的摩擦阻力也愈大。纱线穿入后筘的方法有分排穿法和分层穿法两种。

分排穿法（花穿）是把筒子架上前排的筒子纱穿入后筘的中间，然后逐排往外穿。由于前排筒子纱穿入中间筘齿时，引纱折角大，产生较大摩擦力；而后排的经纱穿入后筘的外侧，引纱折角小，产生摩擦阻力小。优点是可以补偿因前后位置不同而产生的差异，均匀片纱张力。

分层穿法（顺穿）是把上层（或下层）经纱穿入后筘中间的筘齿，然后逐层往外穿，而下层（或上层）的经纱穿入后筘的最外侧。优点是层次清楚，找头、引纱操作方便。缺点是把张力大的上层或下层经纱穿入引纱折角大的中间筘齿，加大了张力差异，因而恶化了经轴的平整度。

3. 整经张力装置

整经张力装置的作用在于使经轴获得良好成形和足够的卷绕密度，给纱线以附加张力；调节片纱张力，以达到片纱张力均匀的目的。整经张力装置的形式包括张力盘式（单、双、三张力盘）、张力棒式、双罗拉式等。

三、浆纱

浆纱质量的优劣直接影响到织造生产能否顺利进行和产品质量的优劣。

（一）浆纱概述

1. 浆纱的任务和要求

经纱在织机上织造时，要承受织机的运动以及停经片、综丝、钢筘等机件的反复摩擦、拉伸、弯曲和冲击等作用。未经上浆的单纱，由于其表面的毛羽较多，纤维间的抱合力较小，因而强力较弱。在剧烈的织造过程中，会使经纱结构松散、起毛，以致发生断头，使织造过程无法进行。

浆纱就是让经纱的表面和内部黏附、渗入一定量的浆液，再经烘燥使表面成膜，内部部分纤维相互黏结，以此增加原纱的断裂强度和耐磨性，提高其织造性。经纱上浆后，其原有的弹性和伸长受到一定损失，如果损失过大，会造成上浆经纱的减伸率过大，使纱线变得脆硬而易断。因此，上浆的目的是使纱线的毛羽贴伏、耐磨、增强，应尽量保持原纱的弹性伸长，提高经纱的织造性能。

2. 对浆纱工序的要求

① 浆料来源充足，质优价廉，调浆简单，易退浆，无污染。

② 浆液对纤维黏附性良好，被覆与渗透的比例适当，浆膜柔韧、坚牢、光滑，有适当的吸湿性。

③ 浆液的物理性能、化学性能稳定，不易沉淀，不易产生絮状物，不易起泡和发霉等。

④ 浆纱的上浆量、回潮率要符合设计要求，避免其过大、过小，伸长性能的损失要尽量小。

⑤ 轴与轴之间、片段之间、单纱之间的上浆要均匀，避免发生轻浆现象。

⑥ 织轴卷绕成形良好，卷绕张力均匀，分纱良好，没有倒、并、缠等疵点。

⑦ 减少能耗，降低成本，提高经济效益。

⑧ 提高生产效率和自动化程度。

3. 浆纱机的分类

浆纱机可按不同标准分类。按烘燥方式的不同可分为热风式、烘筒式、热风烘筒联合式三种；按上浆机构的不同可分为单浆槽、双浆槽、单浸单压、双浸双压和双浸四压等；按浆纱机的工作幅宽可分为 140 型、180 型、200 型等，对应的幅宽分别是 140cm、180cm、

200cm 等；按工艺流程分可分为轴经浆纱机、单轴浆纱机、整浆联合机、分条整浆联合机和染浆联合机等。

（二）典型浆纱机工艺流程

经纱在浆纱机上进行上浆，典型的上浆工艺流程如图 4-5 所示。纱线从位于经轴架上的整经轴中退绕出来，经过张力自动调节装置，进入浆槽上浆，湿浆纱经湿分绞辊分绞和烘燥装置烘燥后，通过上蜡装置进行后上蜡，干燥的经纱在干分绞区被分离成几层，最后在车头卷绕成织轴。

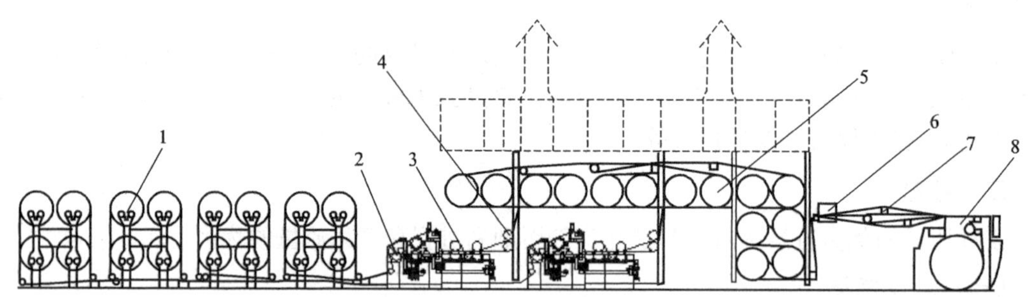

图 4-5 浆纱机上浆工艺流程图

1—经轴架；2—张力自动调节装置；3—浆槽；4—湿分绞辊；5—烘燥装置；6—上蜡装置；7—干分绞区；8—车头

良好的上浆加工不仅使经纱的强度增加，毛羽贴伏，耐磨性大大改善，弹性和柔性得到维持，而且织轴中纱线上浆均匀，伸长一致，回潮率合格，织轴圆整。

（三）浆料

为使浆纱获得理想的上浆效果，浆液及其成膜之后在下列各方面应具备优良的性能。一是浆液性能方面，化学物理性质的均匀性和稳定性要好，浆液在使用过程中不易起泡，不易沉淀，遇酸、碱或某些金属离子时不析出絮状物；对纤维材料有亲和性及浸润性；适宜的黏度；二是浆膜性能方面，对纤维材料的黏附性、强度、耐磨性、弹性、可弯性，适度的吸湿性、可溶性、防腐性。

1. 黏着剂

黏着剂是一种具有黏着力的材料，它是构成浆液的主体材料（除溶剂水外），浆液的上浆性能主要由它决定。黏着剂的用量很大，因此选用时除从工艺方面考虑外，还需兼顾经济、资源丰富、节约用粮、减少污染等因素。浆纱用的黏着剂分为天然黏着剂、化学黏着剂、合成黏着剂三大类。

2. 助剂

助剂是用于改善黏着剂某些性能不足，使浆液获得优良的综合性能的辅助材料。助剂种类很多，但用量一般较少。选用时要考虑其相容性和调浆操作方便。

（1）分解剂　小麦淀粉加入碱性分解剂硅酸钠分解剂使淀粉大分子水解，降低大分子的聚合度和黏度，使浆液达到适于经纱上浆的良好流动性和均匀性；降低淀粉的糊化温度，缩短淀粉浆液达到完全糊化状态所需的时间，从而缩短浆液调制时间。淀粉的分解剂有酸性、碱性和氧化分解剂三类。

（2）浸透剂　浸透剂即润湿剂，是一种以润湿浸透为主的表面活性剂。经纱通过浆槽时，浆液向经纱内部的浸透扩散程度与浆液的表面张力有关。表面张力越小，浸透扩散能力越强，在浆液中加入少量浸透剂的作用是使浆液表面张力降低，增加浆液与经纱界面的活性，改善浆液的浸透润湿能力。

用于经纱上浆的浸透剂一般为阴离子型和非离子型表面活性剂。在中性及弱碱性浆液中使用阴离子型表面活性剂；在酸性浆液中宜采用非离子型表面活性剂。

浸透剂一般用于疏水性合成纤维上浆。在棉纤维的细特、高捻或精梳纱上浆时亦可使用，以加强浸透上浆的效果，其用量为黏着剂的1%以下。

(3) 柔软剂　柔软剂的作用是减小浆膜大分子之间的结合力，增加浆膜的可塑性，同时也可提高浆膜表面的平滑程度。以淀粉为主体的浆液中加入适量柔软剂，可以克服浆膜粗糙、脆硬的缺点。

应当指出，柔软剂对浆膜的机械强度也有不良影响。随着浆膜大分子之间的结合力削弱，浆膜机械强度下降。因此，柔软剂的加入量不宜过多。动物油脂的用量为淀粉量的2%～6%，植物油脂的用量为淀粉的3%～8%。

化学合成浆料的浆膜柔韧性一般较好，浆液调合时可以不加柔软剂。但是，生产中为减少浆膜对烘燥部件的粘贴，抑制浆液起泡，减少浆液结皮，有时亦加入少量柔软剂。一般为合成黏着剂的2%以内。

用于浆纱的柔软剂有各种油脂：牛油、猪油、羊油、棉籽油、椰子油、浆纱用油脂以及经乳化处理的浆纱膏等。

用作柔软剂的还有部分以柔软润滑为主的表面活性剂。这些表面活性剂也有润湿分散作用。如柔软剂SG（用于合纤上浆）、柔软剂101、TS-40（用于合纤、黏胶纤维上浆），用量为黏着剂量的1%～2%；柔软剂KS-57（用于各类短纤维上浆），用量为黏着剂量的5%～10%。

(4) 抗静电剂　疏水性合成纤维吸湿性差，是电的不良导体。在浆纱和织造过程中容易形成静电积聚，以致纱线毛茸耸立，在开口运动时与相邻经纱互相缠连，影响织造顺利进行。为克服这一缺点，在浆液中加入少量以消除静电为主的表面活性剂，不仅能起到良好的抗静电效果，而且还使浆膜平滑。抗静电剂的表面活性剂有离子型和吸湿型两种，离子型抗静电性能比吸湿型抗静电剂好，如抗静电剂SFNY、静电消除剂SN等。

(5) 润滑剂　润滑剂的作用是使浆纱表面润滑，以减小表面摩擦系数，提高浆纱的耐磨性能，同时还能起到减少静电的作用。这对于合成纤维和细特高密织物的经纱上浆尤为重要。

常用的润滑剂主要有蜡液和蜡辊。通过后上蜡方法给烘房出来的浆纱涂上一层蜡膜，可以使浆膜表面润滑光洁，并且不影响浆膜的原有性能。

固体蜡辊由石蜡（30%）、蜂蜡（50%）、硬脂酸（20%）混溶制成，上蜡率为0.1%左右。热熔性蜡由石蜡（60%）、硬脂酸（10%）、乳百灵等表面活性剂（30%）组成，上蜡率为0.2%～0.4%。水溶性蜡由醚型非离子表面活性剂（20%）、酯型非离子表面活性剂（80%）组成，上蜡率为0.2%～0.4%，这种蜡膜在印染加工时容易退净，因此用量可以提高。

(6) 防腐剂　浆料中的淀粉、油脂、蛋白质等都是微生物的营养剂。坯布长期储存过程中，在一定的温度、湿度条件下容易长霉。在浆料配方中加入一定量的防腐剂，可以抑制霉菌的生长，防止坯布压储存过程中的霉变。

浆纱常用防腐剂有2-萘酚与NL-4防腐剂。在碱性浆液中，2-萘酚的用量一般为黏着剂质量的0.2%～0.4%，酸性浆中为0.15%～0.3%。NL-4防腐剂主要成分为二羟基二氯二苯基甲烷，又称双氯酚，简称DDM，具有较强的杀菌能力，用量同2-萘酚。

(7) 吸湿剂　吸湿剂的作用是提高浆膜的吸湿能力，使浆膜的弹性、柔性得到改善。合成浆料的浆膜一般具有良好的弹性和柔性，因此浆料配方中不必使用吸湿剂。淀粉浆膜的缺点是脆硬，过于干燥时会脆裂、落浆。在冬季干燥的气候条件下，当淀粉上浆率较高时，可以考虑在浆液中加入适量的吸湿剂，以减少织造过程中经纱的脆断现象。

常用的吸湿剂是甘油，甘油是无色透明略带甜味的黏稠液体。甘油的使用量一般为淀粉质量的1%～2%。此外，具有大量亲水性基团的表面活性剂也可作为吸湿剂使用。

(8) 消泡剂　浆液起泡不仅给浆纱操作带来不便，而且会引起上浆量不足和不匀，影响浆纱质量。产生浆液起泡的原因很多，如PVA浆的使用、调浆的水质、淀粉浆料的质量等，黏度大的浆液中“泡沫寿命”也长，一旦产生泡沫之后，就难以自然消除。

当浆液中泡沫生成之后，分批加入少量油脂类柔软剂，可以作为消泡剂降低气泡膜的强度和韧度，使气泡破裂。常用的有松节油、辛醇、硅油、可溶性蜡等。

(四) 上浆的质量指标及其检验

上浆的质量分为浆纱质量和织轴卷绕质量两部分。浆纱质量指标有上浆率、伸长率、回潮率、增强率和减伸率、浆纱耐磨次数、浆纱毛羽指数和毛羽降低率。织轴卷绕质量指标有墨印长度、卷绕密度和好轴率。这些指标中部分为常规检验指标，如上浆率、伸长率、回潮率等。生产中应根据纤维品种、纱线质量、后加工要求等，合理选择部分指标，对上浆质量进行检验。

1. 浆纱质量指标及其检验

(1) 上浆率　上浆率是反映经纱上浆量的指标，经纱上浆率为浆料干重与原纱干重的百分比。生产中，经纱上浆率的测定方法有计算法和退浆法。

(2) 伸长率　浆纱伸长率反映了浆纱过程中纱线的拉伸情况。拉伸过大时，纱线弹性损失，断裂伸长下降。因此，伸长率是一项十分重要的浆纱质量指标。伸长率为浆纱的伸长与原纱长度的百分比。伸长率的测定方法有计算法和仪器测定法两种。

(3) 回潮率　浆纱回潮率是浆纱含水量的质量指标，反映浆纱烘干程度。烘干程度不仅关系到浆纱的能量消耗，而且影响浆膜的弹性、柔软性、强度、再黏性等。浆纱回潮率为浆纱中水分重量与浆纱干重的百分比。

实验室里浆纱回潮率和退浆率一起测定。浆纱机烘房前装有回潮率测湿仪，能及时、连续地反映纱片的回潮率。

(4) 增强率和减伸率　增强率和减伸率分别描述了经纱通过上浆后断裂强力增大和断裂伸长率减小的情况。

(5) 浆纱耐磨次数　浆纱耐磨次数直接反映了浆纱的可织性。浆纱耐磨次数在纱线耐磨试验仪上测定。纱线耐磨试验仪有很多形式，如纱线自磨方式的耐磨试验仪和模拟织机上经纱在复杂外力条件下所受磨损作用的耐磨试验仪。

(6) 浆纱毛羽指数和毛羽降低率　浆纱表面毛羽贴伏程度以浆纱毛羽指数和毛羽降低率表示。浆纱表面毛羽贴伏不仅能提高浆纱耐磨性能，而且有利于织机开清梭口，特别是梭口高度较小的无梭织机。有资料表明，在喷气织机生产过程中，由于纱线毛羽引起的织机停台高达50%以上。

浆纱毛羽指数在纱线毛羽测试仪上测定，它表示了单位长度浆纱的单边上，超过某一投影长度的毛羽累计根数。分别对浆纱和未经上浆的原纱测定毛羽指数，然后计算毛羽降低率。

2. 织轴卷绕质量指标及其检验

(1) 墨印长度　墨印长度用作衡量织轴卷绕长度的正确程度。墨印长度可以用手工测长法直接在浆纱机上摘取浆纱测定，亦可利用伸长率测定仪的墨印长度测量功能进行测定。

(2) 卷绕密度　卷绕密度是织轴卷绕紧密程度的质量指标。织轴的卷绕密度应适当，卷绕密度过大，纱线弹性损失严重；卷绕密度过小，卷绕成形不良，织轴卷装容量过小。生产中以称取纱线重量，测定纱线体积来检测织轴卷绕密度。

(3) 好轴率　好轴率是织轴卷绕质量指标，它是指无疵点织轴数在所查织轴总数中占有的比例。在实际生产中，有时好轴率不能充分反映织轴的内在质量，因此，有些纺织厂把织造效率作为浆纱工序的主要评价指标，取得一定效果。

四、穿结经

穿经是经纱准备工作中的最后一道工序，将浆轴上的经纱按照织物上机图及穿经工艺，依次穿过停经片、综丝和钢筘，为在织机上与纬纱以一定规律交织做准备。穿经方法可分为手工穿经、半自动穿经、自动穿经和自动结经四种。

(一) 半自动穿经和自动穿经

半自动穿经用半自动穿经机械和手工操作配合完成穿经的，它以自动分经纱、自动分经停片和电磁插筘动作部分代替手工操作，从而使工人劳动强度得到减轻，生产效率得到提高，每人每小时穿经数达到1500～2000根。目前，半自动穿经方法应用最广。

自动穿经用全自动穿经机来完成穿经工作。全自动穿经机有主机固定而纱架移动和主机移动而纱架固定两大类型。两种类型的机械都包括传动系统、前进机构、分纱机构、分（经停）片机构、分综（丝）机构、穿引机构、钩纱机构及插筘机构等。全自动穿经机极大地减轻了工人的劳动强度，操作工只需监视机器的运行状态，作必要的调整、维修以及上、下机的操作。但目前自动穿经机只适用于八页综以内的简单组织的织物，且机器价格昂贵，因而国内纺织厂使用较少。

(二) 结经与分经

将了机织轴上的经纱与新织轴上的经纱逐根一一打结连接，然后拉动了机织轴的经纱把新织轴的经纱依次穿入经停片、综眼和钢筘，完成穿经工作，这种穿经方式称为结经。

结经有手工结经和结经机结经两种。手工结经完全由工人手工拾取经纱，然后逐一打结，劳动生产率低，只在少数丝织厂和麻织厂使用。

自动结经机有固定式和活动式两种。固定式自动结经机在穿经车间工作；活动式自动结经机可以移动到织机机后操作，直接在机上结经。两种接经机的机头结构都较复杂，它由挑纱机构、聚纱机构、打结机构、前进机构和传动机构五个主要部分组成。

结经方式由于利用了机经纱来引导新织轴经纱，所以效率较高。但如果是一个新的品种上机织造，或者了机织机的经停片、综丝、钢筘需保养维修或更换时，就不能采用结经方式。

在单轴上浆、并轴后形成的长丝织轴上，由于长丝容易产生错位，因而在穿经前还必须由分经机对其进行分经工作。分经就是把片经纱逐根分离成上下层，在两层间穿入分绞线，分绞线严格确定了经纱的排列次序，这十分有利于穿结经。在织机上，挡车工根据绞线也能方便正确地确定断经的位置，顺利完成断经接头和穿综、穿筘工作。

(三) 经停片、综框、钢筘

1. 经停片

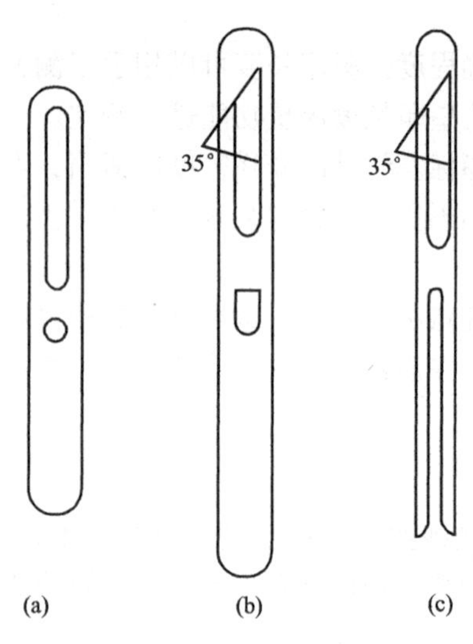

图 4-6　经停片

经停片是织机经停装置的断经感知件，织机上的每一根经纱都穿入一片经停片。当经纱断头时，经停片依靠自重落下，通过机械或电气装置，使织机迅速停车。

经停片由钢片冲压而成，外形如图 4-6 所示。图 4-6(a) 是国产有梭织机使用的机械式经停装置的经停片；图 4-6(b)、(c)是无梭织机使用的电气式经停装置的经停片。

经停片有开口式和闭口式两种。图 4-6(a)、(b) 是闭口式经停片，经纱穿在经停片中部的圆孔内；图 4-6(c) 是开口式经停片，经停片在经纱上机时插放到经纱上，使用比较方便。大批量生产的织物品种一般用闭口式经停片；品种经常翻改的织物采用开口式经停片。

经停片的尺寸、形式和重量与纤维种类、纱线特数、织机形式、织机车速等因素有关。一般纱线特数大、车速高，选用较重的经停片。毛织用经停片较重，丝织用经停片较轻。

2. 综框

综框是织机开口机构的重要组成部分。综框的升降带动经纱上下运动形成梭口，纬纱引入梭口后，与经纱交织成织物。常见的综框有木综框和金属综框。无梭织机使用的一种金属综框的结构如图 4-7 所示。

上综框板、下综框板和综框横头通过螺钉连接，综丝杆与上下综框板胶合成一体组成综框，综丝挂在综丝杆上。

有梭织机综框有单列式和复列式两种，单列式每页综框只挂一列综丝，复列式每页综框挂 2～4 列综丝。织制高经密织物常用复列式，如丝织生产常用 2 列综丝的复列式综框。无梭织机基本都是单列式。

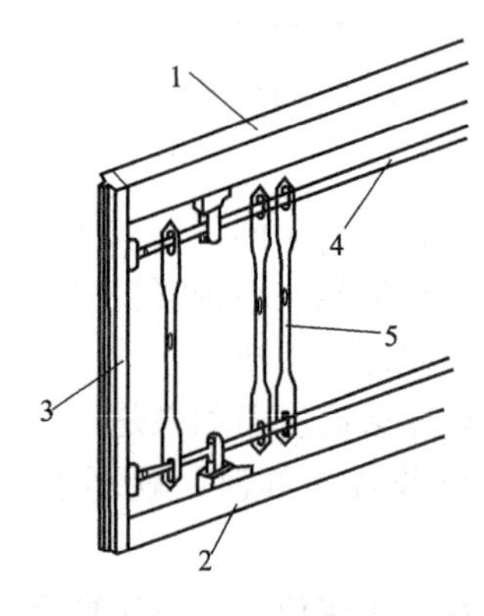

图 4-7　综框示意图

1—上综框板；2—下综框板；3—综框横头；4—综丝杆；5—综丝

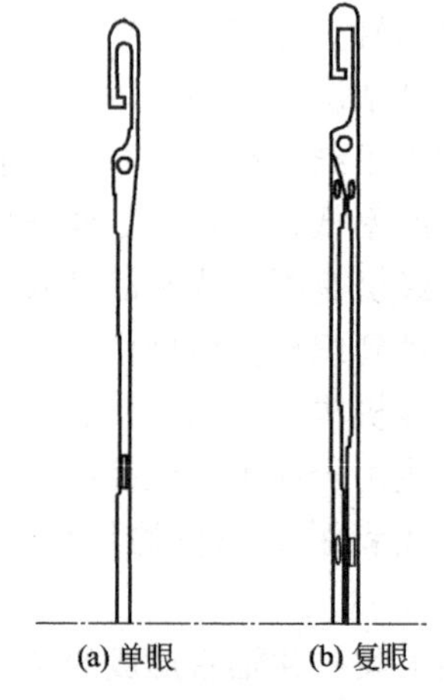

图 4-8　钢片综

综丝主要有钢丝综和钢片综两种。有梭织机通常使用钢丝综，无梭织机都使用钢片综。钢丝综由两根细钢丝焊合而成，两端呈环形，称为综耳，中间有综眼（综眼形状有椭圆形、六边形等多边形状）经纱就穿在综眼里。为了减少综眼与经纱的摩擦，同时便于穿经，综眼所在平面和综耳所在平面有45°夹角。无梭织机使用的钢片综如图4-8所示，有单眼式和复眼式两种，复眼式钢片综的作用类似于复列式综框。钢片综由薄钢片制成，比钢丝综耐用，综眼形状为四角圆滑过渡的长方形，对经纱的磨损较小。综眼及综眼附近的部位，每次开口都要和经纱摩擦，因而这个部位是否光滑，是综丝质量高低的重要标志。

综丝的规格主要有长度和直径。综丝的直径取决于经纱的粗细，经纱细，综丝直径小。综丝的长度可根据织物种类及开口大小选择。

3. 钢筘

钢筘由特制的直钢片排列而成，这些直钢片就称筘齿，筘齿之间有间隙供经纱通过。钢筘的作用是确定经纱的分布密度和织物幅宽，打纬时把梭口里的纬纱打向织口。钢筘从外形上看，可分为普通筘和异形筘（又称槽形筘），如图4-9所示。在有梭织机上，钢筘和走梭板组成了梭子飞行的通道。在喷气织机上采用异形钢筘，见图4-9(c)，这种筘还起到减少气流扩散和纬纱通道的作用。从钢筘制作方式看，又可分为胶合筘和焊接筘。图4-9(a)所示为胶合筘，用胶合剂和扎筘线把筘片固定在扎筘木条上，筘的两边用筘边和筘帽固定。图4-9(b)所示为焊接筘，全部由金属构成，筘片用钢丝扎绕后用锡铅焊料焊牢在筘梁上，两边同样用筘边固定。

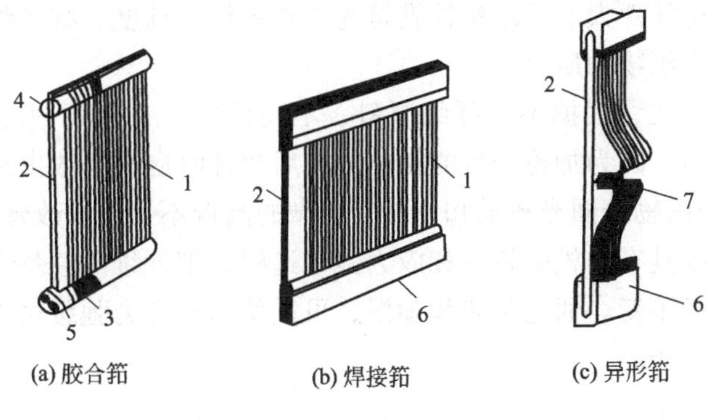

图4-9　钢筘

1—筘片；2—筘边；3—扎筘线；4—扎筘木条；5—筘帽；6—筘梁；7—异形筘片

钢筘的主要规格就是筘齿密度，称为筘号。筘号有公制和英制两种，公制筘号是指10cm钢筘长度内的筘齿数；英制筘号是以2英寸钢筘长度内的筘齿数来表示。

经纱在每筘齿中的穿入数与布面丰满程度、经纱断头率等有密切关系，高经密织物受到的影响更大。一般织造平纹织物，每筘齿穿入2～4根经纱；斜纹、缎纹织物可根据经纱循环数合理确定，如三枚斜纹每筘齿穿3根，四枚斜纹每筘齿穿4根。每筘齿中穿入经纱数少，织物外观匀整，但必然采用较大的筘号，因而筘齿密，经纱可能因为摩擦而断头。有些工厂试用双层筘织制高经密织物，较好地解决了这一问题。双层筘的经纱穿法如图4-10所示。

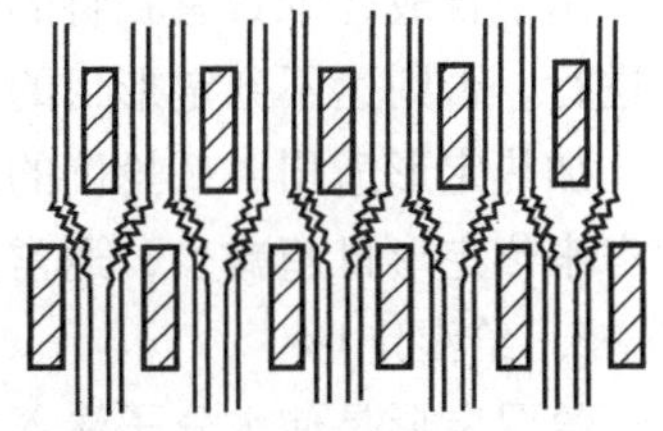

图4-10　双层筘的经纱穿法

钢筘两端部分的筘齿称为边筘，边筘的密度可与中间的密度不同。边经纱穿入边筘，其穿入数要结合边组织来考虑，一般为地经纱穿入数的倍数。用作筘齿的直钢片应富有弹性，无棱角，光滑平整。筘齿厚度随筘号而定，筘号大、筘齿密，则厚度小，反之则厚度大。

五、纬纱准备

（一）纬纱准备的任务、要求及种类

纬纱准备包括络筒、卷纬、定捻等工序。在棉纺企业中，将细纱机纺制的管纱直接做纬纱使用时称为直接纬纱。若细纱机纺制的管纱不符合引纬的要求，或织物的质量要求较高时，纬纱须经过络筒、卷纬工序，将其卷绕成适合织造需要的形状和尺寸，这种纬纱称为间接纬纱。直接纬纱的工艺流程简单，可降低生产成本，但产品质量稍差。

采用间接纬纱，能进一步除去纱线上的杂质和疵点，从而提高纬纱的质量。采用卷纬工艺，纬纱卷绕紧密，成形良好，退绕不易脱圈，并能使卷绕密度提高，纬管容纱量增加，减少织机换纬频率，从而有利于减少换纬回丝并提高织机的效率。目前多采用间接纬纱工艺。

新型织机使用筒子纱供纬，筒子容纱量大，可提高织造的生产效率。

（二）纬纱定捻

由于纱线加捻之后，纤维发生扭曲，特别是强捻纱中纤维的扭曲更大，在张力较小或是自由状态下，纤维变形的回复使纱线产生退捻和卷缩，在织造加工时，容易产生纬缩、脱纬、起圈等现象。不同纤维的弹性不同，变形回复的能力不同。涤棉纱的弹性好，反捻力强，产生上述现象的可能性大。纬纱定捻就是为了稳定纱线捻度，减少织造中的纬缩、脱纬和起圈等疵点，以提高织物的质量。

纱线定捻有多种方式，根据不同纤维原料、不同捻度，采用不同的方式。对于绉类织物，这种定捻是暂时的，因为加捻产生的扭应力在后整理时应该释放出来，得到织物设计所预期的“绉效应”，使织物表面光泽柔和，并有轻微的高低不平，以改善织物的外观。

纱线定形利用纤维具有的松弛特性和应力弛缓过程，把纤维的急弹性变形转化成缓弹性变形，而纤维总的变形不变。通过加热和加湿，可以使这种应力弛缓过程加速，在较短的时间内完成定形、定捻工作。

1．自然定形

自然定形就是把加捻后的纱线在常温常湿下放置一定时间。纤维内部的大分子相互滑移错位，纤维内应力逐渐减少，从而使捻度稳定。自然定形方式适用于捻度较小的纱线，比如1000 捻/米以下的人造丝在常态下放置 3～10 天，就能达到定形目的。

2．加热定形

加热定形即把需定形的纱线置于一密室中，通过热交换器（用蒸汽或电热丝）或远红外线，使纤维吸收热量温度升高、分子链节的振动加剧、分子动能增加，使线型大分子相互作用减弱，无定形区中的分子重新排列，纤维的弛缓过程加速，从而使捻度暂时稳定。

由于合成纤维具有独特的热塑性，因而定形必须控制在玻璃化温度之上、软化点温度之下进行，否则达不到定形目的。

加热定形适用中低捻度的人造丝，一般掌握温度 40～60℃，时间为 16～24h。目前利用烘房来热定形日趋减少，通常是用定形箱来进行热定形。

3．给湿定形

给湿定形是使水分子渗入到纤维长链分子之间，增大彼此之间的距离，从而使大分子链段的移动相对比较容易，加速弛缓过程的进行。对于棉纱线来说，过度吸湿会恶化纱线的物

理机械性能，在布面形成黄色条纹，并且引起管纱退解困难。纱线给湿后的回潮率要控制适当，通常棉纱回潮率控制在 8%～9%为宜。纱线给湿定形有如下几种方式。

(1) 喷雾法　棉织生产采用喷雾法时，纱线室内的相对湿度保持在 80%～85%，纱线存放 12～24h 后取出使用。存放 24h 之后，纡子表面的回潮率可提高 2%～3%。

(2) 潮间给湿　丝织生产中，低捻度的天然丝线在相对湿度 90%～95%的给湿间内存放 2～3 天，也可得到较好的定捻效果。若原料为低捻人造丝，则相对湿度控制在 80%左右。

(3) 水浸法　把纬纱装入竹篓或钢丝篓里，浸泡到 35～37℃的热水中 40～60s，取出后在纬纱室内放置 4～5h，再供织机使用。用于浸泡的池水应保持着清洁，每隔 2～3h 换水一次，以免污染纱线。

(4) 机械给湿法　采用毛刷给湿机，通过毛刷将溶有浸透剂的溶液喷洒到纬纱上。喷嘴给湿机通过喷嘴进行给湿，给湿均匀，占地面积小。它的构造因喷嘴不同而有单孔与多孔之分，输送纬纱管的帘子亦有双层、三层等不同形式。还可采用摇头喷雾器来给湿。如果在给湿液中添加浸透剂，可以加快水向纤维内部的浸透作用。

4. 热湿定形

根据定形原理，加捻后的纱线在热湿的共同作用下，定形的速度就大大加快。另外，随着纱线卷装的增大，纱层的卷绕堆积厚度增加，可能产生内外层纱线受到热湿空气作用时间差异变大，从而带来定形的差异，可以采用热定形箱来定形以解决该问题。

热定形箱大多为卧式圆筒形，由两只钢板圆筒套合而成夹层圆筒。从设备的构成中可以看出，这种定形设备可以有如下几种定形方式。

(1) 热湿定形　高温蒸汽可同时进入内筒和外筒，使待定形纱线和蒸汽直接接触，吸收到水分和热量。

(2) 真空定形　为了加快高温蒸汽渗透到纱线内层的速度，用真空泵先把筒内空气抽出，产生负压，然后再进高温蒸汽。

(3) 干热定形　高温蒸汽进入外筒和内筒的加热器。这样待定形纱线仅得到热量而没有水分。这种方法主要用于人造丝定形。

用热定形箱进行定形时要先对定形箱预热，一般温度达 40℃后再放入待定形纱线。排水阀工作状态良好，有冷凝水时能及时排出，否则产生的冷凝水可能使纱线产生水迹。

(三) 卷纬

卷纬就是把筒子卷装的纱线卷绕成符合有梭织造要求并适合梭子形状的纡子，它是在卷纬机上进行的。有梭织机的补纬方式有手工换梭，自动换梭和自动换纡。纡管的形式不但和补纬的方式有关，还和卷绕的原料有关。图 4-11 所示是几种常见的纡管，纡管的管身上有深浅、疏密不等的槽纹线，分别用于不同的纱线。如表面没有槽纹或槽纹浅而疏，适用于纤细长丝。图 4-11(d) 所示为半空心的纡管，常用于粗纺毛纱的卷装。在黄麻织机上，为增加纡子容纱量，采用无纡管的纡子。纡管的材料常用木材、塑料或纸粕。

(a)普通织机用的纡管

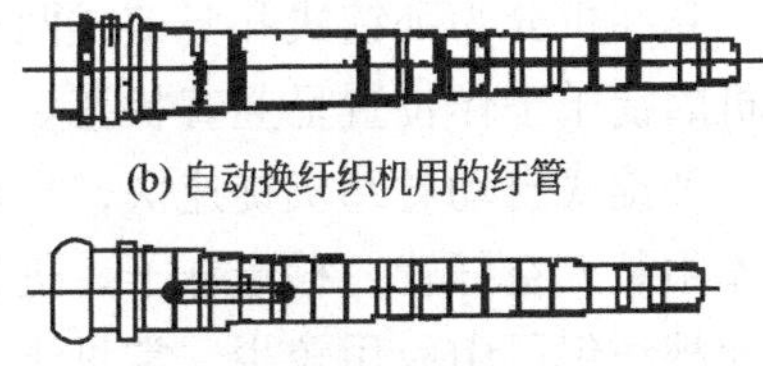

(b) 自动换纡织机用的纡管

(c) 自动换梭织机用的纡管

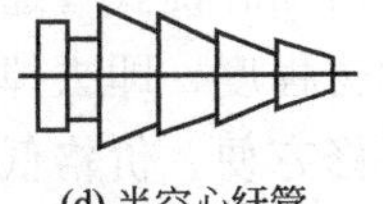

(d) 半空心纡管

图 4-11　几种常见的纡管

1. 卷纬成形与工艺要求

纡子的卷绕成形由纡管旋转、导纱器（或纡管）往复和导纱器（或纡管）级升三个基本运动来完成。也有部分卷纬机还采用差微卷绕的方式来防止纱圈的重叠。

纡子上的纬纱在织造时被高速牵引退解，要保证退解顺利且张力波动小，必须满足如下工艺要求。

(1) 纡子成形良好　纡管的端部是一个锥体，锥顶角 δ 大，则退解阻力小，但易脱圈，一般棉织用纡管锥角为 20°～24°，丝织为 12°～13°。因此，纡子的卷绕相当于在锥形筒子上的短动程卷绕，纬纱每卷绕一个往复动程，在级升运动的作用下，导纱器向纡管的顶端移动一段距离，直至整个纡管绕满纱线。纡子的卷绕结构如图 4-12 所示。

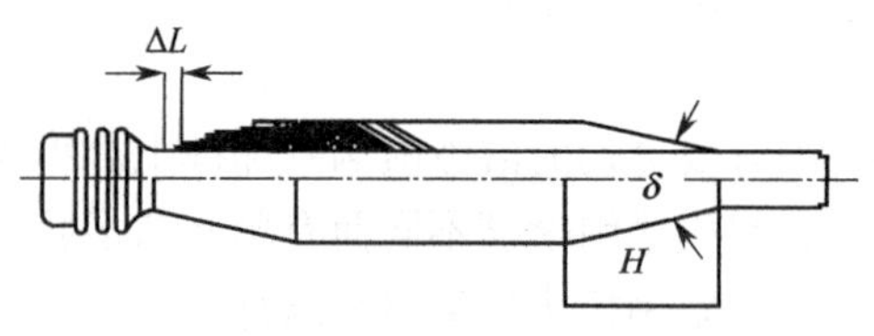

图 4-12　纡子的卷绕结构

级升距离 ΔL 和导纱动程 H 对纡子成形影响很大。导纱动程 H 确定后，级升距离 ΔL 越大，纡子尾部的锥顶角就越小，纡子直径越小，则卷绕容量下降；反之，级升距离确定，导纱动程 H 越大，纡子直径越大，卷绕容量增加，但纬纱退解时容易脱圈。

从络筒卷绕原理可知，合理选择卷绕比 i 的小数部分 a，可以起到防叠作用。需要注意的是，如果同时采用差微运动和防叠小数来防止纱圈重叠，则两者搭配要好，以免两者的纱圈位移值相互抵消，反而起不到防叠作用。

总之，纡子成形良好，一是要纡子表面平整，无重叠；二是要纡子的直径大小适中，纱线易退解、不脱圈。

(2) 纡子卷绕张力均匀合理　纬纱卷绕张力与筒子退解时的张力和卷纬时纱线张力有关。通过张力器来调节纱线卷绕张力，可使纡子张力适当、均匀，获得适当的卷绕密度，保证纡子的容纱量，也不损伤纱线的物理机械性能。

(3) 合理的备纱卷绕长度　在自动补纬织机上，从探纬部件探测到纬纱用完，应换梭或换纡，到执行机构完成补纬动作，需要织机 2～3 转的时间。不同的探纬方式所需时间不等，为了防止产生缺纬疵点，在纡子底部一般应绕有 3 纬左右的纬纱备纱。

另外，纡子是在梭子中退解的，因此选用纡管时应和梭子内腔匹配。纡管太短，纡子太细，则容纱量少，增加换纬次数和回丝；纡管太长，纡子太粗，则纬纱退解困难，甚至断头。

2. 卷纬机械

卷纬机分为卧锭式和竖锭式两类。卧锭式卷纬机的锭子工作位置呈水平状态；竖锭式卷纬机的锭子工作位置呈竖直状态。

卧锭式自动卷纬机锭速快，自动化程度高，生产效率高，操作工劳动强度低，只需在纡管库中装入空纡管，移走纡子，进行断头处理和清洁等工作。但这种设备每锭占地面积大，因此棉纺织厂中应用较少，常见于毛织、绢织生产。

丝织厂常用卧锭式普通卷纬机（即小油箱卷纬机），和卧锭式自动卷纬机相比，主要是降低了自动化程度，即去掉了自动换管机构、备纱卷绕机构、剪纱机构。这种卷纬机构造简单、安装检修方便、价格低廉、传动平稳且成形正确。

使用较为广泛的一种竖锭式卷纬机结构与细纱机接近，这种卷纬机产量高，纡子质量较好，工人看锭数多，占地面积小，维修方便，近年来在棉织生产中应用很广。

其他形式的卷纬机还有：碗形卷危机、大油箱普通卷纬机、GD501 自动卷纬机、半空心卷纬机和空心卷纬机等。

第三节　织　　造

一、织机概述

织布生产技术有着悠久的历史，其发展过程经历了原始手工织布、手织机织造、普通机器织造、自动织机织造和无梭织机织造等阶段。在原始手工织布阶段，人们采用简单的工具，将经、纬纱交织成织物，所采用的工具都由人工直接赋予动作。原始手工织布方法经历了漫长的历史演变后，出现了由原动机件、传动机件和工作机件三个部分组成的手织机，这种手织机为近代的传动机器进行大工业生产创造了条件。

进入 18 世纪后，织布技术有了较快的发展。1785 年英国人 E. 卡特赖特制造出能完成开口、透梭和卷布三个基本动作的动力织机，这是第一台用动力传动的织机，从那时候起织布技术进入了工业化织造时代。

用动力传动的有梭织机可以分为两大类：一类是需要人工补纬的普通织机，另一类是由机构自动完成补纬的自动织机。人们为使普通织机的补纬自动化，经历了一个多世纪的努力，直到 1892 年，美国人 J·诺斯勒普首先发明了自动换纡，当纬管上的纬纱用完时，通过换纡机构将满纡子换入梭内，同时排出空纬管。而自动换梭的补纬方法是在 1926 年由日本人韦田佐吉发明的，当自动换梭机纬管上的纬纱用完时，通过换梭机构将装有满纡子的梭子换入梭箱，同时排出纡子已空的梭子。至自动换梭织机问世，织造技术进入了自动织机织造的新时代。

普通织机及其后来的自动织机所采用的引纬原理，在本质上与手工机器织布相同，即都是用传统的梭子作载纬器。凡采用传统梭子引纬的织机被称为有梭织机。有梭织机的引纬具有三个特征：一是引纬器为体积大、质量大的投射器，二是该投射器内有纬纱卷装，三是引纬器被反复投射。

有梭织机引纬的特征是梭口尺寸特别大，以避免梭子进出梭口时与经纱产生过分的挤压致使经纱受损。即使在较低的车速和入纬率下，投梭加速过程和制梭减速过程仍然十分激烈，因此，织机的零部件耗损多，机器震动大，噪声高达 100～105dB，工人的劳动环境差，劳动强度大。有梭织机的这些缺点限制了车速和入纬率的进一步提高。

从 20 世纪初开始，人们提出了由引纬器直接从固定筒子上将纬纱引入梭口的新型引纬原理，并陆续获得成功。凡采用这种原理形成机织物的织机，统称为无梭织机或新型织机。目前，广泛应用的无梭织机有片梭织机、剑杆织机、喷气织机和喷水织机四大类型。此外，还有一些新的织造技术问世，如多相织机，它可以取得更高的入纬率，但是所生产的织物品种有较大的局限性，故尚未在生产中得到大量应用。

21 世纪，片梭织机、剑杆织机和喷射织机将形成三足鼎立的局面。片梭织机具有引纬稳定、织物质量优、纬纱回丝少等特点，但是机器价格贵；剑杆织机的最大特点是换色方便，适宜多色纬织造，但是纬纱受力较大，单位产量占地面积也略大，价格较贵；喷气织机劳动生产率高，但是能耗较大；喷水织机具有高速高产、能耗及占地面积少等优势，并且价格低，但是其主要用于表面光滑的疏水性长丝类织物的生产。如今，无梭织机已经在世界范围内得到普遍应用。

每一种织机的织造过程都包含开口、引纬、打纬、送经和卷取五大运动。

二、开口

（一）开口的目的

在织布机上，为使经纬纱按照织物组织的要求交织构成织物，必须将构成整幅织物的经纱分成上下两层，形成梭口，以便于引纬器将纬纱引入与经纱交织而成织物。这种使经纱上下分开的运动即为织机的开口运动，织机上完成开口运动的机构为开口机构。

（二）开口运动的要求

开口运动是影响织造生产的重要因素之一。特别是在开口运动中，每根经纱都多次受到拉伸、摩擦和弯曲的机械作用。在每一单位长度纱段上作用的次数可达几百甚至几千次之多，经纱很容易疲劳、表面受损甚至断裂。

在织造生产中，织机的开口运动和织机其他机构的运动有着紧密的联系，它们是相互配合且相互制约的。合理调整开口机构和开口运动的各个参数，对提高织机的产量、织物的品质十分重要。对开口运动及开口机构的要求如下。

① 开口机构结构要简单，对织物组织适应性要广。

② 穿入经纱的综框运动要平稳，震动要小。

③ 能适应织机高速运转。

④ 开口过程中，经纱受到的拉伸、弯曲和摩擦等作用力较小。

⑤ 形成的梭口要清晰，以利于引纬的顺利进行。

（三）梭口的形状

织机上的经纱是沿织机的纵向（前后）配置的，如图 4-13 所示。经纱从织轴引出后，绕过后梁 E 和经停架中导棒 D，穿过综眼 C 和钢筘，在织口 B 处同纬纱交织成布，再绕过胸梁 A，而后卷绕到卷布辊上形成布卷。

开口时，经纱随着综框的运动被分成上下两层，形成一个棱形的通道 BC_1DC_2，这就是梭口。构成梭口上方的一层经纱 BC_1D 为上层经纱，而下方 BC_2D 为下层经纱。梭口完全闭合时，两层经纱又随着综框回到原来的位置 BCD，此位置称为经纱的综平位置。

梭口的尺寸通常以梭口高度、长度和梭口角等衡量。开口时经纱随同综框作上下运动时的最大位移 C_1C_2 称为梭口的高度 H，从织口 B 到经停架中导棒 D 之间的水平距离为梭口的长度，它由前半部长度 L_1 和后半部长度 L_2 组成，L_1 与 L_2 的比值称为梭口的对称度。梭口的前半部 BC_1C_2 是梭口的工作部分，梭子或其他引纬器即从这里通过并纳入纬纱，完成经纬交织，$\angle C_1BC_2$ 称为梭口前角，$\angle C_1DC_2$ 称为梭口后角。通常，在梭口的高度相同的条件下，为了得到比较大的梭口前角和筘前梭口高度（上、下层经纱与钢筘交点的距离）以利于引纬，常采用前半部梭口长度小于后半部长度的不对称梭口。

经纱处于综平位置时，经纱自织口到后梁 E 有关机件相接触的各点连接线称为经纱位置线，如图 4-13 中的连线 $BCDE$。如果 D、E 两点在 BC 直线的延长线上，则经纱位置线将是一根直线，称为经直线。经直线只是经纱位置线的一个特例。折线 $ABCDE$ 则称为织机上机线。在一般情况下，梭口形状在梭口高度方向上并不对称。

在织机上机线上，ABC 必为一条直线。同时，经停架中导棒位置 C 随后梁高度 d 的改变而改变，使 CDF 始终成一条直线。一般胸梁高度不变，胸梁表面常作为基准用于衡量织口、综平时的综眼以及后梁相对于胸梁的高度。织口和综平时的综眼位置一旦确定一般不再

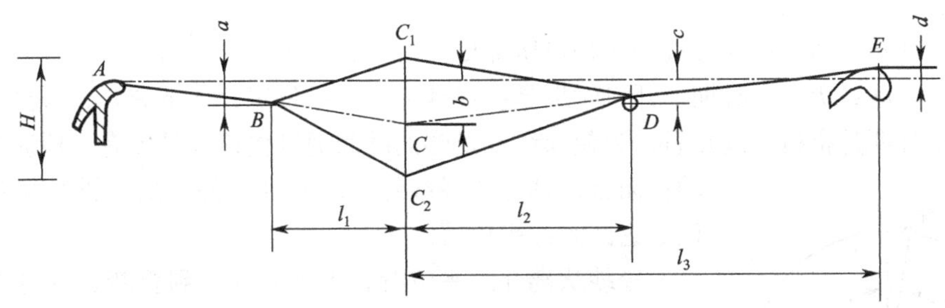

图 4-13　梭口的几何形状

改变，故在实际生产中所进行的经纱位置线的调整，确切地说是指改变后梁的高低、前后位置。

（四）梭口形成方式

不同类型的开口机构，在开口过程中形成梭口的方式不完全相同。按开口过程中经纱的运动特征，它们分为中央闭合梭口、全开梭口和半开梭口。

(1) 中央闭合梭口　在每次开口运动中，全部经纱都由综平位置出发，分别向上、下两个方向分开形成所需梭口。在梭口闭合时，所有上下层经纱都要回到综平位置。这种开口方式要求不论该综框的经纱下一次开口时是否保持在原来位置，都必须回到综平位置，然后再根据下一次梭口的要求由综平位置出发。

中央闭合梭口的开口方式，开口过程中上下层经纱的张力变化规律一致，可通过后梁的摆动进行集中调节。由于经纱每次都能回到综平位置，故对挡车工处理断头是方便的。但这种开口方式增加了经纱受拉伸和摩擦的次数，可能增加经纱的断头，且形成梭口时，所有经纱都在运动，梭口不够稳定，对引纬不利。一些毛织机和丝织机上的多臂开口机构或提花开口机构采用中央闭合梭口的开口方式。

(2) 全开梭口　这种开口方式仅要求下一次开口时，经纱要变换位置的综框升、降到新的位置，而其他经纱所在的综框保持静止不动。全开梭口的开口方式使开口过程中经纱受拉伸和摩擦的次数减少，有利于降低经纱的断头率，且形成梭口时只有部分经纱在运动，梭口较稳定，对引纬也是有利的。但由于综平时经纱不汇合成一片，故在织造非平纹组织的织物时需专门设置平综装置，以利于处理经纱断头。凸轮、多臂和提花三种开口机构均可采用全开梭口的开口方式。

(3) 半开梭口　这种开口方式与全开梭口基本相同，按照织物组织的要求，仅部分经纱上下交换位置，而需要继续留在下层的经纱保持不动，但需要留在上层的经纱则须稍微向下降，然后在形成下次梭口时再上升至原来的位置，有些多臂开口机构采用这种方式。

（五）梭口清晰程度

织机上常采用多页综织造，考虑到各页综作升降运动时互不干扰，彼比之间需有一定间距，因而各页综至织口的距离各不相同。各页综的动程配置使梭口满开时会形成不同清晰程度的梭口。梭口的清晰程度，对能否顺利引纬以及降低经纱断头等有重要影响。

（六）开口运动规律

在开口过程中，经纱由综框带动作升降运动形成梭口，综框运动的性质对经纱的断头有着很大的影响。在梭口的形状和尺寸确定后，综框运动规律就成为影响开口运动效果的根本因素，对保证织造顺利进行和提高织机生产率及织物质量有着重要意义。

1. 综框运动角的表示

织机主轴转一转，经纱形成一次梭口所需要的时间，称为一个开口周期。在一个开口周期内，经纱运动经历三个时期。开口时期是指经纱离开综平位置，上下分开，直到梭口满开为止；静止时期是指梭口满开后，为使纬纱有足够的时间通过梭口，经纱有一段时间静止不动；闭合时期是指经纱经一段时间的静止后，再从梭口满开的位置返回到综平位置。

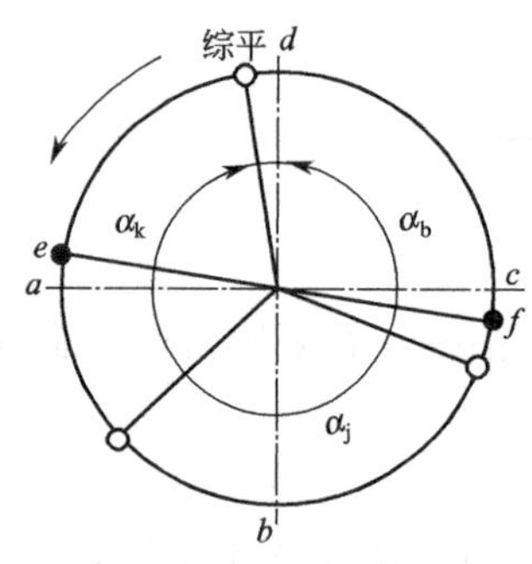

图 4-14 开口工作圆图

经纱从离开综平位置，上下分开，到重新返回这个位置就完成一次开口。在开口过程中，上下交替的经纱达到综平位置的时刻，即梭口开启的瞬间，称为开口时间，俗称综平时间，它是重要的工艺参数。通常，标注有织机主要机构运动时间参数的主轴圆周图称为织机工作圆图，用以表示织机运动时间的配合关系，如图 4-14 所示。图中箭头表示主轴回转的方向，除个别情况外，主轴总是按逆时针方向回转。圆周图的前方、下方、后方和上方四个特征位置（记为 a、b、c、d）分别称为前心、下心、后心和上心。摆动筘座到达最前和最后位置 e、f 时，主轴所在的位置分别称为前止点（前死心）和后止点（后死心）。前止点的主轴位置角为 0°，作为度量基准。图中开口时间的长短用开口角 α_k 表示，静止时间的长短用静止角 α_j 表示，闭口时期的长短用闭口角 α_b 表示。在闭合和开口时期内，综框处于运动状态之中，所以 $\alpha_b+\alpha_k$ 便是综框运动角。应该指出，织机主要机构运动时间的配合关系有时也用周期图表示。

2. 综框运动角的分配

开口角、静止角和闭口角的分配，随织机筘幅、织物种类、引纬方式和开口机构形式等因素而异。在有梭织机上，为使梭子能顺利地通过梭口，要求综框的静止角大些，但增加静止角，势必缩小开口角和闭口角，从而影响综框运动的平稳性。因此，对一般平纹织物来说，为了兼顾梭子运动和综框运动，往往使开口角、静止角和闭口角各占主轴的 $\frac{1}{3}$ 转，即 120°；随着织机筘幅的增加，纬纱在梭口中的飞行时间也将增加，因此，综框的静止角应适当加大，而开口角和闭口角则相应减小；在采用三页以上综框织制斜纹和缎纹类织物时，为了减少开口凸轮的压力角，改善受力状态，常将开口角和闭口角扩大；在喷气织机上采用连杆开口机构时，由于这种机构的结构关系，开口角和闭口角较大，而静止角为零；在设计高速织机的开口凸轮时，考虑到在开口过程中开口机构所受载荷逐渐增加，而在闭口过程中开口机构所受载荷逐渐减小，为使综框运动平稳和减少凸轮的不均匀磨损，常采用开口角大于闭口角。

3. 常用的综框运动规律

简谐运动规律（调和比运动）是指当一个质点在圆周上做等角速运动时，此质点在直径上的投影的运动。纵坐标为综框的位移，横坐标为综框运动角。其优点在于以此运动作为综框运动的规律，能基本满足前述开口工艺的要求。采用此运动规律时，在综平附近经纱张力小，综框运动速度大，而在开始闭合与接近满开时速度小。自梭口开始闭合至平综再至梭口满开，其速度自 0 增到速度的最大值，然后逐渐减小，至梭口满开时速度为 0。综框运动速度的变化与经纱张力的变化相反。按此规律设计的踏盘外形比较圆滑，作图简单，加工容易。但综框从静止到运动和由运动到静止之间的过渡瞬间有相当大的加速度值存在，使综框发生振动，对高速不利。

椭圆比运动规律，从运动到静止和自静止到运动之间的过渡时刻加速度值较小，此时引起的冲击也小。但在运动过程中加速度的变化不够平稳，且加速度的峰值也较大，容易引起综框的振动和经纱的断头。按此规律设计的踏盘外形不够圆滑，有适用于高速运转和多片综的情况。

任意比运动规律，是指按开口运动的工艺要求任意规定综框运动的速度变化规律。这样可更好地保护经纱，更适合织造要求。

（七）开口机构

开口机构主要按对其织物的适应能力进行分类，可分为以下几种。

(1) 适用于简单组织的开口机构　常用的有一般凸轮开口机构，主要织三原组织。等径凸轮开口机构主要适应于高速织造。共轭凸轮开口机构、沟槽凸轮开口机构等，这些均属踏盘来控制综框的升降，所以叫踏盘开口机构。特点是结构简单，能织 2～8 片综的织物，主要用于三原组织，但不易翻改品种。还有连杆开口机构，主要在新型织机上使用，如四连杆、六连杆开口机构等，其特点是适应高速，但品种适应性差。

(2) 多臂开口机构　其综框的升降由拉刀和拉钩来完成。综框的升降次序由纹板上的纹钉来控制。两套机构控制能织小花纹织物。综框数在 16～32 片之间。

(3) 提花开口机构　其与多臂的区别是不用综框而用线综，线综可达数千根，每根线综可独立运动，能织大花纹织物。其中电子提花开口中废除了机械式纹板和横针等控制装置，而用电磁铁来控制首线的上下位置。电子提花开口的工作容量目前已发展到 2688 片钩，即可控制 1344 根经纱的独立升降运动。它一般配置在剑杆织机和片梭织机上，主要用于织制领带和商标带织物。除了控制经纱以外，这种机构也经常同时用于控制选纬和送经、卷取运动。

三、引纬

（一）引纬概述

1. 引纬的任务与作用

当织机由开口机构形成梭口后，用剑杆、喷射流体、片梭或梭子等载纬器将纬纱引入梭口的运动称为引纬运动，简称引纬。完成引纬运动的机构叫引纬机构。

提高织机的入纬率，可减少纬纱的回丝率、消除缺纬、减少横挡、降低噪声、提高自动化水平等。随着织机速度的不断提高，用于引纬的绝对时间很短，在引纬过程中，载纬器要在很短的时间内牵引纬纱准确平稳地穿越整个梭口，笨重的有梭引纬显然不太适应，故片梭、剑杆、喷气、喷水等新型引纬方式的应用越来越普遍。

2. 对引纬的工艺要求

引纬是织机五大运动中比较重要的组成部分，对其工艺要求为：

① 与开口、打纬配合协调；

② 引纬运动平稳准确，机构安全可靠；

③ 高速适应性好，动力与机物料消耗少，运转费用低；

④ 产品适应性广，布边能适应后加工要求；

⑤ 纬纱断头率低，补纬方便等；

⑥ 操作方便，自动化程度好；

⑦ 冲击小，噪声小，环保性好。

3．引纬的主要工艺参数

国际上常用理论入纬率（简称入纬率）这一参数来衡量和比较织机的生产能力。所谓入纬率，也叫引纬速度，指单机台织机在一分钟内引入梭口纬纱的长度，单位为 m/min。其公式为：

$$A=nLN \tag{4-1}$$

式中 A——入纬率，m/min；

n——织机主轴一转中引入梭口的纬纱根数，根/转；

L——引入梭口的每根纬纱长度，数值上等于穿经筘幅，m/根；

N——织机主轴转速，r/min。

由机织学知识可以得知：

$$N=\alpha v/6(L+m) \tag{4-2}$$

式中 v——纬纱通过梭口时的平均速度；

m——载纬器计算长度，m；

α——纬纱通过梭口所对应的主轴转角，简称引纬角。

在计算入纬率时，当 $n=1$ 时，对片梭和剑杆而言，$A=L\alpha v/6(L+m)$；对喷气和喷水而言，$A=\alpha v/6$（m 可忽略不计）。

影响入纬率的因素较多，主要有以下几方面。一是织机幅宽，增加织机幅宽，织机入纬率会有所增加，这仅对剑杆、片梭和有梭织机有效，且当筘幅比较小时作用明显，但当筘幅增加到一定程度时，效果并不明显；二是引纬角，在其它条件相同的情况下，增加载纬器飞行角可以提高织机转速，从而提高入纬率，但主轴一回转 360°内要完成开口、引纬、打纬等运动，显然不可能使载纬器飞行角不断增大，在一定范围内二者成正比；三是纬纱飞行速度，提高载纬器的飞行速度，可以正比例地提高入纬率；四是织机的转速，增加织机的转速，入纬率成正比例增加；五是载纬器长度，减小载纬器长度，可在一定范围内增加入纬率。

4．引纬方式的分类及特点

通常引纬方式分为新型无梭引纬与传统有梭引纬两大类。

有梭引纬是指用装有纬管的梭子引纬，其结构简单，调节方便，使织物形成光边，便于后加工。

无梭引纬的基本特点是将纬纱卷装从引纬器中分离出来，或者在其中仅存放一次引纬用的纬纱，从而使引纬器变得越来越轻，为高速引纬提供了有利的条件。目前广泛应用于生产上的无梭引纬有片梭引纬、剑杆引纬、喷气引纬、喷水引纬。其共同的特点是生产效率高，织物质量好，维护操作方便。无梭织机将代替有梭织机，此外一种新型的纬向多梭口引纬方式正在积极研究当中。无论是上述的无梭引纬还是有梭引纬，均是采用单梭口引纬方式，即在织机的一个工作循环中，只形成 1 个梭口，引入 1 根纬纱，其引纬工作效率还需要进一步提高。为克服单梭口引纬的缺点，多梭口引纬是目前研究的方向。所谓多梭口引纬，是在织机主轴一个回转周期内，依次或同时形成多个梭口，同时或顺序地进行多个引纬过程，引入多根纬纱。从而可大幅度地提高引纬的工作效率，使引纬率达到更高的水平。

（二）有梭引纬

梭子不仅是有梭织机的引纬器，也是载纬器，有梭织机上纬纱卷装呈管纱形式容纳在梭腔内，这种纬纱卷装被称之为纡子。有梭织机的两侧各装有一套投梭机构和制梭装置，引纬结束后梭子制停在其梭箱中。

引纬开始时，依靠织机上的投梭机构对梭子加速，梭子加速到最高速度（12m/s 左右）后脱离投梭机构，呈自由飞行状态进入梭口，在飞越梭口后到达对侧的梭箱并同时受到制梭装置的作用，制停在对侧梭箱中，完成第一次引纬。下次引纬则由对侧的投梭机构将梭子发射到梭口中，并在梭子返回到这一侧梭箱的同时受到制梭装置的作用，制停在这一侧梭箱中，完成第二次引纬。通过上述两次引纬过程的重复，梭腔中纡子上的纬纱不断被引入梭口。

梭子应耐冲击、耐磨损、质地坚韧的优质或压缩木料制成，现多用工程塑料制成，两端镶有梭尖，梭尖是用中碳钢制成的圆锥体，以提高其耐冲击性能。为减少飞行阻力和顺利进出梭口，梭子表面很光滑，外形呈流线型。梭子的长度、宽度和高度由梭口的大小决定，梭口大一些，梭子长度、宽度、高度也可大些；反之，就要小些。梭子内腔尺寸大小应考虑纡子卷装容量和纬纱在梭腔中的退绕条件。用于纤细的长丝织造，梭子尺寸可小些；用于粗特的毛、麻纱织造，为增加纡子的容纱长度，减少换纬次数，通常都采用尺寸较大的梭子。

由于有梭织机通常按照所适应制织的纱线原料分成棉、毛、丝、麻织机，梭子的类型随织机而异。图 4-15 所示为我国棉织生产中应用最为普遍的自动换梭织机上的梭子。纡子是插在梭芯上的，梭芯根部的纡子座上设有角销和底板弹簧，以防梭芯跳动，使纡子定位准确，保证纡管根部的探针槽对准梭子前壁的探针孔，以便探针对纡子上剩余的纬纱量进行探测。梭子前壁装有导纱磁眼，导纱磁眼在梭子前壁上的位置有左右侧之分，磁眼在右侧的适应左手织机（即织机的开关车装置在左侧），磁眼在左侧的适应右手织机（织机的开关车装置在右侧）。梭子前壁有护纱槽，当梭子进入梭箱时，可避免机件对经纱的挤磨而断头。梭子底部开有凹槽，以减少对下层经纱的接触摩擦。梭子底面与背面的夹角，应同钢筘与走梭板间的夹角一致，棉型织机的这个夹角为 86.5°。梭子的重心处于梭子横截面的后下方，以增加梭子沿钢筘飞行的稳定性。为使纬纱引出时具有工艺上需要的张力，在梭腔内装有张力装置。张力装置的形式很多，有采用张力钢丝，或张力钢丝配合鬃毛刷，也有在梭子内腔壁上贴毛皮、长毛绒或加装尼龙环等方法。张力装置还起到控制纬纱退解气圈、均匀纬纱张力的作用。

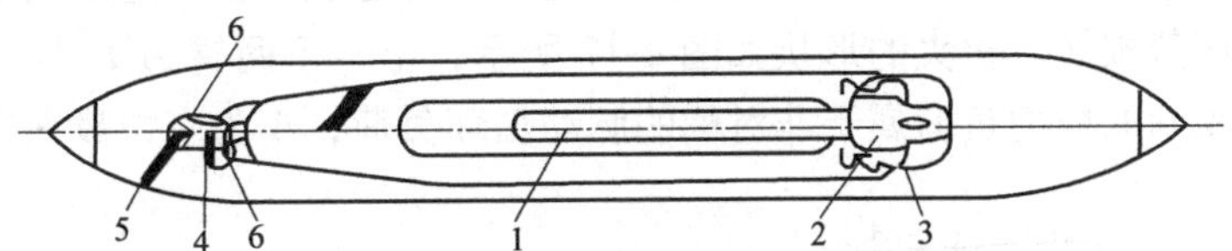

图 4-15　国产棉织自动换梭织机的梭子

1—梭芯；2—纡子座；3—梭尖；4—导纱磁眼；5—导纱槽；6—导纱钢丝

（三）片梭引纬

片梭织机的引纬方法是用片状夹纱器将固定筒子上的纬纱引入梭口，这个片状夹纱器称为片梭。片梭引纬的专利首先是在 1911 年由美国人 Poster 申报，着手研制片梭织机是在 1924 年，从 1942 年起由瑞士苏尔寿（SULZER）公司独家研制，到 1953 年首批片梭织机正式投入生产使用，这使得片梭织机成为最早实用化的无梭织机。

片梭织机的种类有单片梭织机和多片梭织机两种，苏尔寿片梭织机属于多片梭织机，这种片梭织机在织造过程中，有若干把片梭轮流引纬，仅在织机的一侧设有投梭机构和供纬装置，故属于单向引纬。进行引纬的片梭在投梭侧夹持纬纱后，由扭轴投梭机构投梭，片梭高速通过分布于筘座上的导梭片所组成的通道，将纬纱引入梭口，片梭在对侧被制梭装置制停，释放掉纬纱纱端，然后移动到梭口外的空片梭输送链上，返回到投梭侧，再等待进入投梭位置，以进行下一轮引纬。单片梭引纬由于只用一把片梭，需两侧供纬和投梭，加之片梭引纬后的调头也限制织机的速度提高，故单片梭织机不够理想，其数量也很少。本节只介绍苏尔寿片梭织机。

1. 片梭

如图 4-16 所示，片梭由梭壳和梭夹经铆钉铆合而成。钳口起夹持纬纱的作用，张钳器插入圆孔时，钳口张开，纬纱落入钳口，张钳器拔出后，钳口夹紧纬纱。织造生产中，应根据所加工纬纱的纤维材料和细度合理选择片梭的型号，不同型号片梭的钳口形状和钳口夹持力是不同的，夹持力变化范围为 600～2500cN，钳口之间的夹持力应确保夹持住纬纱。片梭表面应当光滑、耐磨，整个片梭的结构应符合严格的轴对称，过大的误差会引起梭夹钳口张开及夹纬的故障。

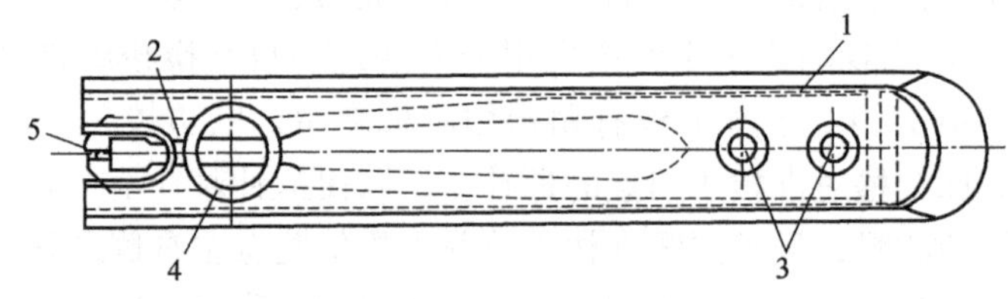

图 4-16 片梭

1—梭壳；2—梭夹；3—铆钉；4—圆孔；5—钳口

在织造过程中，每引入一根纬纱，梭夹钳口需打开两次，第一次打开是在投梭侧，让递纬器将纬纱纱端置于钳口之中；第二次打开是在片梭飞越梭口后，把片梭钳口中的纬纱释放掉。钳口的开启靠梭夹打开器插入片梭尾部的圆孔中实现的。片梭尾部有两个孔，靠前部的圆孔供第一次打开递纬用，能将钳口打开到 4mm 供递纬器进入到钳口内，而靠后部的孔在引纬结束后打开钳口释放纬纱，其张开程度比递纬时小得多。

片梭是片梭织机的关键器件之一，而梭夹又是片梭的心脏。在织造过程中，梭夹的反复开启，易导致其疲劳损坏。梭夹的形状如图 4-17 所示，上、下两臂 $A'F'$ 与 AF 对称，梭夹在开、闭过程中受到的应力负荷属于非对称的脉动循环负荷，A 为应力最大的危险截面。

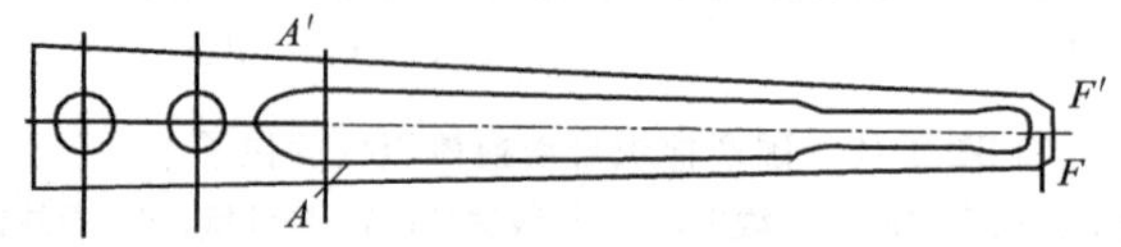

图 4-17 片梭梭夹

梭夹臂由于受到非对称脉动循环负荷的作用，易导致疲劳损坏，可从两个方面来提高其疲劳寿命。一方面合理设计梭夹臂的几何形状，即在保证工艺上所要求的夹持力情况下，通过设计合理的几何形状，使梭夹开启后的应力幅值减小，同时要注意避免应力集中。另一方面合理选择材料与热处理工艺。梭夹材质应有较高的疲劳极限及良好的韧性，尽量提高表面光洁度，并采取表面强化措施。

苏尔寿片梭织机为多片梭织机，需用若干把片梭循环引纬，每台织机所需片梭只数与上机筘幅大小有关，配备只数＝上机筘幅（mm）/254＋5。例如，320cm 上机筘幅时，需配 18 只片梭。

2. 片梭织机的扭轴投梭机构

片梭引纬运动的动能来自扭轴投梭机构中扭轴扭转的变形能，因而击梭后片梭初始速度与织机车速无关，只取决于扭轴的扭转变形量。图 4-18 所示为苏尔寿片梭织机上所用的扭轴投梭机构，该投梭机构的核心部件为扭轴，故称之为扭轴投梭机构，它由扭轴部分、四杆机构部分、投梭凸轮部分、液压缓冲四个部分组成。

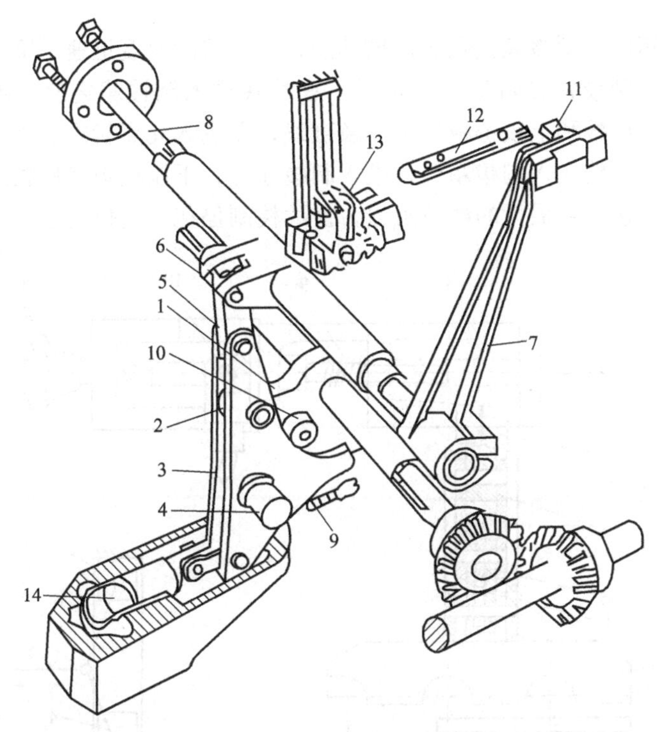

图 4-18　扭轴投梭机构

1—投梭凸轮；2,10—转子；3—摆杆；4—摆杆回转轴；5—连杆；6—摇臂；7—投梭棒；8—扭轴；9—定位螺钉；11—滑块；12—片梭；13—导梭片；14—液压缓冲器

扭轴投梭机构的工作原理是，在投梭前的相当长时间内，通过对扭轴的加扭来储存投梭所需的能量，投梭时，扭轴迅速恢复原状态，将储存的弹性势能释放，使片梭加速到所需的飞行速度。整个工作过程分为四个阶段。

（1）储能阶段　在这一阶段中投梭扭轴被加扭，储存弹性势能。随着投梭凸轮转向大半径，驱动转子，使摆杆逆时针方向转动，连杆向上移动，推动摇臂顺时针方向转动，扭轴受到加扭，直到投梭凸轮半径不再增大为止，而此时回转轴的轴心恰好与连杆的两端中心三点呈一直线，且定位螺钉也刚好与摆杆下端相接触。

（2）自锁阶段　前一阶段结束时，四杆机构进入了自锁状态（摇杆的作用力不能使摆杆转动），这一状态继续保持着。扭轴保持在最大扭转状态，投梭棒及投梭滑块静止在外侧位置，等待引纬片梭就位以及递纬器递纬等动作的完成。在这一阶段中，投梭凸轮仍然保持匀速回转，转子将脱开与投梭凸轮的接触。

(3) 投梭阶段　四杆机构的自锁状态被解除，扭轴迅速复位使投梭滑块完成击梭动作。这一阶段的开始是当投梭凸轮回转到其上的转子推动摆杆上的弧形臂时，转子的推动将使摆杆稍有转动，从而解除了原来的自锁状态，扭轴迅速复位通过投梭棒使击梭滑块加速片梭进入导梭片。

(4) 缓冲阶段　缓冲阶段使整个投梭机构在投梭后迅速而平稳地静止在初始位置上。当摆杆复位到一定位置时，液压缓冲器将开始起作用，此时片梭已经获得了所需速度，即投梭已经完成，整个投梭系统受缓冲作用而平稳地向初始状态恢复，到达初始位置时能静止下来，这样可避免扭轴反向扭转，不致出现自由扭转振动，从而提高了扭轴的寿命。

3. 制梭

片梭进入制梭箱后，制梭装置吸收片梭动能，使片梭的速度迅速下降为零，并准确地制停在一定的位置上，制梭装置如图 4-19 所示。在片梭进入制梭箱之前，连杆向左推进，制梭脚下降，直至下铰链板和上铰链板位于一条直线，即进入死点状态。下制梭板和制梭脚之间构成了制梭通道。片梭飞入制梭箱后，进入制梭通道，下制梭板和制梭脚的制梭部分采用合成橡胶材料，对片梭产生很大的摩擦阻力，使片梭制停在一定位置上。

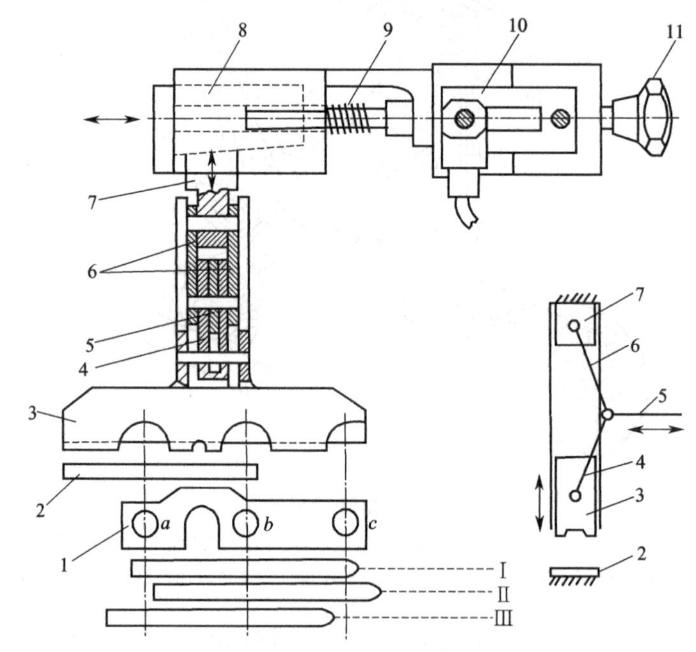

图 4-19　片梭制梭装置

1—接近开关组合；2—下制梭板；3—制梭脚；4—下铰链板；5—连杆；6—上铰链板；7—升降块；8—滑块；9—调节螺杆；10—步进电动机；11—手柄

制梭脚的前侧装有接近开关组合，上面有接近开关 a、b、c。接近开关 b 用于检测片梭的飞行到达时间，接近开关 a、c 则用于检测片梭的制停位置，从而以下述三种途径自动调整制梭力。

① 当片梭制停在位置Ⅰ，接近开关 a、c 均有信号发出，说明制梭力正常，步进电动机 10 不发生调节作用。

② 当片梭制停在位置Ⅱ，接近开关 a 无信号发生，说明制梭力不足，步进电动机立即转动一步，滑块向右移动 1mm，升降块下降，使制梭脚降低一定距离，经几次调整，直至片梭被制停在位置Ⅰ。

③ 当片梭制停在位置Ⅲ，接近开关 c 不发生信号，说明制梭力偏大，电脑自动记录制梭力偏大的次数，如果 27 次引纬中有 20 次制梭力偏大，则每 27 次引纬后步进电动机反向转动一步，使制梭脚上升一定距离，经几次调整直至片梭制停到位置Ⅱ，然后，再自动调节到位置Ⅰ。这样的调整方式有助于消除机构间隙对制梭的影响。

连杆向右回退时，制梭脚上升，对片梭的制动被解除，以利后续的片梭回退和推出制梭箱，进入输送链。

4. 片梭引纬过程

片梭织机的引纬系统主要包括筒子架、储纬器、纬纱制动器、张力平衡装置、递纬器、片梭、导梭装置、制梭装置、片梭回退机构、片梭监控机构、片梭输送机构等。储纬器是无梭织机上为适应高入纬率而普遍采用的装置，它是一个典型的机电一体化装置。靠自身电动机的传动，储纬器将纬纱从筒子上预退绕到其绕纱鼓上，引纬时纬纱再从绕纱鼓上退出。采用储纬器后，纬纱退绕张力大大降低，且消除了退绕直径变化的影响，张力均匀性提高。

片梭引纬时飞行速度很高，达到 30m/s 左右，加之质量轻、体积小，需采用由若干片导梭片组成的通道来控制片梭飞行。导梭片形状如图 4-20 所示，它们呈等间隔固装在筘座上，随筘座一起前后摆动。因投梭机构与筘座是分离的，这就要求筘座在片梭引纬时静止在最后方，让片梭在导梭片组成的通道中飞越梭口。片梭到达接梭箱后，筘座向机前摆动打纬，导梭片向前从下层经纱退到梭口外，纬纱便从导梭片的脱纱槽中脱出留在梭口中，被钢筘继续打入织口形成织物。完成打纬后，随筘向后摆动，导梭片便又从下层经纱进入梭口，直至位于梭口中央并静止，供引下一纬的片梭飞行。

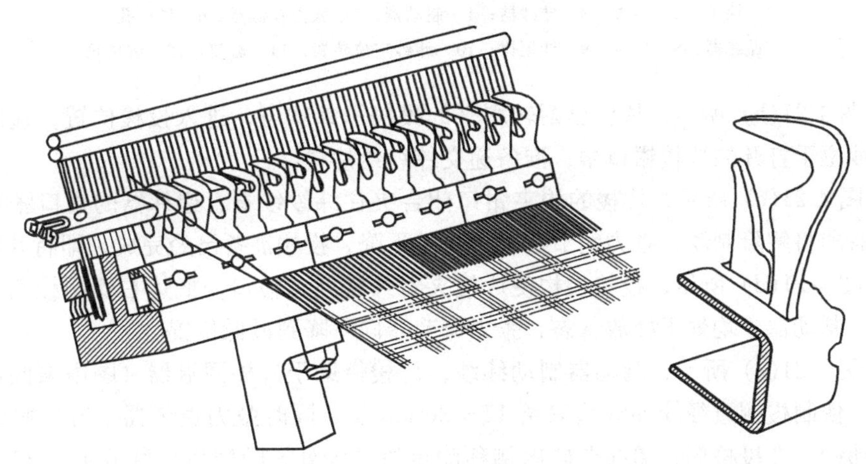

图 4-20　导梭片及其组成的通道

片梭织机的整个引纬过程可根据片梭及纬纱的状态分为十个阶段。

① 如图 4-21(a) 所示，片梭由右侧（制梭侧）经梭口下方的片梭输送链条输送到达左侧（投梭侧）梭箱，在进入投梭位置的提升过程中，片梭被翻向（由侧面向上翻转成水平状），梭夹被打开。纬纱从筒子引出后，经过储纬器（图中未画出），再经导纱器、制动器、张力补偿器、导纱孔后，其纱端被递纬器的钳口所夹持。此时，制动器制住纬纱，张力补偿

器处于最高位置，制动器和递纬器之间的纬纱被张紧，以避免因松弛而扭结。

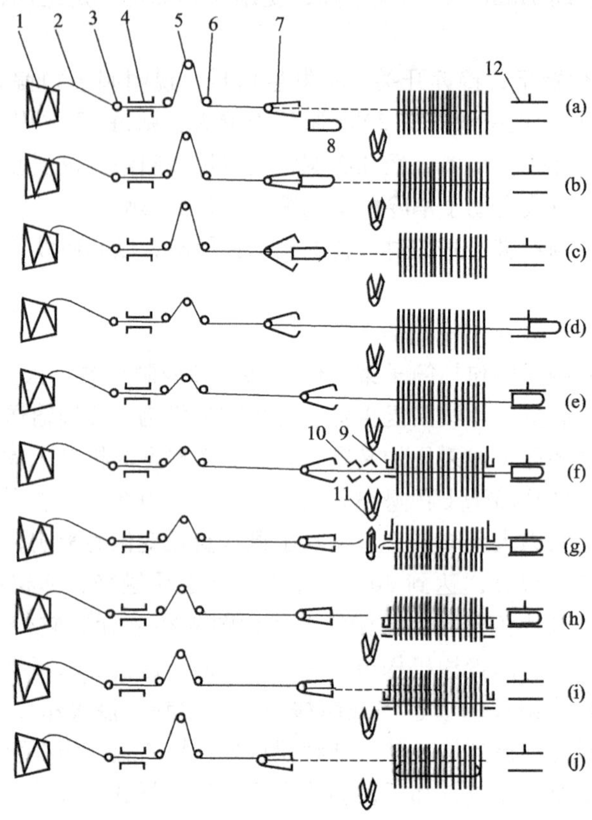

图 4-21 片梭引纬过程

1—筒子；2—纬纱；3—导纱器；4—制动器；5—张力补偿器；6—导纱孔；7—递纬器；8—片梭；9—纱尾钳；10—纬纱定位装置；11—剪刀；12—制梭箱

② 如图 4-21(b) 所示，片梭已翻转水平的投梭引纬状态，进入投梭位置，递纬器的钳口夹着纬纱位于打开的片梭钳口中，准备递交纬纱给片梭。

③ 如图 4-21(c) 所示，片梭的梭夹钳口闭合夹住纬纱纱端，递纬器的钳口张开放掉纬纱，制动器即将解除制动，张力调节器也将开始下降，投梭准备已经完成，即将开始投梭。

④ 如图 4-21(d) 所示，投梭机构使片梭夹着纬纱飞越梭口，抵达右侧制梭箱，整个飞行过程中，制动器 4 均处于释放状态，张力调节器向下降到最低位置。

⑤ 如图 4-21(e) 所示，制动器制动纬纱，片梭借助于片梭回退器（图中未画出）退回到布边处，使制梭侧边经纱外纱头只留 15～20mm 长，同时张力调节器上升以吸收掉片梭回退出的纬纱，在投梭侧，递纬器向内侧移动至边经纱处，同样也只留纱尾长 15～20mm，剪纬后由它夹持住下一根纬纱的纱端。

⑥ 如图 4-21(f) 所示，纬纱定位装置接近纬纱，将纬纱推入张开的递纬器 7 钳口中。同时，两侧的纱尾钳移至纬纱，将纬纱夹住。

⑦ 如图 4-21(g) 所示，在投梭侧，递纬器钳口闭合夹持住纬纱，张开的剪刀 11 上升至纬纱处准备剪纬，在制梭侧，片梭钳口打开，将纬纱释放。

⑧ 如图 4-21(h) 所示，剪刀剪断纬纱，递纬器开始向外侧退回，张力调节器再度上升

吸收纬纱，片梭向机后方向退出制梭箱，向下落到输送链条上返回投梭侧。在投梭侧，又一把片梭进入盛梭盒内，等待提升到投梭位置。

⑨ 如图 4-21(i) 所示，递纬器继续回退，张力调节器仍在上升，剪刀下降复位，纱尾钳夹住纬纱两端，随筘座一起向前运动，纬纱被打入织口。

⑩ 如图 4-21(j) 所示，递纬器 7 退到最外侧，张力调节器上升至最高点。在采用折入边机构时，布边外的纬纱头已绕在折边机构的钩针上，由钩针将它勾入下一纬的梭口中，形成折入式布边。

上述各个阶段不断重复，便可引入一根根纬纱，织成织物。

5. 片梭引纬的品种适应性

片梭引纬类同有梭引纬，属于积极引纬方式，对纬纱具有良好的控制能力。片梭对纬纱的夹持和释放是在两侧梭箱中于静态的条件下进行的，因此片梭引纬的故障少，引纬质量好，纬纱在引入梭口之后，它的张力受到精确的调节。这些性能都十分有利于高档产品的加工。

由于片梭对纬纱具有良好的夹持能力，因此用于片梭引纬的纱线范围很广，包括各种天然纤维和化学纤维的纯纺和混纺短纤纱、天然纤维长丝、化学纤维长丝、玻璃纤维长丝、金属丝以及各种花式纱线。但是，片梭在起动时的加速度很大（$1200\times9.8\mathrm{m/s^2}$），约为剑杆引纬的 10～20 倍，因此对于经弱捻纱、强度很低的纱线作为纬纱的织物加工来说，片梭引纬显然是不适宜的，纬纱容易断裂。

片梭引纬具有 2～6 色的任意换纬功能，可以进行固定混纬比 1∶1 的混纬和 4～6 色的选色。换纬时，选色机构的动作和惯性比较大，在非相邻片梭更换时，这种缺点比较明显。

片梭织机的幅宽很大，当织机转速为 470r/min 时，入纬率可达 1400m/min，表现出低速高产的特点，显然对提高织物成品质量，减少织机磨损和机械故障有重要意义。

片梭织机的幅宽范围为 190～540cm。能织制单幅或同时织制多幅不同幅宽的织物。在单幅加工时，移动制梭箱的位置，可以方便地调整织物的加工幅宽。在多幅织造时，最窄的织物上机筘幅为 33cm，几乎能满足所有的织物加工幅宽要求。加工特宽织物和筛网织物，则是片梭引纬的特色。

片梭引纬能配合多臂开口机构或提花开口机构，加工一些高附加值的装饰用织物和高档毛织物，如床上用品、窗幔、提花毛巾被、精纺薄花呢、提花毛毯等。

片梭引纬通常采用折入边，因此布边是光边，在无梭织机各类布边中，属于经、纬纱回丝损失最少的一种。在加工毛织物时，如加装边字提花装置，还可织制织物边字。织入边容易产生布边纬密过大、边织物过厚的缺点，因此，布边的经纱密度和钢筘穿入数要适当减少。

（四）剑杆引纬

剑杆织机引纬方法是用往复移动的剑状杆叉入或夹持纬纱，将机器外侧固定筒子上的纬纱引入梭口，剑杆的往复引纬动作很像体育中的击剑运动，剑杆织机因此而得名。

在无梭织机中，剑杆织机的引纬原理最早被提出，起初是单根剑杆，以后又发明了用两根剑杆引纬的剑杆织机。在 1951 年的首届国际纺织机械展览会（ITMA）上就展出了剑杆织机样机。

剑杆织机品种适应性强，原因在于剑杆织机是积极地将纬纱引入梭口中，引纬运动是约束性的，纬纱始终处于剑头的积极控制之下。凡棉、毛、丝、麻、玻璃纤维、化学纤维或轻、中、重型织物都可用相应的剑杆织机来制织，特别是近年来在提高纬纱在剑头之间交接的可靠性，以及尽可能减小剑头对经纱摩擦等方面取得了突破之后，大大提高了其竞争力，尤其是剑杆织机具有轻巧的选纬装置，换纬便当，在采用多色纬织造时，更显示出它的优越性。

1. 剑杆织机分类

剑杆引纬形式最多，可按以下几个特征分类。

(1) 剑杆的配置　剑杆的配置有单剑杆引纬和双剑杆引纬之分。单剑杆引纬仅在织机的一侧安装比布幅宽的长剑杆及其传剑机构，由它将纬纱送入梭口至另一侧，或空剑杆伸入梭口到对侧握持纬纱后，在退剑过程中将纬纱拉入梭口完成引纬。双剑杆引纬在织机两侧都装有剑杆和相应的传剑机构，这两根剑杆分别称之为送纬剑和接纬剑。引纬时，纬纱由送纬剑送至梭口中央，然后交付给对侧也已运动到梭口中央的接纬剑上，两剑再各自退回，由接纬剑将纬纱拉过梭口。

这两种形式相比，单剑杆引纬时，纬纱不经历梭口中央的交接过程，故较可靠，剑头结构简单，但剑杆尺寸大，增加占地面积，且剑杆动程大，限制车速的提高。而双剑杆引纬时，剑杆轻巧，结构紧凑，便于达到宽幅和高速，梭口中央的纬纱交接现已很可靠，极少失误，因此目前广泛采用的是双剑杆引纬。

(2) 纬纱交接方式　双剑杆引纬时，纬纱在梭口中央由送纬剑交付给接纬剑，交接方式有叉入式和夹持式两种。叉入式的特征是送纬剑与接纬剑之间以纱圈交接纬纱，叉入式又可分为单纬叉入式和双纬叉入式。单纬叉入式引纬过程如图 4-22 所示，纬纱从筒子引出，经过张力器和导纱器后，纬纱头端夹持在供纬夹纱片中，送纬剑和接纬剑在梭口开启时相向进入梭口，当送纬剑头经过导纱器时，纬纱便挂在送纬剑的叉口中，但纬纱纱端仍夹持在夹纱片中，如图 4-22(b) 所示。在梭口中央交接时，接纬剑勾住纬纱纱圈，纬纱纱端则从夹纱片中释放，接下来随接纬剑退出梭口，纬纱不再从筒子退绕，接纬剑将纬纱拉成单根留在梭口中，打纬后已织入的一纬仍与筒子相连，如图 4-22(c) 所示，待送纬剑将下一纬的纬纱纱圈交付给接纬剑时，导纱器已将纬纱纳入剪刀剪断，与筒子相连的纬纱纱端又由夹纱片夹持作下次供纬准备，引入的纬纱由接纬剑拉过梭口，至此引纬过程经历了两纬一个循环，刚引入到织物中的两纬相连但处于两个梭口中，犹如“发夹”状，每一梭口中仅有一根纬纱，故称单纬叉入式。单纬叉入式引纬时，纬纱与送纬剑剑头叉口和接纬剑剑头钩端之间有摩擦，接纬剑将纬纱拉出时纬纱稍有退捻且处于无张力状态，不易形成良好的布边，还有纬纱从筒子上退绕时的速度为剑杆速度的两倍，附加的纬纱张力过大，不利于高速。

双纬叉入式的引纬过程如图 4-23 所示。纬纱经张力器、导纱器后，穿入送纬剑的孔眼中，被送纬剑送入梭口，两剑在梭口中央交接，接纬剑钩端伸入送纬剑中勾住纬纱，如图 4-23(b) 所示。接纬剑已勾住纱圈退出梭口，在打纬的同时由撞纬片使纱圈从接纬剑钩头上脱下来套到成边机构的舌针上，由舌针将它与上一个纬纱纱圈串套成针织边，如图 4-23(c) 所示。送纬剑在退剑时，纬纱仍穿在剑头的孔内，接纬剑退回时，纬纱继续从筒子上退绕，这样每次引入梭口的纬纱为双根纬纱。双纬叉入式引纬只适于制织双纬织物，且无法换纬，故只能用于单色纬纱制织，有着很大的局限性。

夹持式的特征是送纬剑与接纬剑之间以纱端形式交接纬纱。夹持式引纬过程如图 4-24 所示，当送纬剑向梭口中进剑时将梭口外处于引纬路线上的纬纱夹持住，同时纬纱剪刀将与上一纬相连的纬纱剪断，送纬剑便夹持住纬纱的头端进入梭口引纬。送纬剑与接纬剑在梭口

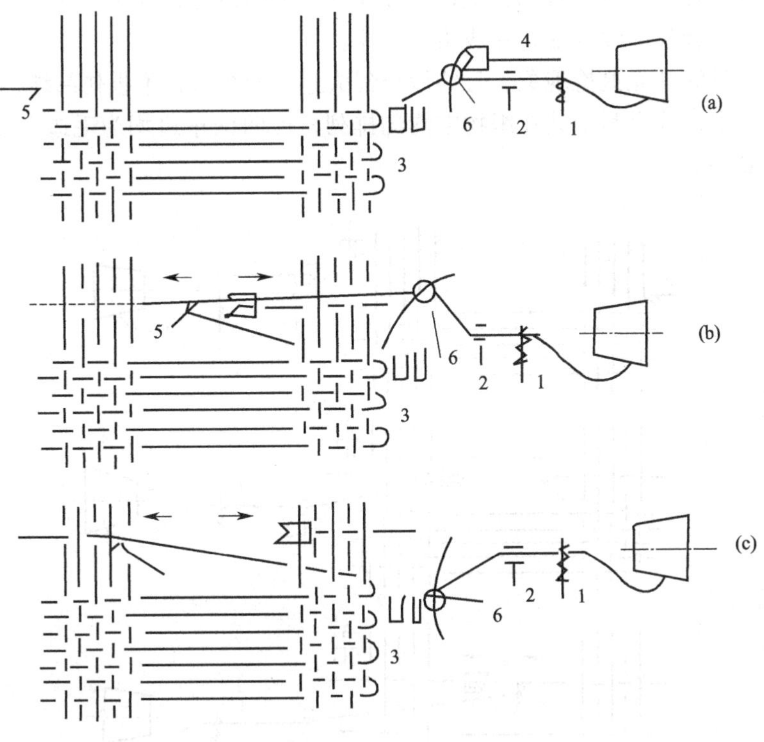

图 4-22　单纬叉入式引纬过程

1—张力器；2—导纱器；3—夹纱片；4—送纬剑；5—接纬剑；6—导纱器

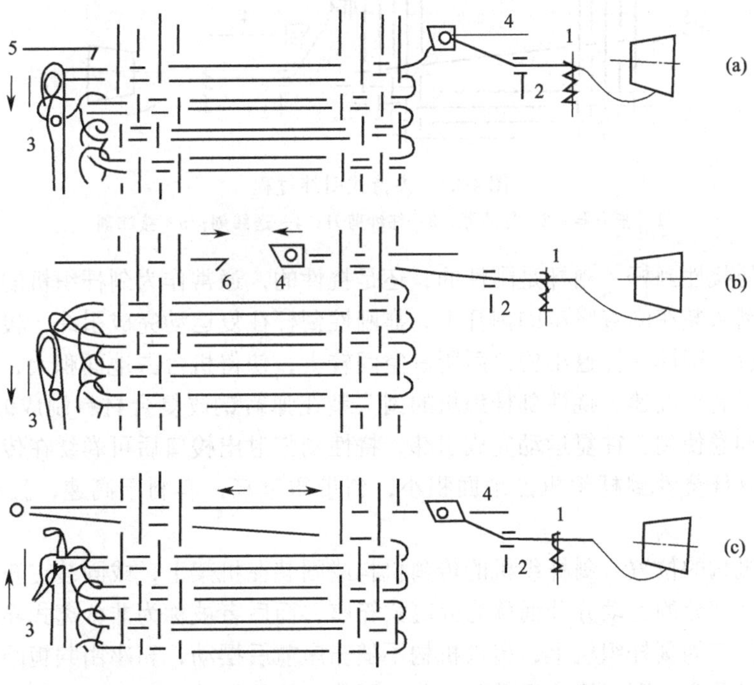

图 4-23　双纬叉入式引纬过程示意图

1—张力器；2—导纱器；3—撞纬片；4—送纬剑；5—接纬剑；6—接纬剑钩端

中央相遇，纬纱便自动转移到接纬剑上，当接纬剑退出梭口时，剑头与开夹器相碰，使接纬剑夹纱钳口打开，释放纬纱纱端，完成引入一纬。

夹持式引纬时纬纱无退捻现象，且纬纱与剑头之间无摩擦，不损伤纬纱，纬纱始终处于一定的张力作用下，故有利于其在织物中均匀排列，但两侧布边均为毛边，需设成边装置，剑头结构也较复杂。

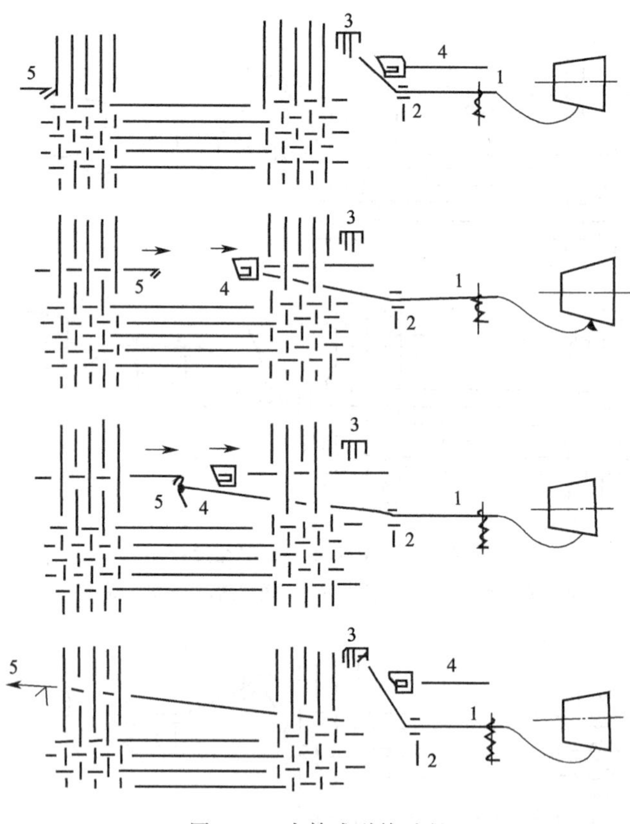

图 4-24 夹持式引纬过程

1—张力器；2—导纱器；3—纬纱剪刀；4—送纬剑；5—接纬剑

(3) 刚性与挠性剑杆　剑杆是刚性的，还是挠性的，通常作为剑杆织机的分类依据。刚性剑杆织机的剑头装在刚直坚牢的剑杆上，靠刚性剑杆往复运动完成引纬，梭口内不需设置导引剑杆的装置。刚性剑杆退出梭口后所占空间较大，使得机台占地面积大，而且剑杆较笨重、惯性大，不利于高速。挠性剑杆织机的剑头装在弹簧钢或复合材料制成的扁平条带上，靠挠性剑带的伸卷使剑头往复运动完成引纬，挠性剑带退出梭口后可卷绕在传剑轮盘上或缩到机架下方，这样挠性剑杆织机占地面积小，剑带质量轻，有利于高速，且能达到的幅宽也大。

(4) 传剑机构的位置　剑杆织机的传剑机构或固装在机架上，或固装在筘座上，前者因引纬部分与打纬部分的运动分开而称为分离式筘座，而后者被称为非分离式筘座。

在分离式筘座的剑杆织机上，传剑机构不随筘座前后摆动，筘座由共轭凸轮驱动。引纬时筘座静止在最后方，而当筘座运动时，剑头不能在筘的摆动范围内，因而在分离式筘座的剑杆织机上，钢筘的剩余长度有限制，超过时应将其截短。分离式筘座的剑杆织机由于引纬时筘座静止在最后位置，因而所需梭口高度较小，打纬动程也小，加之筘座质量轻，有利于提高车速。

在非分离式筘座的剑杆织机上，剑杆及其传剑机构随筘座一齐前后摆动，同时剑杆相对筘座左右运动，完成引纬。它可采用普通的曲柄连杆打纬机构，但打纬动程较大，以配合剑杆在梭口中的运动，且要求梭口高度较大，以避免剑头进出梭口时与经纱的过分挤压，加之筘座的转动惯量也大，这些都影响车速的进一步提高。

2. 剑杆引纬的品种适应性

剑杆引纬的特点决定了它的品种适应性。剑杆由传剑机构传动，设计合理的传剑机构使剑头运动具有理想的运动规律，保证了剑头在拾取纬纱、引导纬纱和交接纬纱过程中纬纱所受的张力较小、较缓和。与片梭引纬相比，剑杆头在启动纬纱时的加速度仅为片梭引纬的$\frac{1}{20}$～$\frac{1}{10}$，这显然对一些细特纱、低强度纱或弱捻纱等一类纬纱的织造是有利的，从而保持较低的断纬率和较高的织机生产效率。

剑杆引纬以剑头夹持纬纱，纬纱完全处于受控状态，属于积极引纬方式。在织造强捻纬纱织物时（如长丝绉类织物、纯棉巴里纱织物等），抑制了纬纱的退捻和织物纬缩疵点的形成。

目前，大多数剑杆织机的剑头通用性很强，能适应各种不同原料、不同粗细、不同截面形状的纬纱，而无须调换剑头。因此，剑杆引纬十分适宜于加工装饰织物中纬向采用粗特花式纱（如圈圈纱、结子纱、竹节纱等）或细特、粗特交替间隔形成粗、细条，以及配合经向提花而形成不同层次和凹凸风格的高档织物，这是其他一些无梭引纬所难以实现或无法实现的。

由于良好的纬纱握持和低张力引纬，剑杆引纬还被广泛用于天然纤维和人造纤维长丝的织造生产以及毛圈织物生产。

剑杆引纬具有极强的纬纱选色功能，能十分方便地进行 8 色任意换纬，最多可达 16 色，并且选纬运动对织机速度不产生任何影响。所以，剑杆引纬特别适合于多色纬织造，在装饰织物加工、毛织物加工和棉型色织物加工中得到了广泛使用，符合小批量、多品种的生产特点。

双层剑杆织机适用于双重织物、双层织物的生产。织机采用双层梭口的开口方式，每次引纬同时引入上、下各一根纬纱。在加工双层起绒织物的专用剑杆绒织机上，还配有割绒装置。双层剑杆织机不仅入纬率高，而且生产的绒织物手感、外观良好，无毛背疵点，适宜于加工长毛绒、棉绒、天然丝和人造丝的丝绒、地毯等织物。

在产业用纺织品的生产领域中，由于刚性剑杆引纬不接触经纱，对经纱不产生任何磨损作用，同时，剑头具有理想的引纬运动规律和对纬纱强有力的握持作用，因此在玻璃纤维和其它一些高性能纤维的特种工业用技术织物的织造加工中，有用刚性剑杆织机的。

（五）喷气引纬

喷气织机的引纬方法是用压缩气流牵引纬纱，将纬纱带过梭口。喷气引纬的原理早在 1914 年就由 Brooks 申请了专利，但直到 1955 年的第二届 ITMA 上才展出了样机，其筘幅也只有 44cm。最近十几年，随着电子技术、微机技术在喷气织机上的广泛应用，其机构部分大大简化，工艺性能更为理想，在织物质量、生产率方面有了长足的进步。喷气织机已成为发展最快的一种织机。

在喷气织机的发展过程中，已形成了单喷嘴引纬和主辅喷嘴接力引纬两大类型。在防止气流扩散方面也有两种方式：一种是管道片方式，另一种是异形筘方式。由引纬方式和气流扩散方式的不同组合形成了喷气织机的三种引纬型式。

(1) 单喷嘴＋管道片　该型式引纬完全靠一只喷嘴喷射气流来牵引纬纱，气流和纬纱是在若干片管道片组成的管道中行进的，从而大大减轻了气流扩散。

(2) 主喷嘴＋辅助喷嘴＋管道片　前一种形式的喷气织机虽简单，但因气流在管道中仍不断衰减，织机筘幅只能到 190cm，故人们在筘座上增设了一系列辅助喷嘴，沿纬纱行进方向相继喷气，补充高速气流，实现接力引纬。

(3) 主喷嘴＋辅助喷嘴＋异形筘　前两种形式的喷气织机每引入一纬，管道片需在引纬前穿过下层经纱进入梭口与主喷嘴对准，引纬结束后，需再穿过下层经纱退出梭口。由于管道片具有一定厚度，且为有效地防止气流扩散紧密排列，这就难以适应高经密织物的织造，加之为保证管道片能在打纬时退出梭口，筘座的动程较大，也不利于高速。于是人们将防气流扩散装置与钢筘合二为一，发明了异形筘。异形筘的筘槽与主喷嘴对准，引纬时，纬纱与气流沿筘槽前进。由于这种引纬形式在宽幅、高速和品种适应性等方面优势明显，为喷气织机广泛采用。

1. 喷气引纬原理

压缩气流从圆形喷嘴射出时即形成圆射流，它具有“喷射成束”的特点。喷嘴喷出的气流速度为 100～200m/s，当它们一旦接触周围空气时，靠近射流边界上的微团便要与相邻的静止空气发生混合，其结果是射流将自己的一部分动量传给周围的空气，使部分原来静止的空气被射流带动向前运动（称为射流的卷吸作用），与此同时还使部分原来静止的空气获得较低的垂直于射流轴向的速度而缓慢地运动（称为射流的扩散作用）。这种现象沿射流的行进方向一直发生下去，导致射流能量的逐渐耗散，速度越来越低，射流截面也越来越大。

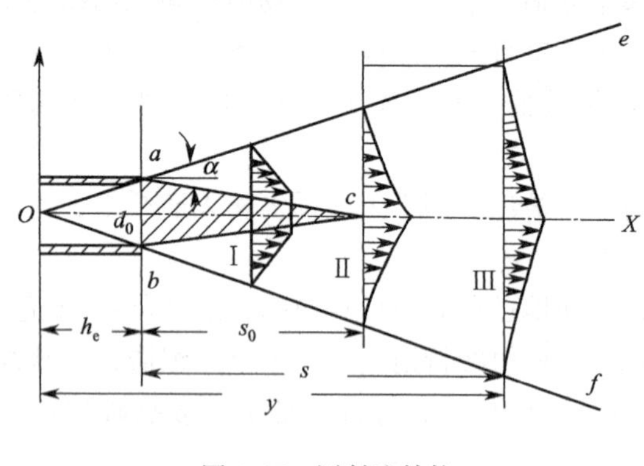

图 4-25　圆射流结构

图 4-25 所示为圆射流的结构图，图中 O 为射流的极点，射流以轴线 OX 为对称轴，并沿边界 ae 和 bf 扩散成圆锥体，a、b 之间的距离为喷嘴直径 d_0，α 称为射流扩散角。在射流锥体中，除 abc 叫做射流的核心区外，其余部分叫做混合区，核心区内各点的流速相等，均等于喷口的流速 v_0，圆射流的扩散角一般为 12°～15°，其核心区长度 s_0 为：

$$s_0=\frac{kd_0}{a} \tag{4-3}$$

式中　d_0——喷嘴直径；

a——喷嘴紊流系数，圆形喷嘴为 0.07；

k——实验常数，圆射流为 0.035。

过了核心区之后的射流，在同一截面上速度分布的规律是越接近于轴线位置的速度越大，且射流轴线上的流速 v 可用下面的经验公式计算：

$$v=\frac{0.97v_0}{0.29+2ax/d_0} \tag{4-4}$$

式中　v——距喷嘴出口为 x 处的射流中心点流速；

v_0——喷嘴出口处中心点流速；

a——喷嘴紊流系数（因喷嘴特性而异）；

d_0——喷嘴出口处直径。

若以单个主喷嘴引纬型式为例，喷嘴直径 $d_0=11\text{mm}$，则射流轴线上的速度变化特征如图 4-26 所示，在核心区长度范围内，轴心速度相等，在这之后流速下降很快，当 $X=360\text{mm}$ 时，轴心的流速只有原来的$\frac{1}{5}$，而在 $s=740\text{mm}$ 处，只有原来的$\frac{1}{10}$，难以满足引纬要求，需设置防气流扩散装置。

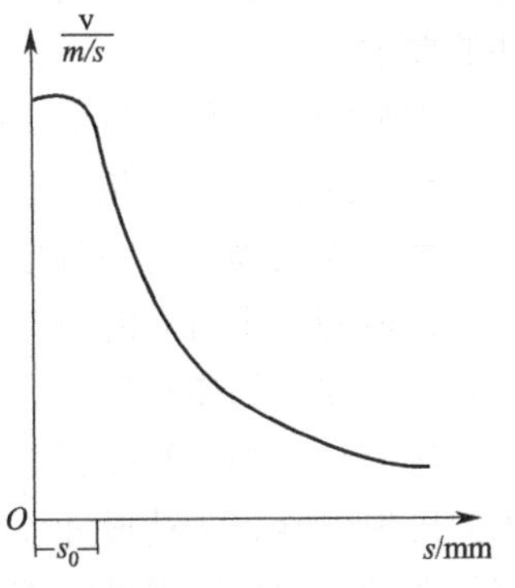

图 4-26　射流轴心气流速度的衰减

对于圆形喷嘴，可根据图 4-25 求出距喷口 x 处的射流截面直径 d_x的大小。由图中几何关系可得：

$$d_x=d_0+2x\tan\alpha$$

若 α 取中间值 13.5°，则

$$d_x=d_0+0.48x$$

以上讨论的是圆射流的特性，若气流从矩形或椭圆形孔口喷射出来，则称为扁射流，它的结构特征和参数计算与圆射流不同，较为复杂。

在采用接力引纬的喷气织机上，主喷嘴和辅助喷嘴射流轴线之间呈一定夹角，两者的射流在合流时发生碰撞，为使两股射流碰撞后的能量损失小而利用率高，主喷嘴和辅助喷嘴之间的夹角应小些，使合流后的射流更有利于引纬。

2. 喷气引纬装置

(1) 主喷嘴　纬纱经储纬定长装置后到达主喷嘴，通过进纱孔进入主喷嘴，主喷嘴与压缩空气管相通，因此它是用来直接喷射纬纱的。在单喷嘴织机上完全靠它完成引纬，主喷嘴的尺寸较大，结构也较简单；而在接力引纬的喷气织机上，主喷嘴的直径较小，一般只有 6mm 左右，喷嘴的结构却更为复杂和精密，以获得理想的射流。

主喷嘴有多种结构形式，其中应用极为普遍的一种为组合式喷嘴，它的结构如图 4-27 所示。组合式喷嘴由喷嘴壳体和喷嘴芯子组成。压缩空气由进气孔进到环形气室中，形成强旋流，然后经过喷嘴壳体和喷嘴芯子之间环状栅形缝隙所构成的整流室，整流室截面的收缩比是根据引纬流速的要求来设计的。整流室的环状栅形缝隙起“切割”旋流的作用，它将大

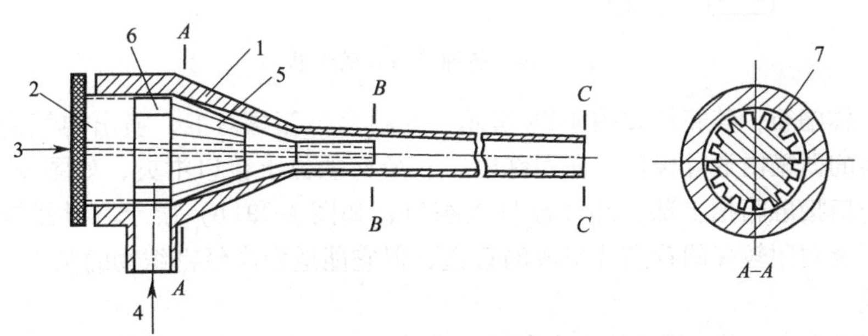

图 4-27　PAT 型喷气织机主喷嘴结构示意图

1—喷嘴壳体；2—喷嘴芯子；3—导纱孔；4—进气孔；5—整流室；6—环形气室；7—环状栅形缝隙

尺度的旋流分解成多个小尺度的旋流，使垂直于前进方向的流体的速度分量减弱，而前进方向的速度分量加强，达到整流目的。

在 B 处汇集的气流，将导纱孔处吸入的纬纱带出喷口 C。BC 段为光滑圆管，称为整流管，对引纬气流进一步整流。当整流段长度与管径之比大于 6～8 时，整流效果较好，从主喷嘴射出的射流扩散角小，集束性好，射程也远。

喷嘴芯子在喷嘴壳体中的进出位置可以调节，使气流通道的截面积变化，从而改变射流的出流流量。虽然主喷嘴将纬纱送出的距离较短，但有辅助喷嘴的接力作用，从而保证了引纬的要求。

主喷嘴出口到防气流扩散装置的距离不能太大，否则射流截面直径因扩散将大于防气流扩散装置的直径，使相当部分的气流不能进入防气流扩散装置。

主喷嘴的固装有两种形式，一种是主喷嘴固定在机架上，不随筘座一起前后摆动，即分离式，最初几乎所有的喷气织机都采用这种方式，为使主喷嘴在引纬时能与管道片的孔或筘槽对准，要求筘座在后止点有相当长的相对静止时间，这会使筘座运动的加速度增大，不利于车速提高，加之筘座相对静止期间筘座仍有少量位移，这会造成防气流扩散装置内的气流压力出现驼峰，易造成纬纱头端的卷曲飞舞。另一形式是主喷嘴固装在筘座上，随筘座一起前后摆动，它可以保证喷嘴与筘槽或管道片始终对准，允许的引纬时间角延长，加之筘座无需静止时间，打纬运动的加速度小，从而有利于宽幅、高速，同时可降低引纬所需的气压和耗气量。目前一些先进的喷气织机上在活动的主喷嘴之前，还附加一只辅助的固定喷嘴，可以使进入主喷嘴的纬纱更为稳定。

(2) 防气流扩散装置　防气流扩散装置有两种，一种是管道片，另一种是异形筘。管道片组成管道，管道片之间要留有间隙以容纳经纱，在管道片的径向开有脱纱槽，以便完成引纬后，纬纱从管道中脱出留在梭口中。常见的管道片如图 4-28 所示，管道片上方的开口部分供引纬完成后，纬纱从管道片脱纱槽中脱出，留在梭口中。管道片防气流扩散效果好，但对经纱干扰重，筘座动程大不利于高速，因此新型喷气织机上都采用异形筘防气流扩散。

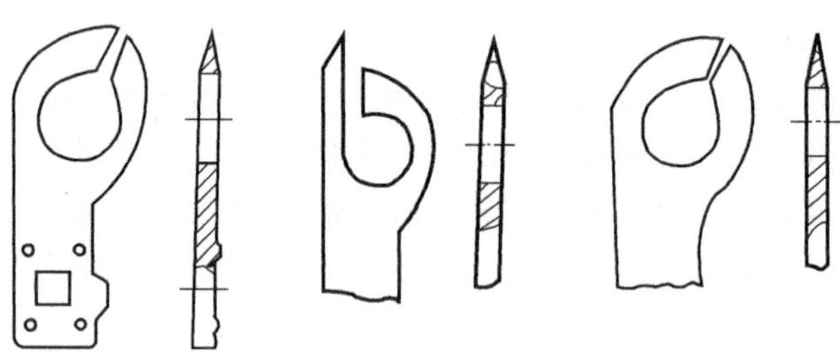

图 4-28　各种管道片的形状

异形筘也称槽筘，其筘片如图 4-29 所示。主喷嘴与筘槽对准，喷出的气流牵引纬纱在这种特殊筘齿的凹槽内通过梭口。在引纬时，筘槽必须位于梭口中央，如图 4-29(a) 所示；到打纬时，织口接触筘槽上部，纬纱被打入织口，如图 4-29(b) 所示。显然异形筘防气流扩散的效果不及封闭较多的管道片组成的管道，但它能适应高经密织物的制织，并为织机高速提供了可能。

筘片的槽口十分光滑，槽口的高度和宽度各为 6mm 左右，梭口满开的尺寸也很小，在钢筘处的梭口高度（即有效梭口高度）只有 15mm 左右，钢筘打纬的动程也只有 35mm，这些均有利于织机的高速。筘齿的密度和间隙与普通筘一样，按上机筘幅和每筘穿入数确定筘号。

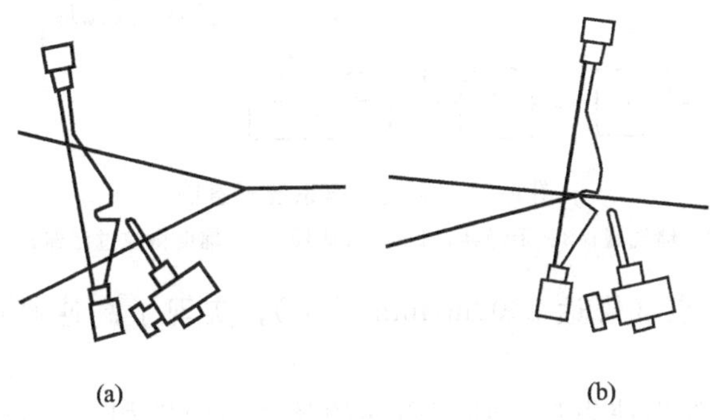

图 4-29 异形筘的形状

(3) 辅助喷嘴 为在喷气织机上实现宽幅和高速，必须采用接力引纬方式，靠辅助喷嘴补充高速气流，保持气流对纬纱的牵引作用。在异形筘防气流扩散的喷气织机上采用的辅助喷嘴，它单独安装在异形筘筘槽的前方，气流从调节阀输出后，进入电磁阀气室中心，电磁阀开启后，气流通过软管进入辅助喷嘴内腔，将气流喷出。

辅助喷嘴的喷孔大致可分为单孔型和多孔型。单孔型辅助喷嘴的圆孔直径在 1.5mm 左右，而后发展起来的多孔型的孔径在 0.05mm 左右。多孔型较典型的有 19 孔辅助喷嘴，19 只孔分 5 排分布，各排的孔数分别为 3 只、4 只、5 只、4 只、3 只。多孔型还有设置成放射条状或梅花状的。就喷出气流的集束性而言，多孔型要比单孔型理想，这是因为辅助喷嘴的壁厚很薄，而壁厚和孔径之比<1 时，气流的喷射锥角增大，集束性也差。在壁厚一定的情况下，用多个微孔取代单个圆孔将有助于增大壁厚与孔径之比值，提高了气流的集束性。

辅助喷嘴上喷孔所在的部位通常是微凹的，这样可防止喷孔的毛头刺破或刮毛经纱。辅助喷嘴的喷射角度与主射流的夹角要小，约 9°，这使得两股射流碰撞后的变化率小，可充分利用合流后的气流速度。辅助喷嘴固装在筘座上，其间距取决于主射流的消耗情况，一般在靠近主喷嘴的前、中段较稀，而后段较密，这样有助于保持纬纱出口侧的气流速度较大，减少纬缩疵点。

用了辅助喷嘴后大大地增加了喷气引纬的耗气量，为节约压缩空气，采用如图 4-30 所示的分组依次供气的方式，一般 2～5 只辅助喷嘴成一组，由一只阀门控制，各组按纬纱行进方向相继喷气。控制主喷嘴和辅助喷嘴的阀门均为电磁阀，电磁阀对喷射时间调节方便，便于实现自动控制。在喷气织机上所采用的电磁阀具有工作频率高、响应快的特性，以适应织机的高速。

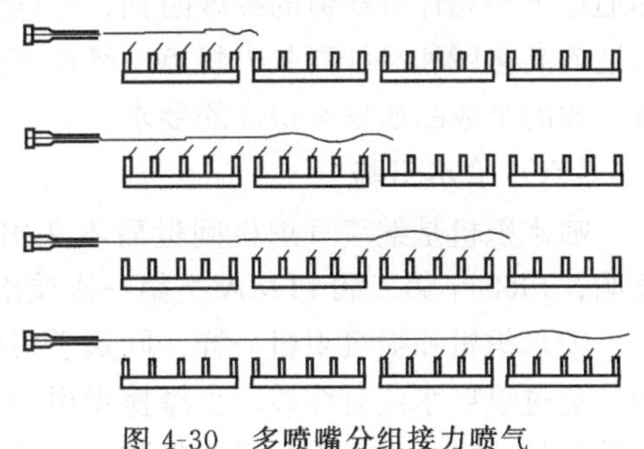
图 4-30 多喷嘴分组接力喷气

在一些喷气织机的出口侧外加装一只特殊的辅助喷嘴，也称延伸喷嘴，它的作用是拉伸引纬结束时的纬纱，可有效减少喷气引纬纬缩疵点。

(4) 供气装置 制备高质量压缩空气的空气压缩系统如图 4-31 所示。生产的压缩空气能满足喷气织机用压缩空气的干燥、无油要求。

3. 喷气引纬的品种适应性

喷气引纬以惯性极小的空气作为引纬工质，并且引纬工质单向流动，因此织机车速很

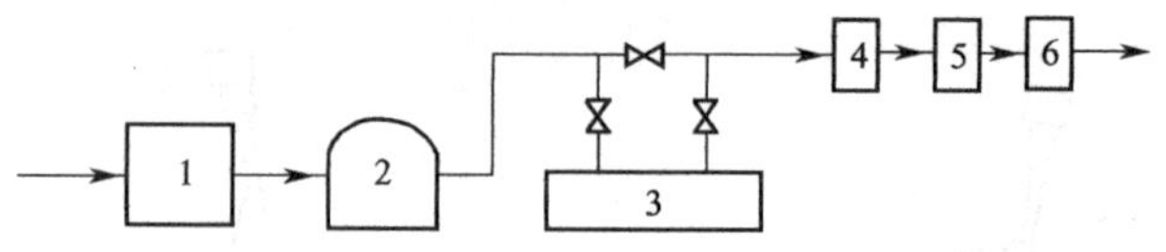

图 4-31 空气压缩系统示意图

1—空气压缩机；2—储气罐；3—干燥器；4—主过滤器；5—辅助微粒过滤器；6—微粉雾过滤器

高，具有高入纬率的特点（可达 2000m/min 以上），实现了高速高产，织机的占地面积也小。

随着喷气引纬技术的迅速发展，喷气引纬的品种适应性和产品质量也得到了相应的提高，可用于轻薄直至重厚各种类型的织物加工，纬纱能选择 4～6 色，原料主要为短纤纱和化纤长丝。喷气引纬特别适宜于细薄织物加工，在生产低特高密单色织物时具有明显的优势。

与剑杆引纬机构和片梭引纬机构相比，喷气引纬机构的结构简单、零件轻巧、振动也小，可以采用非分离式筘座，将引纬部件直接安装在筘座上，随同筘座摆动，这为连杆式打纬机构的使用创造了条件。连杆式打纬机构为低副传动，共轭凸轮打纬机构为高副传动。因此，连杆式打纬机构加工比较方便，零件磨损较少。由于前述原因，喷气织机的价格较低(为相同装备水平的剑杆织机价格 80%～90%)，投资成本较少。

喷气引纬产量高、质量好、成本低，十分适宜于面大量广的单色织物生产，经济效益较好。采用管道式喷气引纬，进行需求量极大的中档和部分高档织物的中速生产，则经济效益和节能效果较为明显。

喷气引纬属于消极引纬方式，引纬气流对某些纬纱（如粗重结子线、花式纱等）缺乏足够的控制能力，容易生产引纬疵点。气流引纬对经纱的梭口清晰度也有很严格的要求，在引纬通道上不允许有任何的经纱阻挡，否则会引起纬停关车，影响织机效率。应该注意：喷气织造的高速度和经纱高张力特点（经纱高张力有利于梭口清晰）对经纱的原纱质量和前织准备工程的半成品质量有很高的要求。

（六）喷水引纬

喷水织机是继喷气织机问世后不久出现的又一种无梭织机，由捷克人斯瓦杜（Svaty）发明，1955 年第二届 ITMA 上第一次展出了喷水织机。

喷水织机和喷气织机一样，同属于喷射织机，区别仅在于喷水织机是利用水作为引纬介质，通过喷射水流对纬纱产生摩擦牵引力，使固定筒子上的纬纱引入梭口。由于水射流的集束性较好，喷水织机上没有任何防水流扩散装置，即使这样它的筘幅也能达到两米多。

喷水织机的水射流集束性好，加之水对纬纱的摩擦牵引力也大，从而使喷水织机的纬纱飞行速度、织机速度都居各类织机之首。

在喷水织机上，织物织成后需在织机上除去绝大部分水，故只适用于合成纤维、玻璃纤维等疏水性纤维纱线的织造，因此喷水织机在制织品种上有着局限性。

喷水织机与喷气织机都是利用流体来引纬，所以引纬原理和引纬装置都很相似，但其特有的装置有喷射泵、水滴密封疏导和回收装置、织物脱水干燥装置等。喷水织机上与水接触的部件要防锈。

1. 喷水引纬原理

喷水织机的水射流与喷气织机的射流相似，射流在喷嘴轴线上的速度最高，在等速核心区内速度相等，可按离开喷嘴的距离分为三段，如图 4-32 所示。

(1) L_A　被称为初始段。这一段的长度就是核心区的长度，因此在初始段内的轴线上，各点的流速相等，等于水流喷出的速度。

(2) L_B　被称为基本段。这一段中由于射流周围的空气不断地进入射流锥内，使射流的速度逐渐降低，射流截面逐渐扩大，但射流仍未出现分离现象，因而在基本段内的水流仍能起着牵引纬纱的作用。

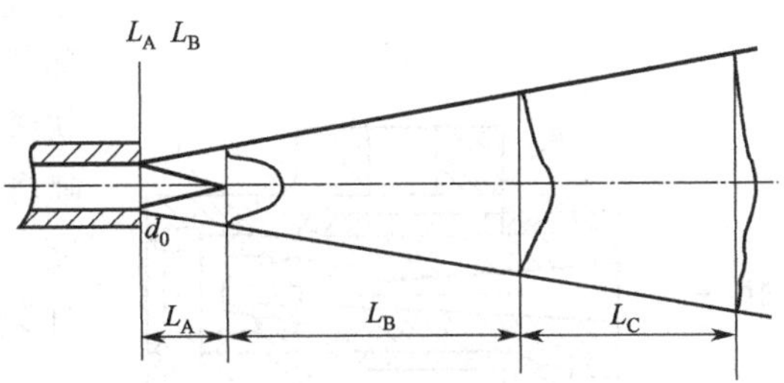

图 4-32　水射流断面结构示意图

(3) L_C　被称为雾化段。这一段中射流中的水滴出现分离，射流束解体，水滴雾化而消散在大气之中，因而在雾化段内的水流已失去牵引纬纱的能力。

由此可见，喷水引纬主要依靠的是初始段和基本段内水射流对纬纱的牵引作用。

2. 喷水引纬装置

喷水引纬系统主要包括喷射泵和喷嘴。

(1) 喷射泵　喷射泵是喷水织机引纬装置中的主要部分，每台喷水织机上都配有一台喷射泵，它在织机一回转中能提供可引入一纬的高压水流。

喷射泵的工作方式分为定速喷射方式和定角喷射方式两种。定速喷射方式的喷射泵，其柱塞将水吸入缸体的运动是靠凸轮驱动产生的，同时实现对弹簧的压缩，但对已吸入到缸体内的水的加压是利用弹簧的恢复力驱使柱塞运动实现的，因此，与定速喷射方式对应的喷射泵被称为弹簧泵，定速喷射方式的水速、水量和水压不随车速变化，而喷射角（喷射过程占织机主轴的角度）随车速增加而增加，其特点是压力调整较容易，目前基本都采用这种工作方式。

定角喷射方式的喷射泵，其柱塞将水吸入缸体的运动也是靠凸轮驱动产生的，对已吸入到缸体内的水的加压也是由凸轮驱使柱塞运动实现的，因此，与定角喷射方式对应的喷射泵被称为凸轮泵。定角喷射方式的水量和喷射角不随车速变化，而水速和水压随车速增加而增加，其特点是压力调整相当困难，故现很少采用。

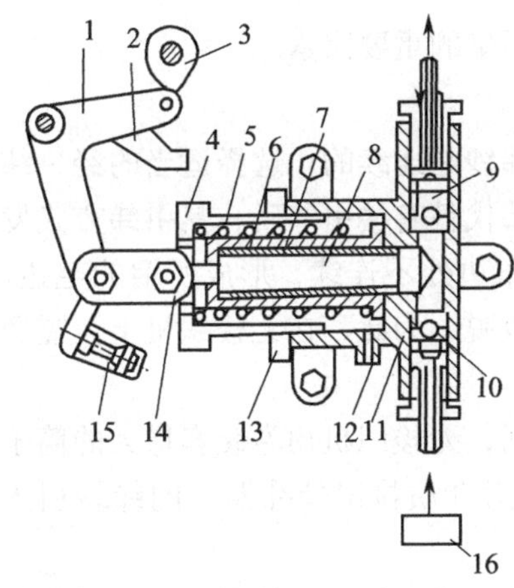

图 4-33　卧式吸入型喷射泵

1—角形杠杆；2—辅助杆；3—凸轮；4—弹簧座；5—弹簧；6—弹簧内座；7—缸套；8—柱塞；9—出水阀型；10—进水阀；11—泵体；12—排污口；13—调节螺母；14—连杆；15—限位螺栓；16—稳压水箱

喷射泵按其柱塞在织机上工作时的状态又分为立式和卧式两种。图 4-33 所示为卧式吸入型喷射泵，它由稳压水箱、进水阀、出水阀、引纬水泵组成。

引纬水泵的参数主要有柱塞动程、喷射水量、射流压力和喷射开始时间等。

(2) 喷嘴　喷水织机上只有一只喷嘴，整个引纬就是靠它完成的。由于水射流的集束性远较气流好，因而喷水织机的喷嘴比喷气织机的短，但结构更为复杂和精密。

一种典型的喷嘴结构如图 4-34 所示。它由喷嘴体、喷嘴管、喷嘴座和衬管等组成。压力水流进入喷嘴后，

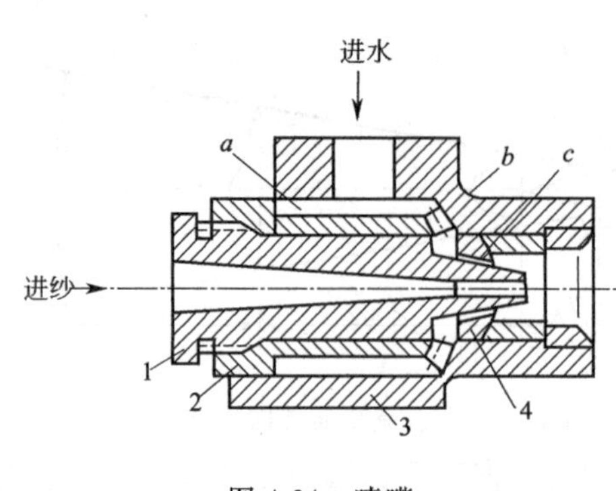

图 4-34 喷嘴

1—喷嘴管；2—喷嘴座；3—喷嘴体；4—衬管

通过环状通道 a 和 6 个沿圆周方向均布的小孔 b、环状缝隙 c，以自由沉没射流的形式射出喷嘴。环状缝隙由喷嘴管 1 和衬管 4 构成，移动喷嘴管 1 在喷嘴体 3 中的进出位置，可以改变环状缝隙的宽度，调节射流的水量。6 个小孔 b 对涡旋的水流进行切割，减小其旋度，提高射流的集束性。

喷水引纬对水质要求较高，这是因为水中含有的杂质会腐蚀和堵塞水泵、管道及喷嘴，轻者影响引纬，造成织疵，重者损坏机件，缩短机器寿命。机上用水需净化，指标有浊度、pH 值、硬度、正离子含量、负离子含量、高锰酸钾消耗量和蒸发残存物等。

3. 喷水引纬的品种适应性

喷水引纬以单向流动的水作为引纬工质，这有利于织机高速。在几种无梭引纬织机中，喷水织机是车速最高的一种，适用于大批量、高速度、低成本的织物加工。

喷水引纬通常用于疏水性纤维（涤纶、锦纶和玻璃纤维等）的织物加工，加工后的织物要经烘燥处理。

在喷水织物上，纬纱由喷嘴的一次性喷射射流牵引，射流流速按指数规律迅速衰减的特性阻碍了织机幅宽的扩展，最宽的织机幅宽为 2.3m。因此，喷水织机只能用于窄幅或中幅的织物加工。

喷水织机可以配备多臂开口装置，用于高经密原组织及小花纹组织织物的加工，如绉纹呢、紧密缎类织物、席纹布等。喷水织机的选纬功能较差，最多只能配用两只喷嘴，进行混纬或双纬色织造。使用两只喷嘴的织机常用于织制纬纱左、右捻轮流交替的合纤长丝绉类或乔其纱类织物。

喷水引纬是消极引纬方式，梭口是否清晰是影响引纬质量的重要因素。

（七）无梭引纬的辅助装置

在有梭织机上，随着梭子被反复投射，引入织物中的纬纱是连续的，选择适当的经、纬纱交织方式（边组织）可以形成优良的织物布边。无梭引纬代替有梭引纬后，其引纬方式发生改变的同时，纬纱在织物中的形态也发生变化，纬纱在布边处不连续，形成所谓的毛边。这种毛边的经、纬纱之间没有形成有效的束缚，非常容易散脱，为此，在无梭织机上，需通过专门的成边装置对毛边进行处理，以形成所谓的加固边。

无梭引纬除了布边不同外，无梭织机的供纬方式也不同，无梭织机用卷装容量大的筒子供纬，纬纱首先被卷绕到储纬器上，然后利用载纬器或喷射介质拉出储纬器上的纬纱引入梭口。

因此，加固边装置和储纬器是无梭织机形成质量合乎要求的织物和高速引纬所必需的辅助装置。下面重点介绍一下储纬器。

现代无梭织机入纬率很高，通常都在 1000m/min 以上，最高已超过 2000m/min，且引纬过程仅占织机主轴一回转中的$\frac{1}{3}\sim\frac{1}{2}$时间，因此纬纱从筒子上的引出速度很高，相当于入纬率的 2～3 倍，若纬纱直接从筒子上退绕，将导致纬纱张力峰值过大，纬纱易发生断头。

为了适应无梭织机的高速引纬，需将纬纱预先从筒子上退绕下来，即进行所谓的储纬，储纬是由储纬器完成的。

储纬器的储纱鼓是一个具有光滑表面的圆柱体，或者是锥角很小的圆锥体、棱柱体等。储纬时纱线以均匀的低张力平行地卷绕到储纱鼓表面，适当调节储纬器的纱线卷绕速度，可以使纱线从筒子上退绕的过程几乎连续地进行。纬纱的最大退绕速度下降为原来的$\frac{1}{3}\sim\frac{1}{2}$，于是纬纱退绕张力大大降低。加之储纱鼓直径不像筒子直径会发生变化，则可获得非常均衡的纬纱张力。因此，采用储纬器后使引纬过程中的纬纱张力小而均匀，储纬器已经成为引纬系统中一个必不可少的部分，它对降低纬纱断头率、减少织物纬向疵点起着重要作用。

储纬器可分为两大类。一类用于积极式引纬——剑杆引纬和片梭引纬，因通过引纬器引纬，纬纱始终受引纬器控制，所以储纬器仅用作储存纬纱。每次引纬时，运动着的引纬器握持纬纱头端，从储纬器上拉下所需长度的纬纱。另一类用于消极式引纬——喷气引纬和喷水引纬，在喷气和喷水织机上，纬纱受射流的牵引向前飞行，若射流的启闭时间或压力略有变化，最终将导致引入的纬纱长、短不一。为了解决这一问题，必须控制每次引入的纬纱长度，也就是定长，目前喷射织机上已普遍采用将储纬和定长两个功能合二而一的定长储纬器。

根据储纱鼓是否转动，储纬器分为动鼓式储纬器和定鼓式储纬器两种。

动鼓式储纬器的储纱鼓具有一定的转动惯量，转动惯量与鼓的直径平方成正比。转动惯量越大，对储纬过程中频繁的启动、制动越不利，因此鼓的直径不可过大。储纱鼓上储存的纱圈数与鼓的直径成反比，过小的直径会带来储存纱圈数增加的弊病，造成排纱困难、纱圈重叠。为此，鼓的直径要适当选择，一般为100mm左右。

定鼓式储纬器以具有较大转动惯量的储纱鼓作为绕纱回转部件，显然对于高速织机十分不利。于是，以质量轻、体积小的绕纱盘代替储纱鼓作为绕纱回转部件的定鼓式储纬器得到了迅速发展。

定长储纬器在引纬开始时释放长度精确的一段纬纱，由流体牵引，飞入梭口。定长储纬器也分为动鼓式和定鼓式两种。动鼓式定长储纬器的高速适应性差，所以使用较少。目前，性能优秀的喷气织机和喷水织机一般都采用定鼓式定长储纬器。

四、打纬

打纬机构沿织机前后摆动，而引纬沿织机的左右运动，这就要求打纬与引纬协调配合，打纬机构的摆动应为引纬运动留有足够的空间和时间。常用的打纬机构按其结构型式的不同，可分为连杆式打纬机构、共轭凸轮打纬机构及圆筘片打纬机构。打纬机构还可按其打纬动程变化与否分为恒定动程的打纬机构、变化动程的打纬机构。目前常用的主要有连杆式打纬机构和共轭凸轮打纬机构，圆筘片打纬机构主要用于多梭口织机。恒定动程的打纬机构主要用于普通织机，变化动程的打纬机构主要用于毛巾织机上。

（一）打纬机构

1. 连杆式打纬机构

连杆式打纬机构是织机上使用最为广泛的打纬机构，常用的有四连杆打纬机构和六连杆打纬机构两种类型。

2. 共轭凸轮式打纬机构

在无梭织机上，因为车速提高，允许载纬器通过梭口的时间更少，所以必须设法进一步提高可引纬角，方能保证引纬的顺利进行。共轭凸轮机构可按照工艺要求进行设计，实现预定的筘座运动规律，是目前在高速无梭织机上应用较多的打纬机构。

共轭凸轮式打纬机构与开口、引纬运动均可达到良好的配合，但制造精度较高，并要求有良好的润滑。

打纬机构要有良好的高速运行适应性，筘座往复摆动动程应小，摆动产生的振动也小。为了使织机在高速情况下能达到较小的振动，人们寻求筘座运动跃度连续条件下的各种运动规律。

（二）打纬与织物的形成

在钢筘把引入梭口的新纬纱推向织口，与经纱交织形成织物时，纬纱和经纱之间有一个比较复杂的受力过程，对织物形成有较大影响。

1. 打纬开始阶段

在平综以后的初始阶段，经纬纱开始相互屈曲抱合，产生摩擦作用，因而出现了阻碍纬纱移动的阻力。随着纬纱移动阻力的出现，经纱张力亦稍稍增加，但由于此时钢筘至织口的距离相当大，这种相互屈曲和摩擦的程度并不很显著。随着纬纱继续被推向织口，经纬纱线间相互屈曲和摩擦的作用就逐渐增加。当纬纱被钢筘推到离织口第一根纬纱一定距离时，就会遇到开始显著增长的阻力。对于不同的织物品种，因经纬纱交织时的作用激烈程度不同，故阻力显著增长的时间也不同。

2. 钢筘打纬到最前方及打纬阻力

在打纬开始以后，打纬作用波及织口，随着钢筘继续向机前方向移动，织口将被推向前方，同时新纬纱在钢筘的打击下，将压力传给相邻的纬纱。如图 4-35(a) 所示，使织口处原第一根纬纱 A 向第二根纬纱 B 靠近，而第二根又向第三根纬纱 C 靠近，如此等等，相对于经纱略做移动。与此同时，经纬纱线间产生急剧的摩擦和屈曲作用，当钢筘到达最前方位置时，这些作用最为剧烈，因而产生最大的阻力，这个最大的阻力称为打纬阻力。此刻，钢筘对纬纱的作用力也达到最大，称为打纬力。打纬力与打纬阻力是一对作用力与反作用力。

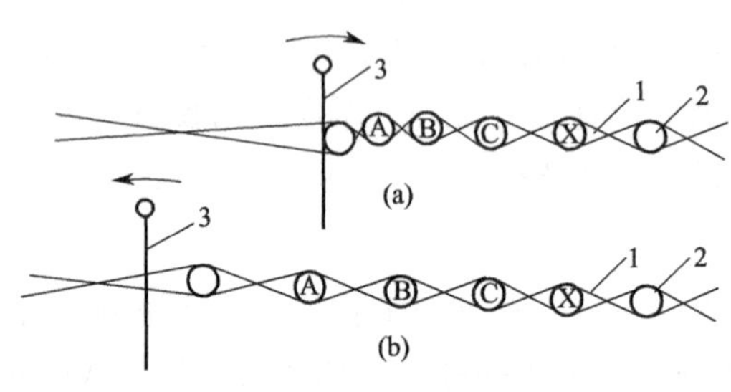

图 4-35 织物形成区的纬纱变化
1—经纱；2—纬纱；3—钢筘

某一织物在织造时的打纬阻力或打纬力的大小，表示其纬纱打紧的难易程度。一定的织物在一定的上机条件下，打紧纬纱并使纬密均匀所需的打纬力是不变的。在织机开车和运转过程中，打纬力的变化会引起纬纱打紧程度的变化，严重时使织物纬密发生改变，产生纬向稀密路织疵。

打纬阻力是由打纬时经纬纱之间的摩擦阻力和经纬纱变形产生的弹性阻力叠加而成。在整个打纬过程中，摩擦阻力和弹性阻力所占的比例是在变化的。在打纬的开始阶段，摩擦阻力占主要分量，随着打纬的进行，经纱对纬纱的包围角越来越大，纬纱之间的间距越来越小，弹性阻力迅速增加，对于大多数织物而言，弹性阻力往往超过摩擦阻力。

打纬阻力的大小在很大程度上取决于织物的纬密，纬密越大，打纬阻力也越大，且打纬阻力随纬密增加而增大的速率较大。经密增加也将造成打纬阻力增加，但其影响不及纬密大。在其它条件相同时，平纹组织的织物因经纬纱的交织次数多，因而其打纬阻力较斜纹、缎纹组织的织物大。纱线表面摩擦系数大、纱线刚性好的织物，其打纬阻力大；经纬密相同时，纱线直径大，打纬阻力也大。

3. 打纬过程中经纬纱的运动

自打纬开始至打纬结束，经纬纱的移动也是一个复杂的过程，可用图 4-36 的模型说明。

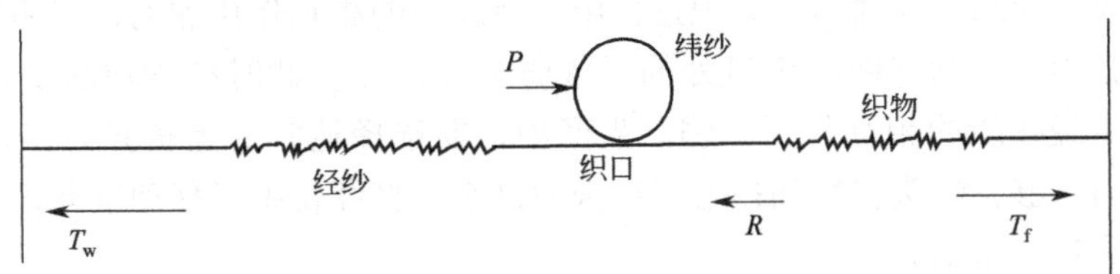

图 4-36　打纬时经纱和纬纱的移动

在打纬开始之前，纬纱相对经纱的移动阻力可忽略，即打纬阻力 R 很小，经纱张力 T_w 等于织物张力 T_f。打纬开始以后，随着纬纱向前移动，打纬阻力显著增加。当打纬阻力 R 大于经纱张力 T_w 与织物张力 T_f 之差时，纬纱将和经纱一起移动，结果经纱被拉伸而产生伸长，经纱张力增加。同时，织物回缩，其张力下降，使经纱和织物的张力差（T_w-T_f）变大。当打纬阻力小于经纱和织物的张力差时（$R<T_w-T_f$），纬纱将作相对于经纱的移动。随着纬纱推向前方，经纬纱间摩擦作用及屈曲程度显著增加，使阻碍纬纱移动的阻力也大为增加，当这个阻力又超过经纱与织物的张力差时，经纱将重新和纬纱一起向织口移动，这种移动又引起经纱张力的增大和织物张力的减小，随后又将出现纬纱相对于经纱的移动。由此可见，在打纬期间，经纬纱线运动的性质是不断变化的，即纬纱和经纱一起移动及纬纱相对于经纱移动是相互交替地进行的。

筘座到达最前方以后便向机后移动，在最初阶段，织口是随着钢筘向机后移动的，这种移动直到经纱张力和织物张力相等时为止。然后钢筘便离开织口。在钢筘停止对织口作用后，织口处的纬纱在经纱的压力作用下，便离开已稳定的纬纱向机后方向移动，如图 4-35 (b) 所示，刚打入的新纬纱移动最大，原织口中第一根纬纱 A 次之，第二根纬纱 B 又次之，如此等等，待以后逐次打纬时，这时纬纱将紧密靠拢，逐渐依次过渡为结构基本稳定的织物的一部分。

由上述可见，织物的形成并不是将刚纳入梭口的纬纱打向织口后即告完成。而是在织口处一定根数纬纱的范围内，继续发生着因打纬而使纬纱相对移动和经纬纱线相互屈曲的变化，只有在这个范围以外，织物才获得基本确定的结构。也就是说，织物是在织物形成区内逐渐形成的。

在生产实际中，织口移动的大小，对织造工艺能否顺利地进行有很大的影响。如果织口的前后移动，超过综丝在其支架上的前后摆动以及综丝发生弯曲变形的范围，将产生纱线相对于综眼的移动；加上打纬时经纱通常具有最大张力，便引起综眼对纱线以摩擦功表示出来的较大的摩擦作用。织口移动愈大，这种摩擦作用也愈剧烈，在多次作用下，使粗细节处的纱线结构变坏，最后出现断头。为此，在工厂中常以目测打纬区宽度的大小，来判别所定有关工艺参数是否合理。

在生产实际中，打纬时打纬阻力的大小随织物结构、纱线性能等因素而异。例如在织制紧密度较小的轻型织物时，纱线间相互的阻力也较小，可以在较小的经纱张力情况下进行打纬。此时，织物形成区内所包含的纬纱数较少，打纬区宽度亦较小，甚至织物形成的过程，有以打入此根纬纱为终结的。

（三）织机工艺参数与织物形成的关系

1. 经纱上机张力与织物形成的关系

经纱上机张力是指综平时的经纱静态张力。上机张力大，打纬时织口处的经纱张力亦较大，经纱屈曲少，而纬纱屈曲多。交织过程中，经纬纱的相互作用加剧，打纬阻力增加。反之，如果上机张力小，则打纬时织口处的经纱张力亦较小，此时纬纱屈曲少，而经纱屈曲多，交织过程中经纬纱的相互作用减弱。生产中，要选择适宜的上机张力，若经纱张力过大，经纱因强力不够，断头将增加；若经纱张力过小，打纬使织口移动量大，因经纱与综眼摩擦加重，断头也会增加。

上机张力的大小对织造过程中打纬区宽度的影响很大，从改善织物的平整度考虑，宜采用较大的上机张力。但是从织物内有力学性能来看，不宜采用较大的上机张力，当上机张力增加时，织物的厚度、重量、强力以及经纬向密度的变化较小，但经向织缩和断裂伸长的减小却较大。

采用较大的上机张力后，下机织物的缩水率也较大，对直接用于衣着类的市布织物来说，这将给服用者带来损失。

究竟采用何种大小的上机张力，需视具体情况而定。例如，在织造总经纱数多的紧密织物时，为了开清梭口和打紧纬纱，可适当加大上机张力；当织造稀薄织物或人造棉织物时，上机张力要适当减小，以利减少经纱断头率。如织造斜纹织物时，考虑到斜纹线需有一定凹凸程度的特有风格，不宜采用过大的上机张力。对于平纹织物，在其他条件相同的情况下，为打紧纬纱，应选用较大的上机张力。

2. 后梁高低与织物形成的关系

后梁高低决定着打纬时梭口上下经纱层之间的张力差异，这种差异对打纬工艺和织物形成具有很大影响。

织造时，织物中经纱的平均密度基本上由钢筘所确定。由于筘齿厚度的存在，当每筘齿间穿入的经纱数在 2 根及 2 根以上时，各根经纱之间的距离便不尽相同，筘齿间诸经纱之间的距离较小，而筘齿两侧的相邻经纱之间的距离却较大。当织制经纱密度不很高的平纹织物时，经纱在幅宽方向（也就是横向）的这种有规律的不均匀排列情况，在与纬纱交织过程中如不加以改变，那末所得织物将呈现出筘路疵点。当然，这种坯布上显现的筘路疵点往往通过织物后整理可以得到消除。

在织造过程中，利用上下层经纱张力不等，也能避免布面上这种筘路的出现。因为不等张力梭口中相邻经纱一根比较紧，一根比较松，交织中，由于紧层经纱迫使纬纱作较多的屈曲，从而纬纱对松层经纱产生较大的压力，在压力作用下，使松层经纱获得较大的横向移动，以消除经纱不均匀排列的缺点，避免筘路疵点的出现，达到布面均匀丰满的要求。

下层经纱张力较大的不等张力梭口配合小于 90°的打纬角（钢筘与织口处布面的夹角），有利于打紧纬纱，减少钢筘回退时的纬纱反拨量，形成紧密厚实的织物。

织制平纹织物，一般采用较高的后梁高度，可以获得外观丰满的织物。但在加工经纱特数较低、经纱密度较大的棉布如 14.5tex×14.5tex 纱府绸时，由于经纱密度大，所以后梁高度可略低些，不致因上层经纱张力过小而引起开口不清、造成跳花等织疵，也不致因下层经纱张力过大而引起大量断头。同样原因，在织制化纤混纺织物时，由于化纤纱容易起毛造成开口不清，所以后梁高度可比纯棉的低些。

实际上，在织制斜纹织物时，常采用低后梁工艺，使上下层经纱张力接近相等，这主要是根据织物特有的外观质量来决定的。这种特有的外观质量，表现在织物表面的斜纹线条具有深而匀直的清晰效应上。在织机上，为了获得这种清晰效应，除应避免过大的上机张力，以保证纹路深度，达到凹凸分明外，尚需采用上下层经纱张力接近相等的办法，来获得匀直的条纹。这对双面斜纹来说尤其重要。但是在织制单面斜纹时，为使正面斜纹线条具有较大的深度，可使后梁比织制双面斜纹时少许高些。同时，在织制紧密度较高的双面斜纹时，为有利于打紧纬纱起见，亦常使后梁高些。

在织制缎纹和花纹织物时，一般将后梁配置在上下层经纱张力接近相等的位置上，使经纱断头率减小，花纹匀整，下回综机构的工作也较容易。但在织制较紧密的缎纹织物时，后梁亦略为提高。

3. 开口时间与织物形成的关系

开口时间（综平时间）的早迟，决定着打纬时梭口高度的大小，而梭口高度的大小，又决定着打纬瞬间织口处经纱张力的大小。开口时间早，打纬时织口处经纱张力大，反之则小。在采用高后梁工作的情况下，打纬时梭口高度的大小，还决定着打纬时上下层经纱张力的差异。因此，在一定范围内提早开口时间，打纬时织口处上下层经纱张力差会较大；反之则小。

开口时间与织物形成的关系，基本上与前面上机张力和后梁高低与织物形成的关系一样。

但是开口时间对织造工艺能否顺利进行，有着独特的影响。在确定开口时间时，应兼顾与引纬时间的配合。

在实际生产中，当织制平纹织物时，根据不同品种的要求，选用不同的开口时间，一般采用较早的开口时间。在织制斜纹和缎纹织物时，遇到经纱密度大的，则必须采用迟的开口时间，以减少经纱的张力和摩擦长度，防止过多的经纱断头。另外从纹路清晰和花纹匀整考虑，通常在织制斜纹和缎纹织物时，宜采用迟开口。

在织制纬密较大的织物时，为防止钢筘对经纱摩擦过分而引起断头，在不影响坚实打纬条件下，应采用较迟的开口时间。

五、卷取与送经

（一）卷取机构

卷取机构的作用是将在织口处初步形成的织物引离织口，卷绕到卷布辊上，同时与织机上其他机构相配合，确定织物的纬纱排列密度和纬纱在织物内的排列特征。

1. 卷取机构形式

卷取机构形式很多，可以归纳为消极式卷取机构和积极式卷取机构两大类。

(1) 消极式卷取机构　在消极式卷取机构中，从织口处引离的织物长度不受控制，所形成织物中纬纱的间距比较均匀。这种机构比较陈旧，但适宜于纬纱粗细不匀的织物加工，如废纺棉纱、粗纺毛纱等织造加工，所形成的织物具有纬纱均匀排列的外观。

(2) 积极式卷取机构　在积极式卷取机构中，从织口处引离的织物长度由卷取机构积极控制，所形成的织物中纬纱同侧间距相等，但纬纱间距却因各纬纱的粗细不匀而异，在条干均匀的纬纱织制时，织物可以取得均匀悦目的外观，加工提花织物也能取得比较规正的织物图形。

积极式卷取机构有连续卷取和间歇卷取两类，在织造过程中又可分为卷取量恒定和卷取量可变两种形式。

2. 积极式卷取机构

(1) 积极式连续卷取机构　新型织机通常采用积极式连续卷取机构，在织造过程中，织物的卷取工作连续进行。部分积极式连续卷取机构以改变齿轮齿数来调节加工织物的纬密，存在纬密控制不够精确的弊病。随着织机技术的发展，产生了以无级变速器来调节加工织物纬密的机构，使纬密的控制精确程度得以提高。电子式卷取机构的出现，不仅简化了机械结构，实现纬密精确控制，而且在织造过程中可以随时改变卷取量，调整织物的纬密。

电子式卷取机构一般应用在新型无梭织机上。图 4-37 为喷气织机上的电子卷取装置的原理框图。控制卷取的计算机与织机主控制计算机双向通信，获得织机状态信息，其中包括主轴信号。它根据织物的纬密（织机主轴每转的织物卷取量）输出一定的电压，经伺服电动机驱动器驱动交流伺服电动机转动，再通过变速机构传动卷取辊，按预定纬密卷取织物。测速发电机实现伺服电动机转速的负反馈控制，其输出电压代表伺服电动机的转速，根据同计算机输出的转速给定值的偏差，调节伺服电动机的实际转速。卷取辊轴上的旋转轴编码器用来实现卷取量的反馈控制。旋转轴编码器的输出信号经卷取量换算后可得到实际的卷取长度，与由织物纬密换算出的卷取量设定值进行比较，根据其偏差，控制伺服电动机的启动和停止。由于采用了双闭环控制系统，该卷取机构可实现卷取量精密的无级调节，适应各种纬密变化的要求。

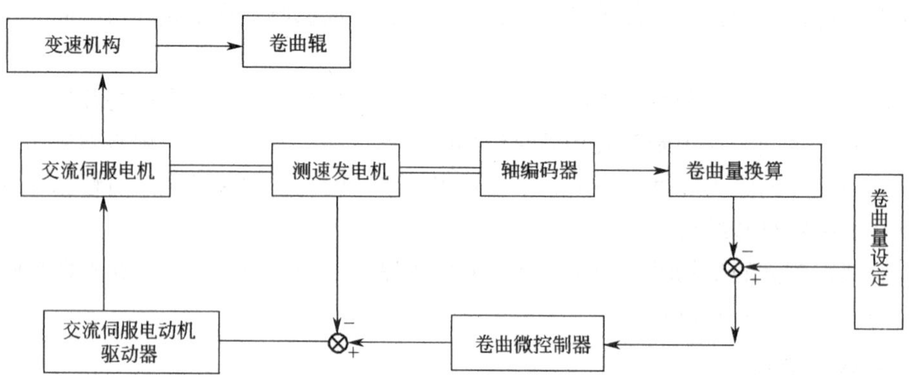

图 4-37　电子卷取装置的原理框图

电子卷取装置可以通过织机键盘和显示屏十分方便地进行纬密设置。在屏幕提示下，同时输入纬密值及相应的纬纱根数，在其一个循环中可设置 100 种不同的纬密。电子式卷取机构的优点在于：不需要变换齿轮，省略了大量变换齿轮的储备和管理，同时翻改品种改变纬密变得十分方便；纬密的变化是无级的，能准确地满足织物的纬密设计要求；织造过程中不仅能实现定量卷取和停卷，还可根据要求随时改变卷取量，调整织物的纬密，形成织物的各种外观特色，如在织纹、产品颜色、织物手感及紧度等方面产生独特的效果。

(2) 积极式间歇卷取机构　间歇卷取机构的卷取运动是断续进行的，卷取作用发生在筘座由后方向前方的运动过程中。与连续卷取机构相比，间歇卷取机构的断续运动带来了诸多弊病：一是机构的运动带有冲击性，容易引起机件磨损、动作失误、产生织物的纬向稀密路疵点。在织机高速时，这种缺点尤为显著。二是布面游动较大，容易造成断边纱。

(二) 送经机构

织造过程中，经纱与纬纱交织成织物后不断地被卷走。为保证织造过程的持续进行，由送经机构陆续送出适当长度的经纱来进行补充，使织机上经纱张力严格地控制在一定范围之内。

对送经的工艺要求是：保证从织轴上均匀地送出经纱，以适应织物形成的要求；给经纱以符合工艺要求的上机张力，并在织造过程中保持张力的稳定。

送经方式有很多，从作用原理上分，有非调节式送经和调节式送经两种。

(1) 非调节式送经　织轴在经纱张力的作用下克服制动力矩回转，让经纱从织轴上放送出来，完成送经动作，在送经过程中送经量不作调节控制的送经方式称为非调节式送经。

非调节式送经方式的送经量可由人工通过改变织轴制动力矩来调节。人工调节增加了挡车工的劳动强度，并且经纱张力均匀程度得不到保证，因此被逐渐淘汰。

(2) 调节式送经　织轴在经纱张力的作用下克服制动力矩回转，让经纱从织轴上放送出来，完成送经动作，在送经过程中送经量由专门的调节式送经机构进行调节，这种送经方式称为调节式送经。

调节式送经机构以控制经纱张力均匀为目标，根据织造过程中受各种因素综合影响的经纱张力来调节经纱送出量。调节式送经机构又分为机械式和电子式两类，从作用原理讲，它们都由经纱放送传动部分和送经量自动调节部分组成。

调节式送经的送经量多少受当时的经纱张力状态决定，因此调节式送经机构一般以后梁作为张力传感件，来感知经纱张力的变化，进而调节织轴的回转量，使经纱送出量作相应变化。

另外一种调节式送经机构利用感触元件来探测织抽直径，自动改变不同织轴直径所对应的织轴制动力矩，从而达到控制送经量的目的。这种方式对经纱张力的控制不够理想，目前只在一些重型织机上使用。

第四节　织物组织

织物是纺织纤维集合体中的一个大类产品，是指具有一定的长度和宽度的片状物体。织物的发展有着漫长的历史，从原始社会甚至更早就开始有了织物，可最早追溯到欧洲新石器时代的亚麻织物，距今约10000年前。早在公元前781～771年，中国诗经上就有“杼”、“柚”的记载，可见那时便有了简单的手工织机。

一、织物组织及其表示方法

织物内经纱和纬纱相互交错或彼此浮沉的规律称为织物组织（fabric weaves)。当织物组织变化时，织物的外观及其性能也随之改变。如图4-38所示，经纬纱交叉处称为组织点。当经纱浮在纬纱之上时称经组织点或经浮点；当纬纱浮在经纱之上时称纬组织点或纬浮点。

经组织点和纬组织点的排列规律在织物中达到重复时的最小单元，称为一个组织循环或一个完全组织。构成一个组织循环的经纱根数称经纱循环数或完全经纱数，用R_j表示；构成一个组织循环的纬纱根数称纬纱循环数或完全纬纱数，用R_w表示。图4-38中，第4、5、6根经（纬）纱的浮沉规律是1、2、3根经（纬）的重复，其组织循环经（纬）纱数等于3。织物组织循环愈大，所织成的织物组织也越复杂。图4-38中还出示了第1根经（纬）纱的经（纬）向剖面图，观察方向为：经向剖面图为从外向内，纬向剖面图为从上向下。

织物组织可以用组织图（pattern draft or weave diagram）来表示。对于简单的织物组织大多用方格表示法。用来描绘织物组织的带有格子的纸称为意匠纸（point paper)，其纵行表示经纱，经纱的次序为从左至右；横行表示纬纱，纬纱的次序为自下而上。每根经纱与纬纱相交的小方格表示组织点。在方格内绘有符号者表示经组织点，常用的符号有■、☒、⊡、◻等，方格内不绘符号者表示纬组织点。

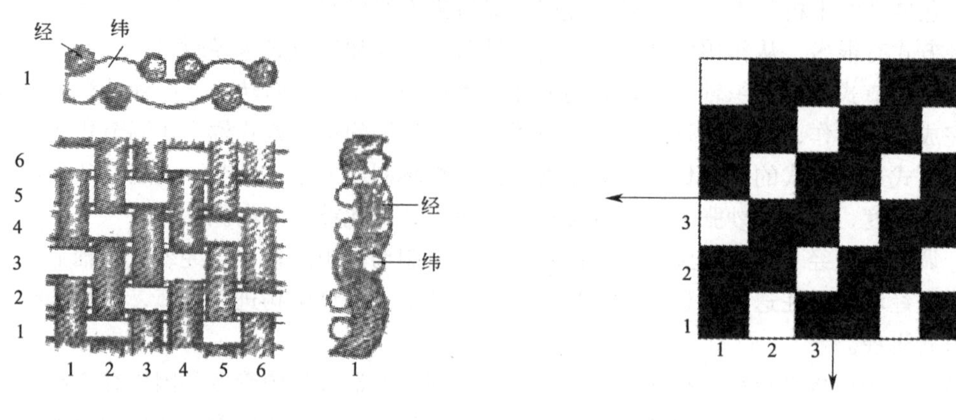

图 4-38 机织物结构示意及经纬向

图 4-39 图 4-38 的组织图

图 4-39 为图 4-38 的组织图，图中用箭矢标出织物组织的一个组织循环。在描绘组织图时，只需画出一个组织循环，一般都以第 1 根经纱和第 1 根纬纱的相交处，作为组织循环的起始点。

二、原组织

原组织是各种组织的基础，包括平纹、斜纹和缎纹三种组织，通常又称为三原组织。

原组织在一个组织循环内，每一根经纱或纬纱只具有一个经组织点，而其余的都是纬组织点；或者只具有一个纬组织点，而其余的都是经组织点。如果经组织点占优势，称为经面组织；纬组织点占优势，称为纬面组织；经、纬 组织点相等，则称为同面组织。

在研究织物组织的构成和织物组织的特点时，常用组织点飞数来表示织物组织中相应组织点的位置关系，它是织物组织的一个重要参数。组织点飞数以符号 S 表示。组织点飞数除特别指明的以外，都是观察同一系统相邻两根纱线上相应经（纬）组织点间相距的组织点数。沿经纱方向计算相邻两根经纱上相应两个组织点间相距的组织点数是经向飞数，以 S_j 表示；沿纬纱方向计算相邻两根纬纱上相应组织点间相距的组织点数是纬向飞数，以 S_w 表示。组织点飞数除大小不同和其数值是常数或变数之外，还与起数的方向有关。图 4-40 所示，为任意一个组织点 B 对组织点 A 的飞数起数方向。理论上，可将飞数看作一个向量。对于经纱方向来说，飞数以向上数为正，记符号（$+S_j$）；向下数为负，记符号（$-S_j$）。对于纬纱方向来说，飞数以向右数为正，记符号（$+S_w$）；向左数为负，记符号（$-S_w$）。

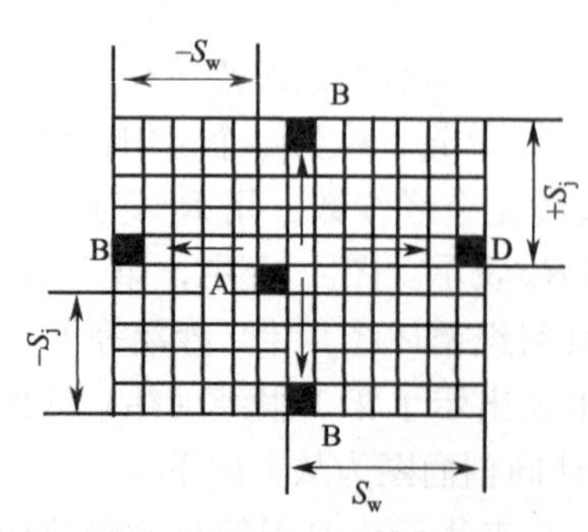

图 4-40 飞数方向图解

（一）平纹组织

1. 平纹组织的特征及表示方法

平纹组织是最简单的组织，其组织参数为 $R_j=R_w=2$，$S_j=S_w=\pm1$。

图 4-41 为平纹组织图。其中（a）为平纹织物交织示意图，（b）为其第 1 根纬纱的纬向剖面图，（c）为第 1 根

经纱的经向剖面图，(d) 与 (e) 为组织图。(a) 和 (d) 中箭头所包括部分表示一个组织循环。图中 1 和 2 表示经纱、纬纱的排列顺序。

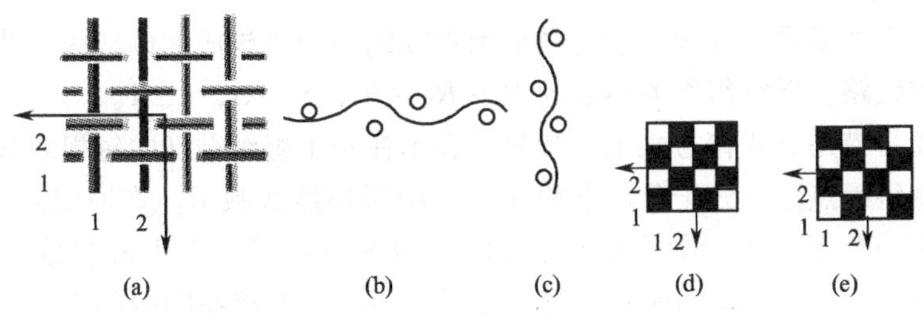

图 4-41　平纹组织图

平纹组织在一个组织循环内有两个经组织点和两个纬组织点，无正反面区别，属同面组织。平纹组织可用分式符号$\frac{1}{1}$表示，其中分子表示经组织点，分母表示纬组织点。读作一上一下平纹。

2. 平纹组织的应用

平纹组织中，由于经纱和纬纱之间每次开口都进行交错，使纱线屈曲增多，经、纬纱的交织也最紧密。所以，在同样条件下平纹织物手感较硬，质地坚牢，在织物中应用也最为广泛。如棉织物中的细布、平布、粗布、府绸、帆布等；毛织物中的凡立丁、派立司、法兰绒、花呢等；丝织物中的乔其纱、双绉、电力纺等；麻织物中的夏布、麻布和化纤织物的黏纤平布、涤棉细纺等均为平纹组织的织物。

从平纹组织组织点配置情况看，经纱和纬纱似应一样显露在织物表面。但在制织时，如配以不同的原料、线密度、经纬密度、捻度、捻向，即变化织物结构的某些参数，或采用不同的上机条件，都可使平纹织物获得各种不同的外观效应和物理机械性能。

如采用不同特数的经、纬纱织造，在平纹织物中便产生纵向或横向的条纹效应。当经纱特数小而纬纱特数大时，则织物外观呈横条；如用特数小的经纱与粗细不同的两种纬纱相间排列，则横条纹的效应更加明显；若经、纬纱线各用粗细不同的纱线，按一定规律间隔排列，则织物表面可呈现条子或格子模纹。

平纹组织若配以不同的经、纬密度，则织物外观的细腻程度、手感柔软、厚薄程度等都会发生变化。密度增大使织物变得厚实挺括；密度小则织物就轻薄松软。若织物经、纬纱特数相近（或相等），经、纬密度相差较大时，织物上会产生横向或纵向条纹。如经密大于纬密的府绸织物就显横向条纹。

改变每筘齿中穿入根数使经纱密度变化，则可织出稀密纵条织物。采用此法也可改善织物的透气性。

纱线的捻度、捻向对平纹组织的结构影响也很大。常采用捻向不同的强捻经、纬纱按两根 Z 捻，两根 S 相间排列织成平纹织物，经过练漂染整加工后，织物表面形成了细密皱纹，乔其纱便属这类织物。当成组排列不同捻向的经纬纱线时，可制成隐条、隐格的平纹织物。

此外，在织机上利用上机张力的不同，亦可得到不同的外观效应。如采用两个送经量不同的织轴进行织造的泡泡纱织物。

在平纹织物中还可以应用各种花式（色）线，采用各种配置可织成绚丽多彩的平纹色条、色格织物，这在服饰用织物中应用普遍。

总之，平纹织物可以借助织物结构参数或织造工艺的改变而获得各种不同的外观效应。

（二）斜纹组织

1. 斜纹组织的特征及表示方法

斜纹组织的织物表面呈现由连续的经组织点或纬组织点构成的倾斜线，使织物表面呈现出一条条斜向的纹路。斜纹组织的参数为 $R_j = R_w \geqslant 3$ ，$S_j = S_w = \pm 1$。

斜纹组织通常借用分式符号表示。其分子表示在一个组织循环内每根纱线上的经组织点数，分母表示纬组织点数，分子分母之和等于组织循环纱线数 R。在原组织的斜纹分式中，分子或分母必有一个等于 1。分子大于分母时，组织图中经组织点占多数，称之为经面斜纹，如图 4-42(a)、(c)、(d) 所示；而分子小于分母时，在组织图中纬组织点占多数，称之为纬面斜纹，如图 4-42(b) 所示。

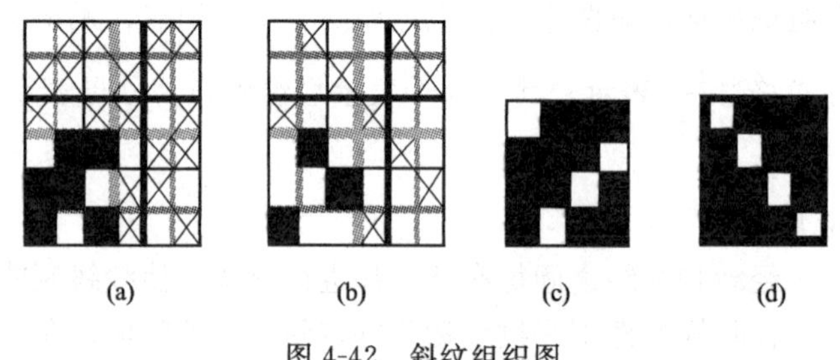

图 4-42 斜纹组织图

通常在表示斜纹的分式旁边加上一个箭头，用以表示斜纹的方向。如图 4-42(a) 以$\frac{2}{1}\nearrow$表示，读作二上一下右斜纹；(b) 以$\frac{2}{1}\nwarrow$表示，读作一上二下左斜纹；(c) 以$\frac{3}{1}\nearrow$表示，读作三上一下右斜纹；(d) 以$\frac{3}{1}\nwarrow$表示，读作三上一下左斜纹。当 S_j 为正号时是右斜纹；当 S_j 为负号时是左斜纹。

2. 斜纹组织的应用

斜纹组织由于其组织循环数较平纹大，而组织中每根经纱或纬纱只有一个交织点，因此在其它条件相同的情况下，斜纹织物的坚牢度不如平纹织物，但手感比较柔软。斜纹织物的经纬交织数相对地比平纹组织少。在纱线线密度相同的情况下，不交叉的地方，纱线容易靠拢，因此，斜纹织物的纱线致密性可较平纹为大；在经、纬纱线密度、密度相同的条件下，耐磨性、坚牢度不及平纹织物。但是，若加大经纬密度则可提高斜纹织物的坚牢度。

采用斜纹组织的织物较多。棉织物中的斜纹为$\frac{2}{1}\nwarrow$；单面纱卡其为$\frac{3}{1}\nwarrow$，单面线卡其为$\frac{3}{1}\nearrow$。毛织物中的单面华达呢为$\frac{3}{1}\nearrow$斜纹或$\frac{2}{1}\nearrow$斜纹。丝织物中的美丽绸为$\frac{3}{1}\nearrow$斜纹。

斜纹织物表面的斜纹倾斜角度随经纱与纬纱密度的比值而变化，当经、纬纱线密度和密度相同时，右斜纹倾斜角为 45°。当经、纬纱的线密度相同时，提高经纱密度则右斜纹倾斜角将大于 45°。

经、纬纱捻向与斜纹组织的搭配，可改善织物表面效应。为使斜纹的纹路清晰，可采用斜纹方向与构成织物支持面纱线的捻向相垂直。例如，对于经面右斜纹，其经纱宜采用

“S”捻；而对于经面左斜纹，其经纱宜采用“Z”捻；对于纬面右斜纹，其纬纱宜采用“Z”捻；而对于纬面左斜纹，其纬纱宜采用“S”捻。这样斜线纹路较清晰，反之，则斜线纹路模糊。

（三）缎纹组织

1. 缎纹组织的特征及表示方法

缎纹组织是原组织中最为复杂的一种组织。其特点在于每根经纱或纬纱在织物中形成一些单独的、互不连续的经或纬组织点，这些单独的组织点分布均匀并为其两旁的另一系统纱线的浮长所遮盖，在织物表面呈现经（或纬）的浮长线，因此布面平滑匀整、富有光泽、质地柔软。缎纹组织的参数：$R \geqslant 5$（6 除外），$1<S<R-1$ 且 R 与 S 互为质数。

为什么 $1<S<R-1$ 呢？因为当 $S=1$ 或 $S=R-1$ 时，绘作的组织图为斜纹组织；其次，为什么要求 R 与 S 互为质数？因为当 S 与 R 之间有公约数时，则会发生在一个组织循环内一些纱线上有几个交织点，而另一些纱线上则完全没有交织点，如图 4-43 所示不能形成织物。为什么 $R \neq 6$ 呢？因为若 $R=6$，则找不到合适的飞数构作缎纹组织。

缎纹组织与斜纹组织一样，也有经面缎纹与纬面缎纹之分。缎纹组织也可借用分式符号表示，分子表示组织循环纱线数 R，分母表示飞数 S，一般约定为：若为经面缎纹组织，S 则为经向飞数；若为纬面缎纹组织，S 则为纬向飞数。图 4-44(a) 为 $\frac{5}{3}$ 经面缎纹，读作五枚三飞经面缎纹，其 $R=5$，$S_j=3$；图 4-44(b) 为 $\frac{5}{2}$ 纬面缎纹，读作五枚二飞纬面缎纹，其 $R=5$，$S_w=2$。图 4-44(c) 所示的 $\frac{8}{3}$ 经面缎纹是按 $S_j=3$ 绘制的。图 4-44(d) 为 $\frac{8}{5}$ 纬面缎纹，是按 $S_w=5$ 所绘制的。

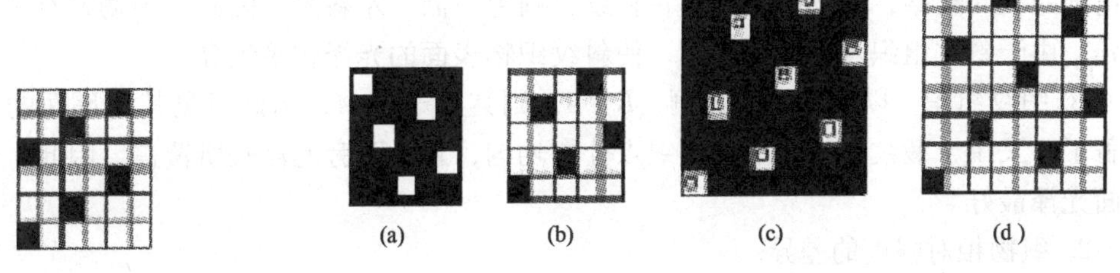

图 4-43　不能形成组织的图解

图 4-44　缎纹组织图

2. 缎纹组织的应缎纹组织

由于交织点相距较远，单独组织点为两侧浮长线所覆盖，浮长线长而且多，因此织物正反面有明显差别。正面看不出交织点，平滑匀整。织物的质地柔软，富有光泽，悬垂性较好。但耐磨性不良，易擦伤起毛。缎纹的组织循环纱线数越大，织物表面纱线浮长越长，光泽越好，手感越柔软，但坚牢度越差。

缎纹组织除用于衣料外还常用于被面、装饰品等。缎纹组织的棉织物有直贡缎、横贡缎；毛织物有贡呢等。缎纹在丝织物中应用最多，有素缎、各种地组织起缎花、经缎地上起纬花或纬缎地上起经花等织物，如绉缎、软缎、织锦缎等。缎纹还常与其它组织配合制织缎条府绸、缎条花呢、缎条手帕、床单等。

为了突出经面缎纹的效应，经纱密度应比纬纱密度大。在一般情况下，经、纬密度之比为 3∶2；同样，为了突出纬面缎纹的效应，经、纬密度之比为 3∶5。为了保证缎纹织物光亮柔软，常采用无捻或捻度较小的纱线。经面缎纹的经纱，只要能承受织造时所受机械力的作用，应力求降低其捻度。适当降低纬面缎纹的纬纱捻度，不致过多地影响织造的顺利进行。纱线的捻向也对织物外观效应有一定影响。经面缎纹的经纱或纬面缎纹的纬纱，捻向若与缎纹组织点的纹路方向一致，则织物表面光泽明亮，如横贡缎。反之，则缎纹表面呈现的纹路、光泽有所削弱，如直贡呢等。

（四）原组织的特性与比较

凡同时具有以下条件的织物组织归属为原（基元）组织，换言之原组织的基本特征是：

① 组织点飞数是常数，即 S＝常数；

② 每根经纱或纬纱上，只有一个经（纬）组织点，其他均为纬（经）组织点；

③ 组织循环经纱数等于组织循环纬纱数，即 $R_j=R_w=R$。

平纹、斜纹、缎纹三种原组织，除具有上述共同特性外，由于它们之间存在着组织结构的差异，即 R 与 S 不同，这就产生了各自不同的特性。现分述如下。

1. 织物表面特征的差异

在原组织的一个组织循环内，总共有 R^2 个组织点，如果经（或纬）组织点为 R 个，则纬（或经）组织点应有 R^2-R 个；每根纱线上有经（或纬）组织点为 1 个，则纬（或经）组织点有 $R-1$ 个。原组织正反面差异可以用 $R-1$ 的值大小来比较。

① 平纹组织　$R=2$，$R-1=1$。也就是说平纹组织是以一个经组织点与一个纬组织点间隔排列的，经组织数等于纬组织点数，故无正反面的差异，而且织物表面光泽较暗。

② 斜纹组织　以三枚斜纹为例，$R=3$，$S=\pm1$，则 $R-1=2$，也就是说在织物的一面，一个组织循环内的一根纱线上，有一个经组织点和两个纬组织点；则在织物的另一面必为一个纬组织点和两个经组织点。并且，由于斜纹组织的飞数为 $S=1$ 或 $S=-1$，使组织点排列成连续的斜向纹路，织物的一面呈右斜纹，则另一面呈左斜纹。因此，织物就有了正反面的差异。由于斜纹组织点有浮长出现，使斜纹织物表面的光泽较平纹亮。

③ 缎纹组织　以五枚缎纹为例，$R=5$，则其 $R-1=4$，由此可见其正反面的差异就更显著了。又由于缎纹组织的单独组织点分布均匀，且为两旁的浮长所覆盖，因此，缎纹织物表面光泽最好。

2. 织物相对强度的差异

在经纬原料、经纬纱的线密度、织物经纬密度和工艺条件相同的情况下，织造三种原组织时，由于组织结构的不同，其织物的强力也就不同。

① 平纹组织　因其组织结构为一上一下交织，当织物承受摩擦、弯曲等外力时一般有经、纬两系统的纱线同时承受，因此其强力较好，手感结实。

② 斜纹组织　因其组织结构出现了经、纬浮长的差异，故在承受外力作用时，某一系统的纱线所承受的外力就较另一系统为大，故强力较差，手感较柔软。

③ 缎纹组织　这种组织较平纹组织、斜纹组织出现更大的经浮长或纬浮长，在织物的一面几乎全为一系统的纱线所覆盖，受到外力作用时，几乎全为某一系统所承当，因此，强力最差，但手感最为柔软。

3. 织物平均浮长的差异

在织物组织中，凡某根经纱上有连续的经组织点，则该根经纱必连续浮于几根纬纱上。凡某根纬纱上有连续的纬组织点，则该根纬纱必连续浮于几根经纱上。这种连续浮在另一系统纱线上的纱线长度，称为纱线的浮长。浮长的长短用组织点数表示。

织物组织的平均浮长是指组织循环纱线数与一根纱线在组织循环内交叉次数的比值。经、纬纱交织时，纱线由浮到沉或由沉到浮，形成一个交错。交错次数用 t 表示，在组织循环内，某根经纱的交错次数用 t_j 表示；某根纬纱的交错次数用 t_w 表示。因此，平均浮长可以用下式表示。即

$$F_{j(w)}=\frac{R_{w(j)}}{t_{j(w)}} \tag{4-5}$$

式中　$F_{j(w)}$——经（纬）纱的平均浮长；

$t_{j(w)}$——经（纬）纱的交叉次数。

对经、纬同线密度同密度的织物，可以用平均浮长的长短来比较不同组织的松紧程度。

对原组织来说，由于 $t_j=t_w=2$，因此 F 与 R 成正比。即组织循环愈大，F 愈大，则织物愈松软。经、纬同线密度同密度的织物，缎纹织物最松软，斜纹织物次之，平纹织物最硬挺。

4. 织物可密性的差异

在制织三原组织的织物时，假定经、纬原料、纱线的线密度、织物的经、纬密度及工艺件均相同，则因其经、纬交织的不同使各织物的紧密度有所差异，在单位长度内，平纹交织次数最多，斜纹次之，缎纹最少。换句话说，假定经纬原料、纱线线密度及工艺条件均相同，欲获得相同的紧密度，必须配以三种不同的经、纬密度。缎纹的密度最大，斜纹次之，平纹最小。

三、其他组织

（一）变化组织

变化组织是在原组织的基础上，变化组织点的浮长、飞数、排列斜纹线的方向及纱线循环数等诸因素中的一个或多个，而产生出来的各种组织，这些组织仍保持原组织的一些基本特征，这些经过变化的新组织称为变化组织。

变化组织可分为平纹变化组织、斜纹变化组织和缎纹变化组织。

1. 平纹变化组织

平纹变化组织是在平纹的基础上，通过沿经（或纬）纱方向延长组织点，或经、纬两个方向同时延长组织点的方法变化而来的。平纹变化组织根据延长组织点的方式分为重平和方平。

（1）重平组织　重平组织（rib weaves）是以平纹组织为基础，沿着经（或纬）纱一个方向延长组织点形成的。重平组织有经重平和纬重平组织两种。

经重平组织是在平纹基础上，沿着经纱方向延长组织点形成的组织称为经重平组织。

如图 4-45 所示，(a) 是在平纹的基础上沿经纱方向向上、下各延长一个组织点的组织图及经向剖面图，(b) 为向上、下各延长了两个组织点。经重平组织用经纱的交织规律来表示。在图 4-45 中，(a) 的经纱交织规律是二上二下，该组织称为“二上二下经重平”，记作“$\frac{2}{2}$经重平”；(b) 的经纱交织规律是三上三下，该组织称为“三上三下经重平”，记作“$\frac{3}{3}$经重平”。

经重平组织的经纱循环数等于基础组织平纹的经纱循环数，即 $R_j=2$；纬纱循环数等于组织分式中的分子与分母之和，即 $R_w=$分子＋分母。

在经重平组织中，如向上、向下延长的组织点个数不同，即为变化经重平组织，如图 4-45(c) 为$\frac{3}{2}$变化经重平，图 4-45(d) 为$\frac{3\quad 2}{2\quad 1}$变化经重平的组织图和经向剖面图。

经重平织物的表面，呈现横条纹外观。若采用较细的经纱、较大的经密和较粗的纬纱、较小的纬密，横条纹会更加突出。

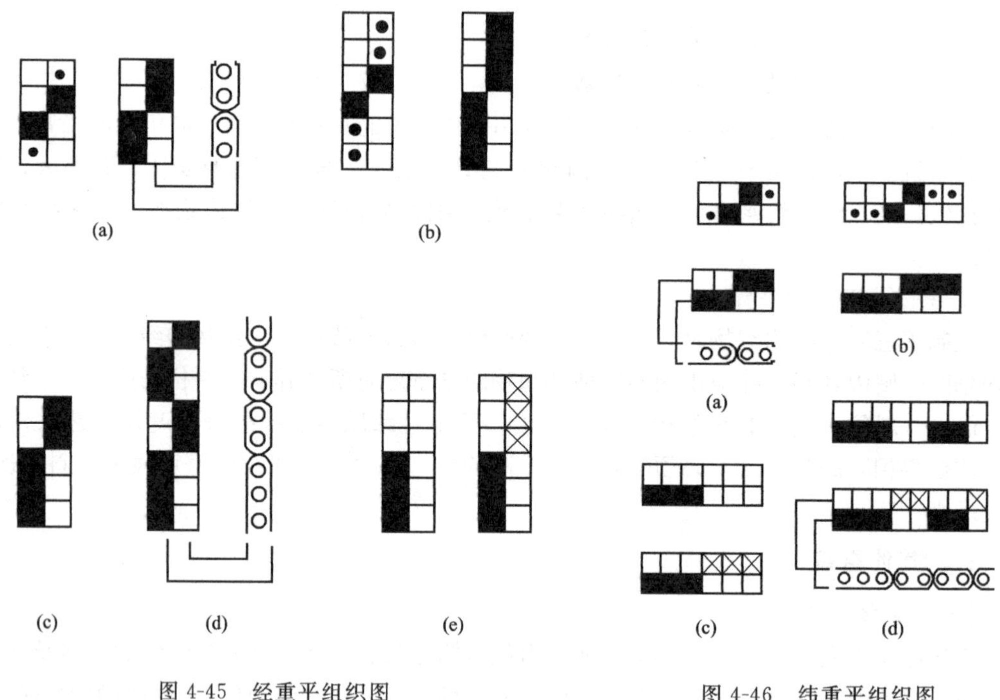

图 4-45　经重平组织图

图 4-46　纬重平组织图

经重平组织除用于服用和装饰织物，也常用作织物的布边组织以及毛巾组织的基础组织。

纬重平组织是在平纹基础上，沿着纬纱方向延长组织点形成的组织称为纬重平组织。纬重平组织用纬纱的交织规律来表示。在平纹的基础上沿纬纱方向向左、右各延长一个组织点，称作“二上二下纬重平”，记作“$\frac{2}{2}$纬重平”，图 4-46(a) 为其组织图及纬向剖面图，图 4-46(b) 为$\frac{3}{3}$纬重平组织。如向左、向右延长的组织点个数不同，称为变化纬重平，如图 4-46(c) 为$\frac{2}{1}$变化纬重平，图 4-46(d) 为$\frac{3\quad 2}{2\quad 1}$变化纬重平的组织图和纬向剖面图。

纬重平组织的纬纱循环数等于基础组织平纹的纬纱循环数，即 $R_w=2$，经纱循环数等于组织分式中的分子与分母之和，即 $R_j=$分子＋分母。

纬重平组织的绘图方法，与经重平相似，因组织分式表示纬纱的交织规律，必须按纬纱画图，如图 4-46(c)、(d) 所示。

纬重平织物表面呈现纵条纹效果。纬重平组织既可用于服用和装饰织物，也可作织物的布边组织。

(2) 方平组织 方平组织是以平纹为基础，在经、纬两个方向延长组织点而成，如图4-47 (a)、(b) 所示。方平组织也可用组织分式表示，图 4-47 (a) 为$\frac{2}{2}$方平，图 4-47 (b) 为$\frac{3}{3}$方平。方平的组织循环纱线数，$R_j=R_w=$分子+分母，若沿纱线延长组织点的个数不等或同时将几组交织组合，则得到变化方平。图 4-47 (c) 为$\frac{3}{2}$变化方平，图 4-47 (d) 为$\frac{1\ \ 2\ \ 1}{2\ \ 1\ \ 1}$变化方平，图 4-47 (e) 为$\frac{4\ \ 3\ \ 2}{3\ \ 2\ \ 1}$变化方平。变化方平的组织循环经、纬纱数有时不一定相等，即 $R_j \neq R_w$。在这种情况下，须用两个分式来分别表示经、纬纱的交织规律，其 $R_j=$纬纱交织规律的组织点之和，$R_w=$经纱交织规律的组织点之和。

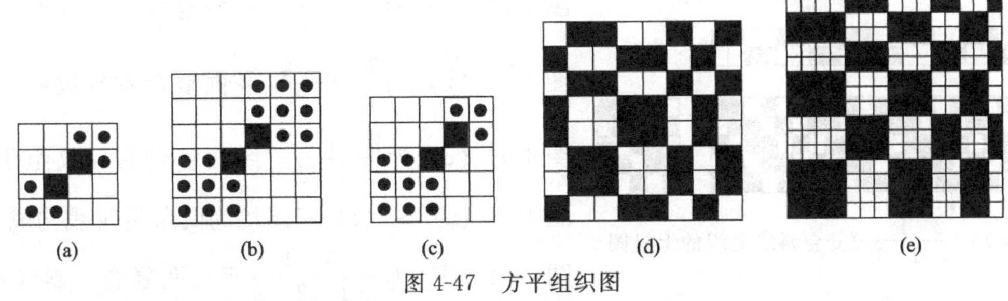

图 4-47 方平组织图

方平织物表面平整，光泽较好，除用于各种衣料外、还可用于桌布、餐巾、银幕及装饰织物等。其中，$\frac{2}{2}$方平组织常用于织物的布边。变化方平组织织物具有宽窄不等的纵横向条纹，有仿麻织物风格。

2. 斜纹变化组织

斜纹变化组织有加强斜纹、复合斜纹、角度斜纹、曲线斜纹、山形、锯齿形、菱形斜纹、破斜纹、芦席斜纹 、螺旋斜纹等。

(1) 加强斜纹 加强斜纹组织是在斜纹组织中的单个组织点旁沿经或纬向延长形成多个连续的组织点，使组织中没有单个组织点的斜纹组织。加强斜纹 $R \geqslant 4$，$|S|=1$。

加强斜纹用分式表示，其意义与斜纹组织相同，图 4-48 是最简单的$\frac{2}{2}\nearrow$加强斜纹的上机图，$\frac{2}{2}\nearrow$斜纹组织广泛应用于棉、毛、丝、麻等织物中。

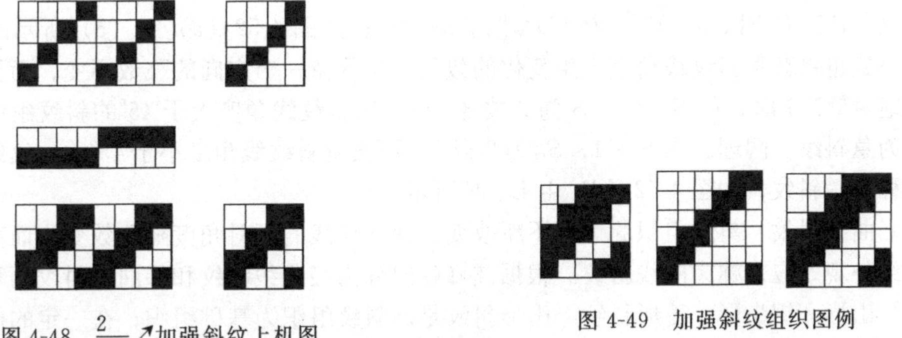
图 4-48 $\frac{2}{2}\nearrow$加强斜纹上机图

图 4-49 加强斜纹组织图例

图 4-49 所示为常见的加强斜纹组织图例。由图 4-49 可见：有的组织经组织点多，称为

经面加强斜纹；有的组织纬组织点多，称为纬面加强斜纹；当经纬组织点数相等时，称为双面加强斜纹。

(2) 复合斜纹　复合斜纹组织在一个完全组织内具有多条不同宽度的斜纹线。复合斜纹 $R \geqslant 5$，$R_j = R_w$，斜纹三种。复合斜纹也用分式表示，其意义与加强斜纹相同。但复合斜纹的分式为多分子多分母的复合分式，表示为 $\frac{a\ \ c}{b\ \ d}\nearrow$ 其中，a、b、c、d…为正整数，分别表示经、纬组织点数，读成 a 上 b 下，c 上 d 下…右斜纹，有几对分子分母则组织中便有几条斜纹线。

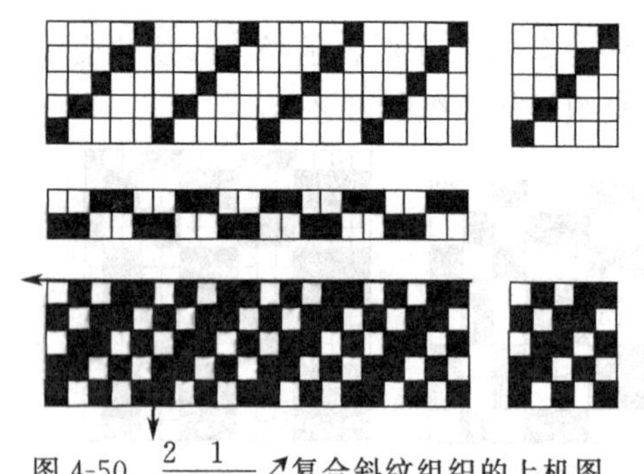

图 4-50　$\frac{2\ \ 1}{1\ \ 1}\nearrow$ 复合斜纹组织的上机图

图 4-50 是 $\frac{2\ \ 1}{1\ \ 1}\nearrow$ 复合斜纹组织的上机图。图 4-51 (a) 为 $\frac{3\ \ 2}{2\ \ 3}\nearrow$ 双面复合右斜纹组织图；图 4-51 (b) 为 $\frac{3\ \ 2}{1\ \ 2}\nwarrow$ 经面复合左斜纹组织图；图 4-51 (c) 为 $\frac{2\ \ 1}{3\ \ 2}\nearrow$ 纬面复合右斜纹组织图。图 4-51 (a) ～ (c) 三图均为两条斜纹线构成，而图 4-51 (d) 为 $\frac{3\ \ 3\ \ 1}{1\ \ 2\ \ 2}\nearrow$ 经面复合右斜纹组织图，有三条斜纹线；图 4-51 (e) 为 $\frac{2\ \ 2\ \ 1\ \ 1}{1\ \ 1\ \ 2\ \ 2}\nearrow$ 双面复合右斜纹组织图，有四条斜纹线；图 4-51 (f) 为 $\frac{1\ \ 2\ \ 1}{4\ \ 2\ \ 2}\nwarrow$ 纬面复合左斜纹组织图，有三条斜纹线。复合斜纹组织的上机条件与斜纹组织相同，用顺穿法。

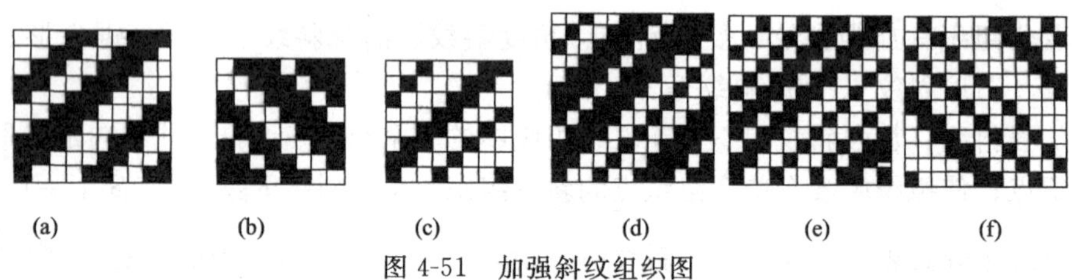

图 4-51　加强斜纹组织图

(3) 角度斜纹　对于斜纹组织，若经、纬向飞数均为 1 或 −1 时，当经纬密度相同，即 $P_j = P_w$，其斜纹与水平线的夹角 $\alpha = \pm 45°$。当经纬密度不同时，α 角会随之发生变化形成角度斜纹。$P_j > P_w$时，$\alpha > 45°$；$P_j < P_w$时，$\alpha < 45°$；如图 4-52 (a) ～ (c) 所示改变斜纹组织的飞数也可获得斜纹线角度产生变化的效果。当保持一个方向的飞数不变，而另一方向飞数的绝对值>1 时，如 $S_w = 1$，S_j为 2 或 3，可作出斜纹线角度大于 45°的斜纹组织，这种斜纹称为急斜纹；同理，当 $S_j = 1$，S_w为 2 或 3，可获得斜纹线角度小于 45°的斜纹组织，这种斜纹称为缓斜纹，如图 4-52 (d) 中 D、E 所示。

(4) 曲线斜纹　斜纹组织的飞数不断改变，使斜纹线的倾斜角度随飞数变化而变化，呈现出曲线外观效应，称为曲线斜纹。根据波峰朝向分为经曲线斜纹和纬曲线斜纹两种。

(5) 山形、锯齿形、菱形斜纹　山形斜纹是以斜纹组织为基础组织，在一定的位置改变原来组织的经向飞数或纬向飞数的正负号，使斜纹线的斜向相反，形成类似于山峰形状的组织，称为山形斜纹。当山峰方向与经纱方向相同时，称为经山形斜纹，如图 4-53。

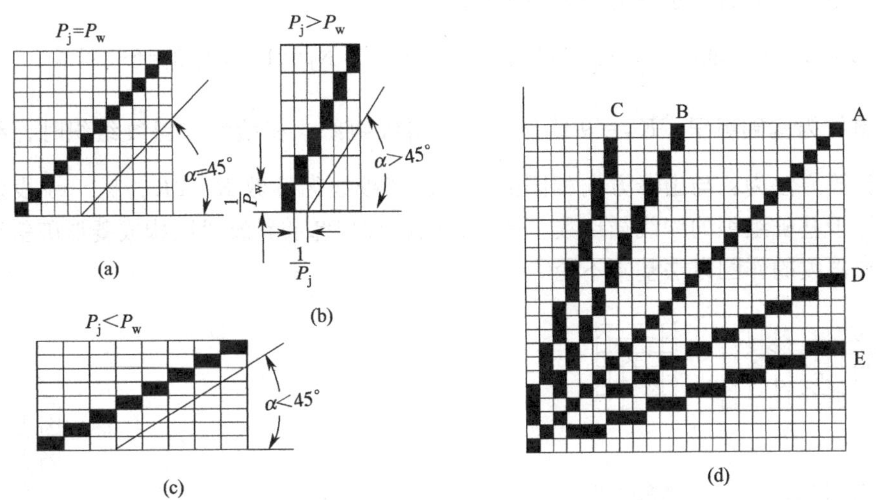

图 4-52 密度、飞数与斜纹线倾斜角度的关系

锯齿形斜纹是由两个或两个以上相同的山形斜纹组织、其山峰等距离上移或下移（右移或左移）而形成的组织，其外形似锯齿而称为锯齿形斜纹。

锯齿形斜纹的山峰朝向经纱方向的称为经锯齿斜纹；山峰朝向纬纱方向的称为纬锯齿斜纹。锯齿形斜纹山峰的位差以两山峰间隔的纱线根数表示，称为锯齿飞数 S'。锯齿形斜纹的作图步骤结合图 4-54 进行说明，图中（a）为经锯齿斜纹，（b）为纬锯齿斜纹。

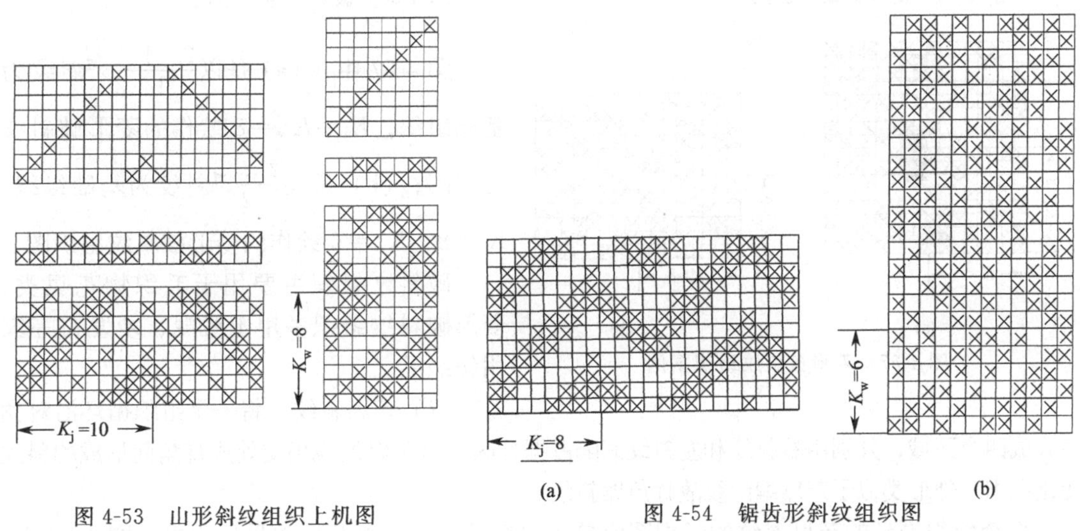

图 4-53 山形斜纹组织上机图

图 4-54 锯齿形斜纹组织图

菱形斜纹是将经山形斜纹与纬山形斜纹联合起来构成具有菱形图案外观的组织称为菱形斜纹。

图 4-55 是以$\frac{3}{3}\nearrow$斜纹为基础，$K_j=K_w=9$ 的菱形斜纹组织上机图，菱形斜纹组织常用于线呢类织物、床单等家用纺织物。

（6）破斜纹 破斜纹组织是以一规则斜纹为基础排列数根纱线后，斜纹线方向发折转，斜纹折转处相邻两根纱线上的经、纬组织点完全相反，形成破断错位的山形或人字形状。

斜纹折转处相邻纱线上经、纬组织点完全相反的设计法称为“底片法”，是破斜纹组织设计的基本方法。破斜纹也分为经破斜纹和纬破斜纹。

图 4-56 中，(a) 是以$\frac{3\ \ 2}{2\ \ 3}\nearrow$斜纹为基础组织，$K_j=10$ 绘作的经破斜纹；(b) 是以$\frac{3\ \ 1}{3\ \ 1}\nearrow$斜纹为基础组织，$K_w=9$ 绘作的纬破斜纹组织。在绘作破斜纹组织时，经、纬纱循环数的计算方法为：与山峰方向相同的系统，其纱线循环数 $R=2K$，另一纱线系统的纱线循环数等于基础组织的纱线循环数。联合经破斜纹与纬破斜纹可以构成菱形破斜纹，作图方法与菱形斜纹的作图方法基本不变。

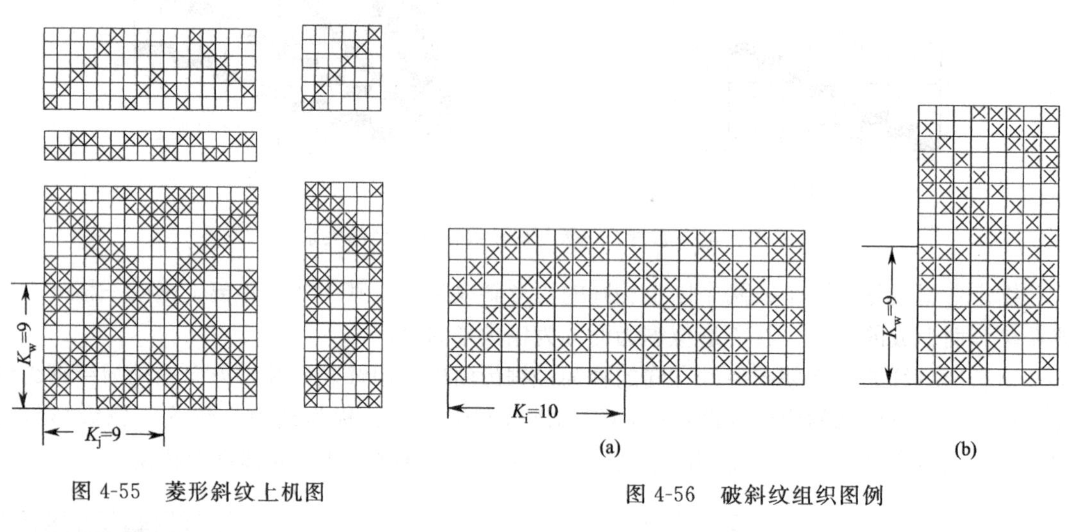

图 4-55 菱形斜纹上机图

图 4-56 破斜纹组织图例

图 4-57 菱形破斜纹组织图例

图 4-57 中，(a) 是以$\frac{2\ \ 1}{1\ \ 2}\nearrow$斜纹为基础组织，$K_j=K_w=8$ 绘作的菱形破斜纹组织图；(b) 是以$\frac{2}{2}\nearrow$斜纹为基础组织，$K_j=8$，$K_w=6$ 绘作的菱形破斜纹组织图。

破斜纹组织主要用于毛织物花呢类，菱形破斜纹组织多用于线呢、纱发布等家用纺织品。

(7) 芦席斜纹 将一个组织循环沿对角线分成四个区域，分别由右斜纹和左斜纹间隔占据各区，每条斜纹线相交处成直角而形成的斜纹变化组织，外形类似于芦席编织纹故称芦席斜纹。

多个组织循环的芦席斜纹的组织图比单个组织循环的芦席花纹效果更明显，图 4-58 中，(a) 是以$\frac{2}{2}$斜纹为基础斜纹，由两条斜纹向右、向左而构成芦席斜纹的一个组织循环，$R_j=R_w=8$；(b) 则是它的四个组织循环。(c) 是以$\frac{3}{3}$斜纹为基础组织，有三条斜纹线的芦席斜纹组织图，$R_j=R_w=3\times6=18$。

3. 缎纹变化组织

缎纹变化组织主要采用增加经（或纬）组织点、变化组织点飞数的方法构成。缎纹变化组织主要有加强缎纹、变则缎纹、重缎纹及阴影缎纹等组织。

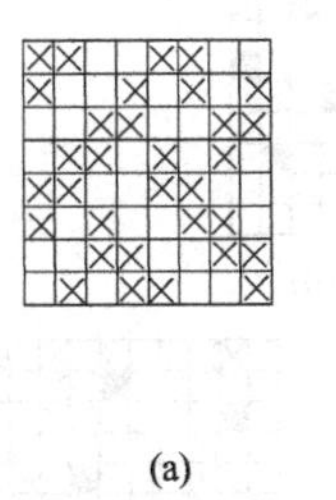
(a)

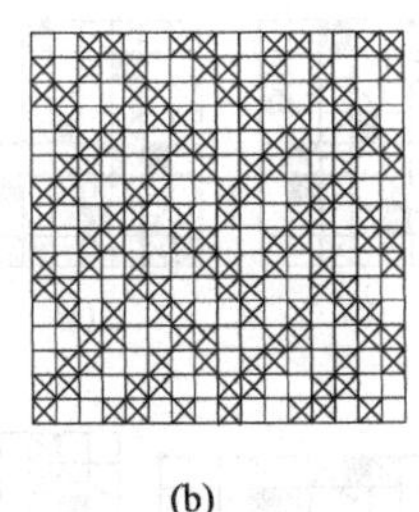
(b)

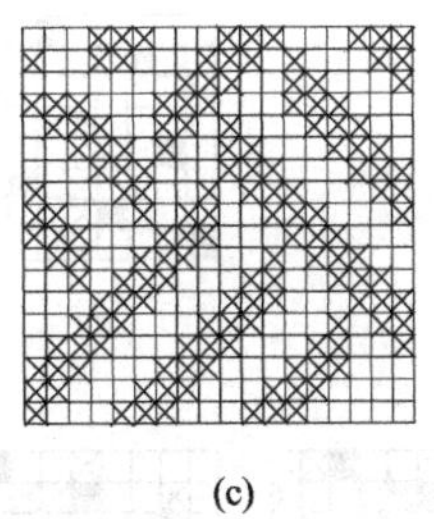
(c)

图 4-58　芦席斜纹组织图例

(1) 加强缎纹组织　加强锻纹是以缎纹组织为基础，在其单独组织点周围添加一个或多个同类组织点形成的。加强缎纹的纱线循环数并不因组织点的增加而改变，它仍等于基础缎纹的纱线循环数。加强缎纹能保持缎纹的基本特征，如图 4-59 (a)、(b)，均为$\frac{8}{3}$纬面加强缎纹。加强缎纹由于添加了组织点，增加了纱线的交织次数，在提高织物牢度的同时，可获得某些新的织物外观和风格。加强缎纹常用于毛、棉、丝及起绒织物上。

图 4-59 (c) 是在$\frac{8}{3}$纬面缎纹单独组织点的右上方添加三个组织点得到的，此类加强缎纹能使织物表面呈现经面或纬面的小型模纹，外观犹如花岗岩之模纹，故又将此类组织称作花岗石组织。因该组织表面呈斜方块状，兼有方平和斜纹的双重特征，所以又称为斜纹板司呢，此组织一般用于毛织物的军服面料。图 4-59 (d) 也是 8 枚加强缎纹组织，它是在基础缎纹的单独经组织点的左下方添加一个经组织点，增加了经、纬纱的交织次数，提高织物的牢度，用在线绨被面的花部组织。图 4-59 (e)、(f) 均为$\frac{10}{3}$纬面加强缎纹，用于毛色子贡织物，亦称色子贡组织，其织物表面光滑细洁，手感厚实柔软。图 4-59 (g) $\frac{10}{7}$纬面缎纹的基础组织上，在单独经组织点周围各添加一个经组织点，使其纵向正、反面经浮长和横向正、反面纬浮长均等于 3，呈十字形状。由于该类组织的织物手感柔软，外观呈海绵状，故称其为海绵组织。在制织海绵组织的织物时，若采用较小捻度的粗号纱时，织物吸水性好，常用作衣料、毛巾织物等。图 4-59 (h) 为$\frac{11}{7}$纬面加强缎纹，采用此组织并配以较大的经密，就可以获得正面是斜纹反面呈经面缎纹的织物外观，因此将这种组织又称作缎背华达呢。图 4-59 (i) 为$\frac{13}{4}$纬面加强缎纹，织物表面斜纹线陡直但不明显，它是毛驼丝锦织物的常用组织。

(2) 变则缎纹组织　原组织缎纹的飞数是常数，这种缎纹组织也常称作正则缎纹。如果在一个组织循环内，飞数采用几个不同的数值，则构成的缎纹组织就称作变则缎纹或不规则缎纹。变则缎纹织物仍保持缎纹织物的外观。变则缎纹组织可用于棉、毛、丝和化纤等各类织物中。

在原组织缎纹中，当 $R=6$ 时，不能构成正则缎纹。但由于设计与织造的原因，在需要采用 6 枚缎纹时，就必须使飞数为变数，构作变则缎纹。如图 4-60 (a) 为 6 枚纬面变则缎纹组织图，其纬向飞数分别为 2、3、4、4、3、2，$\sum S_w=18$。

有些缎纹组织，如 7 枚缎纹，无论飞数取何值，在所构成的缎纹组织中组织点分布都不

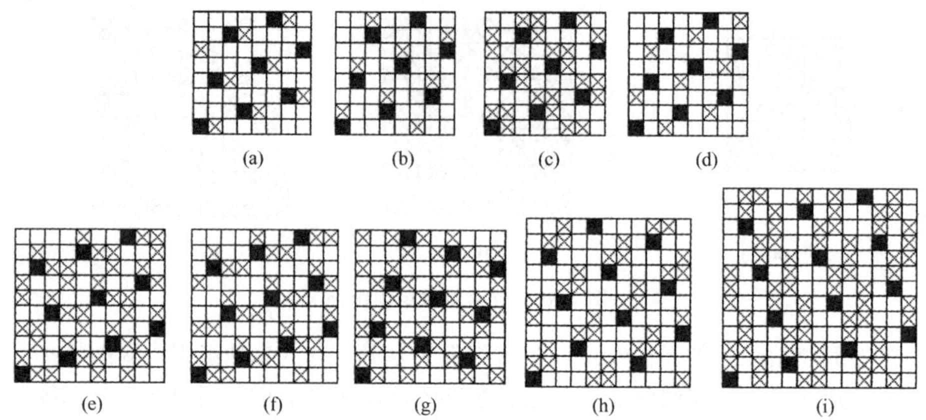

图 4-59 加强缎纹组织

太均匀，斜纹倾向非常明显，如图 4-60（b1）～（b4）。若想获得组织点分布较为均匀的 7 枚缎纹组织，就须采用变则缎纹，如图 4-60（b5）所示。

有时为获得特殊的织物外观，也须采用变则缎纹组织。如图 4-60（c），均为 8 枚纬面变则缎纹，S_w的变化使其单独经组织点按特殊要求排列，可获得特殊的外观效果。

在变则缎纹组织的设计中，应注意以下几点：① 每一个飞数值仍应满足 $1<S<R-1$；②各飞数之和应等于组织循环纱线数的整倍数。

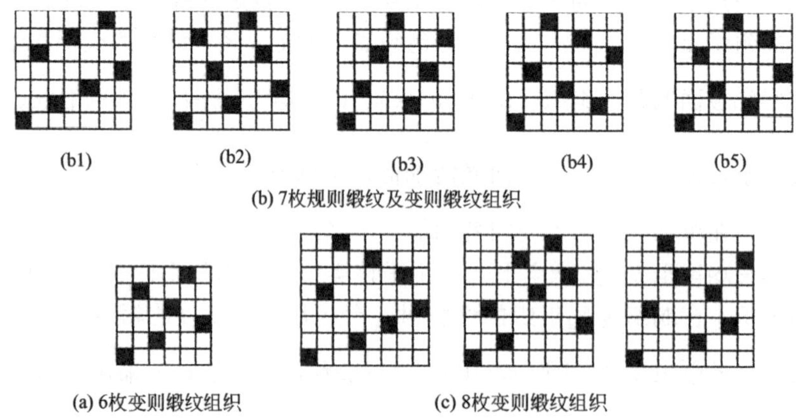

图 4-60 规则缎纹与变则缎纹组织

（3）重缎纹组织　重缎纹组织是在原组织缎纹的基础上，在单独组织点周围，沿其经向或纬向，使单独组织点变成浮长线所得到的组织。其外观仍保持缎纹的外观，但因组织循环变大，浮长线加长，织物较松软。常用于粗纺女式呢、粗花呢和手帕织物中。

图 4-61（a）为 5 枚纬面重经缎纹，其单独经组织点沿纬向延长，织物中出现并经。图 4-61（b）为 5 枚经面重纬缎纹，其单独纬组织点沿经向延长，织物中出现双纬效果。图 4-61（c）是 5 枚经、纬向重缎纹，其单独经组织点沿经、纬两向延长，织物中出现并经、双纬。

（二）机织物联合组织

机织物联合组织是由两种及两种以上的原组织或变化组织，运用各种不同的方法联合而成的，在织物表面呈现几何图形或小花纹等外观效应。联合组织可以在 32 片综以下的多臂

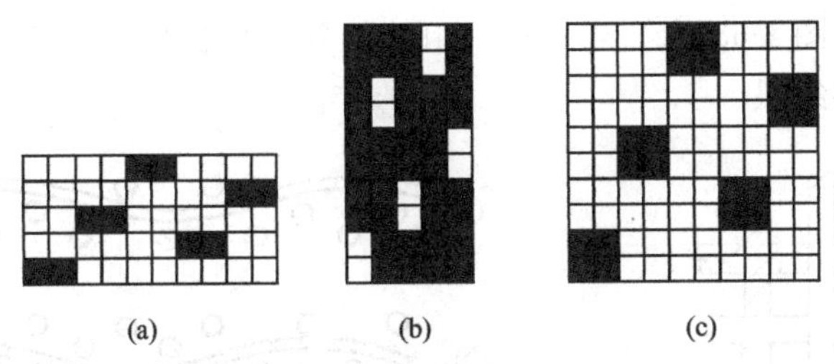

图 4-61 重缎纹组织

织机上制织，一般常用的为 16 片综多臂机构。构成联合组织的方法可以是两种组织的简单并合排列，也可以是两种组织的经线或纬线按一定规律间隔排列，或在某一组织上按另一组织的规律增加组织点等。运用联合组织，以及原料及后处理工艺的配合，能生产更多新颖的织物。

（三）机织物重组织

由两组或两组以上的经纱与一组纬纱交织，或由两组或两组以上的纬纱与一组经纱交织而成二重或二重以上的经重叠或纬重叠组织称重组织。重组织根据经、纬纱配置组数的不同，可分为两大类：一类为重经组织，由两组或两组以上的经纱与一组纬纱交织而成的经纱重叠组织，称经二重组织或经多重组织；另一类为重纬组织，由两组或两组以上的纬纱与一组经纱交织而成的纬纱重叠组织，称纬二重组织或纬多重组织。用此种组织形成的织物称重织物。

重组织由于具有两组或两组以上的经（或纬）纱在织物中呈重叠状配置，故具有下列特点。

① 可制作双面织物。包括正反两面具有相同组织、相同色彩的同面织物以及不同组织或不同色彩的异面织物。在平素织物中应用较多，如双面缎等。

② 可制作表面具有不同色彩或不同原料所形成的色彩丰富、层次多变的经起花或纬起花纹织物。在提花织物中应用较多，如彩色挂屏、像景等织物，都是利用重组织的结构来制织的。

③ 由于经纱或纬纱重叠组数的增加，不但能美化织物的外观，而且能增加织物的重量、厚度、坚牢度以及保暖性，因此更能适合多方面的要求。

（四）机织物双层及多层组织

机织物双层及多层组织是由两组或两组以上的经纱与两组或两组以上的纬纱分别交织形成相互重叠的上、下两层或多层织物的组织。根据上、下层的相对位置关系，分别称表层和里层。表层的经纱和纬纱称为表经和表纬，里层的经纱和纬纱称为里经和里纬。根据用途的不同，表、里两层可以分离也可以连接在一起。

图 4-62 所示为表、里两层组织结构示意图，表经：里经＝1∶1，表纬：里纬＝1∶1，表层组织与里层组织均为平纹组织。

图 4-63 所示是以织物的纬向剖面图来说明双层组织的构成原理。图中以空白表示表经、表纬；以斜剖线表示里经、里纬。表、里经纱均为 1∶1 排列，表、里层组织均为$\frac{2}{\ \ }{}_{2}$纬重平。图 4-63 (a) 表示第 1 根表纬织入时的经纱位置，这时表经按组织要求提升一半与表纬交织形成表层组织，所有里经全部下沉不与表纬发生交织；图 4-63 (b) 表示第 1 根里纬织

入时的经纱位置，这时所有表经全部提升不与里纬发生交织，而里经按组织要求提升一半与里纬形成里纬组织；图 4-63（c）表示每一组纬纱分别与各自系统的经纱交织，从而构成互相分离的表、里两层组织。

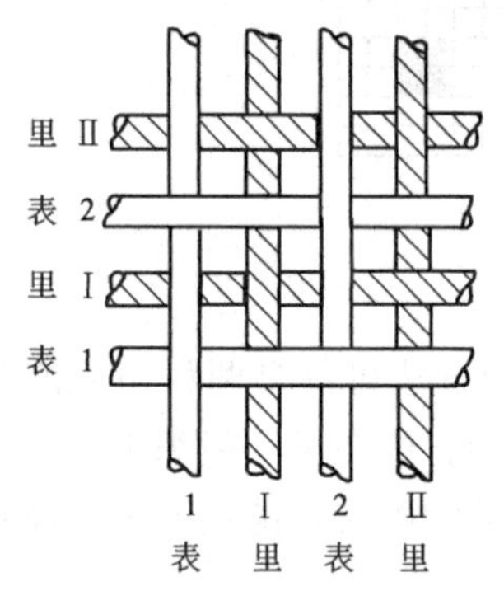

图 4-62 双层组织结构示意图

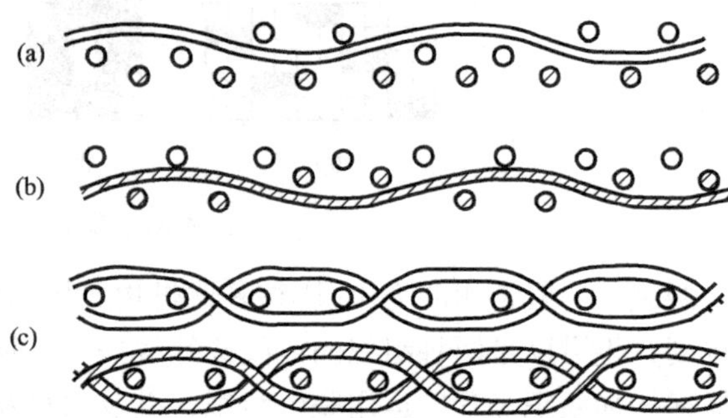

图 4-63 双层组织构成原理图

由此可见，制织表、里双层组织的必要条件是：

① 投入表纬织表层时，里经必须全部沉在梭口下部，不与表纬交织；

② 投入里纬织里层时，表经必须全部提升，不与里纬交织。

双层组织的表、里层根据需要可以紧密地连接在一起，其连接方式很多，如连接表、里两层的一侧或两侧，可构成双幅、多幅或管状等织物；如将表、里两层依照花纹轮廓互相交换，可获得表、里换层的双层织物；利用各种不同的连接方法，可构成接结的双层组织等等。

机织物中应用双层及多层组织的主要目的是：

① 用一般的织机（非圆型的）可制织管状织物；

② 使用两种或两种以上的色纱作为表、里经纱和表、里纬纱，能构成纯色或多色花纹；

③ 表、里层用不同缩率的原料，能织出高花效应的织物；

④ 双层及多层组织能增加织物的重量、厚度和弹性；

⑤ 构成三维立体织物。

（五）机织物起毛起绒组织

机织物起毛起绒组织包括纬起绒组织、经起绒组织、毛巾组织和地毯组织几类。

纬起绒组织是指利用特殊的织物组织和整理加工，使部分纬纱被切断在织物表面形成毛绒的织物，构成这种织物的组织称纬起绒（或纬起毛）组织。这类组织一般由一组经纱和两组纬纱构成，其中一组纬纱称为地纬，与经纱交织形成固结毛绒和决定织物坚牢度的地组织；另一组纬纱称为绒纬（或称毛纬），与经纱交织成固结组织，并以纬浮长线被覆于织物的表面。织好后，在割绒（或称为开毛）工序中，其绒纬的浮长线被割开，然后经过刷绒等整理加工后形成毛绒。

绒纬起毛方法有两种。一是开毛法，利用割绒机将绒坯上绒纬的浮长线割断，然后使绒纬的捻度退尽，使纤维在织物表面形成耸立的毛绒。灯芯绒、纬平绒织物是利用开毛法形成绒毛的。二是拉绒法，将绒坯覆于回转的拉毛滚筒上，使绒坯与拉毛滚筒作相对运动，而将绒纬中的纤维逐渐拉出，直至绒纬被拉断为止。拷花呢和拷花绒织物的起绒方法就是利用拉绒法起绒毛的。

纬起绒组织有灯芯绒、花式灯芯绒（也称提花灯芯绒）、纬平绒、拷花呢（绒）等。

经起绒组织包括杆织法经起绒组织、经浮长通割法起绒组织、双层分割法经起绒组织等。

杆织法经起绒组织由两组经纱与一组纬纱以及一组起绒杆（作为纬纱）交织而成。两组经纱中一组为地经，专与纬纱交织成地组织；另一组为绒经，与纬纱交织成绒毛的固结组织，同时还可根据绒毛花纹的需要，浮在起绒杆上而形成毛圈，经切割后形成毛绒，或不切割从中抽出起绒杆构成圈绒。起绒杆是由钢、木等制成的圆形（或椭圆形）开槽的细杆，它的直径决定着绒毛的高度，起绒杆有各种号数，制织时可根据所需绒毛的高度来选用。

毛巾组织，是在上机条件配合下，能使织物表面具有毛圈效应的一种组织。由于毛圈的作用使织物具有良好的吸湿性、保温性和柔软性，其织物常用于制作面巾、浴巾、枕巾、毛巾被、睡衣等。

地毯织物表面毛绒簇立，质地厚实而富有弹性，色彩丰富和谐，具有良好的吸音、防潮、保暖作用，是家居中使用的铺设类装饰织物。

地毯的种类较多，按所用原料可分为羊毛地毯、绢丝地毯、锦纶地毯、腈纶地毯、丙纶地毯和混纺地毯等。按生产方式可分为手工编织地毯、机器簇绒地毯和机织地毯。按起绒方式可分为圈绒地毯和割绒地毯。按使用范围可分为星级宾馆、酒店、商务住房用地毯，民用客厅毯，睡房毯，门口毯，座垫毯，电梯毯等。

机织地毯属经起绒织物，分圈绒地毯和割绒地毯两种。圈绒地毯的绒经固结在地组织上，地毯表面密布由绒经形成的毛圈；割绒地毯是通过机械割绒，使被割断的绒经耸立而形成毛绒的毯面。

复　习　题

1. 画出织物生产的工序流程框图。
2. 叙述自动络筒机的工艺流程。
3. 络筒工序的工艺要求有哪些？
4. 自动络筒机的主要组成部件有哪些，分别起什么作用？
5. 什么是分批整经，什么是分条整经？
6. 整经工序的工艺要求有哪些？
7. 影响整经单纱张力和片纱张力变化的因素有哪些？
8. 浆纱的目的和对经纱上浆的工艺要求是什么？
9. 试述常用浆料助剂有哪些，分别起什么作用？
10. 试述浆纱质量评价指标和检测方法。
11. 穿结经工序的目的是什么？
12. 什么是“筘号”？
13. 停经片、综丝、钢筘的作用分别是什么？
14. 热湿定捻的目的是什么？
15. 间接纬与直接纬相比有哪些优点？
16. 开口的目的是什么，织造对开口运动有何要求？
17. 何谓经纱的综平位置？
18. 何谓一个开口周期，一个周期可分为哪三个阶段？
19. 引纬工序的任务与作用是什么，有何工艺要求？
20. 简述片梭引纬的特点及品种适应性。

21. 简述剑杆引纬的特点及其品种适应性。
22. 简述喷气引纬的特点及其品种适应性。
23. 简述喷水引纬的特点及其品种适应性。
24. 储纬器的作用是什么？
25. 画图说明打纬的实质并分析打纬过程经纬纱运动的特点。
26. 试述织机工艺参数与织物形成的关系。
27. 卷取和送经的任务是什么？
28. 何谓织物组织？组织点？组织循环经纱数？组织循环纬纱数？交错次数？
29. 何谓组织图？用组织图表示织物组织时，经、纬组织点如何表示？
30. 织物组织分式表示法的含义是什么？
31. 三原组织的基本特征分别是什么，其各有何应用？
32. 何为重平组织和方平组织？
33. 何为加强斜纹和破斜纹，其有何特点？
34. 何为加强缎纹，何为变则缎纹？
35. 何为机织物联合组织？
36. 何为机织物重组织？
37. 何为机织物双层及多层组织，织造该种组织的主要目的是什么？

第五章　针　　织

学习目标

1. 了解针织工艺的基本概念。
2. 了解针织物形成的方法和编织特点。

第一节　针织的概念

针织是利用织针将纱线编织成线圈并相互串套而形成针织物的一种方法。针织工业就是用针织的方法来形成产品的一种工业。根据编织方法不同，针织生产可分为纬编和经编两大类；针织机也相应地分为纬编针织机和经编针织机两大类。纬编针织机主要有各种圆纬机(图 5-1)、横机、袜机等，经编针织机主要有各种高速经编机（图 5-2)、多梳经经编机、贾卡经编机、花边机、双针床经编机、缝编机等。

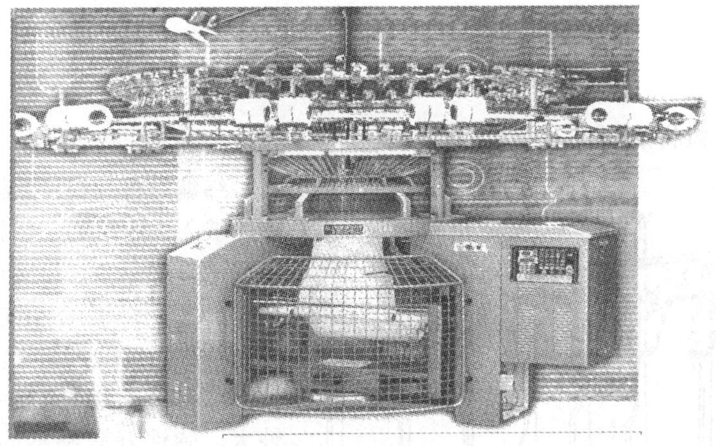

图 5-1　纬编针织机

图 5-2　经编针织机

针织物就是利用织针将纱线弯曲成圈，并相互串套而形成的织物，构成针织物的结构单元是线圈。针织物分为纬编针织物和经编针织物。如图 5-3 所示，纬编针织物的线圈结构图。在针织物中，线圈在横向连接的行列，称为线圈横列；线圈在纵向彼此串套的行列，称为线圈纵行。

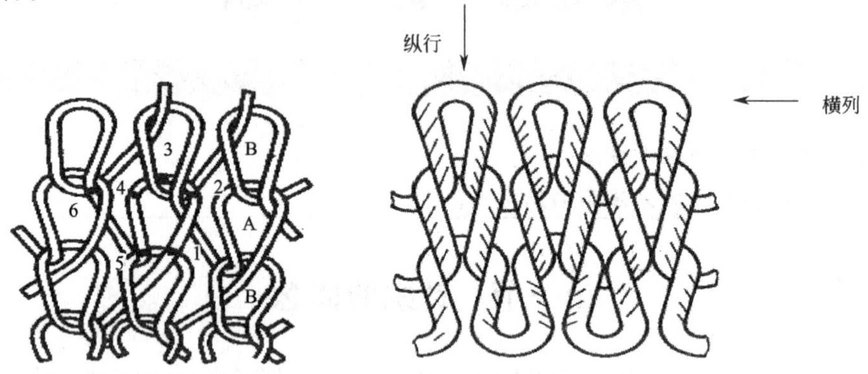

图 5-3 纬编（右）和经编（左）针织物的线圈结构

纬编针织物其特点是每一横列可由一根或几根纱线形成，针床上的针顺序地将纱线形成线圈，纱线纬向编织。经编针织物其特点是每一根纱线在一横列中只形成一个或两个（重经）线圈，每一横列是由许多根纱线形成，纱线经向编织。

第二节 纬编

一、纬编针织物的形成

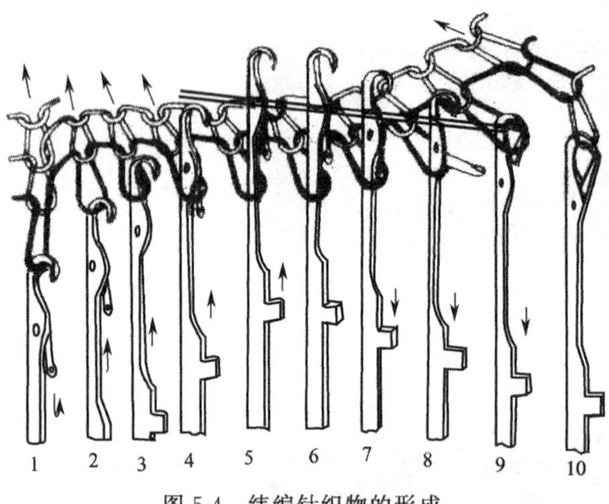

图 5-4 纬编针织物的形成

纬编是将一根或数根纱线由纬向顺序的喂入针织机的工作针上，使纱线弯曲成圈并相互串套形成针织物的一种工艺，如图 5-4 所示，由这种工艺形成的针织物称为纬编针织物。

纬编针织物具有手感柔软，延伸性大，弹性好等独具的特点，其品种繁多，主要用于内衣坯布和袜子、手套、羊毛衫等成型产品。纬编生产工艺流程短，使用纱之范围广，机器结构比较简单，易于操作，机器效率较高，因此纬编在针织工业中占有很大的比重。

二、纬编针织物的工艺流程

络纱→织造→漂染→整理定型→坯布出厂或进入缝纫车间，也可以织前染色。

三、常见的纬编组织

1. 纬平针组织

纬平针组织简称平针组织，广泛用于内衣（如汗衫、背心等）、运动衣衫、羊毛衫、袜类和手套生产中。图 5-5 为纬平针组织的线圈结构图。组织结构特点：单面织物、两面有不同的外观、正面表现圈柱、光滑明亮，反面表现圈弧、粗糙暗淡。织物组织的特性：织物组织的线圈易歪斜；有一定的卷边现象；当纱线断裂时线圈易脱散；织物组织有较大的延伸性。

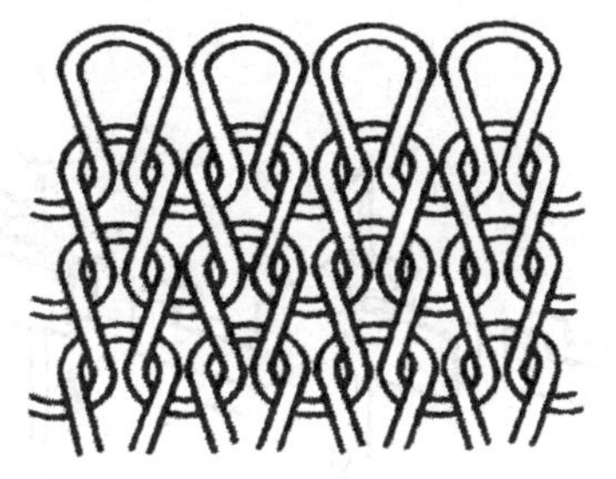

(a)正面

(b)反面

图 5-5　纬平针组织的线圈结构图

2. 罗纹组织

罗纹组织是双面纬编针织物的基本组织，由正面线圈纵行和反面线圈纵行，以一定组合相间配置而形成，主要应用于衣服的袖口、下摆和弹力衫裤等。图 5-6 为 1＋1 罗纹组织，所谓 1＋1 罗纹组织是指正面线圈纵行与反面线圈纵行一隔一交替排列。罗纹组织的每一横列由一根纱线编织，既编织正面线圈又编织反面线圈。织物的正反面都呈现正面线圈的外观。织物的特性：织物具有良好的弹性和延伸性；由于是单面织物，所以织物线圈易脱散，同时具有一定的卷边现象。

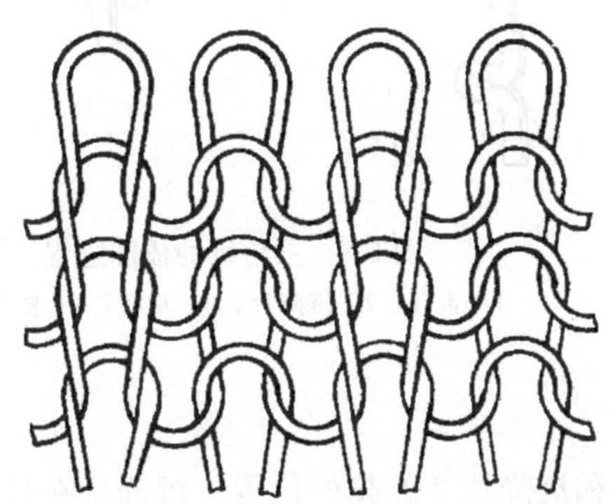

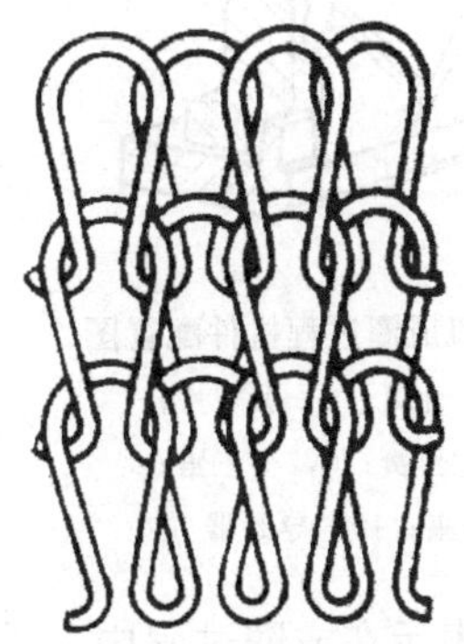

图 5-6　1＋1 罗纹组织

3. 双罗纹组织

双罗纹组织俗称棉毛组织，是由两个罗纹组织彼此复合而成，即在一个罗纹组织纵行之间配置着另一个罗纹组织纵行。由于一个罗纹组织的反面线圈纵行被另一个罗纹组织的正面线圈纵行所遮住，因而在针织物的两面均成正面形状。织物为双面织物，表面呈现布面平整，组织结构稳定的特征。

4. 纬编的花色组织

利用线圈结构变化的有集圈组织、提花组织和毛圈组织等；利用纱支原料变化的有添纱组织、起绒的衬垫组织和长毛绒人造毛皮组织等。

四、纬编机械

1. 多三角机

单面多三角机的成圈机件配置，如图 5-7 所示。舌针 1 插在针筒 2 的针槽中，由弹簧 5

围固，沉降片 3 插在圆环 4 的片槽中。舌针随着针筒的转动，针踵受三角 6，7 的作用在针槽中上、下运动。沉降片受三角座 8、9 控制径向运动。导纱器 10 固定在针筒上面对织针垫纱。

多三角机的成圈过程，如图 5-8 所示。

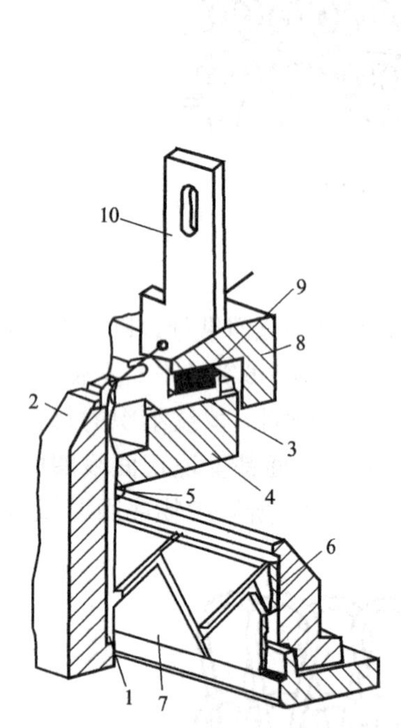

图 5-7 多三角机成圈过程机件配置图
1—舌针；2—针筒；3—沉降片；4—圆环；5—弹簧；6,7—三角；8,9—三角座；10—导纱器

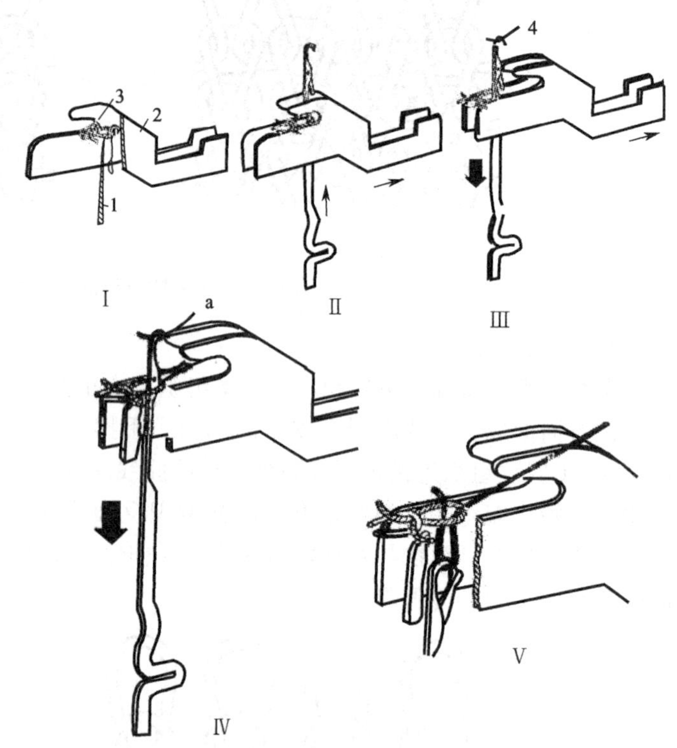

图 5-8 三角机的成圈过程
1—舌针；2—沉降片；3—片喉；4—新纱线

位置Ⅰ：表示在成圈过程中，舌针 1 和沉降片 2 的起始位置。沉降片在最前位置，用其片喉 3 握持旧线圈的沉降弧，在退圈时防止织物随针一起上升。

位置Ⅱ：表示舌针上升到最高位置，旧线圈从针钩退到针杆上，完成退圈阶段。此时沉降片后移，其片喉逐渐放松对旧线圈的握持。

位置Ⅲ：表示舌针在下降过程中垫上新纱线 4，沉降片继续后移。

位置Ⅳ：舌针继续下降，旧线圈关闭针舌，沉降弧已后移到最后位置，其片鼻离开舌针，这样不致妨碍新纱线的成圈。

位置Ⅴ：表示舌针下降到最低点，新线圈已形成。此时沉降片开始向前移动。

位置Ⅴ到位置Ⅰ：表示沉降片继续向前移到最前位置，用其片喉握持线圈进行牵拉。同时，为了避免线圈的张力过大，舌针作适当的上升。

2. 罗纹针织机

罗纹针织机有两个针床，上、下织针相间配置如图 5-9 所示，图中○表示针筒针，△表示针盘针。

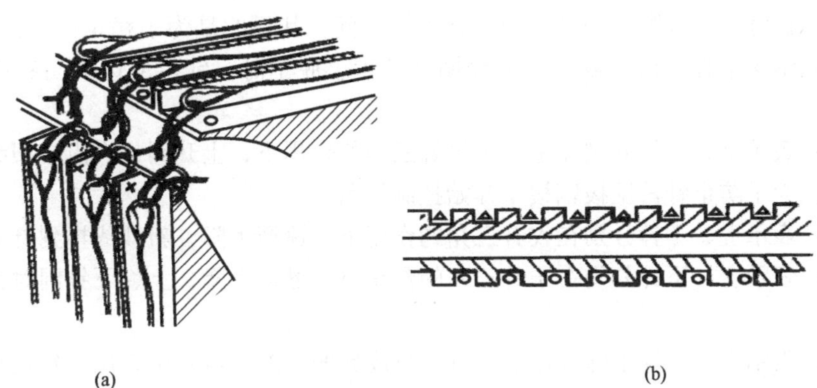

图 5-9 罗纹针织机上下织针的配置

罗纹针织机的成圈过程，如图 5-10 所示。

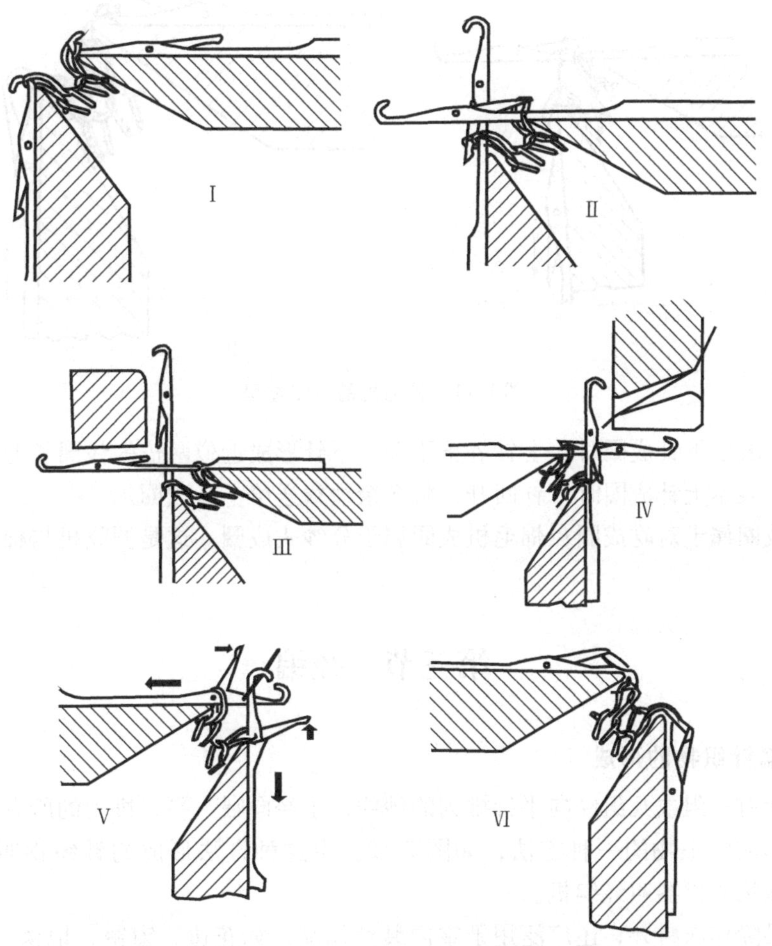

图 5-10 罗纹针织机的成圈过程

位置Ⅰ：表示成圈过程中，上、下针的起始位置。

位置Ⅱ：表示上、下针分别在上、下起针三角的作用下，同时升到第一退圈高度，即起针平台高度。这时，旧线圈退到针舌尖与针舌轴之间，其目的是为了稳定旧线圈，同时上、下针准备进入钢梭子控制区，以防止旧线圈从针舌上脱下时，针舌反拨关闭针口出现漏针现象。

位置Ⅲ：表示上、下针分别在上、下挺针三角的作用下，上升到最高点。旧线圈从针舌退到针赶上，为了防止针舌反拨钢梭子开始控制针舌。

位置Ⅳ：表示上、下针分别在收针三角的作用下，逐渐下降，新纱线垫到针沟内。

位置Ⅴ：表示上、下针分别在压针三角的作用下，继续下降，上、下针同时又旧线圈关闭针舌。

位置Ⅵ：表示上、下针下降到最低位置，形成新的线圈。最后由牵拉机构进行牵拉。

3. 棉毛机的成圈过程

棉毛机的成圈过程，退圈阶段与罗纹机基本相同，如图 5-10 的位置Ⅰ～Ⅳ所示。但是成圈阶段不同，罗纹机上下针同时成圈编织，而棉毛机有先有后，如图 5-11 所示。

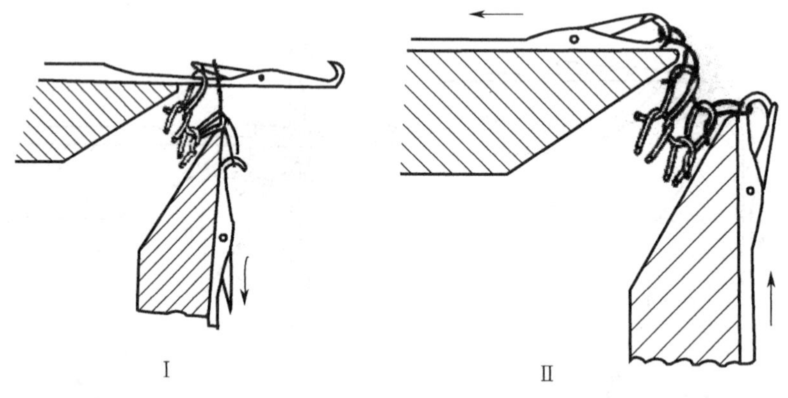

图 5-11 棉毛机的成圈过程

位置Ⅰ：表示下针成圈时，上针静止不动，下针形成近似两倍的线圈长度。

位置Ⅱ：表示上针成圈时下针回升，将多余纱线送给上针成圈。

罗纹机成圈属于对吃成圈；棉毛机成圈属于分纱式成圈。这是罗纹机与棉毛机成圈过程的主要区别。

第三节 经编

一、经编针织物的形成

经编是指有一组或几组经向平行排列的纱线，于经向喂入平行排列的所有织针上，同时进行成圈而形成针织物的一种方法，如图 5-12。由这种方法形成的针织物叫经编针织物，生产经编针织物的机器叫经编机。

经编产品除作衣料外，还广泛用于室内装饰用品，如花边、窗帘、地毯、床上用品等，以及工业、农业、医疗等方面，随着经编新品种的开发，其使用范围正在不断扩大．因为经编机可以很方便的织制各种口袋织物、网眼织物，并且能在其上形成各种复杂的花纹，因而在装饰织物、产业用织物的织制方面，经编占有很大的优势。

图 5-12　经编针织物的形成

1—沉降片；2—钩针；3—导纱器

二、经编针织物的工艺流程

经编生产的原料有化纤产品和各种短纤维纱线。原料多以筒子形式进厂，其生产工艺流程为：

整经→织造→漂染→整理定形→坯布出厂或进入缝纫车间

三、常见的经编组织

1. 单梳经编基本组织

经编基本组织的结构单元是线圈，线圈通常有开口线圈、闭口线圈和重经线圈三种形式，其结构如图 5-13 所示。

(a)

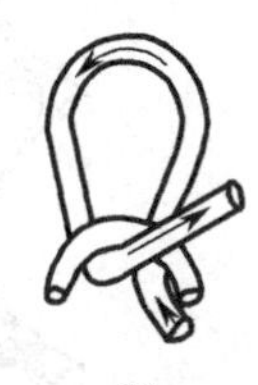

(b)

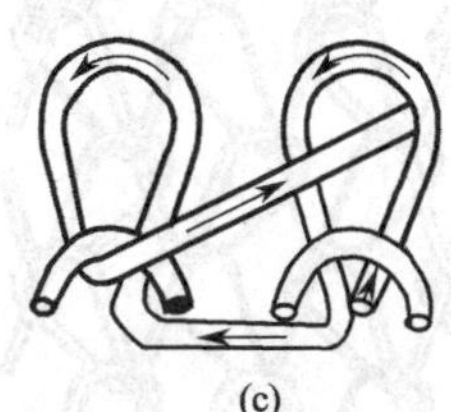

(c)

图 5-13　单梳经编基本组织

单梳经编织物的基本组织有编链、经平、经缎、重经组织等原组织和变化经平、变化经缎等变化组织。编链组织是一根经纱始终围绕同一枚针上垫纱成圈，形成连续的线圈链称为编链。根据导纱器不同的垫纱运动，编链可分为闭口编链和开口编链两种，如图 5-14 所示。

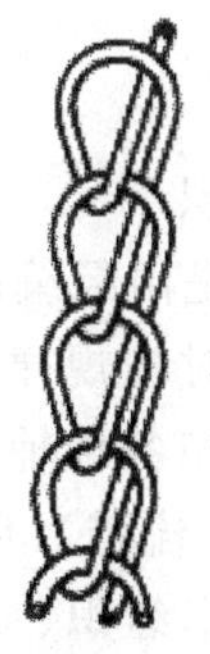

(a) 闭口编链

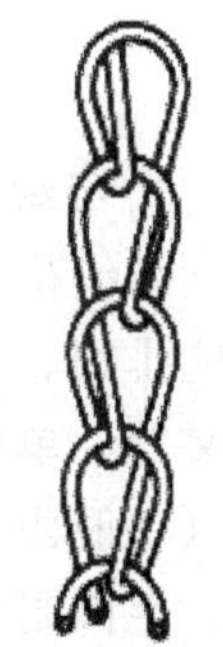

(b) 开口编链

图 5-14　编链组织

经平组织是采取同一根经纱在相邻的两根针上轮流垫纱成圈所形成的组织。线圈的形式可以是开口也可以是闭口，如图 5-15（a）所示。织物的线圈程倾斜状，织物结构不稳定；拉伸时织物具有一定的延伸性；当纱线断裂时线圈易脱散，使织物分成两片。

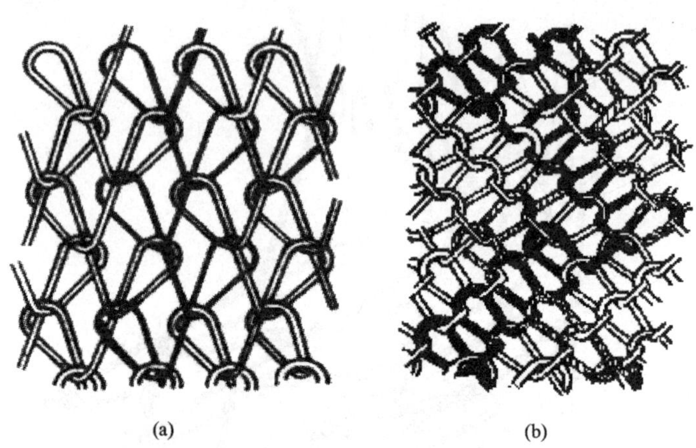

(a) (b)

图 5-15 经平和经缎组织

经缎组织［图 5-15（b)］是指每根经纱按横列顺序分别沿一个方向在相邻三枚或以上的织针上编织成圈，然后又顺序返回编织成圈的组织。经缎组织线圈具有较大的倾斜，单梳编时，其综合性能类似于经平。有弹性和卷边性，面密度较低，延伸性较好。

2. 双梳经编基本组织

双梳织物是由两组纱织成的，这两组经纱的运动是由两把梳节来完成的，两把梳节上的导纱针全部穿上经纱叫满穿；也可以部分织针带有空穿，主要用于编织平纹和网孔织物，如图 5-16。

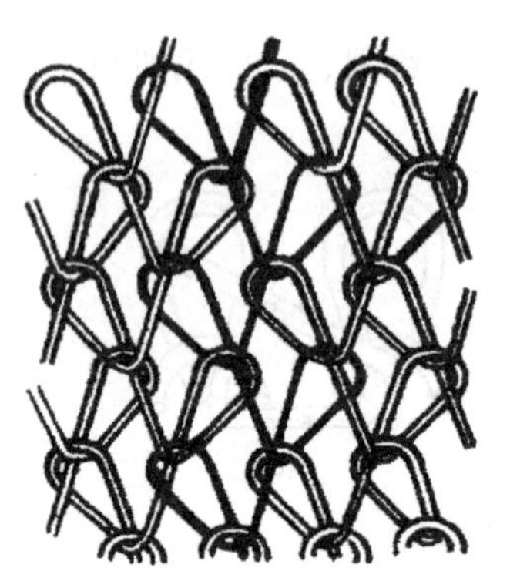

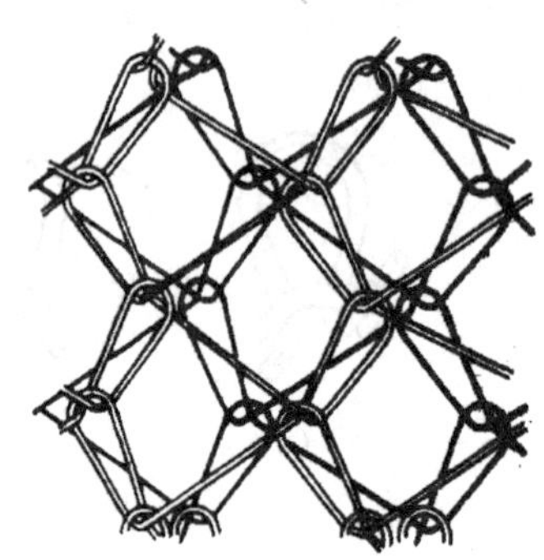

图 5-16 双梳经编组织

3. 经编花色组织

经编花色组织是由经编基本组织和变化组织通过一定组合，并以梳栉数的多少、色纱的排列、穿纱与对纱规律的变化、垫纱运动轨迹的类型以及有无压纱板、花压板、贾卡装置、单双针床和各种辅助设置等形成的各种经编组织。常见的花色经编组织有：少梳（一般由 2～4 把梳栉）形成的花色组织、缺垫组织、衬纬组织、缺压组织、压纱组织、毛圈组织、贾卡组织、双针床花色组织等。通过这些组织的不同设置与变换，可形成各种几何或色彩图案以及外观呈现凹凸、绣纹、网眼、花边、绉、裂缝等花色效应的经编针织物。

四、舌针经编机的成圈过程

舌针经编机的成圈过程如图 5-17 所示。

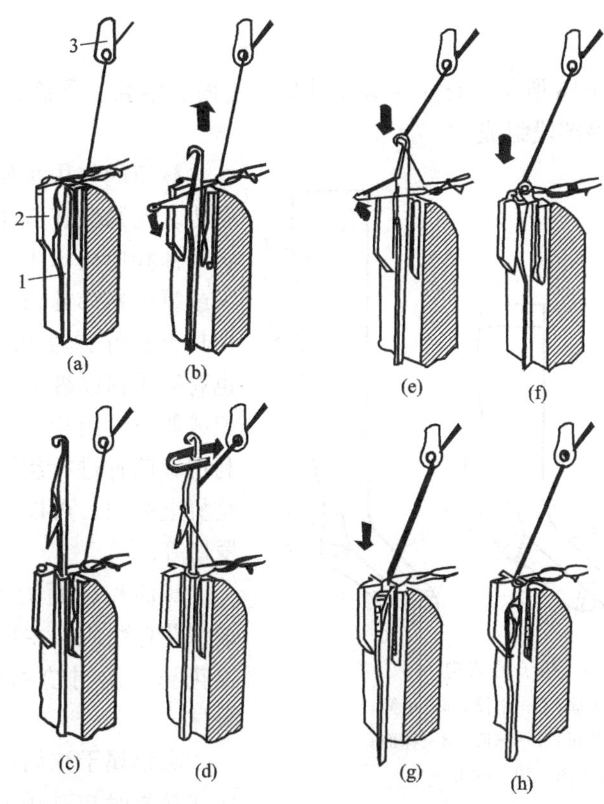

图 5-17　舌针经编机成圈过程

(1) 退圈　退圈时针自下而上运动到最高位置，如图 5-17 中 (a) ～ (c) 所示，旧线圈受到牵拉机构的作用，处于栅状脱圈板的上边缘，不随针一起上升，旧线圈打开针舌滑到针杆上。此时为了防止针舌反拨关闭针钩，由防针舌自闭钢丝阻止针舌关闭。

(2) 垫纱　在针上升到最高位置后导纱针摆向机后（针前）最后位置，横移，然后摆向机前，在针前垫纱，如图 5-17 (d) 所示。

(3) 压针　垫纱结束，导纱针停止运动，针下降，旧线圈迫使针舌关闭，使新垫上的纱线封闭在针钩内，如图 5-17 (e)、(f) 所示。

(4) 套圈　当针继续下降到稍低于栅状脱圈板上边缘时，旧线圈由套在关闭的针舌上脱落到新纱线上，如图 5-17 (g) 所示。

(5) 弯纱 、成圈　针继续下降，将新纱线拉过旧线圈，使纱线弯曲成一定大小的线圈，形成新线圈。此时，针床达到最低位置完成一成圈过程，如图 5-17 (h) 所示。

(6) 牵拉　当针下降到最低位置后，又重新向上升起，这时织物受到牵拉，使线圈推离针运动线，以免针上升时旧线圈重新套入针钩内。

第四节　针织成形产品

针织生产可在某些具有成形机构的针织机上编织出具有一定形状的成形产品或需要缝合

的半成品，如袜子、羊毛衫等；编织所独具的特点是利用机器上工作针数的增减、织物组织结构的改变或线圈密度的调节来编织出具有所需外形的产品。

一、袜子

1. 袜子的结构

袜子的结构如图 5-18 所示，袜子主要由袜口、上筒、中筒、下筒、高跟、袜跟、袜底、袜面、加固圈、袜头等部段组成。

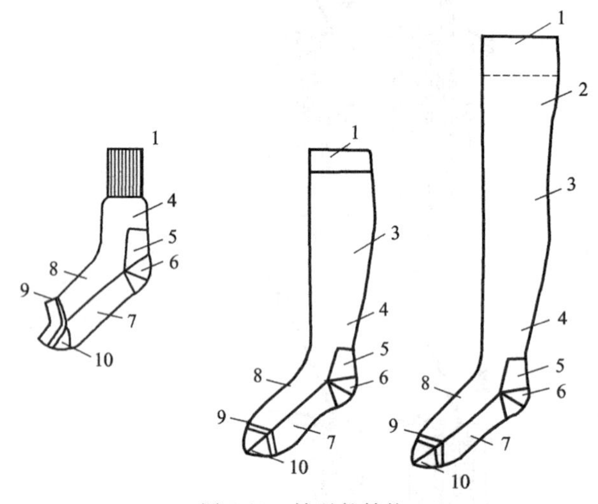

图 5-18 袜子的结构

1—袜口；2—上筒；3—中筒；4—下筒；5—高跟；6—袜跟；7—袜底；8—袜面；9—加固圈；10—袜头

袜口的作用是使袜边既不脱散又不卷边，能紧贴在腿上，穿脱时方便。在长筒袜和中筒袜中一般采用双层平针组织或氨纶衬纬袜口；在短筒袜中一般采用具有良好弹性和延伸性的罗纹组织，也有采用衬以橡筋线或氨纶线的罗纹组织或假罗纹组织。平针袜口是在袜机上利用针筒针进行编织的，罗纹袜口在罗纹机上编织，可以编织花式罗口、橡筋罗口等。

袜筒和袜面的编织采用提花机构，编织花色组织。主要有用提花组织编织提花袜，用衬垫组织编织绣花袜或网眼袜。

高跟属于袜筒部段，但由于这个部段在穿着时与鞋子发生摩擦，所以编织时通常在该部段加入一根加固线，以增加其坚牢度。

袜跟要织成袋形，以适合脚跟的形状。否则袜子穿着时将在脚背上形成皱痕，而且容易脱落。这个部段一般用平针组织，并需要加固，以增加耐磨性。袜机是通过在一部分针上编织，进行收放针，以达到织成袋装的要求。袜头的结构和编织方法与袜根相同。

袜脚由袜面与袜底组成。袜底容易磨损，编织时需要加入一根加固线俗称夹底。

加固圈是在袜脚结束时、袜头编织前再编织 12～36 个横列（根据袜子大小和纱线粗细而不同）的平针组织，并加入一根加固线，以增加袜子牢度，这个部段俗称“过桥”。

2. 袜子的生产工艺流程

从原料进厂到袜子成品出厂，要经过许多道工序，目前袜子的生产工艺流程可以分为先染后织和先织后染两大类。

（1）先染后织　棉线花袜、弹力锦纶丝袜等通常是织前染色，其工艺流程为：

绞装原料→煮练→丝光→络纱（丝）→织罗口→织袜→缝袜头→定形→整理→包装→入库

（2）先织后染　锦纶丝袜、棉线素袜等通常是先织后染其工艺流程为：

筒装原料→煮练→丝光→络纱→织罗口→织袜→缝袜头→定形→整理→包装→入库

二、羊毛衫

1. 羊毛衫的结构

横机羊毛衫产品是先在横机上编织出羊毛衫衣片，再将各块衣片缝合成衣的。羊毛衫的结构如图 5-19 所示，V 形领男套衫结构主要由胸围、身长、袖长、挂肩、肩宽、下摆、袖口、后领阔、领深、领子部分组成。

2. 羊毛衫衣片成形的几个基本动作

编织羊毛衫衣片需要：起口、翻针、放针及收针四个基本成形动作。

(1) 起口　横机从空针上开始编织的起始横列的过程称为起口。横机为双针床，起口一般采用 1+1 罗纹组织的编织方法，如图 5-20 所示。织针相间配置进入工作位置，拉动机头完成一个横列的编织，使织针上喂入毛纱 1，然后用钢丝 3 穿入牵拉板 2 的空眼，将毛纱进行牵拉，然后开始组织的编织。

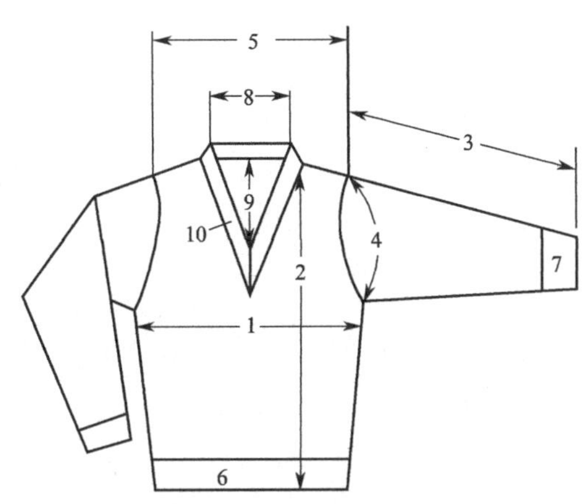

图 5-19　羊毛衫的结构

1—胸围；2—身长；3—袖长；4—挂肩；5—肩宽；6—下摆；7—袖口；8—后领阔；9—领深；10—领子

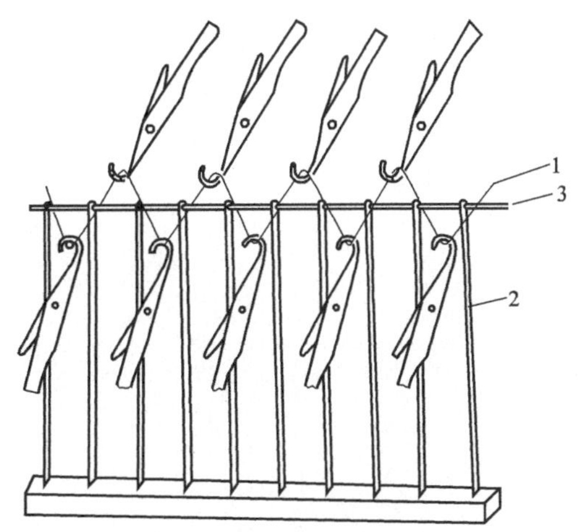

图 5-20　起口

1—喂入毛纱；2—牵拉板；3—钢丝

(2) 翻针　将一个针床织针上的线圈转移到与之相对应的另一个针床的织针上去的动作称为翻针。通过翻针操作来改变横机前后针床织针参加编织的变化，可以实现由罗文组织变为平针组织的编织，达到组织变化的目的。翻针的操作表现在编织正反面线圈的变化。

(3) 放针　放针是使衣片两边的空针逐渐进入工作，放针的目的是利用增加工作针数来增宽衣片门幅。在放针操作中由于空针上没有旧线圈，一次只能放一针。如果每次放两针，那么空针编织成一个两倍的大线圈，这样会产生组织中线圈的大小不同，影响布边质量。

(4) 拷针和收针　拷针是直接将线圈从需要退出工作的织针上脱下，然后将这些织针移至不工作位置，如图 5-21 线圈 1，2 虚线所示。拷针使衣片需要缩小的部位成台阶状，通过少许裁剪即可获得需要的形状，收针必须将脱下的线圈移至相邻的针上。如图 5-21 所示，线圈 1、2 移到 1′、2′位置的操作。

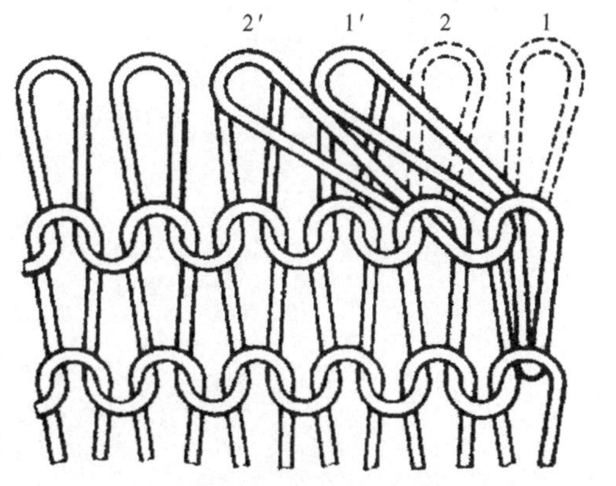

图 5-21　拷针和收针

复 习 题

1. 分别说明纬编针织物和经编针织物的用途？
2. 简述舍针纬编针织物的形成过程？
3. 简述舍针经编针织物的形成过程？
4. 简述纬编平针组织的结构特征？
5. 简述经编针织物形成网眼组织的编织方法？
6. 简述袜子的结构组成及其编织要求？
7. 简述羊毛衫衣片生产操作常用的几种动作？

参 考 文 献

[1] 史志陶．棉纺工程．第 4 版．北京：中国纺织出版社，2007.

[2] 《棉纺手册》（第 3 版）编委会．棉纺手册．第 3 版．北京：中国纺织出版社，2004.

[3] 张曙光．现代棉纺技术．上海：东华大学出版社，2007.

[4] 李妙富．清梳联工艺设备与管理．上海：东华大学出版社，2006.

[5] 郁崇文．纺纱系统与设备．北京：中国纺织出版社，2005.

[6] 于新安，郝风鸣．纺织工艺学概论．北京：中国纺织出版社，2000.

[7] 毛新华．纺织工艺与设备（下册）．北京：中国纺织出版社，2004.

[8] 朱苏康，陈元甫．织造学（下册）．北京：中国纺织出版社，1996.

[9] 沈兰萍．织物结构与设计．北京：中国纺织出版社，2005.

[10] 毛新华．新型织造设备与工艺．北京：中国纺织出版社，2000.

[11] 缪秋菊．织物结构与应用．上海：东华大学出版社，2007.

[12] 蔡永东．新型机织设备与工艺．上海：东华大学出版社，2008.

[13] 诸哲言．针织．北京：中国纺织出版社，1993.

[14] 于修业．纺纱原理．北京：中国纺织出版社，1995.

[15] 孙卫国．纺纱技术．北京：中国纺织出版社，2005.